应用型高等学校"十三五"规划教材

单片机技术与应用
——基于仿真与工程实践

陈 青 刘 丽 主 编

华中科技大学出版社
中国·武汉

内 容 简 介

本书主要以培养应用型本科院校技能型人才为目的,以知识目标、技能目标为主线,突出了应用性,并强化了实践能力。本书在内容的组织上,以应用为导向、完成任务为目的,应用基础知识依托我国宏晶科技公司生产的 STC89C52 单片机展开介绍,将仿真软件 Proteus 和 C51 编译软件 Keil C 紧密结合(软硬件结合,知识点和技能点结合),从而达到理论与实践内容相互融会贯通的教学目的。

全书内容包括 STC89C52 单片机片内结构和工作原理,Keil 和 Proteus 编译和仿真软件操作基础,汇编及 C51 程序设计,中断、定时/计数器和串行口,串行、并行扩展技术,键盘、显示、A/D 转换、D/A 转换、时钟、测温和驱动电动机等接口电路。每章中的例题程序都经过了实践验证,每章均有各类课后习题供训练之用。

本书引入了 Proteus 仿真平台,利用仿真电路图代替电路原理图,让学习者有身临其境学习单片机的感受,真正体会到学习单片机的乐趣。本书同时对应用产品设计中的工程实践进行了深入阐述,主要涉及 LCD12864 和 LCD1602 等液晶显示器件、DS18B20、I^2C 总线、ISP 在线系统编程等技术。

本书可作为应用型本科及高职类院校相关专业学生教学用书,也可作为电子爱好者学习单片机的自学用书,还可作为相关工程技术人员的参考用书。

图书在版编目(CIP)数据

单片机技术与应用:基于仿真与工程实践/陈青,刘丽主编.—武汉:华中科技大学出版社,2018.8(2024.12 重印)

ISBN 978-7-5680-4438-7

Ⅰ.①单… Ⅱ.①陈… ②刘… Ⅲ.①单片微型计算机-高等学校-教材 Ⅳ.①TP368.1

中国版本图书馆 CIP 数据核字(2018)第 182846 号

单片机技术与应用——基于仿真与工程实践   陈 青 刘 丽 主编
Danpianji Jishu yu Yingyong——Jiyu Fangzhen yu Gongcheng Shijian

策划编辑:范 莹
责任编辑:陈元玉
封面设计:原色设计
责任监印:周治超
出版发行:华中科技大学出版社(中国·武汉)   电话:(027)81321913
　　　　　武汉市东湖新技术开发区华工科技园   邮编:430223
录　　排:武汉市洪山区佳年华文印部
印　　刷:武汉邮科印务有限公司
开　　本:787mm×1092mm　1/16
印　　张:25.75
字　　数:658 千字
版　　次:2024 年 12 月第 1 版第 2 次印刷
定　　价:49.80 元

前　言

　　随着计算机技术的飞速发展和普及,单片机以体积小、功能强大、应用灵活、性价比高等优点,在工业控制、智能仪表、数据采集系统及家用电器等领域得到了广泛应用。本书选用 STC89C52 单片机,它以 MCS-51 为内核,采用该单片机最主要的原因是该单片机具有在线系统可编程功能,无须专用编程器,可通过串口直接下载用户程序,便于开发,因此受到初学者特别是学生的青睐。同时,由于该单片机可有效缩减系统开发时间,因此被产品开发人员广泛选用。

　　本书主要以培养应用型本科院校技能型人才为目的,以知识目标、技能目标为主线,突出了应用性,并强化了实践的能力。在内容的组织上,本书以工程应用为导向、完成任务为目的,介绍了 STC89C52 单片机的基本知识,软硬件相结合,知识点和技能点相结合,既实现了知识的全面性和连贯性,又做到了理论与实践内容的融会贯通。

　　本书将当前流行的电路仿真软件 Proteus 和程序编译软件 Keil μVision4 引入单片机课堂教学和实践教学中,并使之与现行教学大纲和实验大纲基本内容紧密融合。通过单片机仿真实验,在近似真实的应用环境下培养学生的单片机专业技能,不再受实验场地、器材和实验学时的限制,解决了以往基于电路实验箱教学中,验证性实验偏多导致学生难以得到足够的动手机会和教学实践效果不理想等问题。这种虚拟仿真平台便于学习者灵活、大胆地进行单片机电路设计、软件开发和系统调试的训练,能够很大程度地激发学生的学习兴趣,提高其学习效果,让单片机学习上手容易。

　　第 1 章介绍计算机的基础知识;第 2 章介绍单片机应用系统开发,包括仿真软件 Proteus 和 C51 编译软件 Keil μVision4 的应用及样例;第 3 章详细介绍 STC89C52 单片机的硬件结构;第 4 章详细介绍 51 系列单片机的指令系统、汇编语言程序设计、C51 语言程序设计;第 5 章介绍 STC89C52 单片机中断系统及应用;第 6 章介绍 STC89C52 单片机定时/计数器,特别是增加了 T2 定时器的应用;第 7 章介绍 STC89C52 单片机串行口的内部结构、串行口的 4 种工作方式、串行口多机通信的工作原理及双机串行通信的软件编程;第 8 章介绍外扩数据存储器和程序存储器地址空间分配的方法和具体设计;第 9 章介绍 TTL 端口扩展、LCD 显示屏应用扩展、A/D 转换、D/A 转换、I²C 总线应用等内容;第 10 章介绍两个完整的工程应用实例;附录 A 包含 9 个实验。整个教学内容以 Proteus 仿真案例贯穿全书,电路仿真图和程序真实可靠。每章后有相应的习题供训练之用。

　　本书除要感谢署名的编者外,还要特别感谢武汉大学王思贤教授的指导和关心,王思贤教授主要审核制定教学大纲,把握教学内容,对教学实施、学时分配、重难点处理等问题给出了很好的指导意见。感谢胡劲老师在前期资料的收集、实验教学文档的修改等方面做出的贡献。同时,编者还参考和引用了书后参考文献的部分内容,在此向相关作者表示衷心的谢意。

由于编者水平有限,书中难免有疏漏和不妥之处,恳请读者批评指正。

编 者

2018 年 5 月

目　　录

第1章 计算机基础知识

1.1 绪论

1.1.1 微型计算机的发展史

讨论微型计算机的发展,最有代表性的是微处理器。随着微电子技术的不断进步,微处理器和其他功能部件都遵循摩尔定律,每隔两年集成度和性能增长1倍,价格却下降1/2。下面以 Intel 系列微处理器为例,回顾微型计算机发展的历程。

1. 第一代:4 位或低档 8 位微处理器

典型的是美国 Intel 4004 和 Intel 8008 微处理器。Intel 4004 是一种 4 位微处理器,可进行 4 位二进制的并行运算,它有 45 条指令,速度为 0.05 MI/s(Million Instruction Per Second,每秒一百万条指令)。Intel 4004 的功能有限,主要用于计算器、电动打字机、照相机、台秤、电视机等家用电器上。Intel 8008 是世界上第一种 8 位微处理器,其存储器采用 PMOS 工艺。该阶段的计算机工作速度较慢,微处理器的指令系统不完善,存储器容量很小,只有几百字节,没有操作系统,只有汇编语言。该阶段的计算机主要用于工业仪表、过程控制上。

2. 第二代:中档的 8 位微处理器

典型的微处理器有 Intel 8080/8085,Zilog 公司的 Z80 和 Motorola 公司的 M6800。与第一代微处理器相比,集成度提高了 1~4 倍,运算速度提高了 10~15 倍,指令系统相对比较完善,已具备典型的计算机体系结构及中断、直接存储器存取等功能,其存储容量达 64 KB,配有荧光屏显示器、键盘、软盘驱动器等设备。

3. 第三代:16 位微处理器

1978 年,Intel 公司率先推出 16 位微处理器 8086,同时,为了方便原来的 8 位机用户,Intel公司又提出了一种准 16 位微处理器 8088。在 Intel 公司推出 8086,8088 CPU 之后,各公司也相继推出了同类的产品,有 Zilog 公司的 Z8000 和 Motorola 公司的 M68000 等。16 位微处理器比 8 位微处理器有更大的寻址空间、更强的运算能力、更快的处理速度和更完善的指令系统。因此,16 位微处理器已能够替代部分小型计算机的功能,特别在单任务、单用户的系统中,8086 等 16 位微处理器得到了广泛应用。1982 年,Intel 公司又推出了 16 位高级微处理器 80286。微处理器采用短沟道高性能 NMOS 工艺。在体系结构方面吸纳了传统小型机甚至大型机的设计思想,如虚拟存储和存储保护等,时钟频率提高到 5~25 MHz。在 20 世纪 80 年代中后期至 1991 年年初,80286 一直是微型计算机的主流 CPU。

4. 第四代:32 位微处理器

1985 年,Intel 公司推出了第四代微处理器 80386。它是一种与 8086 向上兼容的 32 位微型计算机原理及应用的微处理器,它具有 32 位的数据总线和 32 位的地址总线,存储器寻址空间可达 4 GB,运算速度可达 300 万～400 万 I/s,即 3～4 MI/s。CPU 内部采用 6 级流水线结构,使用 2 级存储器管理方式,支持带有存储器保护的虚拟存储机制。随着集成电路工艺水平的进一步提高,1989 年,Intel 公司又推出了性能更高的 32 位微处理器 80486,在芯片上集成约 120 万个晶体管,是 80386 的 4 倍。80486 由三个部件组成:一个是 80386 体系结构的主处理器,一个是与 80387 兼容的数字协处理器,一个是 8 KB 容量的高速缓冲存储器。80486 采用了 RISC(精简指令集计算机)技术和突发总线技术,提高了速度,在相同频率下,80486 的处理速度一般比 80386 的快 2～4 倍。以这些高性能 32 位微处理器为 CPU 构成的微机的性能指标已达到或超过当时的高档小型计算机甚至大型计算机的水平,称为高档微型计算机或超级微型计算机。同期推出的产品还有 MC68040 和 NEC 公司的 V80。

5. 第五代:Pentium 微处理器

1993 年,Intel 公司推出了第五代微处理器 Pentium(中文译名为奔腾)。Pentium 微处理器的推出使得微处理器的技术发展到了一个崭新的阶段,标志着微处理器完成从 CISC(复杂指令集计算机)向 RISC 时代的过渡,也标志着微处理器向工作站和超级小型计算机冲击的开始。

Pentium 微处理器具有 64 位的数据总线和 32 位的地址总线,CPU 内部采用超标量流水线设计,Pentium 芯片内部采用双 Cache 结构(指令 Cache 和数据 Cache),每个 Cache 容量为 8 KB,数据宽度为 32 位,数据 Cache 采用回写技术,大大节省了处理时间。Pentium 微处理器为了提高浮点运算速度,采用 8 级流水线和部分指令固化技术,芯片内设置分支目标缓冲器(BTB),可动态预测分支程序的指令流向,节省了 CPU 判别分支的时间,大大提高了处理速度。Pentium 系列处理器有多种工作频率,工作在 60 MHz 和 66 MHz 时,其速度可达 10^8 I/s。同期推出的第五代微处理器还有 IBM、Apple 和 Motorola 这三家公司联盟的 PowerPC(这是一种完全的 RISC 微处理器),以及 AMD 公司的 K5 和 Cyrix 公司的 M1 等。

6. 第六代:Pentium Pro 微处理器

1996 年,Intel 公司将其第六代微处理器正式命名为 Pentium Pro(奔腾)。该处理器的时钟频率为 200 MHz,在处理方面,Pentium Pro 引入了新的指令执行方式,其内部核心是 RISC 处理器,运算速度达 200 MI/s。Pentium Pro 允许在一个系统里安装四个处理器,因此,Pentium Pro 最适合工作于高性能服务器和工作站中。

7. 第七代:Pentium 4 微处理器

2000 年 11 月,Intel 公司推出了第七代微处理器奔腾 4(Pentium 4,或简称奔 4 或 P4),这一新的架构称为 NetBurst,Pentium 4 有着高达 400 MHz 的前端总线,之后又提升到 533 MHz、800 MHz。它其实是四条 100 MHz 的并列总线(100 MHz×4 并列),因此,理论上它可以传送比一般总线多 4 倍的容量,所以号称有 400 MHz 的速度。

1.1.2　微型计算机的特点

由于微型计算机是采用大规模集成电路(LSI)和超大规模集成电路(VLSI)组成的,所以它除了具有一般计算机的运算速度快、计算精度高、记忆功能和逻辑判断力强、自动工作等常规特点外,还有它自己的独特优点。

1. 体积小、质量轻、功耗低

由于采用了大规模和超大规模集成电路,因而构成微型计算机所需的器件数目大为减少,体积也大为缩小。一个与小型计算机 CPU 功能相当的 16 位微处理器 MC68000 由 13000 个标准门电路组成,其芯片面积仅为 $(6.25 \times 7.14) mm^2$,功耗为 1.25 W。32 位的超级微处理器 80486 有 120 万个晶体管电路,其芯片面积仅为 $(16 \times 11) mm^2$,芯片的质量仅十几克。工作在 50 MHz 时钟频率时的最大功耗仅为 3 W。随着微处理器技术的发展,今后推出的高性能微处理器产品体积更小、功耗更低,而功能更强,这些优点对于航空、航天、智能仪器仪表等领域具有特别重要的意义。

2. 可靠性高、对使用环境要求低

微型计算机采用大规模集成电路以后,其系统内使用的芯片数大大减少,接插件数目大幅度减少,简化了外部引线,安装更加容易。加上 MOS 电路芯片本身功耗低、发热量小,使微型计算机的可靠性大大提高,因而也降低了对使用环境的要求,普通的办公室和家庭环境就能满足要求。

3. 结构简单、设计灵活、适应性强

微型计算机多采用模块化的硬件结构,特别是采用总线结构后,微型计算机系统成为一个开放的体系结构,系统中各功能部件通过标准化的插槽和接口相连,用户选择不同的功能部件(板卡)和相应外设就可构成不同要求和规模的微型计算机系统。微型计算机的模块化结构和可编程功能,使得一个标准的微型计算机在不改变系统硬件设计或只部分地改变某些硬件时,在相应软件的支持下就能适应不同的应用任务的要求,或者升级为更高档次的微型计算机系统,从而微型计算机具有很强的适应性和宽广的应用范围。

4. 性价比高

随着微电子学的高速发展和大规模、超大规模集成电路技术的不断成熟,集成电路芯片的价格越来越低,微型计算机的成本不断下降,同时也使得许多过去只在大、中型计算机中采用的技术(如流水线技术、RISC 技术、虚拟存储技术等)也开始在微型计算机中采用,许多高性能的微型计算机的性能实际上已经超过了中、小型计算机(甚至是大型计算机)的水平,但其价格要比中、小型计算机低得多。随着超大规模集成电路技术的进一步成熟,生产规模和自动化程度的不断提高,微型计算机的价格越来越便宜,而性价比越来越高,这使得微型计算机的应用更为广泛。

1.1.3　微型计算机的应用领域

自第一台个人计算机 IBM PC 问世以来,微型计算机的应用领域在不断扩大,尤其是 Pentium 处理器应用于个人计算机以来,微型计算机的应用更加广泛,涉及方方面面。不论是科学计算、信息处理、事务管理、工业智能控制、CAD/CAM,还是网络与通信,以及电子商务等均离不开微型计算机。

1. 科学计算

最初研制计算机的目的就是用于科学计算,就是要解决人工无法解决的复杂科学计算问题,如大型水利工程中的计算、卫星轨道计算、天气预报中的气象参数计算、结构计算等。没有计算机的参与,这些复杂计算问题不可能解决。

2. 信息处理

在生产组织、企业管理、情报检索等领域存在大量的信息需要及时进行搜集、归纳、分类、整理、存储、检索、统计、分析等。尽管运算量不大,但有大量的逻辑运算与判断微型计算机的原理及应用分析,处理结果往往以图表形式给出。借助微型计算机,人们就可以从繁杂的数据统计和事务管理中解放出来,大大提高了管理水平和工作效率。

3. 工业控制

工业控制就是利用微型计算机对生产过程进行自动控制的过程,这可以大大提高生产效率,改进产品质量,缩短生产周期,降低生产成本。

4. 计算机集成制造系统

CAD(Computer Aided Design)就是利用计算机进行辅助设计,CAM(Computer Aided Manufacturing)就是利用计算机进行辅助制造。另外还有 CAT(Computer Aided Test,计算机辅助测试)、CAPP(Computer Aided Process Planning,计算机辅助工艺规划)、MIS(Management Information System,管理信息系统)等。这些借助计算机的相关技术在飞机、汽车、船舶、机械制造、建筑工程、集成电路等行业中获得了广泛应用。通常把具有 CAD、CAM、CAT、CAPP,以及 MIS 功能的计算机综合应用系统称为计算机集成制造系统(Computer Integrated Manufacture System,CIMS)。

5. 人工智能

尽管目前真正的人工智能计算机还没有问世,但利用计算机模拟人类某些智能行为(如感知、思维、推理、学习、理解等)的理论、技术和应用已经出现,如专家系统、模式识别、问题求解、机器翻译、自然语言理解等。

6. 电子商务

借助计算机,在 Internet 上可以进行产品交易等商务活动,这就是电子商务,简单通俗的说法是,电子商务就是在 Internet 上做生意。电子商务可以节约大量的人力和财力,提升商品知名度,降低销售成本等。目前电子商务的应用越来越受到重视。

实际上,微型计算机的应用不限于此,各行各业甚至家庭都在应用微型计算机,如家用智能化电器、智能大厦、智能仪器仪表、教育、娱乐等。

1.2 微型计算机的组成

1.2.1 微处理器

CPU(Central Processing Unit,中央处理器)是指计算机内部对数据进行处理并对处理过程进行控制的部件。随着大规模集成电路技术的迅速发展,芯片集成度越来越高,CPU 可以集成在一个半导体芯片上,这种具有中央处理器功能的大规模集成电路器件,统称为微处理器

(Microprocessor,简称 MP 或 μP)。

近年来,随着微电子技术和超大规模集成技术的迅猛发展,在微处理器的内部不仅包括中央处理器的核心部件,而且已经把数字协处理器、高速缓冲存储器,以及多种接口和控制部件,甚至把多媒体部件也集成到了一块微处理器芯片内。

微处理器与存储器合称为微处理机。

不同时期、不同类型的微处理器性能各不相同,但它们具有共同的特点,就是完成如下基本功能。

(1) 进行算术与逻辑运算。

(2) 对指令进行译码并执行规定操作。

(3) 能保存有关数据(少量)。

(4) 能与存储器和外部设备交换数据。

(5) 提供对其他部件的定时和控制。

(6) 能响应其他部件包括外部设备发来的中断请求。

1.2.2 微型计算机

微型计算机(Microcomputer,简称 MC 或 μC)是通过总线将微处理器、存储器和输入/输出接口连接在一起的有机整体。它包含冯·诺依曼计算机体系结构中的五个部件,微型计算机简称微型机或微机。

要特别指出的是,为了进一步微型化,在微型计算机的发展过程中,还出现了单片计算机(简称单片机)和单板计算机(简称单板机)。单片机将微型计算机的所有部件全部集成在一块芯片上,而单板机则将微型计算机的各个部件安装在一块印制电路板上,从而使微型计算机更适合小型化的应用场合。

1.2.3 微型计算机系统

微型计算机系统(Microcomputer System,简称 MCS 或 μCS)是以微型计算机为核心,配置相应的外部设备和系统软件及应用软件,从而具有独立的数据处理和运算能力的系统。换句话说,微型计算机系统是微型计算机硬件、软件,以及外部设备的集合,是一台完整的、可供用户直接使用的计算设备或控制设备。

1.3 微型计算机的工作过程和主要性能指标

1.3.1 微型计算机的工作过程

根据冯·诺依曼的设计,计算机应能自动执行程序,而执行程序又归结为逐条执行指令。执行一条指令又可分为以下五个基本操作。

(1) 取指令:从存储器某个地址单元中取出要执行的指令送到 CPU 内部的指令寄存器暂存。

（2）分析指令：或称指令译码，把保存在指令寄存器中的指令送到指令译码器，译出该指令对应的微操作信号，控制各个部件的操作。

（3）取操作数：如果需要，就发出取数据命令，并到存储器取出所需的操作数。

（4）执行指令：根据分析指令，向各个部件发出相应的控制信号，并完成指令规定的各种操作。

（5）保存结果：如果需要保存计算结果，则把结果保存到指定的存储器单元中。

完成一条指令所需的时间称为指令周期。一个指令周期往往包含多个总线周期，而一个总线周期又包含多个时钟周期。时钟周期是计算机中最小的时间单位。

1.3.2　微型计算机的主要性能指标

微型计算机的性能是一个综合的指标，它与微型计算机的系统结构、各部件的硬件性能，以及系统的软件配置有关，主要评估指标有以下几项。

1. 微处理器的字长

计算机一次能并行处理的二进制的位数称为字长。微处理器的字长一般由算术逻辑单元（ALU）的位数和数据总线的宽度来决定，字长越长，表示数据的精度越高，传送处理数据的速率越快。例如，8086 是 16 位字长处理器。有些处理器的 ALU 位数和数据总线宽度并不相同，例如，8088 的 ALU 位数是 16 位，但为了和 8 位的 I/O 设备兼容，其数据总线只有 8 位，因此称其为准 16 位处理器。单片机 MCS51 的 ALU 位数是 8 位。

2. 内存储器容量和访问时间

存储器容量和存储器访问时间是反映微型计算机内部存储器（简称内存）性能的两个主要指标。内存的最大容量与处理器的地址线宽度有关，8086 有 20 位地址线，最大内存容量为 1 MB。存储器访问时间体现了内存的速度，直接影响处理机的性能。20 世纪 80 年代初，动态存储器（DRAM）的访问时间为几百纳秒，近年来提高到几十纳秒。但是，存储器速度的提升远远赶不上微处理器速度的提升，弥补它们之间的速度间隙一直是微型计算机技术中的难题。

3. 系统总线数据传输速率

总线每秒钟能够传送的最大字节数称为总线的数据传输速率。总线数据传输速率与总线宽度及总线周期时间有关。总线宽度是指总线中数据线的位数。基于 8088 的个人计算机系统总线宽度为 8 位，ISA 标准数据线宽度为 16 位。总线周期时间是指进行一次总线访问花费的时间，ISA 总线的典型总线周期时间为 3 个时钟周期，即每 3 个时钟周期传送 1 B；8 MHz 主频、16 位宽度的 ISA 总线数据传输速率是 5.3 MB/s。

4. 运算速度

运算速度是衡量计算机性能的一项重要指标。通常所说的计算机运算速度（平均运算速度），是指每秒钟所能执行的指令条数，一般用"MI/s"（Million Instruction Per Second，MIPS）来描述。同一台计算机，执行不同的运算所需的时间可能不同，因而对运算速度的描述常采用不同的方法。常用的有 CPU 时钟频率（主频）、每秒平均执行指令数（IPS）等。

1.4 微机系统中采用的先进技术

1.4.1 流水线技术

借鉴工业流水线制造的思想,现代 CPU 也采用了流水线设计。流水线(Pipeline)技术是指在程序执行时多条指令重叠进行操作的一种准并行处理实现技术。流水线是 Intel 公司首次在 486 芯片中开始使用的。流水线的工作方式就像工业生产上的装配流水线。在 CPU 中由 5~6 个不同功能的电路单元组成一条指令处理流水线,然后将一条 X86 指令分成 5~6 步后再由这些电路单元分别执行,这样就能实现在一个 CPU 时钟周期完成一条指令,以此来提高 CPU 的运算速度。经典 Pentium 微处理器每条整数流水线分为四级流水,即指令预取、译码、执行、写回结果,浮点流水又分为八级流水。

1.4.2 高速缓冲存储器

高速缓冲存储器是存在于主存与 CPU 之间的一级存储器,由静态随机存取存储器(SRAM)组成,虽然容量比较小,但是速度比主存的快得多,接近于 CPU 的速度。在计算机存储系统的层次结构中,是介于 CPU 和主存储器之间的高速小容量存储器。它和主存储器一起构成一级存储器。高速缓冲存储器和主存储器之间信息的调度和传送是由硬件自动进行的。

在计算机技术发展过程中,主存储器的存取速度一直比 CPU 的操作速度慢很多,这样使得 CPU 的高速处理能力不能充分发挥出来,从而导致整个计算机系统的工作效率受到影响。有很多方法可用来缓和 CPU 和主存储器之间速度不匹配的矛盾,如采用多个通用寄存器、多存储体交叉存取等,在存储层次上采用高速缓冲存储器也是常用的方法之一。很多大型计算机、中型计算机,以及新近的一些小型计算机、微型计算机也都采用高速缓冲存储器。

高速缓冲存储器的容量一般只有主存储器的几百分之一,但它的存取速度能与 CPU 的相匹配。根据程序局部性原理,正在使用的主存储器某一单元邻近的那些单元将被用到的可能性很大。因而,当 CPU 存取主存储器某一单元时,计算机硬件就自动地将该单元内的那一组单元内容调入高速缓冲存储器,CPU 即将存取的主存储器单元很可能就在刚刚调入高速缓冲存储器的那一组单元内。于是,CPU 就可以直接对高速缓冲存储器进行存取。在整个处理过程中,如果 CPU 的绝大多数存取主存储器的操作能为存取高速缓冲存储器所代替,计算机系统处理速度就能显著提升。

1.4.3 CISC 和 RISC

为了提高计算机的性能,人们让 CPU 有了更大的指令系统、更多的专用寄存器、更多的寻址方式和更强的指令计算功能等,即 CPU 的结构沿着不断复杂化的方向发展。后来,将它们称为复杂指令集计算机(Complex Instruction Set Computer,CISC)。CISC 技术通过增强指令功能提高计算机的性能,指令码不等长,指令数量多。CISC 技术的复杂性在于硬件,在于

CPU 芯片中控制器部分的设计与实现。自个人计算机诞生以来，主流产品一直使用 Intel 公司的 CPU 或其他公司生产的兼容产品，而 Intel 公司的 CPU 沿用了 CISC 技术。

当 CISC 发展到一定程度后，人们发现一些复杂指令很少使用，但把它们加入指令集中会使控制器的设计变得十分复杂，并占用相当大的 CPU 芯片面积，指令的执行周期也较长。因此，从处理器的执行效率和开发成本两个方面考虑，有必要对复杂指令集结构的处理器进行反思。

1980 年，Patterson 和 Ditzel 首先提出了精简指令集计算机（Reduced Instruction Set Computer，RISC）的概念，另寻提高计算机性能的途径。RISC 的特点：有简单的指令集，指令少，指令码等长，寻址方式少，指令功能简单；强调寄存器的使用，CPU 配备大量的通用寄存器（常称为寄存器文件（Register File）），以编译技术优化寄存器的使用；强调对指令流水线的优化，采用超标量、超级流水线。通过简化指令系统使控制器结构变得简单，进而提高指令执行速度。RISC 技术的复杂性在于软件，在于编译程序的编写与优化。目前，RISC 处理器产品主要用在工程工作站、嵌入式控制器和超级小型计算机上。

今后 RISC 技术和 CISC 技术都会继续发展，同时，RISC 技术与 CISC 技术的竞争使得它们互相渗透，如 Power PC 处理器，已不再是原有 RISC 结构；最新的 CISC 设计也融入不少 RISC 特征，如 Intel Pentium 系列、AMD K6 系列微处理器。

1.4.4　多核技术

多核是指在一个处理器中集成两个或多个完整的计算引擎（内核）。工程师们认识到，若多核技术仅提高单核芯片的速度，则会产生过多热量且无法带来相应的性能改善，先前的处理器产品就是如此。他们认识到，在先前产品中以那种速率，处理器产生的热量很快会超过太阳表面。即使没有热量问题，其性价比也让人难以接受，速度稍快的微型计算机原理及应用处理器价格要高很多。

多核 CPU 就是在基板上集成有多个单核 CPU，早期 PD 双核需要北桥来控制分配任务，核心之间存在抢二级缓存的情况；后期酷睿集成了任务分配系统，再搭配操作系统就能真正同时开工，2 个核同时处理 2 个任务，速度加快了，即便 1 个核死机，另一个还可以继续处理关机、关闭软件等任务。

1.5　微型计算机中数的表示

1.5.1　数制及相互转换

1. 常用计数制

1）计数制

计数制是指用一组固定的符号和统一的规则表示数的方法。r 进制数可以用下式表示：

$$\sum_{i=-m}^{n} a_i r^i = a_{-m} r^{-m} + \cdots + a_{-2} r^{-2} + a_{-1} r^{-1} + a_0 r^0 + a_1 r^1 + \cdots + a_n r^n$$

其中，r 称为数制的基；r^i 称为数制的权，i 为整数。

r 的含义为：① 基为 r 的数制称为 r 进制数；② 该数制数由 r 个不同的符号表示；③ 确定了算术运算时的进位或借位规则，加法时逢 r 进一，减法时借一当 r。

r^i 的含义为：① 表示数字在不同的位置 i 代表的数值是不一样的，每个数字所表示的数值等于它本身乘以该数位 i 对应的权 r^i；② 权是基数的幂。

以十进制为例，十进制数具有下列属性。

（1）r＝10，由 0～9 共 10 个不同的阿拉伯数字表示。

（2）i 位置上的权为 10^i。

（3）加法运算时逢十进一，减法运算时借一当十。

$$十进制数\ 579.43＝5×10^2＋7×10^1＋9×10^0＋4×10^{-1}＋3×10^{-2}$$

2）计算机中常用的计数制

计算机中常用的计数制除上述十进制数外，还有二进制数、八进制数、十六进制数等。它们的部分属性如表 1-1 所示。

表 1-1　计算机中常用的计数制

数　制	基数	数　　码	运算规则	举　例
二进制	2	0、1	逢二进一，借一当二	1011.11
八进制	8	0、1、2、3、4、5、6、7	逢八进一，借一当八	745.64
十进制	10	0、1、2、3、4、5、6、7、8、9	逢十进一，借一当十	9876.54
十六进制	16	0、1、2、3、4、5、6、7、8、9、A、B、C、D、E、F	逢十六进一，借一当十六	0E8A3.B

说明：为了便于计算机识别，当十六进制数的首字符为字母时，前面加数字 0。

（1）不同进制数的区别。

为了区分不同的进制数，书写上有两种方法。

一是用后缀区分二进制数、十进制数、八进制数、十六进制数，其后缀分别用字母 B、D、O、H 表示。如：① 123D 表示十进制数 123，$123D＝1×10^2＋2×10^1＋3×10^0$；② 123O 表示八进制数 123，$123O＝1×8^2＋2×8^1＋3×8^0$；③ 123H 表示十六进制数 123，$123H＝1×16^2＋2×16^1＋3×16^0$。

二是用下标标注，即用括号将数字括起，加以下标标注。如：① 十进制数 123 表示为 $(123)_{10}$；② 八进制数 123 表示为 $(123)_8$；③ 十六进制数 123 表示为 $(123)_{16}$。

（2）二进制数。

二进制数的基数为 2，由 0、1 组成，各个位置上的权为 2^i，小数点左边从右至左其各位的位权依次是 $2^0,2^1,2^2,2^3,\cdots$；小数点右边从左至右其各位的位权依次是 $2^{-1},2^{-2},2^{-3},\cdots$。运算时，逢二进一，借一当二，如 $1011.11B＝1×2^3＋0×2^2＋1×2^1＋1×2^0＋1×2^{-1}＋1×2^{-2}$。

由于二进制数的书写长且不易阅读，因此，在计算机中经常使用与二进制之间转换方便的八进制数和十六进制数。

（3）八进制数。

八进制数的基数为 8，由 0～7 共 8 个数字组成，各个位置上的权为 8^i，小数点左边从右至左其各位的位权依次是 $8^0,8^1,8^2,8^3,\cdots$；小数点右边从左至右其各位的位权依次是 $8^{-1},8^{-2},8^{-3},\cdots$。运算时，逢八进一，借一当八，如 $753.45O＝7×8^2＋5×8^1＋3×8^0＋4×8^{-1}＋5×8^{-2}$。

（4）十六进制数。

十六进制数的基数为 16，由 0～9、A～F 共 16 个符号组成，各个位置上的权为 16^i，小数点左边从右至左其各位的位权依次是 $16^0,16^1,16^2,16^3,\cdots$；小数点右边从左至右其各位的位权依次是 $16^{-1},16^{-2},16^{-3},\cdots$。运算时，逢十六进一，借一当十六，如 0FA3.3BH $=15\times16^2+10\times16^1+3\times16^0+3\times16^{-1}+11\times16^{-2}$。

2. 不同进制数之间的转换

1）其他进制数转换为十进制数

其他进制数转换为十进制数的方法是"按权展开"。如：① 1011.11B $=1\times2^3+0\times2^2+1\times2^1+1\times2^0+1\times2^{-1}+1\times2^{-2}=11.75$D；② 753.4O $=7\times8^2+5\times8^1+3\times8^0+4\times8^{-1}=491.5$D；③ 0FA3.4H $=15\times16^2+10\times16^1+3\times16^0+4\times16^{-1}=4003.25$D。

2）十进制数转换为其他进制数

把十进制数转换为其他进制数的方法有很多种，通常采用的方法有降幂法及乘除法。下面以十进制数转换为二进制数为例加以说明，十进制数转换为八进制数、十六进制数依此类推。

（1）降幂法。其步骤如下。

① 写出所有小于此数的各位二进制权值。

② 用要转换的十进制数减去与它的值最接近的二进制权值。

③ 若够减，相应位记为 1；若不够减，相应位记 0，并恢复该减法实施前的数。

④ 重复②步和③步，直至该数为 0 或达到所需精度为止。

【例 1-1】 把十进制数 117.75 转换成二进制数。

① 小于 117.75D 的二进制权为：

$2^6(64),2^5(32),2^4(16),2^3(8),2^2(4),2^1(2),2^0(1),2^{-1}(0.5),2^{-2}(0.25),\cdots$

②、③、④步重复过程如下。

整数部分为
$$117-2^6=53>0\cdots\cdots a_6=1$$
$$53-2^5=21>0\cdots\cdots a_5=1$$
$$21-2^4=5>0\cdots\cdots a_4=1$$
$$5-2^3=-3<0\cdots\cdots a_3=0$$
$$5-2^2=1>0\cdots\cdots a_2=1$$
$$1-2^1=-1<0\cdots\cdots a_1=0$$
$$1-2^0=0\cdots\cdots a_0=1$$

小数部分为
$$0.75-2^{-1}=0.25>0\cdots\cdots a_{-1}=1$$
$$0.25-2^{-2}=0\cdots\cdots a_{-2}=1$$

转换结果为
$$a_6\,a_5\,a_4\,a_3\,a_2\,a_1\,a_0.a_{-1}\,a_{-2}=1110101.11B$$

（2）乘除法。操作方法为：整数部分除以 2 取余数，直至商为 0 为止；小数部分乘 2 取整，直至积为整数或小数位数达到所需精度为止。结果为：整数部分从左到右为余数的逆序；小数部分从左到右为积的正序。

【例 1-2】 把十进制数 14.625 转换成二进制数。

整数部分为

$$\begin{array}{lll}
\text{商} & \text{余数} & \\
14/2=7\cdots\cdots0 & a_0=0 & \\
7/2=3\cdots\cdots1 & a_1=1 & \\
3/2=1\cdots\cdots1 & a_2=1 & \\
1/2=0\cdots\cdots1 & a_3=1 &
\end{array}$$

小数部分为

$$\begin{array}{lll}
\text{积} & \text{整数} & \\
0.625\times2=1.25 & \cdots\cdots1 & a_{-1}=1 \\
0.25\times2=0.5 & \cdots\cdots0 & a_{-2}=0 \\
0.5\times2=1 & \cdots\cdots1 & a_{-3}=1
\end{array}$$

转换结果为

$$a_3a_2a_1a_0.a_{-1}a_{-2}a_{-3}=1110.101B$$

3）其他进制数之间的转换

（1）二进制数与八进制数之间的转换。

由于八进制数以 2^3 为基，因而二进制数转换为八进制数的方法是：以小数点为界，整数部分向左、小数部分向右每 3 位为一组，用 1 位八进制数表示，不足 3 位的，整数部分高位补 0，小数部分低位补 0。反之，八进制数转换为二进制数的方法是：把每位八进制数用 3 位二进制数表示即可。

【例 1-3】 把 10110.11B 转换为八进制数。

$$10110.11B=\underline{010}\ \underline{110}.\underline{110}B=26.60$$

【例 1-4】 把 27.60 转换为二进制数。

$$27.60=\underline{010}\ \underline{111}.\underline{110}B=10111.11B$$

（2）二进制数与十六进制数之间的转换。

由于十六进制数以 2^4 为基，因此二进制数转换为十六进制数的方法是：以小数点为界，整数部分向左、小数部分向右每 4 位为一组，用 1 位十六进制数表示，不足 4 位的，整数部分高位补 0，小数部分低位补 0。反之，十六进制数转换为二进制数的方法是：把每位十六进制数用 4 位二进制数表示即可。

【例 1-5】 把二进制数 10110.1 转换为十六进制数。

$$10110.1B=\underline{0001}\ \underline{0110}.\underline{1000}B=16.8H$$

【例 1-6】 把十六进制数 5A.7 转换为二进制数。

$$5A.7H=\underline{0101}\ \underline{1010}.\underline{0111}B=1011010.0111B$$

1.5.2 符号数的表示及运算

除上述无符号数外，还有有符号数。数的符号在计算机中也用二进制数表示，通常用二进制数的最高位表示数的符号，0 表示正数，1 表示负数。一个数及其符号在机器中数值化的表示称为机器数，而机器数所代表的数本身称为数的真值。机器数可以用不同的方法表示，常用的编码方式有原码、反码和补码。

1. 有符号数的表示

1）原码

数 X 的原码记作 $[X]_原$，如果机器字长为 n，则原码定义为

$$[X]_{原}=\begin{cases} X, & 0\leqslant X\leqslant 2^{n-1}-1,\\ 2^{n-1}+|X|, & -(2^{n-1}-1)\leqslant X\leqslant 0 \end{cases}$$

当机器字长 n=8 时,有

$$[+0]_{原}=0000\ 0000,\quad [-0]_{原}=1000\ 0000$$
$$[+1]_{原}=0000\ 0001,\quad [-1]_{原}=1000\ 0001$$
$$[+127]_{原}=0111\ 1111,\quad [-127]_{原}=1111\ 1111$$

由上可知,在原码表示中,最高位为符号位,正数为 0,负数为 1。其余 n−1 位表示数的绝对值。原码表示的整数范围是 $-(2^{n-1}-1)\sim+(2^{n-1}-1)$。如 8 位(即 n=8)二进制数原码表示的整数范围为 $-127\sim+127$,16 位(即 n=16)二进制数原码表示的整数范围为 $-32767\sim+32767$。原码表示法简单直观,但符号位不能参与运算。

2)反码

数 X 的反码记作 $[X]_{反}$,如果机器字长为 n,则反码定义为

$$[X]_{反}=\begin{cases} X, & 0\leqslant X\leqslant 2^{n-1}-1\\ (2^n-1)-|X|, & -(2^{n-1}-1)\leqslant X\leqslant 0 \end{cases}$$

当机器字长 n=8 时,有

$$[+0]_{反}=0000\ 0000,\quad [-0]_{反}=1111\ 1111$$
$$[+1]_{反}=0000\ 0001,\quad [-1]_{反}=1111\ 1110$$
$$[127]_{反}=0111\ 1111,\quad [-127]_{反}=1000\ 0000$$

由上可知,在反码表示中,最高位仍为符号位,正数为 0,负数为 1。正数的反码与原码相同;负数的反码是原码的符号位不变,其他各位求反。n 位反码表示整数的范围是 $-(2^{n-1}-1)\sim+(2^{n-1}-1)$。如 8 位(即 n=8)二进制数反码表示的整数范围是 $-127\sim+127$,16 位(即 n=16)二进制数反码表示的整数范围是 $-32767\sim+32767$,与原码相同。

3)补码

数 x 的补码记作 $[X]_{补}$,如果机器字长为 n,则补码定义如下:

$$[X]_{补}=\begin{cases} X, & 0\leqslant X\leqslant 2^{n-1}-1\\ 2^n+|X|, & -(2^{n-1}-1)\leqslant X\leqslant 0 \end{cases}$$

从定义可见,正数的补码与其原码相同,只有负数才有求补码的问题。所以,严格来说,"补码表示法"应称为负数的补码表示法。一个二进制数,以 2^n 为模,它的补码称为 2^n 的补码。所以,补码的定义可以修改为

$$[X]_{补}=\begin{cases} X, & 0\leqslant X\leqslant 2^{n-1}-1\\ 2^n-|X|, & -(2^{n-1}-1)\leqslant X\leqslant 0 \end{cases}$$

当机器字长 n=8 时,有

$$[+0]_{补}=0000\ 0000,[-0]_{补}=2^8-|-0|=0000\ 0000$$
$$[+1]_{补}=0000\ 0001,[-1]_{补}=2^8-|-1|=1111\ 1111$$
$$[+127]_{补}=0111\ 1111,[-127]_{补}=2^8-|-127|=1000\ 0001$$
$$[-128]_{补}=[(-127)+(-1)]_{补}=[-127]_{补}+[-1]_{补}=1000\ 0000$$

由上可知,在补码表示中,最高位仍为符号位,正数为 0,负数为 1。补码表示的整数范围是 $-2^{n-1}\sim+(2^{n-1}-1)$。例如,8 位二进制数补码表示的整数范围是 $-128\sim+127$,16 位二进制数补码表示的整数范围是 $-32768\sim+32767$。8 位二进制数中部分数的原码、反码、补码

如表1-2所示。

表 1-2 原码、反码、补码表

二 进 制 数	无符号数	有 符 号 数		
		原　　码	补　　码	反　　码
0000 0000	0	+0	0	+0
0000 0001	1	+1	+1	+1
0000 0010	2	+2	+2	+2
……	……	……	……	……
0111 1110	126	+126	+126	+126
0111 1111	127	+127	+127	+127
1000 0000	128	−0	−128	−127
1000 0001	129	−1	−127	−126
……	……	……	……	……
1111 1101	253	−125	−3	−2
1111 1110	254	−126	−2	−1
1111 1111	255	−127	−1	−0

2. 码制转换

反码通常作为求补过程的中间形式,所以我们重点介绍原码和补码之间的转换。因正数的原码、反码和补码的表示方法相同,不存在转换问题,故只讨论负数的情况。

1)已知$[X]_原$,求$[X]_补$

方法是部分逐位取反后末位加1。

【例1-7】 已知$[X]_原$=10011010,求$[X]_补$。

$$[X]_原 = 1001\ \ 1010$$
$$求反得\ \ \ \ \ \ 1110\ \ 0101$$
$$+)\ 1$$
$$[X]_补 = 1110\ \ 0110$$

还可以总结出一个更简单的规律:符号位不变,数值部分从低位开始向高位逐位进行求解,即在遇到第一个1以前,包括第一个1按照原码写;第一个1以后逐位取反。

【例1-8】 已知$[X]_原$=10011010,求$[X]_补$。

$$[X]_原 = 1\ 0\ 0\ 1\ 1\ 0\ 1\ 0$$
$$[X]_补 = \underline{1}\ 1\ 1\ 0\ 0\ \underline{1\ 1\ 0}\ (符号不变,数值求反+1)$$
$$\ \ \ \ \ \ \ \ \ 不变\ \ 求反\ \ 不变$$

可见,两种方法所得结果是一样的,读者可用定义对结论进行验证。

2)已知$[X]_补$,求$[X]_原$

由补码的定义,不难得出$[[X]_补]_补 = [X]_原$,所以,由$[X]_补$求$[X]_原$,只要求$[[X]_补]_补$即可。

【例1-9】 已知$[X]_补$=1110 0110,求$[X]_原$。

$$[X]_补 = 1110\ 0110$$
$$[X]_原 = 1001\ 1010(符号不变,数值求反+1)$$

3) 已知$[X]_补$,求$[-X]_补$

求补方法是将$[X]_补$连同符号位一起逐位变反,然后在末位加1,便得到$[-X]_补$。这时要注意的是,不管$[X]_补$是正数还是负数,都应按上述方法进行。

【例1-10】 已知$[X]_补=0101\ 0110$,求$[-X]_补$。

$$[X]_补 = 0101\ 0110,\qquad [+56]_补$$
$$[-X]_补 = 1010\ 1010,\qquad [-56]_补$$

已知$[X]_补$,求$[-X]_补$,在进行补码减法运算时,特别有用。

3. 补码的运算

1) 补码加法

补码加法的规则是:$[X+Y]_补=[X]_补+[Y]_补$,其中,X、Y为正、负数皆可。

【例1-11】 $-9+2=-7$

$$[X]_补 = [-9]_补 = 1\ 1\ 1\ 1\ 0\ 1\ 1\ 1$$
$$+)\quad [Y]_补 = [+2]_补 = 0\ 0\ 0\ 0\ 0\ 0\ 1\ 0$$
$$\overline{\qquad\qquad\qquad 1\ 1\ 1\ 1\ 1\ 0\ 0\ 1\ [-7]_补}$$

2) 补码减法

补码减法规则是:$[X-Y]_补=[X]_补+[-Y]_补$,其中,X、Y为正、负数皆可。

【例1-12】 $5-3=2$

$$[X]_补 = [5]_补 = 0\ 0\ 0\ 0\ 0\ 1\ 0\ 1$$
$$+)\quad [Y]_补 = [-3]_补 = 1\ 1\ 1\ 1\ 1\ 1\ 0\ 1$$
$$\overline{\qquad 1\ 0\ 0\ 0\ 0\ 0\ 0\ 1\ 0\ [+2]_补}$$

丢掉

进行补码的加、减运算时,如果最高位有进位或借位,则自动丢掉。至于这种进位或借位丢失是否会影响结果的正确性,我们将在溢出判断中讨论。

3) 补码运算的溢出判别

如果运算结果超出了计算机能表示的数的范围,则会产生错误的结果,这种情况称为溢出。产生错误结果的原因是溢出时数值的有效位占据了符号位。

【例1-13】 $73+72=145>127$

$$[X]_补 = 0\ 1\ 0\ 0\ 1\ 0\ 0\ 1\quad [+73]_补$$
$$+)\quad [Y]_补 = 0\ 1\ 0\ 0\ 1\ 0\ 0\ 0\quad [+72]_补$$
$$\overline{\qquad 1\ 0\ 0\ 1\ 0\ 0\ 0\ 1\quad [-111]_补\quad 结果错}$$

上例中,参加运算的两个数为正数,结果应为正数。但由于运算结果(145)大于计算机能表示的数的范围(127),使得和的数值部分占据了符号位,计算机把结果变为负数,产生了一个错误结果。

对于字长为n的计算机,它能表示的定点补码范围为$-2^{n-1}\leqslant X\leqslant 2^{n-1}-1$,如果运算结果小于$-2^{n-1}$或大于$2^{n-1}-1$,则发生溢出。判定方法如下。

(1) 加法。

令 $A+B=C$，A、B 的符号位分别为 a_{n-1}、b_{n-1}，C 的符号位为 c_{n-1}，则有如下情况。

① $A>0$，$B>0$，此时，$a_{n-1}=0$、$b_{n-1}=0$，c_{n-1} 也应为 0。若发生溢出，数值的最高位占据了符号位，使 $c_{n-1}=1$。

② $A<0$，$B<0$，此时，$a_{n-1}=1$、$b_{n-1}=1$，c_{n-1} 也应为 1。若发生溢出，数值的最高位占据了符号位，使 $c_{n-1}=0$。

③ A、B 异号，加法时不会产生溢出。

(2) 减法。

对于补码减法，有 $[A]_{补}-[B]_{补}=[A]_{补}+[-B]_{补}$，可将减法运算变为加法运算，因此可按补码加法的溢出判断方法来进行。

上述判断方法不容易由硬件来实现。一般判断计算机定点补码加减法是否溢出，可查看有没有向符号位 c_{n-1} 进位，或符号位的计算结果有没有向进位标志位进位。

1.5.3 计算机中的常用术语和编码

1. 位、字节和字

(1) 位(bit)：音译为比特，表示二进制数的 1 位，是计算机内部数据存储的最小单位。1 个二进制数的位只可以表示为 0 和 1 两种状态。

(2) 字节(Byte)：音译为拜特，1 B 由 8 个二进制位构成(1 B＝8 b)。字节是计算机数据处理的基本单位，使用时需要注意以下几点。

① 可以用大写字母 B 作为汉字"字节"的代用词，例如，"256 字节"可以表示为"256 B"。要注意不可与二进制数的表示相混淆。例如，不应将二进制数"1010B"理解为"1010 字节"。

② 千字节表示为"KB"，即 1 KB＝1024 B。例如，64 KB＝1024×64 B＝65536 B。

③ 有时还会用到半字节(nibble)概念，半字节是 4 位一组的数据类型，它由 4 个二进制位构成。例如，在 BCD 码中常用半字节表示 1 位十进制数。

(3) 字(Word)：计算机一次存取、加 1 和传送的数据长度称为字，不同计算机的字的长度是不同的。例如，80286 微机的字由 2 B 组成，字长为 16。80486 微机的字由 4 B 组成，字长为 32。MCS-51 单片机的字由双字节组成，字长为 16。

2. BCD 码

计算机中的数据处理都是以二进制数运算法则进行的。但由于二进制数对操作人员来说不直观，易出错，因此，在计算机的输入、输出环节，最好能以十进制数形式进行操作。由于十进制数共有 0~9 等 10 个数码，因此，至少需要 4 位二进制数来表示 1 位十进制数。这种以二进制数表示的十进制数的代码称为 BCD(Binary-Coded Decimal)码，亦称"二进码十进数"或"二/十进制代码"。

由于 4 位二进制码共有 $2^4=16$ 种组合关系，如果任选 10 种来表示 10 个十进制数码，则编码方案将有数千种。目前最常用的是按 8421 规则组合的 BCD 码(见表 1-3)。

表 1-3   8421 BCD 码及多进制对照表

十进制数	8421BCD 码	二进制数	八进制数	十六进制数
0	0000B	0000B	0	0
1	0001B	0001B	1	1
2	0010B	0010B	2	2
3	0011B	0011B	3	3
4	0100B	0100B	4	4
5	0101B	0101B	5	5
6	0110B	0110B	6	6
7	0111B	0111B	7	7
8	1000B	1000B	10	8
9	1001B	1001B	11	9
10	无意义	1010B	12	A
11	无意义	1011B	13	B
12	无意义	1100B	14	C
13	无意义	1101B	15	D
14	无意义	1110B	16	E
15	无意义	1111B	17	F

从表 1-3 可以看出,8421 BCD 码和 4 位自然二进制数相似,由高到低各位的权值分别为 8、4、2、1,但它只选用了 4 位二进制码中的前 10 组代码,即用 0000B～1001B 分别代表它所对应的十进制数,余下的 6 组代码不用。

由于用 4 位二进制代码表示十进制的 1 位数,故 1 B 可以表示 2 位十进制数,这种 BCD 码称为压缩的 BCD 码,如 1000 0111 表示十进制数的 87。也可以用 1 B 只表示 1 位十进制数,这种 BCD 码称为非压缩的 BCD 码,如 0000 0111 表示十进制数的 7。

计算机不仅能处理数字信息,也能处理非数字信息。非数字信息在计算机中也以代码的形式存在。一般情况下,计算机依靠输入设备把要输入的字符转换成为一定格式的编码接收进来;输出时则是相反的过程,计算机把相应的字符编码经过转换后传送给输出设备。本节讨论字符编码。在微型计算机中,最常用的是"美国标准信息交换代码"(American Standard Code for Information Inter-change,ASCII 码)和"信息交换用汉字编码"(汉字国际码)。

3. ASCII 码

基本的 ASCII 码有 128 个,其中控制符 32 个,数字 10 个,大写英文字母 26 个,小写英文字母 26 个,以及专用符号 34 个(见图 1-1)。每一个 ASCII 码存放在 1 B 中,低 7 位为有效编码位,最高位可用于校验位或用于 ASCII 码的扩充。扩充后的 ASCII 码有 256 个,除基本的 ASCII 码外,还扩充了 128 个字符和图形符号。

列		0	1	2	3	4	5	6	7
行	位 654 3210	000	001	010	011	100	101	110	111
0	0000	NUL	DLE	SPACE	0	@	P	、	p
1	0001	SOH	DC1	!	1	A	Q	a	q
2	0010	STX	DC2	"	2	B	R	b	r
3	0011	ETX	DC3	#	3	C	S	c	s
4	0100	EOT	DG4	$	4	D	T	d	t
5	0101	END	NAK	%	5	E	U	e	u
6	0110	ACK	SYN	&	6	F	V	f	v
7	0111	BEL	ETB	'	7	G	W	g	w
8	1000	BS	CAN	(	8	H	X	h	z
9	1001	HT	EM	)	9	I	Y	i	y
A	1010	LF	SUB	*	:	J	Z	j	z
B	1011	VT	FSC	+	;	K	[	k	{
C	1100	FF	FS	,	<	L	\	l	|
D	1101	CR	GS	—	=	M	]	m	}
E	1110	SO	RS	。	>	N	ˆ	n	~
F	1111	SI	US	/	?	O		o	DEL

图 1-1　ASCII 码编码图

字符的 ASCII 码可以看作字符的码值,如字符"A"的 ASCII 代码值为 41H,"Z"的 ASCII 代码值为 5AH,利用这个值的大小可以将字符进行排序。后面若有介绍字符串大小的比较,实际上就是比较 ASCII 码值的大小。

4. 汉字编码

用 ASCII 码表示的符号(包括扩展的)共有 256 个,用 1 B(表示范围为 0~255)就足够编码不同的 ASCII 码符号。汉字的数量很多,常用汉字有 6000 多个,要为每个汉字给出一个唯一的编码,则至少需要 16 位($2^{16}=65536$)二进制位。因此,在计算机中,用 2 B 对汉字进行编码。1981 年,我国制定了"信息交换用汉字编码字符基本集(GB 2312—1980)",这个标准中,除汉字外,还收录了一般图形符号、序号、数字、拉丁字母、希腊字母、俄文字母、汉语拼音符号、汉语注音字母符号等,共 7445 个图形字符。其中,汉字 6763 个分为两级:第一级为常用字,共 3755 个;第二级为次常用字,共 3008 个。图形符号为 628 个。每个字符编码均为 2 B,每个字节低 7 位为字符编码,最高位用于校验或汉字标识。整个编码表分成 94 区,每个区有 94 位。区的编码从 1 至 94,由第一个字节标识;位的编号也从 1 至 94,由第二个字节标识。代码中的任何一个图形字符位置都可用它所在的区号与位号标识,标识图形字符位置的区号和位号称为"区位码"。例如,汉字"啊"用 16-01 表示,也可将连字符取消,表示为 1601。常用的汉字编码形式有以下几种。

(1)汉字外部码。汉字外部码即汉字输入码,是汉字输入计算机时使用的编码,如区位码、拼音码、五笔码等。

(2)汉字交换码。汉字交换码也称国标码,是 GB2312-1980 等标准中采用的用于汉字信息处理的交换码。国标码与区位码有简单的换算关系,将区号和位号分别加上 32,就可以得到汉字的国标码,对于汉字"啊"(1601)+(3232)=48D 33D=30H 21H。我们称 1601 为汉字"啊"的区位码,3021 为它的国标码。

(3)机内码。机内码是汉字在机器内表示的编码。为了区别 ASCII 码,汉字机内码的每个字节的最高位均为 1。机内码来源于国标码,把国标码的每个字节的最高位置 1,即成为机内码。"啊"的机内码为:10110000 10100001B=B0A1H。

由于汉字的总数为 60000 多个,是 GB2312—1980 标准收录总数的 10 倍,为此国家标准局又颁布了 GB7589—1987 和 GB7590—1987 汉字标准。此外,还颁布了汉字的第一辅助集——第五辅助集。国际标准化组织 ISO/IEC 10646 提出用 4 B 对全世界的文字信息进行编码,4 B 共有 232 种组合,可达 20 亿个。我国与日本、朝鲜以及中国香港和中国台湾地区联合制定了用 2 B 编码的 CJK 编码,收录了 20000 多个汉字及符号,现已批准成为 GB 13000—2010。随着 Windows 等操作系统的使用,其中的中文版采用了中西文统一编码的方法,称为"Unicode"编码,收录了 27000 个汉字。为了做到与 GB2312-1980 兼容,又能支持两万多个汉字,我国又颁布了《国标汉字扩充码(GKB)》,现已在 Windows 等操作系统中广泛使用。

1.6 单片机概述

单片机就是在一块半导体硅片上集成了中央处理单元(CPU)、存储器(RAM、ROM)、I/O 接口及外围设备(并行 I/O、串行 I/O、定时器/计数器、中断系统、系统时钟电路及系统总线等)的微型计算机。这样一块集成电路芯片具有一台微型计算机的属性,因而称为单片微型计算机,简称单片机。在个人计算机上,这些部分被分成若干块芯片,安装在一个称为主板的印制电路板上。这些部分全被放在一块集成电路芯片中,所以称为单片机。

单片机使用时,通常处于测控系统的核心地位并嵌入其中,国际上,通常把单片机称为嵌入式微控制器(Embedded Micro Controller Unit,EMCU),或微控制器(Micro Controller Unit,MCU)。在我国,大部分工程技术人员还是习惯使用"单片机"这一名称。

单片机具有体积小、成本低等优点。由于单片机具有较高的性价比、良好的控制性能和灵活的嵌入特性,所以单片机在各个领域都获得了极为广泛的应用,它可广泛应用于工业控制单元、机器人、智能仪器仪表、汽车电子系统、武器系统、家用电器、办公自动化设备、金融电子系统、玩具、个人信息终端及通信产品中。

单片机是计算机技术发展史上的一个重要里程碑,标志着计算机正式形成了通用计算机系统和嵌入式计算机系统两大分支。

按照其用途,单片机可分为通用型单片机和专用型单片机等两大类。通用型单片机就是其内部可开发的资源(如存储器、I/O 等各种外围功能部件等)可以全部提供给用户的单片机。用户根据需要,设计一个以通用单片机芯片为核心,配以外围接口电路及其他外围设备,并编写相应的软件来满足各种不同需要的测控系统。通常本书介绍的单片机均是指通用型单片机。专用型单片机是专门针对某些产品的特定用途而制作的单片机。例如,各种家用电器中的控制器等。由于一些特定的用途,单片机芯片制造商常与产品厂家合作,设计和生产专用的单片机芯片。在设计中,由于对专用型单片机系统结构的最简化、可靠性和成本的最优化等方面做了较全面的综合考虑,所以专用型单片机具有十分明显的综合优势。

无论专用型单片机在用途上有多么"专",其基本结构和工作原理都是以通用型单片机为基础的。

1.6.1 单片机的发展历史及趋势

1970 年微型计算机研制成功,随后就出现了单片机。因工艺限制,单片机采用双片的形式而且功能比较简单。Intel 公司于 1971 年推出了 4 位单片机 4004,1972 年推出了雏形 8 位单片机 8008;仙童公司于 1974 年推出了 8 位的 F8 单片机。Intel 公司于 1976 年推出 MCS-48 单片机后,单片机的发展与其相关的技术经历了数次的更新换代,其发展速度每三四年就更新一代、集成度增加 1 倍、功能翻一番。

尽管单片机出现的历史并不长,按其处理的二进制数位数不同,主要可分为 4 位单片机、8 位单片机、16 位单片机和 32 位单片机。但以 8 位单片机的推出为起点,单片机的发展史大致分为 4 个阶段。

第一阶段(1976—1978):初级单片机阶段。以 1976 年 Intel 公司推出的 MCS-48 为代表。这个系列的单片机内集成有 8 位 CPU、I/O 接口、8 位定时器/计数器,寻址范围不大于 4 KB,具有简单的中断功能,无串行口。

第二阶段(1978—1982):单片机完善阶段。这一阶段推出的单片机其功能有较大的增强,能够应用于更多的场合。这个阶段的单片机普遍带有串行 I/O 接口、有多级中断处理系统、16 位定时器/计数器,片内集成的 RAM、ROM 容量加大,寻址范围可达 64 KB,一些单片机片内还集成了 A/D 转换接口。这类单片机的典型代表有 Intel 公司的 MCS-51、Motorola 公司的 6801 和 Zilog 公司的 Z8 等。

第三阶段(1982—1992):8 位单片机巩固发展及 16 位高级单片机发展阶段。在此阶段,尽管 8 位单片机的应用已广泛普及,但为了更好地满足测控系统嵌入式应用的要求,单片机集成的外围接口电路有了更大的扩充。这个阶段单片机的代表为 8051 系列。许多半导体公司和生产厂家以 MCS-51 的 8051 为内核,推出了满足各种嵌入式应用的多种类型和型号的单片机。其主要技术发展如下。

● 外围功能集成:满足模拟量直接输入的 ADC 接口;满足伺服驱动输出的 PWM;保证程序可靠运行的程序监控定时器 WDT(俗称看门狗)。

● 出现了为满足串行外围扩展要求的串行扩展总线和接口,如 SPI、I^2C、1-Wire 单总线等。

● 出现了为满足分布式系统,突出控制功能的现场总线接口,如 CAN Bus 等。

● 在程序存储器方面广泛使用了片内程序存储器技术,出现了片内集成 EPROM、E^2PROM、Flash ROM,以及 Mask ROM、OTP ROM 等各种类型的单片机,以满足不同产品的开发和生产的需要,也为最终取消外部程序存储器扩展奠定了良好的基础。

与此同时,一些公司为了面向更高层次的应用,推出了 16 位单片机,典型代表有 Intel 公司的 MCS-96 系列的单片机。

第四阶段(1993—):百花齐放阶段。现阶段单片机发展的显著特点是百花齐放、技术创新,以满足日益增长的广泛需求,主要包括以下方面。

● 推出适应不同领域需求的单片机系列。单片嵌入式系统的应用是面对最底层的电子技术应用,从简单的玩具、小家电到复杂的工业控制系统、智能仪表、电器控制,以及机器人、个人通信信息终端、机顶盒等。因此,面对不同的应用对象,应不断推出适合不同领域要求的、从简单功能到多功能、全功能的单片机系列。

● 大力发展专用型单片机。早期的单片机是以通用型为主的,随着单片机设计生产技术的提高,其周期缩短、成本下降。同时,许多特定类型电子产品(如家电类产品)的巨大市场需求,也推动了专用型单片机的发展。在这类产品中采用专用型单片机,具有成本低,系统外围电路少,可靠性高,可有效利用资源的优点。因此,专用型单片机也是单片机发展的一个主要方向。

● 致力于提高单片机的综合品质。采用更先进的技术来提高单片机的综合品质,如提高I/O接口的驱动能力、增加抗静电和抗干扰措施、高(低)电压低功耗等。

综观单片机 40 多年的发展过程,预计其今后的发展趋势主要体现在以下几方面。

1. CPU 的改进

增加单片机的 CPU 数据总线宽度。例如,各种 16 位单片机和 32 位单片机,数据处理能力要优于 8 位单片机。另外,8 位单片机内部采用 16 位数据总线,其数据处理能力明显优于一般 8 位单片机。采用双 CPU 结构,可以提高数据处理能力。

2. 存储器的发展

一方面,片内程序存储器普遍采用闪速(Flash)存储器,可不用外扩程序存储器,简化了系统结构。另一方面,加大片内存储容量,目前有的单片机片内程序存储器容量可达 128 KB 甚至更大。

3. 片内 I/O 的改进

有的单片机增加并行口驱动能力,以减少外部驱动芯片;有的单片机可以直接输出大电流和高电压,以便能直接驱动 LED 和 VFD(荧光显示器);有的单片机设置一些特殊的串行 I/O 功能,为构成分布式、网络化系统提供方便。

4. 低功耗化

使单片机 CMOS 化,配置等待状态、睡眠状态、关闭状态等工作方式,降低功耗,消耗电流仅在 μA 或 nA 数量级内,因此可适用于电池供电的便携式、手持式的仪器仪表,以及其他消费类电子产品。

5. 外围电路内装化

单片机系统的单片化是目前发展趋势之一,即众多外围电路全部装入片内。例如,美国Cygnal 公司的 C8051:F020 这款 8 位单片机,内部采用流水线结构,大部分指令的完成时间为 1 个或 2 个时钟周期,峰值处理能力为 25 MI/s,片上集成有 8 通道 A/D 转换器、两路 D/A 转换器、两路电压比较器,内置温度传感器、定时器、可编程数字交叉开关、64 个通用 I/O 接口、电源监测、看门狗、多种类型的串行口(2 个 UART、SPI)等。一块芯片就是一个“测控”系统。

综上所述,单片机正朝着多功能、高性能、高速度、大容量、低功耗、低价格和外围电路内装化的方向发展。

1.6.2 单片机的特点及应用

单片机是集成电路技术与微型计算机技术高速发展的产物,其体积小、价格低、应用方便、稳定可靠,因此给工业自动化等领域带来了重大变革和技术进步。单片机因其体积小、可容易嵌入系统中,因此用来实现各种方式的检测、计算或控制,而一般的微型计算机很难做到。由于单片机本身就是一个微型计算机,因此只要在单片机的外部适当增加一些必要的外围扩展电路,就可以灵活地构成各种应用系统,如工业自动检测监视系统、数据采样系统、自动控制系统、智能仪器仪表等。

单片机之所以能被广泛应用,主要是因为其具有以下特点。

(1) 功能较齐全,抗干扰能力很强,应用可靠。

(2) 简单易学,使用方便,易于普及。单片机技术是一门较易掌握的技术,其应用系统的设计、组装、调试已是一件容易的事情,工程技术人员通过学习可很快掌握相关知识。

(3) 发展迅速,前景广阔。短短几十年,单片机经过 4 位机、8 位机、16 位机、32 位机等几大发展阶段。尤其随着形式多样、集成度高、功能日臻完善的单片机不断问世,单片机在工业控制及工业自动化领域获得长足发展和大量应用。目前,单片机内部结构愈加完美,配套的外围功能部件越来越完善,这为单片机应用系统向更高层次和更大规模的发展奠定了坚实的基础。

(4) 嵌入容易,用途广泛。在单片机出现以后,电路的组成和控制方式都发生了很大变化,因为单片机具有体积小、性价比高、应用灵活性强等特点,完成一套测控系统不再需要大量的分立元件,简化了线路的复杂性,提高了电路的可靠性,并且测控功能的绝大部分都已经由单片机的软件程序实现,因此在嵌入式微控制系统中,单片机具有十分重要的地位。

以单片机为核心的嵌入式控制系统在下述各个领域已得到了广泛应用。

(1) 工业检测与控制。在工业领域,单片机的主要应用有工业过程控制、智能控制、设备控制、数据采样、传输、测试、测量、监控等。在工业自动化领域,机电一体化技术将发挥越来越重要的作用,在这种集机械、微电子和计算机技术为一体的综合技术(如机器人技术)中,单片机发挥着非常重要的作用。

(2) 仪器仪表。目前对仪器仪表的自动化和智能化要求越来越高。单片机的使用有助于提高仪器仪表的精度和准确度,简化结构,减小体积且易于携带和使用,加速仪器仪表向数字化、智能化、多功能化的方向发展。

(3) 消费类电子产品。单片机在家用电器中的应用已经非常普及。目前,家电产品的一个重要发展趋势是不断提高其智能化程度。例如,洗衣机、电冰箱、空调、电风扇、电视机、微波炉、加湿器、消毒柜等,在这些设备中嵌入单片机后,功能和性能大大提高,并实现了智能化、最优化控制。

(4) 通信。在调制解调器、各类手机、传真机、程控电话交换机、信息网络,以及各种通信设备中,单片机已经得到广泛应用。

(5) 武器装备。在现代化的武器装备,如飞机、军舰、坦克、导弹、鱼雷制导、智能武器装备、航天飞机导航系统中,都有单片机嵌入其中。

(6) 各种终端及计算机外围设备。计算机网络终端(如银行终端)以及计算机外围设备(如打印机、硬盘驱动器、绘图机、传真机、复印机等)中都使用了单片机作为控制器。

(7) 汽车电子设备。单片机已经广泛应用于各种汽车电子设备,如汽车安全系统、汽车信息系统、智能自动驾驶系统、卫星汽车导航系统、汽车紧急请求服务系统、汽车防撞监控系统、汽车自动诊断系统以及汽车黑匣子等中。

（8）分布式多机系统。比较复杂的多节点测控系统，常采用分布式多机系统。它一般由若干台功能各异的单片机组成，各自完成特定的任务，它们通过串行通信相互联系、协调工作。在这种系统中，单片机往往作为一个终端机，安装在系统的某些节点上，对现场信息进行实时测量和控制。

综上所述，从工业自动化、自动控制、智能仪器仪表、消费类电子产品等领域，到国防尖端技术领域，单片机都发挥着十分重要的作用。

1.7 MCS-51 系列单片机与 STC 系列单片机

自 20 世纪 80 年代以来，单片机发展迅速，世界一些著名厂商投放市场的产品就有几十个系列，数百个品种，比如 Intel 公司的 MCS-48、MCS-51，Motorola 公司的 6801、6802，Zilog 公司的 Z8 系列，Rockwell 公司的 6501、6502 等。此外，荷兰的 Philips 公司、日本的 NEC 公司、日立公司等也相继推出了各自的产品。尽管机型很多，但是在 20 世纪 80 年代以及 90 年代，在我国使用最多的 8 位单片机还是 Intel 公司的 MCS-51 系列单片机以及与其兼容的单片机（都称为 51 系列单片机）。

1.7.1 MCS-51 系列单片机

MCS 是 Intel 公司单片机的系列符号，如 MCS-48、MCS-51、MCS-96 系列单片机。MCS-51 系列是在 MCS-48 系列基础上于 20 世纪 80 年代初发展起来的，是最早进入我国，并在我国得到广泛应用的单片机主流品种。

MCS-51 系列单片机主要包括：基本型 8031/8051/8751（对应的低功耗型为 80C31/80C51/87C51）和增强型 8032/8052/8752。它们都是 8 位单片机，兼容性强，性价比高，且软硬件应用设计资料丰富，已被我国广大技术人员民所熟悉和掌握。在 20 世纪 80 年代到 90 年代，MCS-51 系列是在我国应用最为广泛的单片机机型之一。

MCS-51 系列品种丰富，经常使用的是基本型和增强型。

（1）基本型的典型产品有 8031/8051/8751。8031 内部包括 1 个 8 位 CPU、128 B 存储器、21 个特殊功能寄存器（SFR）、4 个 8 位并行 I/O 接口、1 个全双工串行口、2 个 16 位定时器/计数器、5 个中断源，但片内无程序存储器，需外扩程序存储器芯片。

8051 是在 8031 的基础上在片内集成 4KB ROM 作为程序存储器，所以 8051 是一个程序容量不超过 4 KB 的小系统。其 ROM 内的程序是公司制作芯片时为用户烧制的，主要用在程序已定制好且大批量生产的单片机产品中。

8751 与 8051 相比，片内集成的 4KB EPROM 取代了 8051 的 4KB ROM 来作为程序存储器。8031 外扩一个 4 KB 的 EPROM 就相当于 8751。

（2）增强型的典型产品有 8032/8052/8752。它们是 Intel 公司在 3 种基本型产品的基础上推出的 52 子系列，其内部存储器增加到 256 B。另外，8052、8752 的片内程序存储器扩展到 8 KB，增强型产品的 16 位定时器/计数器也均增至 3 个，中断源增至 6 个，串行口通信速率提高了 5 倍。

基本型和增强型的 MCS-51 系列单片机片内的基本硬件资源如表 1-4 所示。

表 1-4　基本型和增强型的 MCS-5P 系列单片机片内的基本硬件资源

	型号	片内程序存储器	片内数据存储器/B	I/O 线/位	定时器/计数器/个	中断源个数/个
基本型	8031	无	128	32	2	5
	8051	4 KB ROM	128	32	2	5
	8751	4 KB EPROM	128	32	2	5
增强型	8032	无	256	32	3	6
	8052	8 KB ROM	256	32	3	6
	8752	8 KB EPROM	256	32	3	6

1.7.2　STC 系列单片机

STC 系列单片机是深圳宏晶科技公司研发的基于 8051 内核的新一代增强型单片机，指令代码完全兼容传统 8051 单片机的指令代码。相比传统的 8051 内核单片机，STC 系列单片机在片内资源、性能以及工作速度上都有很大改进，有全球唯一的 ID 号，加密性好，抗干扰性强。尤其采用了基于闪速(Flash)存储器的在线系统编程(ISP)技术，使得单片机应用系统的开发变得简单，无需仿真器或专用编程器就可进行单片机应用系统的开发，同时也便于单片机的学习。

STC 系列单片机产品系列化、种类多，现有超过百种单片机产品，能满足不同单片机应用系统的控制需求。按照工作速度与片内资源配置的不同，STC 系列单片机有若干个系列产品。如按照工作速度可分为 12T/6T 和 1T 系列，其中 12T/6T 系列产品是指一个机器周期可设置 12 个时钟或 6 个时钟，包括 STC89 和 STC90 两个系列；而 1T 系列产品是指一个机器周期仅为 1 个时钟，包括 STC11/10 系列和 STC12/15 等系列。

STC89、STC90 和 STC11/10 系列属于基本配置，而 STC12/15 系列产品则相应地增加了 PWM、A/D 转换和 SPI 等接口模块。在每个系列中包含若干个产品，其差异主要是片内资源数量上的差异。

在进行产品设计选型时，应根据控制系统的实际需求，选择合适的单片机，即单片机内部资源要尽可能地满足控制系统的要求，且要减少外部接口电路，同时，选择片内资源时应遵循够用原则，以保证单片机应用系统具有最高的性价比和可靠性。

1.8　其他常见系列单片机

1.8.1　AT89 系列单片机

20 世纪 80 年代中期以后，Intel 公司的精力集中在高档 CPIT 芯片的开发、研制上，淡出了单片机芯片的开发和生产。MCS 51 系列设计上的成功，以及较高的市场占有率，已成为许多厂家等竞相选用的对象。

Intel 公司以专利形式将 8051 内核技术转让给 Atmel、Philips、Cygnal、Analog、LG、ADI、Maxim、Dallas 等公司,这些公司生产的兼容机与 8051 单片机兼容,采用 CMOS 工艺,因而常用 80C51 系列单片机来统称所有这些具有 8051 指令系统的单片机,这些兼容机的各种衍生品种又称 51 系列单片机或简称为 51 单片机。若在 8051 单片机的基础上又增加一些功能模块,则称为增强型或扩展型子系列单片机。

在众多的衍生机型中,Atmel 公司的 AT89C5X/AT89S5x 系列,尤其是 AT89C51/AT89S51 和 AT89C52/AT89S52 在 8 位单片机市场中占有较大的市场份额。Atmel 公司在 1994 年以 E²PROM 技术与 Intel 公司的 80C51 内核的使用权进行交换。Atmel 公司的技术优势是闪速存储器技术,将闪速存储器技术与 80C51 内核相结合,形成了片内带有闪速存储器的 AT89C5x/AT89S5x 系列单片机。

AT89C5x/AT89S5x 系列与 MCS-51 系列在原有功能、引脚,以及指令系统方面完全兼容。此外,某些品种又增加了一些新的功能,如看门狗定时器 WDT、ISP 及 SPI 串行口技术等。片内闪速存储器允许在线(+5 V)电擦除、电写入,或使用编程器对其重复编程。另外,AT89C5x/AT89S5x 单片机还支持由软件选择的两种节电工作方式,非常适于低功耗的场合。与 MCS-51 系列的 87C51 单片机相比,AT89C51/AT89S51 单片机片内的 4 KB 闪速存储器取代了 87C51 片内的 4KB EPROM。AT89S51 片内的闪速存储器可在线编程或使用编程器重复编程,且价格较低。

AT89S5x 的 S 档系列机型是 Atmel 公司继 AT89C5x 系列之后推出的新机型,代表性产品为 AT89S51 和 AT89S52。基本型的 AT89C51 与 AT89S51 以及增强型的 AT89C52 与 AT89S52 的硬件结构和指令系统完全相同。

使用 AT89C51 的系统,在保留原来软硬件的条件下,完全可以用 AT89S51 直接替换。

与 AT89C5x 系列相比,AT89S5x 系列的时钟频率以及运算速度有了较大的提高,例如,AT89C51 工作频率的上限为 24 MHz,而 AT89S51 的则为 33 MHz。AT89S51 片内集成有双数据指针 DPTR、看门狗定时器,采用低功耗空闲工作方式和掉电工作方式。目前,AT89S5x 系列已逐渐取代 AT89C5x 系列。

在我国,除 8 位单片机得到广泛应用外,16 位单片机也受到了广大用户的青睐,例如,美国 TI 公司的 16 位单片机 MSP430 和中国台湾的凌阳 16 位单片机。本身带有 A/D 转换器,一块芯片就构成了一个数据采样系统,这使得其设计起来非常方便。尽管如此,16 位单片机还远远没有 8 位单片机应用那么广泛和普及,因为目前的主要应用中,8 位单片机的性能已能够满足大部分的实际需求,而且 8 位单片机的性价比也较高。

在众多厂家生产的各种不同的 8 位单片机中,与 MCS-51 系列单片机兼容的各种 51 单片机,目前仍然是 8 位单片机的主流品种,若干年内仍是自动化、机电一体化、仪器仪表、工业检测控制应用的主角。

1.8.2 AVR 系列单片机

除了 51 单片机外,目前应用较广泛的是 AVR 系列与 PIC 系列单片机,它们具备独特技术,受到广大设计工程师的关注。

AVR 系列是 1997 年 Atmel 公司挪威设计中心的 Alf-Egil Bogen 与 Vegard Wollan 共同研发出的精简指令集计算机(RISC)的高速 8 位单片机,简称 AVR。

AVR 系列单片机的特点如下。

(1) 高速、高可靠性、功能强、低功耗和低价位。

早期单片机采取稳妥方案,即采用较高的分频系数对时钟分频,使指令周期长,执行速度慢。之后的单片机虽采用提高时钟频率和减小分频系数等措施,但这种状态并未彻底改观(例如 51 单片机)。虽有某些精简指令集计算机问世,但依旧沿袭对时钟分频的作法。

AVR 单片机的推出,彻底打破了这种旧的设计格局,废除了机器周期,抛弃了复杂指令集计算机(CISC)追求指令完备的做法。采用精简指令集计算机,以字作为指令长度单位,将操作数与操作码安排在一个字中,指令长度固定,指令格式与种类相对较少,寻址方式也相对较少,且绝大部分指令都为单周期指令,取指周期短,又可预取指令,可实现流水作业,故可高速执行指令。当然,这种"高速度"是以高可靠性来作为保障的。

(2) 片内闪速存储器能给用户的开发带来方便。

AVR 单片机片内大容量的存储器不仅能满足一般场合的使用要求,也能更有效地支持使用高级语言开发系统程序,并可像 MCS-51 单片机那样扩展外部存储器。

(3) 丰富的片内外设。

AVR 单片机片内有定时器/计数器、看门狗、低电压检测电路 BOD、多个复位源(自动上/下电复位、外部复位、看门狗复位、BOD 复位),可设置的启动后延时运行程序增强了单片机应用系统的可靠性。其片内还有多种串口,如通用的异步串行口(UART)、面向字节的高速硬件串行口 TWI(与 I²C 口兼容)、SPI。此外,还有 A/D 转换器、PWM 等部件。

(4) I/O 接口功能强、驱动能力大。

AVR 的工业级产品具有大电流(最大可达 40 mA)、驱动能力强等优点,省去了功率驱动器件,可直接驱动固态继电器(SSR)或晶闸管继电器。

AVR 单片机的 I/O 接口能正确反映 I/O 接口输入、输出的真实情况。I/O 接口的输入可设定为三态高阻抗输入或带上拉电阻输入,以便满足各种多功能 I/O 接口应用的需要,具备 10～20 mA 灌电流的能力。

(5) 低功耗。

AVR 单片机具有省电功能(PowerDown)及休眠功能(Idle)等低功耗工作方式的优点。一般耗电在 1～2.5 mA 内;典型功耗为 WDT 关闭时 100 nA,更适用于电池供电。有的器件最低 1.8 V 即可工作。

(6) 在线编程。

AVG 单片机支持程序的在系统编程(In System Program,ISP),即在线编程,开发门槛较低。只需一条 ISP 并口下载线,就可以把程序写入 AVR 单片机,因此,使用 AVR 门槛低、花钱少。其中 ATmega 系列还支持在线应用编程(IAP,可在线升级或销毁应用程序)。

(7) 程序保密性好。

AVR 单片机具有不可破解的位加密锁(Lock Bit)技术,且具有多重密码保护锁死(Lock)功能,可使用户编写的应用程序不被读出。

AVR 单片机系列齐全,有三个档次,可满足不同用户的各种要求。

低档 Tiny 系列:Tiny11/12/13/15/26/28 等。

中档 AT90S 系列:AT90S1200/2313/8515/8535 等。

高档 ATmega 系列:ATmega8/16/32/64/128(存储容量为 8/16/32/64/128 KB)以及 ATmega8515/8535 等。

1.8.3 PIC 系列单片机

美国 Microchip 公司的产品,其特性如下。

(1) 最大的特点是从实际出发,重视性价比,已经开发出了多种型号的产品来满足应用的需求。PIC 系列从低到高有几十个型号,在满足用户需求的前提下,可保证产品最高的性价比。例如,一辆摩托车的点火器需要一个 I/O 较少、存储器及程序存储空间不大、可靠性较高的小型单片机,若用 40 引脚功能强大的单片机,投资大,使用也不方便。PIC12C508 单片机仅有 8 个引脚,是世界最小的单片机,具有 512B ROM、25B RAM、1 个 8 位定时器、1 根输入线、5 根 I/O 线,价格非常便宜,用于摩托车点火器非常适合。而 PIC 的高档型,如 PIC16C74(尚不是最高档型号)有 40 个引脚,其内部资源为 4KB ROM、192B RAM、8 路 A/D 转换器、3 个 8 位定时器、2 个 CCP 模块、3 个串行口、1 个并行口、11 个中断源、33 个 I/O 脚,可以和其他品牌的高档型号媲美。

(2) 精简指令集使执行效率大为提升。PIC 系列 8 位单片机采用精简指令集计算机(RISC)技术,以及数据总线和指令总线分离的哈佛总线(Harvard)结构,指令单字长,且允许指令代码的位数可多于 8 位的数据位数,这与传统的采用复杂指令集计算机(CISC)结构的 8 位单片机相比,可以达到 2∶1 的代码压缩比,速度可提高 4 倍。

(3) 优越的开发环境。51 系列单片机的开发系统大都采用高档型号仿真,实时性不理想。PIC 系列在推出一款新型号单片机的同时,也推出相应的仿真芯片,所有的开发系统由专用的仿真芯片支持,实时性非常好。

(4) 其引脚具有防瞬态能力,通过限流电阻可以接至 220 V 交流电源,可直接与继电器控制电路相连,无须光电耦合器隔离,给应用带来了极大方便。

(5) 保密性好。PIC 以保密熔丝来保护代码,用户在烧入代码后熔断熔丝,别人再也无法读出,除非恢复熔丝。目前,PIC 采用熔丝深埋工艺,恢复熔丝的可能性极小。

(6) 片内集成了看门狗定时器,可以采用提高程序运行的可靠性。

(7) 设有休眠和省电工作方式。可大大降低系统功耗并可采用电池供电。

PIC 单片机分低档型、中档型和高档型等三类。低档型 8 位单片机有 PIC12C5XXX/16C5X 系列。中档型 8 位单片机有 PIC12C6XX/PIC16CXXX 系列。高档型 8 位单片机有 PIC17CXX 系列。

1.9　本章小结

本章介绍了有关单片机的基本概念、特点、发展历史与趋势以及应用领域,并对当前主流的 MCS-51 系列单片机与 STC 系列单片机进行了简要概述,同时介绍了其他常见系列的单片机。

习　　题

1. 简述微型计算机发展史。

2. 简述微型计算机的主要性能指标。

3. BCD 码与二进制数有何区别?

4. 如何从补码判断真值的符号?

5. 将下列二进制数转换成等值的十进制数。

(1) $(01101)_2$;　　　　　　　　(2) $(10010)_2$;

(3) $(10010111)_2$;　　　　　　(4) $(1101101)_2$。

6. 将下列二进制小数转换成等值的十进制数。

(1) $(101.011)_2$;　　　　　　　(2) $(110.101)_2$;

(3) $(0110.1001)_2$;　　　　　(4) $(101100.110011)_2$。

7. 将下列十六进制数转换成等值的二进制数。

(1) $(8C)_{16}$;　　　　　　　　(2) $(3B.5A)_{16}$;

(3) $(10.00)_{16}$;　　　　　　(4) $(123.ABD)_{16}$。

8. 补码运算:若 $X=-63$,$Y=+127$,求 $[X]_补$,$[-Y]_补$,$[X-Y]_补$,$[-X+Y]_补$,$[-X-Y]_补$。

9. 什么是单片机? STC 单片机有哪几大系列?

10. 单片机与普通微型计算机有什么不同?

第 2 章　单片机应用系统开发简介

2.1　集成开发环境 Keil μViSion4 简介

当前主流的 C51 程序开发是在 Keil μVision4 开发环境下进行的,下面先介绍该开发环境。Keil μVision4 集成开发环境是 Keil Software 公司于 2009 年 2 月发布的,用于在微控制器和智能设备上创建、仿真和调试嵌入式应用。Keil μVision4 引入灵活的窗口管理系统,使开发人员能够使用多台监视器,能够拖放到窗口的任何地方。新的用户界面可以更好地利用屏幕空间和更有效地组织多个窗口,提供一个整洁、高效的环境来开发应用程序。新版本支持最新的 ARM 芯片,还添加了一些新功能。2011 年 3 月,ARM 公司发布的最新集成开发环境 Real View MDK 开发工具中集成了最新版本的 Keil μVision4,其编译器、调试工具能完美地与 ARM 器件进行匹配。

2.1.1　Keil μVision4 运行环境介绍

STC 单片机应用程序的开发与在 Windows 系统中运行的项目工程开发有所不同。Windows 系统编译程序后会生成后缀名为 .exe 的可执行文件,该文件能在 Windows 环境下直接运行;而 STC 单片机编译的目标文件为 .hex 文件,该文件包含了在单片机上可执行的机器代码,这个文件经过烧写软件下载到单片机的闪速存储器中就可以运行。

在 Keil μVision4 中新建工程的具体步骤如下。

(1) 双击快捷键图标,进入 Keil μVision4 集成开发环境,出现如图 2-1 所示的窗口。

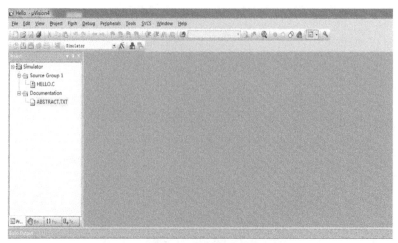

图 2-1　启动 Keil 软件初始的编辑页面

（2）建立一个新工程，单击"Project"下拉菜单的"New μVision Project"选项，如图 2-2 所示。

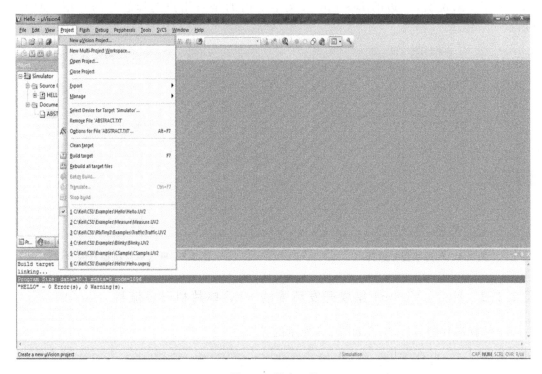

图 2-2　新建工程

（3）选择工程保存路径，输入过程文件名，然后单击"保存"按钮，如图 2-3 所示。

图 2-3　保存工程

（4）保存后会弹出一个对话框，这时用户可以选择单片机的各种型号，如图 2-4 所示。

（5）对话框中不存在 STC89C52，因为 C51 内核单片机具有通用性，在这里选择 Atmel 的 AT89C52 来说明，右边的 Description 文本框内的是对用户选择芯片的介绍，如图 2-5 所示。

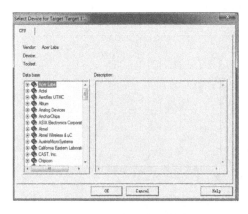

图 2-4　单片机型号选择

图 2-5　所选单片机型号的介绍

2.1.2　Keil μVision4 集成开发环境的 STC 单片机开发流程

（1）选择芯片型号后，生成如图 2-6 所示的界面。

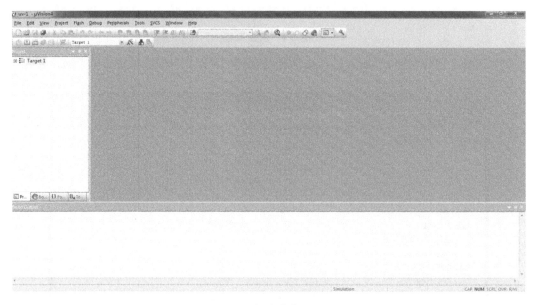

图 2-6　新生成的页面

（2）在工程里添加用于写代码的文件，这时单击"File"里的"New"或者单击界面快捷图标，生成文件，如图 2-7 所示。

（3）保存新生成的文件，注意应保存在第 2.1.1 节中存储的工程里。如果用 C 语言编写程序，则后缀名为.C；如果用汇编语言编写程序，则后缀名为.asm。此时文件名可与工程名不同，用户可任意填写，这里以 C 程序作为示例，如图 2-8 所示。

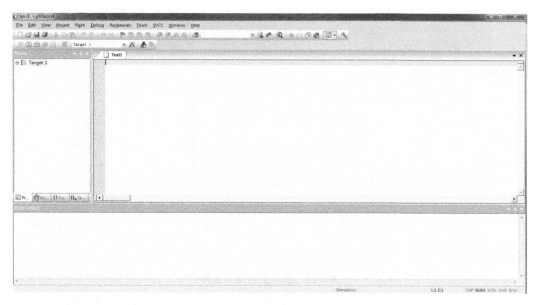

图 2-7　新生成的文件

（4）保存文件后，单击界面左侧栏中 Target 1 前面的 ⊞ 图标，选中 Source Group 1 后右击，选择"Add Files to Group'Source Group 1'"选项，将文件加入工程，如图 2-9 所示。

图 2-8　保存新生成的文件

图 2-9　将文件加入工程

（5）加入文件后弹出"Add Files to Group'Source Group 1'"对话框，如图 2-10 所示。单击"Add"按钮，可添加文件，之后若再单击"Add"按钮，将出现提示音表示已经加入文件，不需要再加入，单击"Close"按钮，即完成加入文件并退出该对话框。

（6）完成加入文件后，单击 Source Group 1 前面的 ⊞ 图标，即界面左侧栏中的 ⊞ ▢ Source Group 1 ，单击后如图 2-11 所示。

（7）本例中编写了单片机控制流水灯亮灭的程序，代码编写完成后，对程序进行编译，图标 所示功能为编译当前程序，图标 所示功能为编译修改过的程序，图标 所示功能为重新编译当前程序。图 2-12 所示的为编译后输出信息窗口显示的结果。

（8）单击 图标，弹出如图 2-13 所示的对话框，单击"Output"选项卡，勾选"Create HEX File"选项后，单击 图标，如图 2-14 所示，即单片机可执行文件。

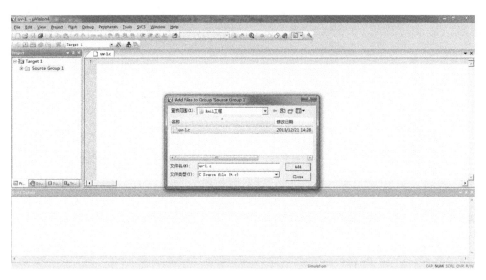

图 2-10　选中文件加入工程

图 2-11　文件加入工程后的编程页面

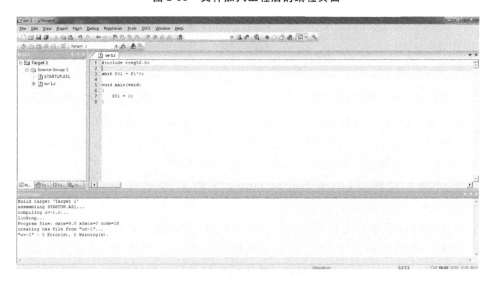

图 2-12　编译后输出信息窗口显示的结果

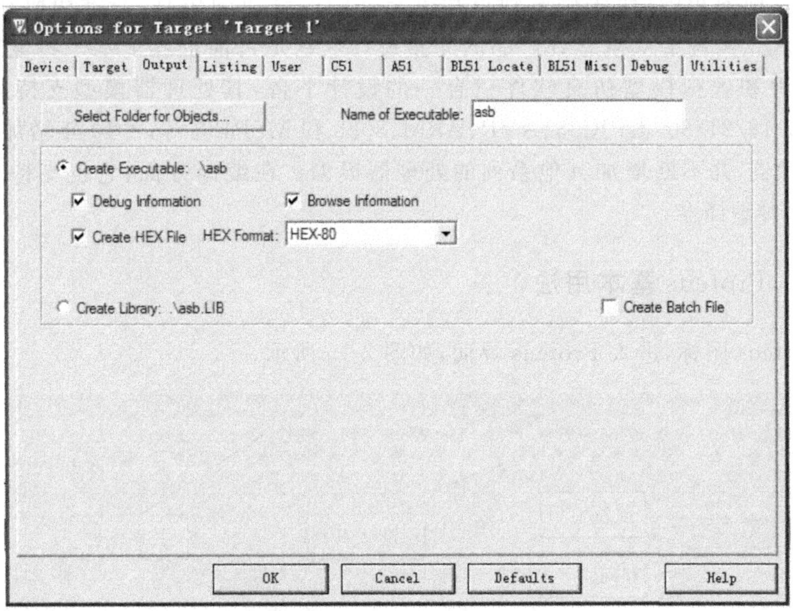

图 2-13 勾选"Create HEX File"

图 2-14 生成 HEX 文件

2.2 集成开发工具 Proteus 7 Professional 简介

Proteus 软件是英国 Lab Center Electronics 公司发布的 EDA 工具软件。它不仅具有其他 EDA 工具软件的仿真功能,还能仿真单片机及外围器件。它是目前最好的仿真单片机及外围器件的工具。虽然目前在国内的推广刚起步,但已受到单片机爱好者、从事单片机教学的教师、致力于单片机开发应用的科技工作者的青睐。Proteus 是世界上著名的 EDA 工具(仿真软件),从原理图布图、代码调试到单片机与外围电路协同仿真,一键切换到印制电路板(PCB)设计,真正实现了从概念到产品的完整设计。它是目前世界上唯一将电路仿真软件、PCB 设计软件和虚拟模型仿真软件三合一的设计平台,其处理器模型支持 8051、HC11、PIC10/12/16/18/24/30/dsPIC33、AVR、ARM、8086 和 MSP430 等,2010 年增加了 Cortex 和 DSP 系列处理器,并不断增加其他系列的处理器模型。在编译方面,它也支持 IAR、Keil 和 MPLAB 等多种编译器。

2.2.1 Proteus 基本用法

单击 Proteus 图标,进入 Proteus 界面,如图 2-15 所示。

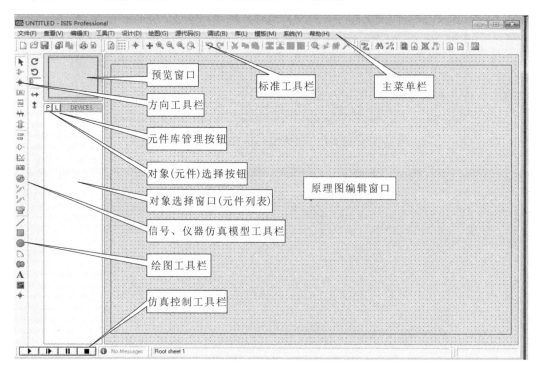

图 2-15 Proteus 主界面

1. 原理图编辑窗口

元器件放置在编辑区内,可以用预览窗口来调节原理图的可视范围。

2. 预览窗口

预览窗口可显示两种内容:一种是当你选中某一个元器件时,它会显示该元器件的预览图;另一种是当光标落在原理图编辑窗口(即放置元器件到原理图编辑窗口后或在原理图编辑窗口中单击)时,它会显示整张原理图的缩略图,并会显示一个绿色的方框,绿色方框里的内容就是当前原理图编辑窗口中显示的内容,因此,可用光标在它上面单击来改变绿色方框的位置,从而改变原理图的可视范围。

3. 信号、仪器仿真模型工具栏

(1) 主要模型(Main Modes)工具。其主要作用包含以下几方面。

① 选择元器件(Components)(默认选择的)。

② 放置连接点。

③ 放置标签(用总线时会用到)。

④ 放置文本。

⑤ 绘制总线。

⑥ 放置子电路。

⑦ 即时编辑元件参数(先单击该图标,再单击要修改的元器件)。

(2) 配件(Gadgets),主要包含以下几种。

① 终端接口(Terminals):有 V_{CC}、地、输出、输入等接口。

② 器件引脚:用于绘制各种引脚。

③ 仿真图表(Graph):用于各种分析,如 Noise Analysis。

④ 录音机。

⑤ 信号发生器(Generators)。

⑥ 电压探针:使用仿真图表时要用到。

⑦ 电流探针:使用仿真图表时要用到。

⑧ 虚拟仪表:如示波器等。

(3) 二维图形(2D Graphics)。

① 画各种直线。

② 画各种方框。

③ 画各种圆。

④ 画各种圆弧。

⑤ 画各种多边形。

⑥ 画各种文本。

⑦ 画符号。

⑧ 画原点等。

4. 对象选择窗口(元件列表)

对象选择窗口(元件列表)用于挑选元器件(Components)、终端接口(Terminals)、信号发生器(Generators)、仿真图表(Graph)等。例如,当选择"元器件"时,单击"P"按钮会打开挑选元器件对话框,单击可以看到元器件模型,双击选择一个元器件(单击了"OK"按钮)后,该元器件会在元器件列表中显示出来,以后要用到该元器件时,只需在元器件列表中选择即可。

5. 方向工具栏(Orientation Toolbar)

(1) 旋转:旋转角度只能是90°的整数倍。

(2) 翻转:完成水平翻转和垂直翻转。

(3) 使用方法:先右击元器件,再单击相应的旋转图标。

6. 仿真控制工具栏

仿真控制工具栏的作用如下。

(1) 运行。

(2) 单步运行。

（3）暂停。

（4）停止。

7．操作简介

（1）绘制原理图。

绘制原理图要在原理图编辑窗口内完成。按下左键拖动并放置元器件；单击选择元器件；双击右键删除元器件；单击选中画框，选中部分变红，再用左键拖动选择多个元器件；双击编辑元器件属性；选择即可按住左键拖动元器件；连线用左键，删除用右键；改连接线（先右击连线，再左键拖动）；滚动是缩放，单击可移动视图。

（2）定制自己的元器件。

有两种实现途径，一种是用 Proteus VSM SDK 开发仿真模型，并制作元器件；另一种是在已有的元器件基础上进行改造。

（3）Sub-Circuits 应用。

用一个子电路可以把部分电路封装起来，这样可以节省原理图窗口的空间。

2.2.2　实例分析

本例是利用单片机最小系统来控制 LED 亮灭。

打开 Proteus 软件，如图 2-16 所示。

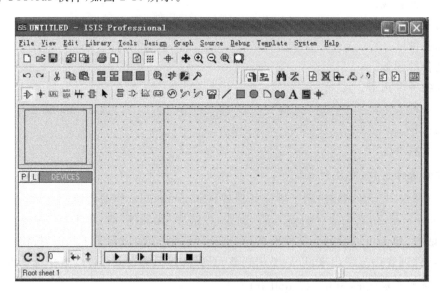

图 2-16　打开 Proteus 界面

添加元器件到元器件列表中，本例要用到的元器件有 STC89C52、CAP、CAP-ELEC、CRYSTAL、LED-YELLOW、RES。

单击 PL DEVICES 按钮，出现挑选文件对话框，如图 2-17 所示。

相继在对话框中输入元器件名称，如图 2-18 所示。

将元器件添加到原理图编辑区，在对象选择窗口（元件列表）双击元器件，然后放置到编辑区中，如图 2-19 所示。

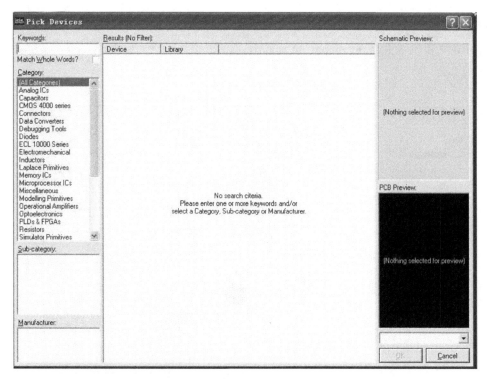

图 2-17 查找元器件

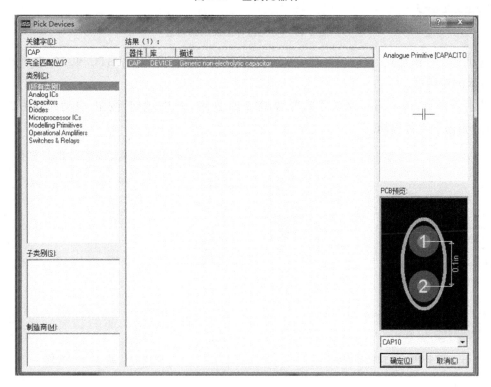

图 2-18 选择元器件

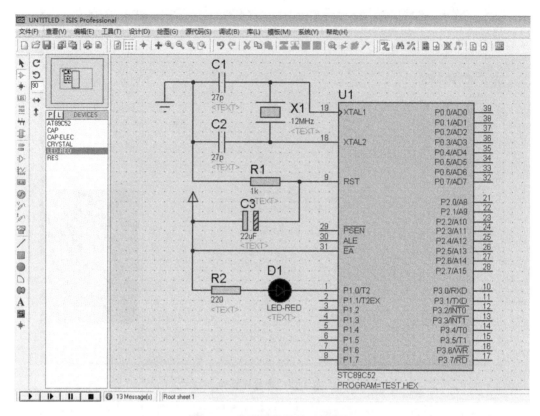

图 2-19 将元器件添加到编辑区

将机器文件添加到 STC 单片机内部，使原理图正常工作，双击 STC89C52，会弹出如图 2-20 所示的对话框。

单击 图标，选中.hex 文件并单击，如图 2-21 所示，单击"确定"按钮，自动回到图 2-20 所示界面，则添加文件成功。

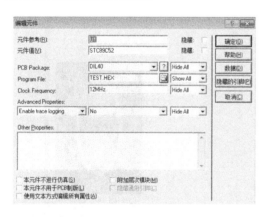

图 2-20 添加机器文件

图 2-21 添加.hex 文件

然后单击 按钮，开始运行，结果如图 2-22 所示。

以上就是利用单片机最小系统来控制 LED 亮灭的仿真过程。

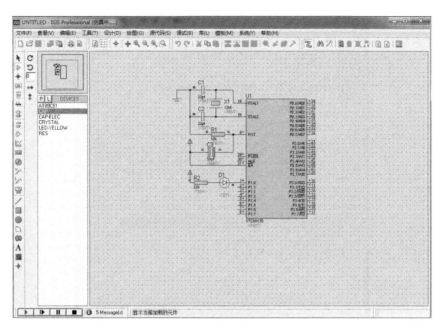

图 2-22 程序在仿真图上运行

2.3 Keil μVision4 与 Proteus 7 Professional 的联调

（1）把 Proteus 7 中的 VDM51. dll 复制到 X:\Program Files\Keil\C51\BIN 里（X 是 Keil 安装的盘符），如图 2-23 所示。

图 2-23 找出 VDM51. dll

（2）用记事本打开 Keil 目录下的 tools. ini，在[C51]栏目下加入 TDRV9＝BIN\VDM51. dll（"Proteus VSM Monitor-51 Driver"），其中，"TDRV9"的"9"要根据实际情况写，不要与原来的重复。还有双引号内的文字其实就是在 Keil 文件里显示的文字，所以也可以自己定义，如图 2-24 所示。

（3）单击菜单栏的"Project"→"Options for Target"选项或者单击工具栏的"Option for Target"按钮，弹出"Option for Target 'Target 1'"对话框，选择"Debug"选项卡，选择"Use"选项，从该选项后面的下拉菜单中选择"Proteus VSM Monitor-51 Driver"选项，如图2-25所示。

（4）在 Proteus 中单击菜单栏"Debug"→"Use Remote Debug Monitor"选项，如图 2-26 所示。

图 2-24 用记事本打开 tools.ini

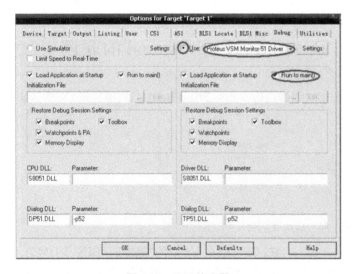

图 2-25 Keil 的设置

图 2-26 远程调试监控

以上为联调的步骤。接下来请重新编译、链接、生成可执行文件就可。

2.4 Proteus ISIS 模块应用举例

2.4.1 ISIS 原理图仿真模块应用举例

图 2-27 所示的是一个基于 STC80C52 单片机的小系统,该系统由 8 位 LED 发光二极管

流水灯电路和 8 位 7 段 LED 数码显示屏电路构成,其中流水灯和数码显示屏的字段显示由 P0 口控制,8 位显示屏的位控制由 P2 口通过 74LS244 驱动芯片完成。图中,U3-MAX232 串行口电平转换芯片连接 9 针接口插座,用于个人计算机向单片机小系统板下载汇编语言或 C 语言编译后的 HEX 代码程序,也可以做串口通信使用。

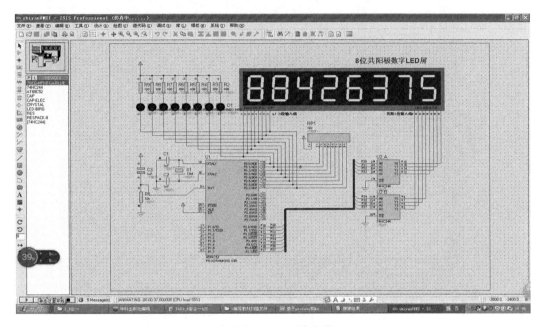

图 2-27　STC89C52LED 显示与程序下载电路图

为了完整描述从原理图仿真运行到 PCB 设计生成的全过程,特将电路简化成 1 位数字 LED 显示加按键计数功能电路。

计数显示器电路原理图如图 2-29 所示,其功能是对按键 BUT 的按压次数进行计数,并将结果显示在 2 位数码显示管上。下面利用 ISIS 介绍电路设计与程序调试的主要步骤。

1. 启动 ISIS

启动 ISIS 后,可打开如图 2-28 所示的 ISIS 工作界面。

从图 2-28 可以看出,ISIS 工作界面完全是 Windows 软件风格,主要包括标题栏、主菜单、标准工具栏、状态栏、预览对象方位控制按钮、仿真进程控制按钮、对象选择器窗口、原理图编辑窗口和预览窗口等。

2. 绘制电路原理图

从 ISIS 的元器件库中选择所需的元器件,并放置在原理图编辑窗口中。利用 ISIS 的布线功能在元器件之间连线,可形成如图 2-29 所示的电路原理图,以 ＊.dsn 格式保存设计文件。

3. 输入单片机汇编程序

利用 ISIS 的源文件编辑功能输入汇编语言源程序,并以 ＊.asm 格式保存源程序文件,如图 2-30 所示。

汇编语言源程序如下。

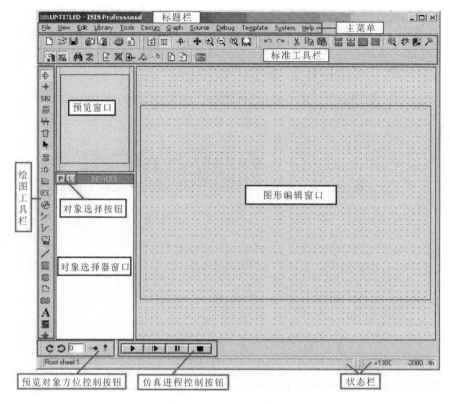

图 2-28　ISIS 工作界面

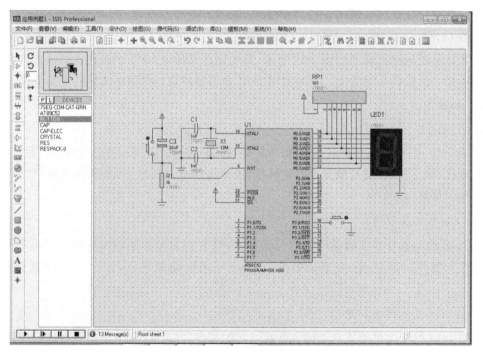

图 2-29　完成的电路原理图

```
            COUNT   EQU   20H
            BUTTOM  EQU   P3.0
                    ORG   0000H
                    LJMP  0030H
                    ORG   0030H
BRGIN:      MOV     COUNT,#00H      ;设置计数初值 0
            MOV     A,COUNT
DISPLED:    MOV     DPTR,#TABLE     ;设置共阴极 led 表
                                     头地址
            MOVC    A,@A+DPTR       ;根据 A 值查表
            MOV     P0,A
            JB      BUTTOM,$        ;等待按键按下
            JNB     BUTTOM,$        ;等待按键释放
            INC     COUNT           ;计数器+1
            MOV     A,COUNT
            CJNE    A,#10,DISPLED   ;判断到 10 否
            LJMP    BRGIN           ;程序从头开始
TABLE:DB 3FH,06H,5BH,4FH,66H,6DH,7DH,07H,7FH,6FH
            END
```

图 2-30 完成的汇编语言源程序

4. 进行源代码调试

利用 ISIS 的代码调试功能对保存的源程序进行语法和逻辑错误检查,直至程序编译和调试成功为止,以 *.hex 格式保存可执行文件。图 2-31 所示的为调试过程中用到的调试工具窗口。

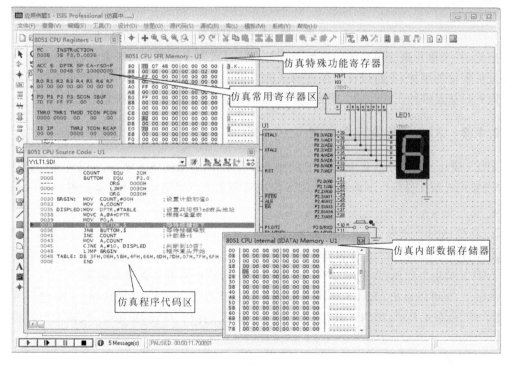

图 2-31 源代码调试过程

5. 仿真运行

将形成的 x. hex 文件加载到电路的单片机属性里,启动仿真运行功能即可观察到具有真实运行效果的仿真结果,如图 2-32 所示。单击图中"BUTTON"按钮,数码管的显示值可以实时发生变化,其效果如同在真实电路板上的实验一样。

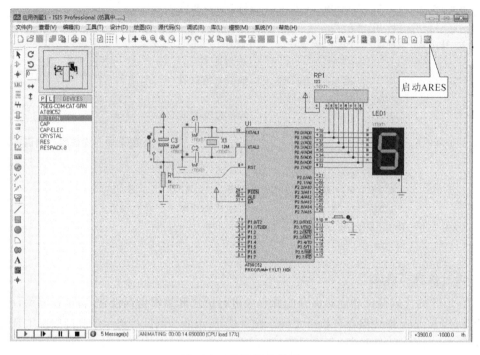

图 2-32　仿真运行效果

至此,一个单片机应用系统的典型设计与调试过程宣告结束。一般来讲,随着单片机应用系统复杂程度的增加,电路设计与程序调试的工作量会明显增加,要求设计者必须熟练掌握基础知识和具备足够的工作经验。因此,单片机学习需要采用理论与实践相结合的方法。

2.4.2　ARES 模块应用举例

ARES 模块的主要功能是完成 PCB 的相关设计工作,包括网络表导入、元器件布局、布线、覆铜,以及输出光绘文件等。下面利用 ARES 模块对第 2.4.1 节完成的计数显示器电路进行 PCB 设计。

1. 启动 ARES 模块

在计数显示器的 ISIS 工作界面(见图 2-28)上,选择"工具"→"网表到 ARES"菜单项即可启动 ARES 模块工作界面(见图 2-33),并将计数显示器电路网络表导入进来。

从图 2-33 可以看出,ARES 模块的编辑界面也具有 Windows 软件风格,主要包括预览窗口、菜单栏、命令工具栏、编辑工具栏、列表窗口、图层选择栏、旋转/镜像栏、编辑工作区和状态栏等。

2. 元器件布局

利用 ARES 模块提供的手工布局或自动布局功能可以将计数显示器原理图中的元器件

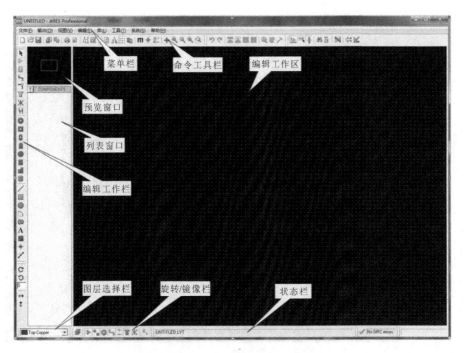

图 2-33 ARES 工作界面

安置在代表电路板大小的框线内,如图 2-34 所示。

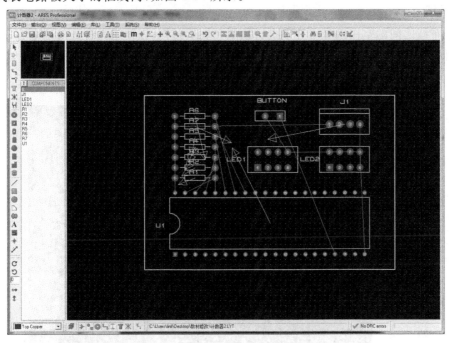

图 2-34 元器件布局图

3. 元器件布线

利用 ARES 模块提供的手工布线或自动布线功能可以完成元器件间的正、反面布线工作(见图 2-35)。

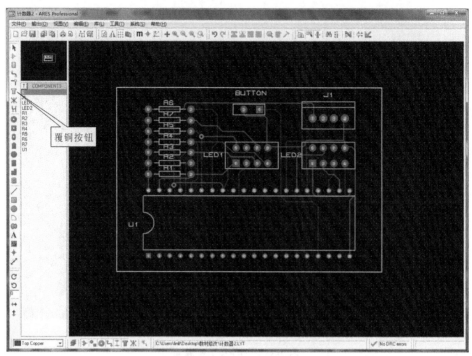

图 2-35　元器件布线图

4. 覆铜

对于布线之间的空白区域可分别进行顶层和底层覆铜,以便增大各处对地电容,减小地线阻抗,降低压降,提高抗干扰能力。双面覆铜后的效果如图 2-36 所示。

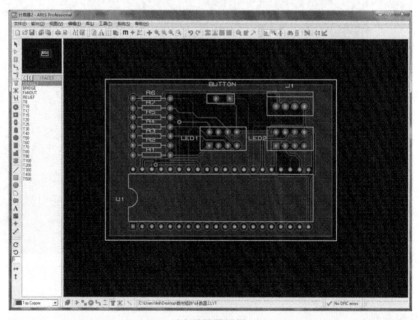

(a)顶层覆铜图

图 2-36　顶层和底层覆铜图

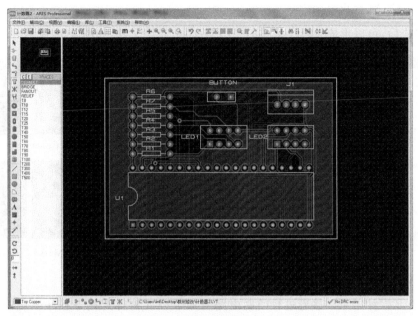

(b)底层覆铜图

续图 2-36

5. 三维效果图

从 Proteus 7 开始,ARES 模块支持 PCB 三维预览功能,这样用户就能提前看到焊接元器件后的电路板整体效果图(见图 2-37)。

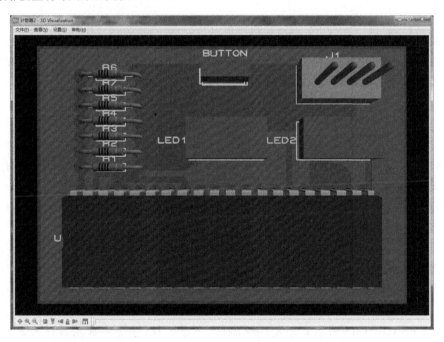

图 2-37 三维效果图

6. CAD/CAM 输出

设计完成后,可以形成 *.lyt 格式的一组 Gerber 光绘文件,如图 2-38 所示。

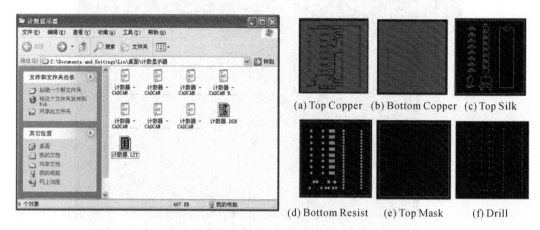

(a) Top Copper (b) Bottom Copper (c) Top Silk

(d) Bottom Resist (e) Top Mask (f) Drill

图 2-38 Gerber 光绘文件

至此,PCB 设计结束。接着进行印制电路板加工→元器件焊接→程序下载→实验测试,一个基于单片机的计数显示器产品设计工作便宣告结束。由此可以看出,利用 Proteus 这个强大的开发工具,可以一气呵成实现从概念到产品的完整开发过程。

2.5　本章小结

本章介绍了 STC 单片机的集成开发环境 Keil μVision4 及其仿真软件和 Proteus 7 Professional 的功能,以及阐述了两个开发环境如何联调。本章内容主要是软件环境的搭建和软件测试,很基础,但比较重要,所以希望读者熟练掌握两个集成开发环境,为后续单片机的开发打好基础。

习　题

1. 熟练应用 Keil μVision4 的集成开发环境,使用 C 语言编写循环程序代码进行编译,并查看编译结果是否正确。

2. 熟练应用 Keil μVision4 的集成开发环境,使用 C 语言编写分支程序代码进行编译,并查看编译结果是否正确。

3. 熟练应用 Keil μVision4 的集成开发环境,使用 C 语言编写加法程序代码进行编译,并查看编译结果是否正确。

4. Proteus ISIS 的工作界面中包含哪几个窗口?菜单栏包括哪几个选项?

5. 利用 ISIS 模块开发单片机系统主要经过哪几步?

6. 熟悉 Proteus ISIS 的集成开发环境,创建一个工程,学会添加元器件与画线,并仿真"与"门和"非"门组成的"与非"门电路。

7. 什么是 PCB? 利用 ARES 模块进行 PCB 设计主要经过哪几步?

第3章　STC89C52单片机硬件结构

3.1　STC89C52单片机的内部功能结构及其特点

STC89C52RC单片机是宏晶科技有限公司推出的新一代高速、低功耗、抗干扰能力超强的单片机,指令代码完全兼容传统8051单片机,有12时钟/机器周期和6时钟/机器周期供选择。HD版本和90C版本内部集成Max810专用复位电路。STC89C52RC单片机内部硬件结构框图如图3-1所示。

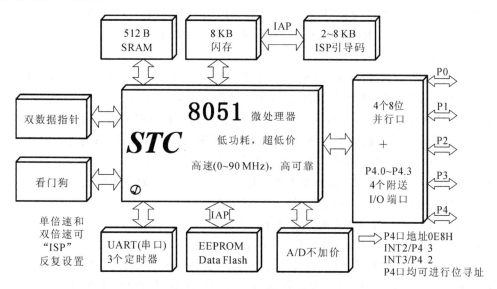

图 3-1　STC89C52RC单片机内部硬件结构框图

STC89C52RC单片机有如下功能部件和特性。

● 增强型6时钟/机器周期和12时钟/机器周期可任意设置。

● 指令代码完全兼容传统8051单片机。

● 工作电压为3.4~5.5 V(5 V单片机)/2.0~3.8 V(3 V单片机)。

● 工作频率为0~40 MHz,相当于普通8051单片机的0~80 MHz,实际工作频率可达48 MHz。

● 用户应用程序空间为8 KB片内闪速程序存储器,擦/写次数达10万次以上。

● 片上集成512 B数据存储器。

● 通用为I/O接口(32/36个);复位后为P1、P2、P3、P4,是准双向口/弱上拉(与普通MCS-51单片机传统I/O接口功能一样);P0口是开漏输出口,作为总线扩展时用,无需加上拉电阻;P0 口作为 I/O 接口时用,需加上拉电阻。

● ISP(在系统可编程)/IAP(在应用可编程)无需专用编程器/仿真器,可通过串口(RXD/P3.0、TXD/P3.1)直接下载用户程序,8 KB 程序 3s 即可完成。

● 芯片内置 E^2 PROM 功能。

● 具有看门狗(WDT)功能。

● 内部集成 Max810 专用复位电路(HD 版本和 90C 版本才有),外部石英晶体频率在 20 MHz 以下时,不需要外部复位电路。

● 共 3 个 16 位定时器/计数器,兼容普通 MCS-51 单片机的定时器,其中定时器 T0 还可以当成 2 个 8 位定时器使用。

● 外部中断 4 路,下降沿中断或低电平触发中断,掉电模式可由外部中断低电平触发中断方式唤醒。

● 通用异步串行口(UART),还可用定时器软件实现多个 UART。

● 工作温度范围为 0 ℃~75 ℃(商业级)/−40 ℃~+85 ℃(工业级)。

● 封装形式有 LQFP44、PDIP40、PLCC44、PQFP44 等。LQFP44 体积小,并扩展了 P4 口、外部中断 2、外部中断 3 及定时器 T2 的功能。PDIP40 的封装与传统的 89C52 芯片兼容。

除此之外,STC89C52RC 单片机自身还有很多独特的优点,主要有以下几点。

● 加密性强,无法解密。

● 超强抗干扰。主要表现在:高抗静电(ESD 保护),可以轻松抗御 2 kV/4 kV 快速脉冲干扰(EFT 测试),宽电压、不怕电源抖动,宽温度范围为−40 ℃~+85 ℃,I/O 接口经过了特殊处理,单片机内部的电源供电系统、时钟电路、复位电路及看门狗电路经过了特殊处理。

● 采用三大降低单片机时钟对外部电磁辐射的措施:禁止 ALE 输出;若选 6 时钟/机器周期,则外部时钟频率可下降一半;单片机时钟振荡器增益可设为 1/2。

● 超低功耗。若为掉电模式,典型电流损耗小于 0.1 μA;若为空闲模式,典型电流损耗为 2 mA;若为正常工作模式,典型电流损耗为 4~7 mA。

STC89C52RC 单片机的工作模式有如下几种。

● 掉电模式。存储器的内容被保存,振荡器被冻结,单片机的一切工作停止,直到下一个中断或硬件复位到来,中断返回后,继续执行原程序,典型电耗小于 0.1 μA。

● 空闲模式。CPU 停止工作,允许存储器、定时器/计数器、串口、中断继续工作,典型电耗为 2 mA。

● 正常工作模式。单片机正常执行程序的工作模式,典型电耗为 4~7 mA。

选用 STC89C52 系列单片机的一个主要原因是这种单片机可以利用全双工异步串行口(P3.0/P3.1)进行在线编程,即无需专用编程器/仿真器,就可通过串口直接下载用户程序,因此避免了每次编程必须插拔单片机到专用编程器上的麻烦,而可以直接将 STC 单片机固定焊接在 PCB 上进行程序的下载调试。这也是大部分 STC89 系列产品所具有的优点。它还有另外一个好处,就是对于某些程序尚未定型的产品可以一边生产,一边完善,加快了产品进入市场的速度,减小了新产品由于软件缺陷带来的风险。由于可以将程序直接下载到单片机查看运行结果,因此也可以省略仿真器的使用。STC 单片机在线编程典型线路图如图 3-2 所示。

大部分 STC89 系列单片机在销售给用户之前已在单片机内部固化有 ISP 系统引导程序,

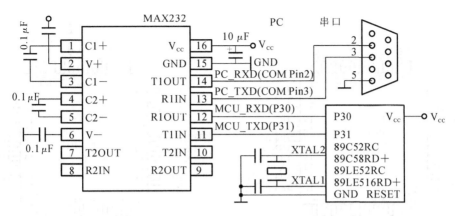

图 3-2　STC 单片机在线编程典型线路图

配合计算机端的控制程序即可将用户的程序代码下载进单片机内部,故无须编程器(速度比通用编程器的速度快)。

注意:不要使用通用编程器编程,否则有可能将单片机内部已固化的 ISP 系统引导程序擦除,导致无法使用 STC 提供的 ISP 软件下载用户的程序代码。

3.2　STC89C52 单片机的外部引脚及功能

STC89C52 目前有 LQFP44、PQFP44、PDIP40、PLCC44 等封装形式,并且不同的版本其引脚也不同,图 3-3 所示的为各封装形式的 HD 版本和 90C 版本的引脚图。

STC89C52RC 单片机的 HD 版本和 90C 版本的区别主要有以下几个方面。

● HD 版本虽有 ALE 引脚,但无 P4.4、P4.5、P4.6 口,而 90C 版本既有 $\overline{PSEN}$、$\overline{EA}$引脚,也有 P4.4 口和 P4.6 口。

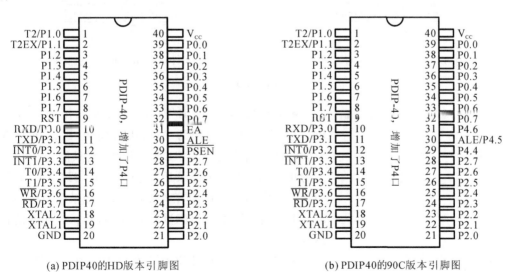

(a) PDIP40的HD版本引脚图　　　　　　(b) PDIP40的90C版本引脚图

图 3-3　STC89C52RC 单片机的 HD 版本和 90C 版本的引脚图

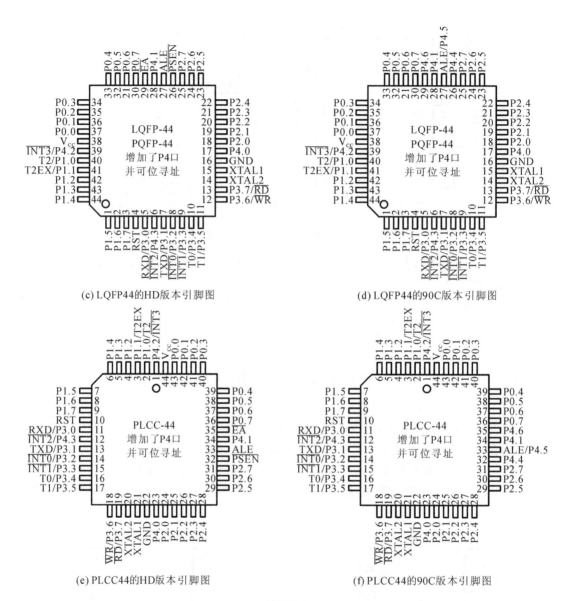

(c) LQFP44的HD版本引脚图　　　(d) LQFP44的90C版本引脚图

(e) PLCC44的HD版本引脚图　　　(f) PLCC44的90C版本引脚图

续图 3-3

图 3-4　ALE/P4.5 引脚的设置

● 90C 版本的 ALE/P4.5 引脚既可作为 I/O 接口 P4.5使用，也可复用作为 ALE 引脚使用，默认作为 ALE 引脚使用。若需要作为 P4.5 口使用，则只能选择 90C 版本的单片机，且需在烧录用户程序时在 STC-ISP 编程器中将"ALE pin"选择为"用作 P4.5"，在烧录用户程序时在 STC-ISP 编程器中该引脚默认作为 ALE pin，具体设置如图 3-4 所示。

STC89C52RC 单片机有 5 个口 P0、P1、P2、P3、P4，其中 P4 口在 LQFP44、PQFP44、PLCC44 等封装形式中才有。下面就各引脚进行说明。

1. P0 口引脚

P0.0～P0.7:P0 口既可作为 I/O 接口,也可作为地址/数据复用总线使用。当 P0 口作为 I/O 接口时,P0 是一个 8 位准双向端口,上电复位后处于开漏模式。P0 口内部无上拉电阻,所以作为 I/O 接口必须外接 10～4.7 kΩ 的上拉电阻。当 P0 作为地址/数据复用总线使用时,是低 8 位地址线(A0～A7)和数据线(D0～D7)共用,此时无需外接上拉电阻。

2. P1 口引脚

P1.0～P1.7:P1 口是一个带内部上拉电阻的 8 位双向 I/O 接口。P1 口的输出缓冲器可驱动(吸收或者输出电流方式)4 个 TTL 输入。端口写入 1 时,通过内部的上拉电阻把端口拉到高电位,这时可用作输入口。P1 口作为输入口使用时,因为有内部上拉电阻,所以那些被外部拉低的引脚会输出一个电流。其中,P1.0 和 P1.1 还可以作为定时器/计数器 2 的外部计数输入(P1.0/T2)和定时器/计数器 2 的触发输入(P1.1/T2EX),具体如表 3-1 所示。

表 3-1　P1.0 和 P1.1 引脚复用功能

引　脚　号	功　能　特　性
P1.0	T2(定时器/计数器 2 外部计数输入),时钟输出
P1.1	T2EX(定时器/计数器 2 捕获/重装触发和方向控制)

3. P2 口引脚

P2.0～P2.7:P2 口内部带上拉电阻的 8 位双向 I/O 接口,既可作为 I/O 接口,也可作为高 8 位地址总线使用(A8～A15)。当 P2 口作为 I/O 接口时,P2 是一个 8 位准双向口。当访问外部程序存储器和 16 位地址的外部数据存储器(如执行"MOVX @DPTR"指令)时,P2 送出高 8 位地址。当访问 8 位地址的外部数据存储器(如执行"MOVX @Rl"指令)时,P2 口引脚上的内容就是专用寄存器 SFR 区中的 P2 寄存器的内容,在整个访问期间不会改变。

4. P3 口引脚

P3.0～P3.7:P3 口是一个带内部上拉电阻的 8 位双向 I/O 接口。P3 口的输出缓冲器可驱动(吸收或输出电流方式)4 个 TTL 输入。对端口写入 1 时,通过内部的上拉电阻把端口拉到高电位,这时可用作输入口。当 P3 作为输入口使用时,因为有内部的上拉电阻,所以那些被外部信号拉低的引脚会输入一个电流。P3 口除作为一般的 I/O 接口外,还有其他一些复用功能,如表 3-2 所示。

表 3-2　P3 口引脚复用功能

引　脚　号	复　用　功　能
P3.0	RXD(串行输入口)
P3.1	TXD(串行输出口)
P3.2	$\overline{INT0}$(外部中断 0)
P3.3	$\overline{INT1}$(外部中断 1)
P3.4	T0(定时器 0 的外部输入)
P3.5	T1(定时器 1 的外部输入)
P3.6	$\overline{WR}$(外部数据存储器写选通)
P3.7	$\overline{RD}$(外部数据存储器读选通)

5．电源与时钟引脚

V_{CC}：电源正极。

GND：电源负极，接地。

XTAL1：片内振荡器反相放大器与时钟发生器电路输入端。当使用片内振荡器时，该引脚接外部石英晶体和微调电容。外接时钟电源时，该引脚接外部时钟振荡器的信号。

XTAL2：片内振荡器反相放大器的输出端。当使用片内振荡器时，该引脚连接外部石英晶体和微调电容。当使用外部时钟电源时，本脚悬空。

RST：复位输入。当输入连续两个机器周期以上的高电平时为有效，用来完成单片机的复位初始化操作。看门狗计时完成后，RST 引脚输出 96 个晶振周期的高电平。特殊寄存器AUXR（地址 8EH）上的 DISRTO 位可以使此功能无效。DISRTO 默认状态下，复位高电平为有效。

至此，STC89C52RC 的引脚介绍完毕，读者应了解每个引脚的功能，这对于掌握STC89C52 单片机及应用系统的硬件电路设计十分重要。

STC89C52RC 系列单片机的不同封装形式中，PLCC 和 QFP 的两种封装有 P4 口。

3.3 STC89C52 单片机存储器结构

STC89C52RC 存储器的结构特点之一是将程序存储器和数据存储器分开（哈佛结构），并有各自的访问指令。STC89C52RC 系列单片机除可以访问片上闪速存储器外，还可以访问 64KB 的外部程序存储器，以及片外扩展的 64 KB 外部数据存储器。

3.3.1 STC89C52 单片机程序存储器

单片机程序存储器用于存放程序和表格之类的固定常数。片内为 8 KB 的闪速存储器，地址为 0000H～1FFFH。16 位地址线，可外扩的程序存储器空间最大为 64 KB，地址为0000H～FFFFH。访问片内程序存储器还是片外程序存储器，由引脚电平决定。

$\overline{EA}=1$ 时，CPU 从片内 0000H 开始取指令。当 PC 值没有超出 1FFFH 时，只访问片内闪速存储器；当 PC 值超出 1FFFH 时，自动转向读片外程序存储器空间 2000H～FFFFH 内的程序。

$\overline{EA}=0$ 时，只执行片外程序存储器（0000H～FFFFH）中的程序，不理会片内 8 KB 闪速存储器。

程序存储器的某些固定单元用于各中断源中断服务程序入口。

STC89C52 复位后，程序存储器地址指针 PC 的内容为 0000H，于是程序从程序存储器的0000H 开始执行，在这个单元存放一条跳转指令后跳向主程序的入口地址。

除此之外，64 KB 程序存储器空间中有 8 个特殊单元分别对应于 8 个中断源的中断入口地址，如表 3-3 所示。通常这 8 个中断入口地址处都放一条跳转指令跳向对应的中断服务子程序，而不是直接存放中断服务子程序。因为两个中断入口间的间隔仅有 8 个单元，一般不够存放中断服务子程序。

表 3-3　程序存储器空间的 8 个中断源入口地址

中 断 源	中断向量地址	C51 中断序号
$\overline{\text{INT0}}$	0003H	0
T0	000BH	1
$\overline{\text{INT1}}$	0013H	2
T1	001BH	3
UART	0023H	4
T2	002BH	5
$\overline{\text{INT2}}$	0033H	6
$\overline{\text{INT3}}$	003BH	7

3.3.2　STC89C52 单片机数据存储器

STC89C52RC 系列单片机内部集成了 512B 存储器,可用于存放程序执行的中间结果和过程数据。内部数据存储器在物理和逻辑上分为两个地址空间,即内部存储器(256 B)和内部扩展存储器(256 B)。此外,还可以访问在片外扩展的 64 KB 数据存储器。STC89C52RC 系列单片机的存储器分布结构如图 3-5 所示。

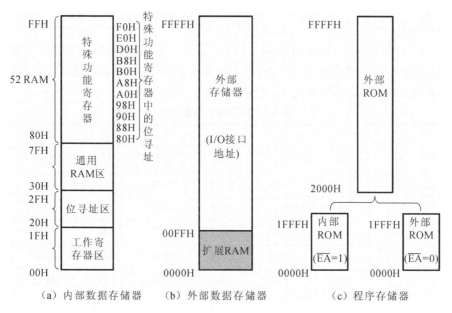

（a）内部数据存储器　　（b）外部数据存储器　　（c）程序存储器

图 3-5　STC89C52RC 系列单片机的存储器分布结构

图 3-5 所示阴影部分的访问是由辅助寄存器 AUXR(地址为 8EH)的第 EXTRAM 位来设置的,这部分在物理上是内部存储器,逻辑上占用了外部存储器地址空间。

1. 片内数据存储器

传统 89C52 单片机的内部存储器只有 256 B 的空间可供使用,在此情况下,宏晶公司为了响应广大用户的要求,在一些单片机内部增加了存储器。STC89C52RC 系列单片机内部扩展了 256B 存储器。

于是 STC89C52RC 单片机内部 512B 存储器包含 3 个部分：① 低 128B(00H～7FH)的存储器空间；② 高 128B(80H～FFH)的存储器空间；③ 内部扩展的 256B 存储器空间(00H～FFH)。下面分别进行介绍。

低 128B(00H～7FH)的存储器空间既可以直接寻址,也可以间接寻址。内部低 128B 存储器又可分为工作寄存器组 0(00H～07H)的 8 B、工作寄存器组 1(08H～0FH)的 8 B、工作寄存器组 2(10H～17H)的 8 B、工作寄存器组 3(18H～1FH)的 8 B、可位寻址区(20H～2FH)的 16 B、用户存储器和堆栈区(30H～7FH)的 80 B。

虽然 51 单片机有 4 个工作寄存器组,但由于任一时刻 CPU 只能选用一组工作寄存器作为当前工作寄存器组,因此不会发生冲突,未选中的其他三组工作寄存器可作为一般数据存储器使用。当前工作寄存器组通过程序状态字寄存器 PSW 中的 RS1 和 RS0 标志位进行设置,CPU 复位后默认第 0 组为当前工作寄存器组。表 3-4 所示的为工作寄存器的地址分配表。

表 3-4　工作寄存器的地址分配表

RS1	RS0	默认组号	R0	R1	R2	R3	R4	R5	R6	R7
0	0	0	00H	01H	02H	03H	04H	05H	06H	07H
0	1	1	08H	09H	0AH	0BH	0CH	0DH	0EH	0FH
1	0	2	10H	11H	12H	13H	14H	15H	16H	17H
1	1	3	18H	19H	1AH	1BH	1CH	1DH	1EH	1FH

在低 128B 存储器区中,地址为 20H～2FH 的 16 B 单元,既可以像普通存储器单元按字节地址进行存取,又可以按位进行存取,这 16 B 共有 128(16×8)个二进制位,每位都分配一个位地址,编址为 00H～7FH,如表 3-5 所示。

表 3-5　位寻址区与位地址

字节地址	位　地　址							
	D7	D6	D5	D4	D3	D2	D1	D0
20H	07H	06H	05H	04H	03H	02H	01H	00H
21H	0FH	0EH	0DH	0CH	0BH	0AH	09H	08H
22H	17H	16H	15H	14H	13H	12H	11H	10H
23H	1FH	1EH	1DH	1CH	1BH	1AH	19H	18H
24H	27H	26H	25H	24H	23H	22H	21H	20H
25H	2FH	2EH	2DH	2CH	2BH	2AH	29H	28H
26H	37H	36H	35H	34H	33H	32H	31H	30H
27H	3FH	3EH	3DH	3CH	3BH	3AH	39H	38H
28H	47H	46H	45H	44H	43H	42H	41H	40H
29H	4FH	4EH	4DH	4CH	4BH	4AH	49H	48H
2AH	57H	56H	55H	54H	53H	52H	51H	50H

字节地址	位 地 址							
	D7	D6	D5	D4	D3	D2	D1	D0
2BH	5FH	5EH	5DH	5CH	5BH	5AH	59H	58H
2CH	67H	66H	65H	64H	63H	62H	61H	60H
2DH	6FH	6EH	6DH	6CH	6BH	6AH	69H	68H
2EH	77H	76H	75H	74H	73H	72H	71H	70H
2FH	7FH	7EH	7DH	7CH	7BH	7AH	79H	78H

高 128B(80H~FFH)的存储器空间和特殊功能寄存器区 SFR 的地址空间(80H~FFH)逻辑上共用相同的地址范围,但物理上是独立的,使用时通过不同的寻址方式加以区分:高128B 只能间接寻址(@Ri),而特殊功能寄存器区 SFR 只能直接寻址。

内部扩展的 256B 存储器,虽物理上是内部,但逻辑上是占用外部数据存储器的部分空间,需要用 MOVX 来访问。内部扩展 256B 存储器是否可以被访问由辅助寄存器 AUXR(地址为 8EH)的第 EXTRAM 位来确定。关于扩展存储器的管理将在下一节详细介绍。

2. 片外数据存储器

当片内存储器不够用时,需外扩数据存储器,STC89C52 最多可外扩 64KB 存储器。

片内存储器与片外存储器两个空间是相互独立的,片内存储器与片外存储器的低 256B的地址是相同的,但由于使用的是不同的访问指令,所以不会发生冲突。

另外,只有在访问真正的外部数据存储器期间,$\overline{WR}$ 信号或 $\overline{RD}$ 信号才有效。但当 MOVX指令访问物理上在内部、逻辑上在外部的片内扩展存储器时,这些信号会被忽略。

3.3.3 STC89C52 单片机特殊功能寄存器

STC89C52 的 CPU 对片内各功能部件的控制是采用特殊功能寄存器集中控制方式进行的。特殊功能寄存器 SFR 的单元地址映射在片内存储器的 80H~FFH 区域中,离散地分布在该区域,其中字节地址以 0H 或 8H 结尾的特殊功能寄存器可以进行位操作。

根据 SFR 的功能可分为以下几类,分别如表 3-6~表 3-13 所示,标 * 号的表示在以下分类表中有重复,即该 SFR 可归在不同类中。

表 3-6 单片机内核特殊功能寄存器

序号	符号	功 能 介 绍	字节地址	位地址	复位值
1	ACC	累加器	E0H	E7~E0H	0000 0000
2	B	B 寄存器	F0H	F7~F0H	0000 0000
3	PSW	程序状态字寄存器	D0H	D7~D0H	0000 0000
4	SP	堆栈指针	81H	—	0000 0111
5	DP0L	数据地址指针 DPTR0 低 8 位	82H	—	0000 0000
6	DP0H	数据地址指针 DPTR0 高 8 位	83H	—	0000 0000
7	DP1L	数据地址指针 DPTR1 低 8 位	84H	—	—
8	DP1H	数据地址指针 DPTR1 高 8 位	85H	—	—

表 3-7　单片机系统管理特殊功能寄存器

序号	符号	功能介绍	字节地址	位地址	复位值
1	PCON	电源控制寄存器	87H	—	0XXX 0000
2	AUXR	辅助寄存器	8EH	—	XXXX 0XX0
3	AUXR1	辅助寄存器 1	A2H	—	XXXX XXX0

表 3-8　单片机中断管理特殊功能寄存器

序号	符号	功能介绍	字节地址	位地址	复位值
1	IE	中断允许控制寄存器	A8H	AFH～A8H	0000 0000
2	IP	低中断优先级控制寄存器	B8H	BFH～B8H	XX00 0000
3	IPH	高中断优先级控制寄存器	B7H	—	0000 0111
4	TCON	T0、T1 定时器/计数器控制寄存器	88H	8FH～88H	0000 0000
5	SCON	串行口控制寄存器	98H	9FH～98H	0000 0000
6	T2CON	T2 定时器/计数器控制寄存器	C8H	CFH～C8H	0000 0000
7	XICON	扩展中断控制寄存器	C0H	C7H～C0H	0000 0000

表 3-9　单片机 I/O 接口特殊功能寄存器

序号	符号	功能介绍	字节地址	位地址	复位值
1	P0	P0 口锁存器	80H	87H～80H	1111 1111
2	P1	P1 口锁存器	90H	97H～90H	1111 1111
3	P2	P2 口锁存器	A0H	A7H～A0H	1111 1111
4	P3	P3 口锁存器	B0H	B7H～B0H	1111 1111
5	P4	P4 口锁存器	E8H	E7H～E0H	XXXX 1111

表 3-10　单片机串行口特殊功能寄存器

序号	符号	功能介绍	字节地址	位地址	复位值
1 *	SCON	串行口控制寄存器	98H	9FH～98H	0000 0000
2	SBUF	串行口锁存器	99H	—	XXXX XXXX
3	SADEN	串行从机地址掩模寄存器	B9H	—	0000 0000
4	SADDR	串行从机地址控制寄存器	A9H	—	0000 0000

表 3-11　单片机定时器特殊功能寄存器

序号	符号	功能介绍	字节地址	位地址	复位值
1 *	TCON	T0、T1 定时器/计数器控制寄存器	88H	8FH～88H	0000 0000
2	TMOD	T0、T1 定时器/计数器方式控制寄存器	89H	—	0000 0000
3	TL0	定时器/计数器0(低 8 位)	8AH	—	0000 0000

序号	符号	功能介绍	字节地址	位地址	复位值
4	TH0	定时器/计数器 0(低 8 位)	8CH	—	0000 0000
5	TL1	定时器/计数器 1(高 8 位)	8BH	—	0000 0000
6	TH1	定时器/计数器 1(高 8 位)	8DH	—	0000 0000
7	T2CON	定时器/计数器 2 控制寄存器	C8H	—	0000 0000
8	T2MOD	定时器/计数器 2 模式寄存器	C9H	—	XXXX XX00
9	RCAP2L	外部输入(P1.1)计数器/自动再装入模式时初值寄存器低 8 位	CAH	—	0000 0000
10	RCAP2H	外部输入(P1.1)计数器/自动再装入模式时初值寄存器高 8 位	CBH	—	0000 0000
11	TL2	定时器/计数器 2(低 8 位)	CCH	—	0000 0000
12	TH2	定时器/计数器 2(高 8 位)	CDH	—	0000 0000

表 3-12　单片机看门狗特殊功能寄存器

序号	符号	功能介绍	字节地址	位地址	复位值
1	WDT_CONTR	看门狗控制寄存器	E1H	—	XX00 0000

表 3-13　单片机 ISP/IAP 特殊功能寄存器

序号	符号	功能介绍	字节地址	位地址	复位值
1	ISP_DATA	ISP/IAP 数据寄存器	E2H	—	1111 1111
2	ISP_ADDRH	ISP/IAP 地址高 8 位	E3H	—	0000 0000
3	ISP_ADDRL	ISP/IAP 地址低 8 位	E4H	—	0000 0000
4	IS_CMD	ISP/IAP 命令寄存器	E5H	—	XXXX X000
5	ISP_TRIG	ISP/IAP 命令触发寄存器	E6H	—	XXXX XXXX
6	ISP_CONTR	ISP/IAP 控制寄存器	E7H	—	000X X000

下面介绍部分特殊功能寄存器,其他各特殊功能寄存器的功能将在相应章节介绍。

(1) AUXR 扩展存储器及 ALE 管理特殊功能寄存器(见表 3-14)。

表 3-14　AUXR 特殊功能寄存器

符号	功能介绍	字节地址	7	6	5	4	3	2	1	0	复位值
AUXR	辅助寄存器	8EH	—	—	—	—	—	—	EXTRAM	ALEOFF	XXXX XX00

① 扩展存储器的管理由 AUXR 特殊功能寄存器的 EXTRAM 位来设置。

普通 89C51/89C52 系列单片机的内部存储器只有 128B(89C51)/256B(89C52)供用户使用,而 STC89C52RC 系列单片机内部扩展了 256B 存储器。

② 当 EXTRAM=0 时,内部扩展存储器可存取,此时使用 MOVX A,@Ri / MOVX @Ri,A 指令来固定访问 00H～FFH 内部扩展的存储器空间,当超过 FFH 的外部存储器时,则使用 MOVX A,@DPTR / MOVX @DPTR,A 指令来访问。

例如,访问内部扩展的存储器,代码如下。

```
AUXR    DATA  8EH          ;新增加特殊功能寄存器声明,或者AUXR   EQU  8EH
MOV   AUXR, # 00000000B ;EXTRAM位清零,上电复位时此位= 0
;写芯片内部扩展的EXTRAM
MOV   Ri,   # address
MOV   A,    # value
MOVX  @ Ri, A
;读芯片内部扩展的EXTRAM
MOV   Ri,   # address
MOVX  A,    @ Ri
```

当EXTRAM=1时,禁止内部扩展存储器的使用,外部存储器可以存取,此时MOVX @ DPTR和MOVX @Ri的使用同传统89C52的使用。有些用户系统因为外部扩展了I/O或者用片选去选多个存储器区,有时与此内部扩展存储器逻辑地址上有冲突,于是将EXTRAM位设置为"1",禁止访问此内部扩展存储器就可。

例如,禁止访问内部扩展存储器的设置,代码如下。

```
MOV   AUXR, # 00000010B  ;EXTRAM= 1,禁止访问EXTRAM
```

请尽量使用MOVX A,@Ri / MOVX @Ri,A指令访问内部扩展存储器,这样只能访问256B的扩展存储器,可与很多单片机兼容,以达到完全兼容以前老产品的目的。

另外,在访问内部扩展存储器之前,用户还需在烧录用户程序时在STC-ISP编程器中设置允许内部扩展AUX-RAM访问,如图3-6所示。

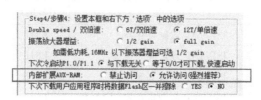

图3-6 内部扩展存储器的设置

③ 当ALEOFF=0时,在12时钟模式时ALE引脚输出固定的1/6晶振频率信号,在6时钟模式时输出固定的1/3晶振频率信号。当ALEOFF=1时,ALE引脚仅在执行MOVX或MOVC指令时才输出信号,这样做的优点是降低了系统对外界的电磁干扰。

（2）AUXR1双数据指针控制特殊功能寄存器（见表3-15）。

表3-15 AUXR1特殊功能寄存器

符号	功能介绍	字节地址	7	6	5	4	3	2	1	0	复位值
AUXR1	辅助寄存器1	A2H	—	—	—	—	GF2	—	DPS		XXXX 0xx0

① GF2为通用功能用户自定义位。由用户根据需要自定义使用。

② DPS是DPTR寄存器选择位。当DPS=0时,选择数据指针DPTR0;当DPS=1时,选择数据指针DPTR1。

AUXR1特殊功能寄存器位于A2H单元,不可用位操作指令快速访问。但由于DPS位位于bit0,故对AUXR1寄存器使用INC指令,DPS位便会反转,由0变成1或由1变成0,即可实现双数据指针的快速切换。例如ING代码如下。

```
AUXR1   DATA    0A2H
MOV     AUXR1, # 0          ;DSP= 0,DPTR0 有效
MOV     DPTR,  # 1FFH       ;DPTR0= 1FFH
MOV     A,     # 55H
MOVX    @ DPTR, A           ;存 55
MOV     DPTR,  # 2FFH       ;DPTR0= 2FFH
MOV     A,     # 0AAH
MOVX    @ DPTR, A           ;(2FFH)= 0AAH
INC     AUXR1              ;DSP= 1,DPTR1 有效
MOV     DPTR,  # 1FFH       ;DPTR1= 1FFH
MOVX    A,     @ DPTR       ;(A)= 55H
INC     AUXR1              ;DSP= 0,DPTR0 有效
MOVX    A,     @ DPTR       ;(A)= 0AAH
INC     AUXR1              ;DSP= 1,DPTR1 有效
MOVX    A,     @ DPTR       ;(A)= 55H
```

(3) 堆栈指针 SP。

SP 用于指示堆栈顶部在内部存储器块中的位置。该微处理器的堆栈结构为向上生长型。单片机复位后,SP 为 07H,使得堆栈实际上从 08H 单元开始,由于 08H~1FH 单元分别属于 1~3 组的工作寄存器区,所以最好在复位后把 SP 值改为 60H 或更大的值,以避免堆栈与工作寄存器冲突。

堆栈操作只有两种:数据压入(PUSH)堆栈和数据弹出(POP)堆栈。数据压入堆栈,SP 自动加 1;数据弹出堆栈,SP 自动减 1。

堆栈是为子程序调用和中断操作而设置的,主要用来保护断点地址和现场状态。

● 断点保护。无论是子程序调用操作还是中断服务子程序调用,最终都要返回主程序,应预先在堆栈中把主程序的断点地址保护起来,为程序正确返回做准备。

● 现场保护。执行子程序或中断服务子程序时,要用到一些寄存器单元,会破坏原有内容,因此,要把有关寄存器单元的内容保存起来,可送入堆栈,这就是所谓的"现场保护"。

(4) 累加器 A。

它是使用最频繁的寄存器,可写为 Acc。A 的进位标志 Cy 是特殊的,因为它同时也是位处理机的位累加器。累加器 A 的作用既是 ALU 单元的输入数据源之一,又是 ALU 运算结果的存放单元。数据传送大多需通过累加器 A,它相当于数据的中转站。

(5) 寄存器 B。

它为执行乘法和除法而设置。在不执行乘法、除法操作的情况下,可把它当作一个普通寄存器来使用。执行乘法时,两乘数分别在 A、B 中,执行乘法指令后,乘积在 BA 中;执行除法时,被除数取自 A,除数取自 B,商存放在 A 中,余数存放在 B 中。

(6) 程序状态字(Program Status Word,PSW)寄存器(见表 3-16)。

表 3-16　程序状态字寄存器

符号	字节地址	7	6	5	4	3	2	1	0	复位值
PSW	D0H	Cy	Ac	F0	RS1	RS0	OV	—	P	0000 0000

PSW 包含了程序运行状态的信息,其中 4 位保存当前指令执行后的状态,供程序查询和

判断。PSW 中各个位的功能如下。

● Cy(PSW.7):进位标志位,Cy 可写为 C。在算术运算和逻辑运算时,若有进位/借位,Cy=1;否则,Cy=0。在位处理器中,它是位累加器。

● Ac(PSW.6):辅助进位标志位。在 BCD 码运算时,用作十进位调整,即当 D3 位向 D4 位产生进位或借位时,Ac=1;否则,Ac=0。

● F0(PSW.5):用户设定标志位。用户使用的一个状态标志位,可用指令来使它置 1 或清零,并用来控制程序的流向,用户应充分利用它。

● RS1、RS0(PSW.4、PSW.3):用于选择 4 组工作寄存器。可选择片内存储器区里 4 组工作寄存器中的某一组作为当前工作寄存器,如表 3-17 所示。

表 3-17　组工作寄存器选择

RS1 RS0	所选寄存器组
0　0	第 0 组(内部 RAM 地址 00H~07H)
0　1	第 1 组(内部 RAM 地址 08H~0FH)
1　0	第 2 组(内部 RAM 地址 10H~17H)
1　1	第 3 组(内部 RAM 地址 18H~1FH)

● OV(PSW.2):溢出标志位。当执行算术指令时,用来指示运算结果是否产生溢出。如果结果产生溢出,OV=1;否则,OV=0。

● PSW.1 位:保留位(MCS-52 单片机中为通用标志 F1)。

● P(PSW.0):奇偶标志位。指令执行完后,表示累加器 A 中"1"的个数是奇数还是偶数。P=1,表示 A 中"1"的个数为奇数。P=0,表示 A 中"1"的个数为偶数。此标志位对串行通信有重要的意义,常用奇偶检验方法来检验数据串行传输的可靠性。

3.4　STC89C52 单片机 I/O 接口

STC89C52RC 单片机的 4 个 I/O 接口都具有双向作用,在结构上基本相同,但又存在差异。

3.4.1　P1 口

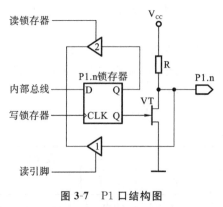
图 3-7　P1 口结构图

图 3-7 所示的是 P1 口其中一位的结构原理图。P1 口由 8 个这样的电路组成,其中 8 个 D 触发器构成了可存储 8 位二进制码的 P1 口锁存器(即特殊功能寄存器 P1),字节地址为 90H;场效应管 VT 与上拉电阻 R 组成输出驱动器,以增大 P1 口带负载能力;三态门 1 和 2 在输入和输出时作为缓冲器使用。

P1 口作为通用 I/O 接口使用,具有输出、读引脚、读锁存器三种工作方式。

1. 输出方式

单片机执行写 P1 口指令,如 MOV P1,♯data 时,P1 口工作于输出方式。此时数据 data 经内部总线送入锁存器存储。如果某位的数据为 1,则该位锁存器输出端 $Q=1 \rightarrow \overline{Q}=0 \rightarrow$ VT 截止,从而在引脚 P1.n 上输出高电平;反之,如果数据为 0,则 $Q=0 \rightarrow \overline{Q}=1 \rightarrow$ VT 导通,在引脚 P1.n 上输出低电平。

2. 读引脚方式

单片机执行读 P1 口指令,如 MOV A,P1 时,P1 口工作于读引脚方式。此时引脚 P1.n 上数据经三态门 1 进入内部总线,并送到累加器 A。

在单片机执行读引脚操作时,如果锁存器原来寄存的数据 $Q=0$,那么由于 $\overline{Q}=1$ 将使 VT 导通,引脚 P1.n 会被钳位在低电平上,此时即使 P1.n 外部电路的电平为 1,读引脚的结果也只能是 0。为避免这种情形发生,使用读引脚指令前,必须先用输出指令置 $Q=1$,使 VT 截止。可见,P1 口作为输入口是有条件的(要先写 1),而作为输出时是无条件的,因此,称 P1 口为准双向口。

3. 读锁存器方式

单片机执行"读修改写"类指令,如 ANL P1,A 时,P1 口工作于读锁存器方式。此时先通过三态门 2 将锁存器 Q 端数据读入 CPU,在 ALU 中进行运算,运算结果再送回端口。这里采用读 Q 端而不是读 P1.n 引脚,主要是由于引脚电平可能会受前次输出指令的影响而改变(取决于外电路)。

P1 口能驱动 4 个 LS TTL 负载。通常将 $100\mu A$ 的电流定义为一个 LS TTL 负载的电流,所以 P1 口吸收或输出电流不大于 $400\mu A$。P1 口已有内部上拉电阻,无须再外接上拉电阻。

3.4.2 P3 口

图 3-8 所示的是 P3 口其中一位的结构原理图。8 个 D 触发器构成了 P3 口锁存器(即特殊功能寄存器 P3),字节地址为 B0H。与 P1 口相比,P3 口结构中多了"与非"门 B 和缓冲器 T 两个元件,除通用 I/O 接口功能外,还能实现第二功能口功能。

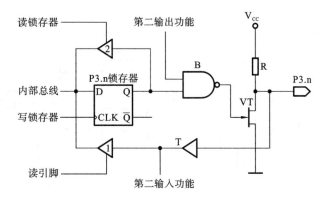

图 3-8 P3 口结构图

当"第二输出功能"端保持"1"状态时,"与非"门 B 对锁存器 Q 端是畅通的,P3.n 引脚的输出状态完全由锁存器 Q 端决定。此时,P3 口具有输出、读引脚和读锁存器 3 个通用 I/O 功能(与 P1 口完全相同)。

当锁存器 Q 端保持"1"状态时,"与非"门 B 对"第二输出功能"端是畅通的。此时 P3 口工作在第二功能口状态,即 P3.n 引脚的输出电平完全由"第二输出功能"端决定,而"第二输入功能"端得到的则是经由缓冲器 T 的 P3.n 引脚电平。

P3 口的第二功能定义如表 3-18 所示,具体使用方法将在后续章节中介绍。

表 3-18 P3 口第二功能定义

引　　脚	名　　称	第二功能定义
P3.0	RXD	串行通信数据接收端
P3.1	TXD	串行通信数据发送端
P3.2	$\overline{INT0}$	外部中断 0 请求端口
P3.3	$\overline{INT1}$	外部中断 1 请求端口
P3.4	T0	定时/计数器 0 外部计数输入端口
P3.5	T1	定时/计数器 1 外部计数输入端口
P3.6	$\overline{WR}$	片外数据存储器写选通
P3.7	$\overline{RD}$	片外数据存储器读选通

3.4.3　P0 口

图 3-9 是 P0 口其中 1 位的结构原理图。8 个 D 触发器构成了 P0 口锁存器(即特殊功能寄存器 P0),字节地址为 80H。P0 口的输出驱动电路由上拉场效应管 VT2 和驱动场效应管 VT1 组成。控制电路包括一个"与"门 A、一个"非"门 X 和一个多路开关 MUX,其余组成与 P1 口相同。

P0 口既可以作为通用的 I/O 接口进行数据的输入和输出,也可以作为单片机系统的地址/数据线使用。在 CPU 控制信号的作用下,多路转接电路 MUX 可以分别接通锁存器输出或地址数据输出。

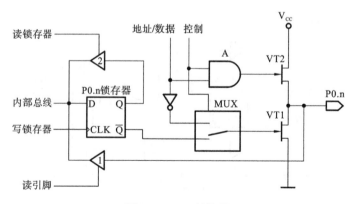

图 3-9 P0 口结构图

P0 口作为通用 I/O 接口使用时,CPU 使"控制"端保持"0"电平→封锁"与"门 A(恒定输出 0)→上拉场效应管 VT2 处于截止状态→漏极开路;"控制"端为 0 也使多路开关 MUX 与 $\overline{Q}$ 接通。此时 P0 口与 P1 口一样,有输出、读引脚和读锁存器 3 种工作方式(分析省略),但由于 VT2 漏极开路(等效结构图见图 3-10(a)),要使"1"信号正常输出,必须外接一个上拉电阻(见图 3-10(b)),上拉电阻的阻值一般为 100 Ω~10 kΩ。

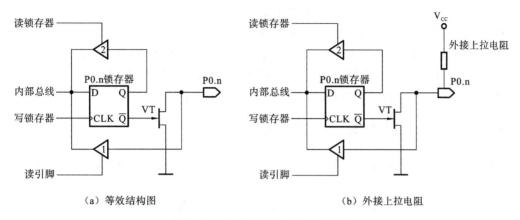

(a) 等效结构图 (b) 外接上拉电阻

图 3-10 P0 口的通用 I/O 接口方式

在 P0 口连接外部存储器时,CPU 使"控制"端保持"1"电平→打开"与"门 A(控制权交给"地址/数据"端);"控制"端为 1 也使多路开关 MUX"与非"门 X 接通。此时 P0 口工作在地址/数据分时复用方式,引脚 P0.n 的电平始终与"地址/数据"端的电平保持一致,这样就将地址或数据的信号输出了。在需要输入外部数据时,CPU 会自动向 P0.n 的锁存器写"1",保证 P0.n 引脚的电平不会被误读,因而此时的 P0 口是真正的双向口。另外,P0 口在"地址/数据"方式下没有漏极开路问题,因此不必外接上拉电阻。

P0 口的输出级能以吸收电流的方式驱动 8 个 LS TTL 负载,即灌电流不大于 800 μA。

3.4.4 P2 口

图 3-11 所示的是 P2 口其中 1 位的结构原理图。8 个 D 触发器构成了 P2 口锁存器(即特殊功能寄存器 P2),字节地址为 A0H。与 P1 口相比,P2 口中多了一个多路开关 MUX,可以实现通用 I/O 接口和地址输出两种功能。

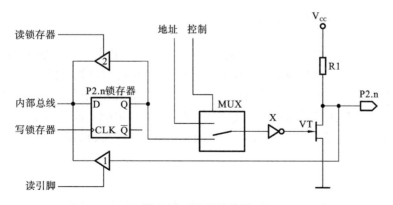

图 3-11 P2 口结构图

当 P2 口用作通用 I/O 接口时,在"控制"端的作用下,多路开关 MUX 转向锁存器 Q 端,构成一个准双向口,并具备输出、读引脚和读锁存器 3 种工作方式(分析省略)。

当单片机执行访问片外 RAM 或片外 ROM 指令时,程序计数器 PC 或数据指针 DPTR 的高 8 位地址需由 P2.n 引脚输出。此时,MUX 在 CPU 写锁存器的控制下转向"地址"线的一端,使"地址"端信号与引脚 P2.n 电平同相变化。

P2 口的负载能力和 P1 口相同,能驱动 4 个 LS TTL 负载。

综上所述,P0~P3 口都可作为准双向通用 I/O 接口提供给用户,其中,P1~P3 口无须外接上拉电阻,P0 需要外接上拉电阻;在需要扩展片外存储器时,P2 口可作为其地址线接口,P0 口可作为其地址线/数据线复用接口,此时它是真正的双向口。

3.4.5　I/O 接口 5 V 和 3 V 的匹配

STC89C52RC 的 5 V 单片机的 P0 口的灌电流最大为 12 mA,其他 I/O 接口的灌电流最大为 6 mA。

当 STC89C52RC 系列 5 V 单片机连接 3.3 V 器件时,为防止 3.3 V 器件承受不了 5 V,可将相应的 5 V 单片机 P0 口先串联一个 0~330 Ω 的限流电阻到 3.3 V 器件 I/O 接口,相应的 3.3 V 器件 I/O 接口外部加 10 kΩ 上拉电阻到 3.3 V 器件的 V_{CC},这样高电平是 3.3 V,低电平是 0 V,输入、输出一切正常,其配置如图 3-12 所示。

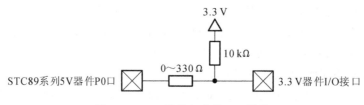

图 3-12　5 V 单片机连接 3 V 器件

3.5　STC89C52 单片机的时钟与复位

3.5.1　传统 51 单片机时序

单片机的工作,是在统一的时钟脉冲控制下一拍一拍地进行的。时钟电路产生单片机工作时所必需的控制信号,在时钟信号的控制下,单片机严格按时序执行指令。由于指令的字节数不同,所以取这些指令所需要的时间也不同,即使是字节数相同的指令,执行操作也有较大的差别,不同的指令其执行时间也不一定相同,即所需的拍节数不同。为了便于对 CPU 时序进行分析,一般按指令的执行过程规定 3 种周期,即时钟周期、机器周期和指令周期,如图 3-13所示。

1. 时钟周期

时钟周期也称振荡周期,定义为时钟脉冲的倒数,是计算机中最基本、最小的时间单位。可以这么理解,时钟周期就是单片机外接晶振的倒数,例如 $f_{osc}=12$ MHz 的晶振,它的时钟周

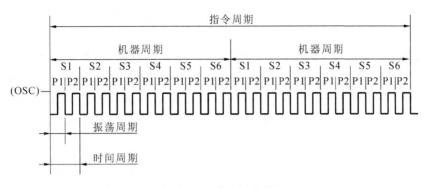

图 3-13 单片机时序图

期就是$(1/12)\mu s$。

显然,对同一种机型的单片机,时钟频率越高,单片机的工作速度就越快。但是,由于不同的单片机其硬件电路与器件的不完全相同,所以其所需要的时钟频率范围也不一定相同。在单片机中把 1 个时钟周期定义为 1 个节拍(用 P 表示),2 个节拍定义为 1 个状态周期(用 S 表示)。

2. 机器周期

在单片机中,为了便于管理,常把一条指令的执行过程划分为若干个阶段,每一个阶段完成一项工作。例如,取指令、存储器读、存储器写等,这每一项工作都称为一个基本操作。完成一个基本操作所需要的时间称为机器周期。

一般情况下,1 个机器周期由若干个 S(状态周期)组成。51 系列单片机的 1 个机器周期由 6 个 S 组成,也就是说,1 个机器周期为 6 个状态周期,即 12 个时钟周期。由图 3-13 可知,1个机器周期包括 12 个时钟周期,分为 S1~S6 这 6 个状态周期,每个状态周期又分为 P1 和 P2两拍。因此,1 个机器周期中的 12 个时钟周期表示为 S1P1,S1P2,S2P1,S2P2,…,S6P2。

3. 指令周期

指令周期是执行一条指令所需要的时间,一般由若干个机器周期组成。指令不同,所需的机器周期数也不同。对于一些简单的单字节指令,在取指令周期中,从指令取出到指令寄存,立即执行译码,不再需要其他的机器周期。对于一些比较复杂的指令,例如转移指令、乘法指令,则需要 2 个或者 2 个以上的机器周期。

通常包含 1 个机器周期的指令称为单周期指令,包含 2 个机器周期的指令称为双周期指令。

51 单片机的指令,按它们的长度,可分为单字节指令、双字节指令和三字节指令等三类。

从指令执行的时间看:单字节指令和双字节指令一般可为单机器周期的指令或为双机器周期的指令;三字节指令都是双机器周期的指令;乘法指令、除法指令占用 4 个机器周期。

如果晶振 $f_{osc}=12$ MHz,则单片机的 4 种时序周期的具体值如下:

时钟周期$=(1/12)\mu s$,状态周期$=(1/6)\mu s$,机器周期$=1\mu s$,指令周期$=1\sim4\mu s$。

3.5.2 STC89C52 单片机时钟电路

控制单片机工作的脉冲是由单片机控制器中的时序电路发出的。单片机的时序就是

CPU 在执行指令时所需控制信号的时间顺序,为了保证各部件间的同步工作,单片机内部电路应在唯一的时钟信号下严格地控制工作时序。

CPU 发出的时序信号有两类:一类用于对片内各个功能部件的控制,用户无须了解;另一类用于对片外存储器或 I/O 接口的控制,这部分时序对于分析、设计硬件接口电路至关重要。

时钟频率直接影响单片机的速度,时钟电路的质量也直接影响单片机系统的稳定性。常用的时钟电路有两种方式:一种是内部时钟方式,另一种是外部时钟方式。

1. 内部时钟方式

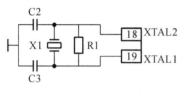

图 3-14　内部时钟方式电路

STC89C52 内部有一个用于构成振荡器的高增益反相放大器,输入端为芯片 XTAL1 引脚,输出端为 XTAL2 引脚。这两个引脚跨接石英晶体振荡器和微调电容,构成一个稳定的自激振荡器。一般采用内部时钟方式电路产生工作时序,如图 3-14 所示,时钟电路中 R、C 的参数值的设置情况如表 3-19 所示。

表 3-19　时钟电路中 R、C 的参数值

晶振增益控制 OSCDN＝full gain			晶振增益控制 OSCDN＝1/2		
晶振频率	C2、C3	R1	晶振频率	C2、C3	R1
4 MHZ	＝100 pF	不用	4 MHZ	＝100 pF	不用
6 MHz	47～100 pF	不用	6 MHz	47～100 pF	不用
12～25 MHz	＝47 pF	不用	12～25 MHz	＝47 pF	不用
26～30 MHz	≤10 pF	6.8 kΩ	26～30 MHz	≤10 pF	6.8 kΩ
31～35 MHz	≤10 pF	5.1 kΩ	31～35 MHz	不用	5.1 kΩ
36～39 MHz	≤10 pF	4.7 kΩ	36～39 MHz	不用	4.7 kΩ
40～43 MHz	≤10 pF	3.3 kΩ	40～43 MHz	不用	3.3 kΩ
44～48 MHz	≤5 pF	3.3 kΩ	44～48 MHz	不用	3.3 kΩ

采用内部时钟方式设置振荡器增益,如图 3-15 所示。

图 3-15　设置振荡器增益

2. 外部时钟方式

外部时钟方式利用外部振荡脉冲接入 XTAL1 或 XTAL2。对于 STC89C52RC 系列单片机,因内部时钟发生器的信号取自反相器的输入端,故采用外部时钟源时,接线方式为外部时钟源直接接到 XTAL1 端,XTAL2 端悬空。用现成的外部振荡器产生脉冲信号,常用于多片单片机同时工作,以便于多片单片机之间的同步。

STC89C52RC 系列单片机是真正的 6T 单片机,传统 8051 单片机的每个机器周期为 12 个时钟周期,如果要将 8051 单片机设为双倍速即每个机器周期为 6 个时钟周期,则可将单片

机外部时钟频率降低一半,这有效减小了单片机时钟对外界的干扰。同时,STC89C52RC 系列单片机兼容普通的 12T 单片机。STC89C52RC 系列的 HD 版本的单片机推荐工作时钟频率如表 3-20 所示。

表 3-20　STC89C52RC 系列的 HD 版本的单片机推荐工作时钟频率

内部时钟方式:外接晶振		外部时钟方式:直接由 XTAL1 输入	
12T 模式	6T 模式	12T 模式	6T 模式
2~48 MHz	2~36 MHz	2~48 MHz	2~36 MHz

3.5.3　STC89C52 单片机的复位电路

复位是单片机的初始化操作。单片机启动运行时,都需要先复位,其作用是使 CPU 和系统中的其他部件处于一个确定的初始状态,并从这个状态开始工作。因此,复位是一种很重要的操作。但单片机本身是不能自动进行复位的,必须配合相应的外部电路才能实现。STC89C52RC 系列单片机有 4 种复位方式:外部 RST 引脚复位、软件复位、掉电复位/上电复位、看门狗复位。

1. 外部 RST 引脚复位

外部 RST 引脚复位就是从外部向 RST 引脚施加一定宽度的复位脉冲,从而实现单片机复位的方式。将 RST 复位引脚拉高并维持至少 24 个时钟加 10 μs 后,单片机会进入复位状态,将 RST 复位引脚拉回低电平后,单片机结束复位状态 RST 并从用户程序区的 0000H 处开始正常工作。采用阻容复位电路时,电容 C3 为 10 μF,电阻 R1 为 10 kΩ;采用按键加阻容复位电路时,电容 C2=10 μF,R1=100 Ω,R2=10 kΩ,如图 3-16 所示。

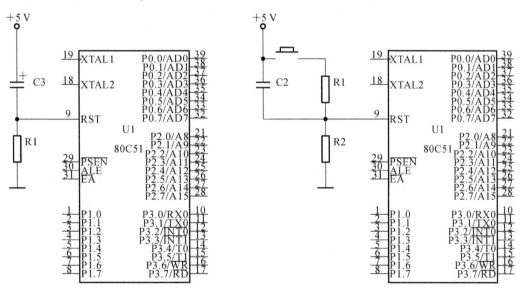

图 3-16　阻容、按键复位电路

2. 软件复位

应用程序在运行过程中,有时会有特殊需求,因此需要实现单片机系统软件复位(热启动之一)。传统的8051单片机由于在硬件上不支持此功能,所以用户必须使用软件来模拟实现,实现起来比较麻烦。目前STC新推出的增强型8051增加了ISP_CONTR特殊功能寄存器,实现了此功能。用户只需简单控制ISP_CONTR特殊功能寄存器的其中两位SWBS和SWRST就可进行系统复位。

3. 掉电复位/上电复位

当电源电压V_{CC}低于上电复位/掉电复位电路的检测门槛电压时,所有的逻辑电路都会复位。当V_{CC}重新恢复正常电压时,HD版本的单片机延迟2048个时钟(90版本的单片机延迟32768个时钟)后,上电复位/掉电复位结束。进入掉电模式时,上电复位/掉电复位功能被关闭。

4. 看门狗复位

在工业控制、汽车电子、航空航天等需要高可靠性的系统中,为了防止系统在异常情况下受到干扰,防止MCU/CPU程序跑飞而导致系统长时间异常工作,通常会引进看门狗,如果MCU/CPU不在规定的时间内按要求访问看门狗,就认为MCU/CPU处于异常状态,看门狗就会强迫MCU/CPU复位,使系统重新开始按规律执行用户程序。STC89C52RC系列单片机为此功能增加了特殊功能寄存器,即WDT-CONTR看门狗控制寄存器。

3.5.4 STC89C52 单片机的复位状态

1. 复位后各寄存器的起始状态

复位时,PC初始化为0000H,程序从0000H单元开始执行。复位操作还对其他一些寄存器有影响,这些寄存器复位时的状态如表3-21所示。

表3-21 单片机复位时的寄存器状态

寄存器	初始状态	寄存器	初始状态
PC	0000H	TMOD	00H
A_{CC}	00H	TCON	00H
PSW	00H	TH0	00H
B	00H	TL0	00H
SP	07H	TH1	00H
DPTR	0000H	TL1	00H
P0~P3	FFH	SCON	XXXX XXXXB
IP	XXX0 0000B	PCON	0XXX 0000B
IE	0XX0 0000B	AUXR	XXXX 0XX0B
DPOL	00H	AUXR1	XXXX XXX0B
DPOH	00H	WDTRST	XXXX XXXXB
DP1L	00H	DP1H	00H

从表3-21可看出,复位时,SP=07H,而P0~P3引脚均为高电平。在某些控制应用中,要考虑P0~P3引脚的高电平对接在这些引脚上时外部电路的影响。例如,P1口某个引脚外接

一个继电器绕组,当复位时,该引脚为高电平,继电器绕组就会有电流通过,吸合继电器开关,开关接通,可能会引起意想不到的后果。

2. 不同复位源情况下单片机的起始状态

(1) 内部看门狗复位会让单片机直接从用户程序区 0000H 处开始执行用户程序。

(2) 通过控制 RESET 引脚产生的硬件复位,会让系统从用户程序区 0000H 处开始直接执行用户程序。

(3) 通过对 ISP CONTR 寄存器送入 20H 产生的软件复位,会让系统从用户程序区 0000H 处开始直接执行用户程序。

(4) 通过对 ISP CONTR 寄存器送入 60H 产生的软件复位,会让系统从系统 ISP 监控程序区开始执行程序,检测不到合法的 ISP 下载命令流后,会软复位到用户程序区执行用户程序。

(5) 系统停电后再上电引起的硬件复位,会使系统从系统 ISP 监控程序区开始执行程序,检测不到合法的 ISP 下载命令流后,会软复位到用户程序区执行用户程序。

3.6 STC89C52 单片机的省电工作模式

STC89C52 系列单片机可以运行两种省电模式来降低功耗:空闲模式和掉电模式。正常工作模式下,STC89C52 系列单片机的典型电耗为 4~7 mA,而掉电模式下的典型电耗小于 0.1 μA,空闲模式下的典型电耗为 2 mA。

空闲模式和掉电模式的进入由电源控制寄存器 PCON 的相应位控制。PCON(Power Control Register)寄存器的字节地址是 87H,但不可位寻址。控制格式如表 3-22。

表 3-22 POCN 位控制格式

	D7	D6	D5	D4	D3	D2	D1	D0
PCON	SMOD	SMOD0	—	POF	GF1	GF0	PD	IDL

POF:上电复位标志位。单片机停电后,上电复位标志位为 1,可由软件清零。实际应用中,要判断是上电复位(冷启动)、外部复位引脚输入复位信号复位、内部看门狗复位、软件复位还是其他复位,可通过如下方法来判断:先在初始化程序中判断 POF 即 PCON.4 位是否为 1,如果 POF=1,就是上电复位(冷启动),则将 POF 清零;如果 POF=0,则为外部复位引脚输入复位信号复位或看门狗复位或软件复位或其他复位。

PD:该位置 1 时,进入 Power Down 模式,可由外部中断低电平触发或下降沿触发唤醒。进入掉电模式时,内部时钟停振,由于无时钟让 CPU、定时器、串行口等功能部件停止工作,所以只有外部中断继续工作。掉电模式可由外部中断唤醒,中断返回后,继续执行源程序。掉电模式也称停机模式,此时电耗小于 0.1 μA。

IDL:该位置 1 时,进入空闲(IDLE)模式,除系统不给 CPU 提供时钟,CPU 不执行指令外,其余功能部件仍可继续工作,可由任何一个中断唤醒。

GF1、GF0:两个通用工作标志位,用户可以任意使用。

SMOD、SMOD0:与电源控制无关,与串口有关,将在后续串行通信章节介绍。

3.7 本章小结

本章介绍了有关单片机的片内硬件基本结构、引脚功能、存储器结构、特殊功能寄存器功能、4 个并行 I/O 接口的结构和特点，以及复位电路和时钟电路的设计。本章的学习内容为 STC89C52 系统单片机的应用设计打下了基础。

习　　题

1. STC89C52RC 单片机的片内集成了哪些功能部件？

2. 当 STC89C52RC 单片机运行出错或程序陷入死循环时，如何摆脱困境？

3. 64 KB 程序存储器空间有 8 个单元地址对应 STC89C52 单片机 8 个中断源的中断入口地址，请写出这些单元的入口地址及对应的中断源。

4. STC89C52 单片机的 4 个并行双向口 P0~P3 的驱动能力各为多少？要想获得较大的输出驱动能力，是采用低电平输出还是采用高电平输出？

5. STC89C52 单片机的 4 个 I/O 接口分别有什么功能？

6. STC89C52RC 单片机的存储器的结构特点是什么？STC89C52RC 的片内程序存储器空间和数据存储器空间分别是多少？其中内部数据存储器空间是如何划分的？

7. STC89C52RC 单片机的片内扩展数据存储器是怎么管理的？

8. STC89C52RC 单片机的特殊功能寄存器映射在片内数据存储器的地址是多少？哪些特殊功能寄存器是可以位寻址的？

9. 单片机的时钟周期、机器周期和指令周期分别是指什么？

10. STC89C52RC 单片机有几种复位方式？分别是如何实现复位的？

11. STC89C52RC 单片机复位后，寄存器的状态如何？

第4章 单片机程序设计

4.1 STC 系列单片机指令系统基本概念

指令是指示 CPU 按照人们的意图来完成某种操作的命令,一种微处理器所能执行全部指令的集合称为这个微处理器的指令系统。STC 系列单片机的指令系统与传统的 MCS-51 单片机的完全兼容,基本指令共 111 条。

4.1.1 指令书写格式

指令的表示方法称为指令格式。单片机汇编语言的指令书写格式如下:

[标号:]操作码　[操作数 1][,操作数 2][,操作数 3]　[;注释]

其中,[ ]号内为可选项。各部分之间必须用分隔符隔开:标号字段和操作码字段间要用":"隔开;操作码字段和操作数字段间要用空格隔开;操作数之间用","隔开;操作数字段和注释字段间要用";"隔开。

【例 4-1】 下面是一段程序的四分段书写格式。

```
标号字段    操作码字段    操作数字段         注释字段
START:     MOV          A,# 00H           ;0→A
           MOV          R1,# 10           ;10→R1
           MOV          R2,# 00000011B    ;03H→R2
LOOP:      ADD          A,R2              ;(A)+ (R2)→A
           DJNZ         R1,LOOP           ;若 R1 减 1 不为零,则跳转至 LOOP 处
           NOP
HERE:      SJMP         HERE
```

上述 4 个字段应该遵守的基本语法规则如下。

(1) 标号:表示该语句的符号地址,可根据需要而设置。有了标号,程序中的其他指令(如转移指令)才能访问该语句。在编程过程中,适当地使用标号,可使程序便于查询、修改,以及方便转移指令。有关标号的规定如下。

① 标号由 1～8 个 ASCII 码字符组成,第一个字符必须是字母,其余的可以是字母、数字或下划线"_"。

② 同一标号在一个程序中只能定义一次,不能重复定义。

③ 不能使用汇编语言已经定义的符号作为标号,如指令助记符、伪指令以及寄存器的符号名称等。

④ 标号的有无,取决于本程序中的其他语句是否访问该条语句。如无其他语句访问,则该语句前不需要标号。

(2) 操作码:规定了语句执行的操作,用助记符表示,是汇编语言指令中唯一不能空缺的部分。

(3) 操作数:用于存放指令的操作数或操作数地址。操作数的个数因指令的不同而不同。通常有单操作数、双操作数和无操作数等三种情况。在操作数的表示中,有以下两种情况需要注意。

① 十六进制、二进制和十进制形式的操作数表示。若操作数用十进制数表示,则可加后缀"D",也可不加;若操作数用二进制数表示,则需加后缀"B";若操作数用十六进制数表示,则需加后缀"H";若十六进制数以字符 A~F 开头,那么需在它前面加一个数字"0",以便汇编时将它后面的字符 A~F 作为数来处理,而不是作为字符来处理。

② 工作寄存器和特殊功能寄存器的表示。若操作数是某个工作寄存器或特殊功能寄存器,则既允许用其代号表示,也允许用其地址来表示。例如,累加器可用 A(或 Acc)表示,也可用其地址 E0H 来表示。

(4) 注释:用于解释指令或程序的含义,对编写程序和提高程序的可读性非常有用。编程时,注释长度不限,可换行书写,但要注意每行必须以分号开头。汇编程序时遇到";"就停止"翻译",因此,注释字段不会产生机器代码。

4.1.2 指令编码格式

为了便于编写程序,一般采用汇编语言和高级语言编写程序,但必须经过汇编程序或编译程序转换成机器代码后,单片机才能识别和执行。单片机指令系统采用的助记符指令格式与机器码有一一对应的关系。

机器码通常由操作码和操作数(或操作数地址)两部分构成。STC89C52 的基本指令按其指令所生成的机器码在程序存储器中所占字节来划分,可分为单字节指令、双字节指令和三字节指令等三类。

1. 单字节指令

单字节指令编码格式有以下两种。

(1) 8 位编码仅为操作码,指令的操作数隐含在其中。如:DEC A,其指令编码的十六进制表示为 14H,累加器 A 隐藏在操作码中,指令的功能是累加器的内容减 1。编码格式如下。

位号	7 6 5 4 3 2 1 0
字节	opcode*

* opcode 表示操作码。

(2) 8 位编码含有操作码(高 5 位)和寄存器编码(低 3 位)。如:INC R1,其指令编码为0000 1001B,它的十六进制表示为 09H。其中,高 5 位 opcode:00001B、低 3 位 rrr=001B 是寄存器 R1 对应的编码。指令的功能是寄存器内容加 1。编码格式如下。

位号	7 6 5 4 3	2 1 0
字节	opcode	rrr*

* rrr 表示寄存器编码。

2. 双字节指令

双字节指令的第一字节为操作码,第二字节为参与操作的数据或存放数据的地址。如:
MOV A,♯60H,其指令编码的十六进制表示为 74H 60H。其中,高 8 位字节 opcode=74H、
低 8 位字节 data=60H 是对应的立即数。指令的功能是将立即数 60H 传送到累加器 A 中。
编码格式如下。

位号	7 6 5 4 3 2 1 0	7 6 5 4 3 2 1 0
字节	opcode	data 或 direct*

* opcode 表示操作码;data 或 direct 表示操作数或其地址。

3. 三字节指令

三字节指令的第一字节为操作码,后两个字节为参与操作的数据或存放数据的地址。如:
MOV 10H,♯60H,其指令编码的十六进制表示为 75H 10H 60H,其中最高 8 位字节 opcode
=75H、次 8 位字节 direct=10H 是目标操作数对应的存放地址,最低 8 位字节 data=60H 是
对应的立即数。指令的功能是将立即数 60H 传送到内部存储器的 10H 单元中。编码格式
如下。

位号	7 6 5 4 3 2 1 0	7 6 5 4 3 2 1 0	7 6 5 4 3 2 1 0
字节	opcode	data 或 direct	data 或 direct*

* opcode 表示操作码;后两个字节的 data 或 direct 表示操作数或其地址。

4.1.3 指令系统中常用的符号

先简单介绍指令格式中用到的符号,说明如下。

(1) ♯data:表示 8 位立即数,即 8 位常数,取值范围为 ♯00H~♯0FFH。

(2) ♯data16:表示 16 位立即数,即 16 位常数,取值范围为 ♯0000H~♯0FFFFH。

(3) Rn(n=0~7):表示当前选中工作寄存器区的 8 个工作寄存器 R0~R7。

(4) R_i(i=0,1):表示当前寄存器区中作为间接寻址寄存器,只能是 R0 和 R1 中之一。

(5) direct:表示片内存储器和特殊功能寄存器的 8 位直接地址。

(6) addr16:表示 16 位目的地址,只限于在 LCALL 和 LJMP 指令中使用。

(7) addr11:表示 11 位目的地址,只限于在 ACALL 和 AJMP 指令中使用。

(8) rel:表示相对转移指令中的偏移量,8 位的带符号补码数,为 SJMP 和所有条件转移
指令所用。转移范围为相对于下一条指令首址的 -128~+127 B。

(9) DPTR:表示数据指针,可用作 16 位数据存储器单元地址的寄存器。

(10) bit:表示片内存储器或部分特殊功能寄存器中的直接寻址位。

(11) /bit:表示对 bit 位先取反再参与运算,但不影响该位的原值。

(12) C 或 Cy:表示进位标志位或位处理机中的累加器。

(13) @:表示间接寻址寄存器或基址寄存器的前缀,如@Ri、@A+DPTR。

(14) (X):表示 X 地址单元或寄存器中的内容。

(15) ((X)):表示以 X 单元或寄存器中的内容作为地址再间接寻址单元的内容。

(16) →:表示箭头右边的内容被箭头左边的内容所取代。

4.1.4 指令系统的寻址方式

寻址方式是指在执行一条指令的过程中,寻找操作数或操作数地址的方式。一般寻址方式越多,功能越强,灵活性越大,指令系统就越复杂。STC89C52单片机的寻址方式和传统的MCS-51单片机的寻址方式一致,包含操作数寻址和指令寻址两个方面,但寻址方式更多的是指操作数的寻址,而且,如果有两个操作数,则默认是源操作数的寻址方式。本节仅介绍操作数的7种寻址方式,如表4-1所示。

表4-1 寻址方式

序 号	寻 址 方 式	寻 址 空 间
1	立即数寻址	程序存储器中的立即数
2	直接寻址	内部128B存储器、特殊功能寄存器
3	寄存器寻址	R0~R7、A、B、C(位)、DPTR 等
4	寄存器间接寻址	片内数据存储器、片外数据存储器
5	基址加变址寻址	读程序存储器固定数据和程序散转
6	相对寻址	程序存储器相对转移
7	位寻址	内部存储器中的可寻址位、SFR 中的可寻址位

下面分别介绍指令系统的这7种数据寻址方式。

1. 立即数寻址

立即数是指直接在指令中给出的操作数,就是放在程序存储器内的常数。为了与下面介绍的直接寻址指令中的直接地址加以区别,需在操作数前加前缀标志"♯"。

【例4-2】 MOV A,♯7AH;机器码74H 7AH,把立即数7AH传送到累加器A中。

把立即数7AH传送到累加器A中的操作如图4-1所示。

图4-1 把立即数 7AH 传送到累加器 A 中

2. 直接寻址

指令中直接给出操作数的单元地址,而不是操作数,该单元地址中的内容才是真正的操作数。格式上没有"♯"号,以区别于立即数寻址。

【例4-3】 MOV A,30H;机器码为E5H 30H,把直接地址30H单元的内容传送到累加器A中。该寻址方式只能给出8位地址,能用这种方式访问的地址空间包含以下两方面。

(1) 内部数据存储器低128B地址空间(00H~7FH),在指令中直接以单元地址的形式给出。例如:MOV A,00H 或 MOV 30H,20H。

(2) 特殊功能寄存器SFR地址空间(80H~0FFH),在指令中可以以符号形式给出,也可以以单元地址形式给出。例如:MOV A,80H 或 MOV A,P0,这两条指令等价。直接寻址是访问片内所有特殊功能寄存器的唯一寻址方式。

把直接地址 30H 单元的内容传送到累加器 A 中的操作如图 4-2 所示。

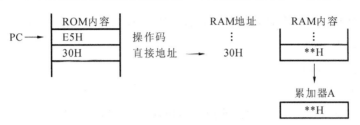

图 4-2　把直接地址 30H 单元的内容传送到累加器 A 中

3. 寄存器寻址

指令中的操作数放在某一寄存器中,能用寄存器寻址的寄存器包括累加器 A、寄存器 B、数据指针 DPTR、进位位 Cy 以及工作寄存器组中的 R0~R7。

【例 4-4】　MOV A,R3;机器码为 0EBH,把当前 R3 中的操作数传送到累加器 A 中。

把当前 R3 中的操作数传送到累加器 A 中的操作如图 4-3 所示。

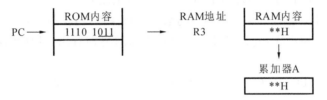

图 4-3　把 R3 中的操作数传送到累加器 A 中

4. 寄存器间接寻址

在指令中给出的寄存器内容是操作数的地址,而不是操作数,从该地址中取出的数才是真正的操作数。能用于寄存器间接寻址的寄存器有 R0、R1、DPTR、SP,其中 SP 仅用于堆栈操作。

为了区别寄存器寻址和寄存器间接寻址,在寄存器间接寻址方式中,应在寄存器名称前加前缀标志"@"。

【例 4-5】　MOV A,@R1;机器码为 0E7H,将当前 R1 中所取得的数作为地址所对应的存储单元中的内容作为操作数传送到累加器 A。操作如图 4-4 所示。

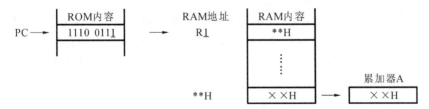

图 4-4　将 R1 中的间接寻址内容作为操作数传送到累加器 A

寄存器间接寻址的寻址范围如下。

(1)访问内部存储器或外部数据存储器的低 256 B 时,可采用 R0 或 R1 作为间址寄存器,通用形式为@Ri。例如：

```
MOV    A ,@ Ri (i= 0、1)      ;访问片内单元
MOVX   A ,@ Ri(i= 0、1)       ;访问片外 256 B 范围内的单元存储器地址
```

（2）访问片外数据存储器还可用数据指针 DPTR 作为间址寄存器，可对整个 64 KB 外部数据存储器空间进行寻址。例如：

```
MOVDPTR, # xxxxH
MOVX   A ,@ DPTR                    ;访问片外 64 KB 范围内的单元
```

（3）执行 PUSH 和 POP 指令时，使用堆栈指针 SP 作为间址寄存器来对栈区进行间接寻址。这点的说明将在堆栈部分介绍。

5. 基址加变址寻址

基址加变址寻址是以 DPTR 或 PC 为基址寄存器、累加器 A 为变址寄存器，而以二者内容相加所形成的 16 位程序存储器地址作为操作数地址。本寻址方式的指令只有三条：MOVC A,@A+DPTR、MOVC A,@A+PC 和 JMP @A+DPTR，前两条指令适用于读程序存储器中固定的数据，如表格处理；第三条为散转指令，A 中的内容为程序运行后的动态结果，可根据 A 中内容的不同来实现向不同程序入口处的跳转。

基址加变址寻址只能对程序存储器中的数据进行操作，由于程序存储器是只读的，因此该寻址只有读操作而无写操作，此种寻址方式对查表访问特别有用，具体用法将在 MOVC 指令处介绍。

【例 4-6】 设 DPTR＝2000H，A＝10H MOVC A,@A+DPTR。

MOVC 指令查表访图如图 4-5 所示。

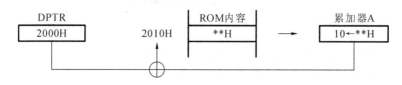

图 4-5 MOVC 指令查表访图

6. 相对寻址

相对寻址是为解决程序转移而专门设置的，并为转移指令所采用。它是以 PC 的当前值为基准。PC 的当前值是指执行完该指令后的 PC 值，即该转移指令的地址值加上它的字节数。因此，转移的目的地址可用下列公式计算：

有效转移地址＝PC 的当前值＋rel，即转移指令所在地址值＋转移指令字节数＋rel

其中，偏移量 rel 是单字节的带符号的 8 位二进制补码数，它所表示的范围是－128～＋127。因此，程序的转移范围以转移指令的下一条指令首地址为基准地址，相对偏移在－128～＋127单元之间，可向前转移，也可向后转移。

【例 4-7】 SJMP 08H；PC←PC＋2＋08H。

相对转移例图如图 4-6 所示。

7. 位寻址

由于微处理器具有位处理功能，所以可直接对数据位进行多种操作，可为测控系统的应用

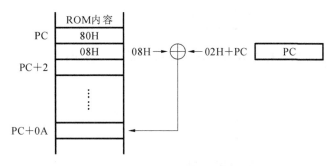

图 4-6　相对转移例图

提供最佳代码和速度,大大增强了实时性。

位寻址的寻址范围是 216 位的位地址空间,分为以下两部分。

(1) 内部存储器中的位寻址区的字节地址为 20H～2FH,共 128 个位。例如,把位地址 40H 中的值送到进位位 C,可写为 MOV C,40H 或 MOV C,(28H).0。

(2) 可位寻址的 11 个特殊功能寄存器共 88 位。例如,把 PSW 的第 5 位 F0 置 1,有以下四种表示方法。

① 直接使用位表示方法:SETB 0D5H。

② 位名称的表示方法:SETB F0。

③ 单元地址加位数的表示方法:SETB (0D0H).5。

④ 特殊功能寄存器符号加位数的表示方法:SETB PSW.5。

4.2　STC 系列单片机指令分类详解

STC89C52 指令系统与传统 MCS-51 单片机的指令完全兼容,共 111 条指令,按功能可分为以下五类:数据传送类指令(28 条);算术运算类指令(24 条);逻辑操作类指令(25 条);控制转移类指令(17 条);位操作类指令(17 条)。

4.2.1　数据传送类指令

数据传送类指令是使用最频繁的指令,有 MOV、MOVX、MOVC、XCH、XCHD、SWAP、PUSH、POP 等 8 类。

数据传送属"复制"性质,而不是"搬家",即该类指令执行后,源操作数不变,目的操作数被源操作数取代。

数据传送类指令不影响进位标志位 Cy、辅助进位标志位 Ac 和溢出标志位 OV,但不包括检验累加器奇偶性的标志位 P。

1. 内部存储器传送指令 MOV

(1) 以累加器为目的操作数的指令格式如下。

```
MOV   A,Rn            ;A← Rn
MOV   A,direct        ;A←(direct)
```

```
MOV  A,@ Ri           ;A←((Ri))
MOV  A,# data         ;A← # data
```

这组指令的功能是把源操作数的内容送入累加器 A。例如：

```
MOV  A,R2             ;A← R2
MOV  A,35H            ;A←(35H)
MOV  A,@ R0           ;A←((R0))
MOV  A,# 5BH          ;A← # 5BH
```

（2）以 Rn 为目的操作数的指令格式如下。

```
MOV  Rn,A             ; Rn ←(A)
MOV  Rn,direct        ; Rn ←(direct)
MOV  Rn,# data        ; Rn ← data
```

这组指令的功能是把源操作数的内容送入当前工作寄存器区 R0～R7 中的某一个寄存器。

这组指令中没有 MOV Rn,@Ri 和 MOV Rn,Rn 这两种形式。

（3）以直接地址为目的操作数的指令格式如下。

```
MOV  direct,A         ; direct ←(A) à
MOV  direct,Rn        ; direct ←(Rn)à
MOV  direct1,direct2  ; direct1←(direct2) à
MOV  direct,@ Ri      ; direct ←((Ri)) à
MOV  direct,# data    ; direct ← dataà
```

这组指令的功能是把源操作数送入直接地址所指的存储单元。

（4）以寄存器间接地址为目的操作数的指令格式如下。

```
MOV  @ Ri,A           ;((Ri))← A à  ,i= 0,1
MOV  @ Ri,direct      ;((Ri))← direct  ,i= 0,1
MOV  @ Ri,# data      ;((Ri))← dataà ,i= 0,1
```

这组指令的功能是把源操作数的内容送入 R0 或 R1 所指的存储单元。

这组指令没有 MOV @Ri,Rn 和 MOV @Ri,@Ri 这两种形式。

（5）16 位数传送指令格式如下。

```
MOV  DPTR,# data16    ;把高 8 位立即数送入 DPH,低 8 位立即数送入 DPL
                      ;地址指针 DPTR 由 DPH 和 DPL 组成
```

这是整个指令系统中唯一的一条 16 位数据传送指令,用来设置地址指针。

对于所有 MOV 类指令,累加器 A 是一个特别重要的 8 位寄存器,CPU 对它具有其他寄存器所没有的操作指令。

2. 外部存储器传送指令 MOVX

MOV 后面加"X",表示访问的是片外存储器或 I/O 接口,该类指令必须通过累加器 A 与外部存储器或 I/O 接口间相互传送数据。

读指令格式如下。

```
MOVX   A,@ Ri              ; A←((Ri))
MOVX   A,@ DPTR            ; A←((DPTR))
```

这两条指令是单片机读取外部存储器或 I/O 接口的数据的指令,此时引脚 P3.7(/RD)有效。写指令格式如下。

```
MOVX   @ Ri,A             ;((Ri))  ← A
MOVX   @ DPTR,A           ;((DPTR))← A
```

这两条指令是单片机写入数据到外部存储器或 I/O 接口的指令,此时引脚 P3.6(/WR)有效。

上述 4 条指令分别是采用 DPTR 和 Ri 间接寻址的。采用 DPTR 进行间接寻址,是因为 DPTR 为 16 位的,故可寻址片外整个 64 KB 数据存储器空间,高 8 位地址 DPH 由 P2 口输出,低 8 位地址 DPL 由 P0 口输出;而采用 Ri 进行间接寻址,是因为 Ri 为 8 位,故只可寻址片外 256 个单元的数据存储器空间,这 8 位地址由 P0 口输出。

【例 4-8】 将片外 2025H 单元内容送到片内 32H 单元中。

方法一:指令如下。

```
MOV    DPTR,# 2025H
MOVX   A,@ DPTR
MOV    32H,A
```

方法二:指令如下。

```
MOV    P2,# 20H
MOV    R0,# 25H
MOVX   A,@ R0
MOV    32H,A
```

3. 程序存储器访问指令 MOVC

由于程序存储器只读不写,传送为单向的,所以仅有以下两条从程序存储器中读出数据到累加器 A 的指令。程序存储器中的常数称为表格常数,这两条指令也称为查表指令。

MOVC A,@A+DPTR;以 DPTR 作为基址寄存器,A 的内容(无符号数)和 DPTR 的内容相加得到一个 16 位地址,把由该地址指定的程序存储器单元的内容送到累加器 A。

MOVC A,@A+PC;以 PC 作为基址寄存器,A 的内容(无符号数)和 PC 的当前值(下一条指令的起始地址)相加后得到一个新的 16 位地址,把该地址的内容送到 A。

下同通过两个例子来说明这两条指令各自的优缺点。

【例 4-9】 设(DPTR)=4100H,(A)=30H,执行 0100H 处的指令。

指令如下。

```
0100H:MOVC    A,@ A+ DPTR
```

执行时,(4100H+30H)=(4130H)→A,此执行过程与指令的当前地址 0100H 无关。

执行结果:将程序存储器中的 4130H 单元内容送入 A。

【例 4-10】 设(A)=30H,执行地址 1000H 处的指令。

指令如下。

```
1000H:MOVC    A,@ A+ PC
```

执行时,首先求得 PC 的值,即下一条指令的地址＝当前指令地址＋该指令字节数,由于该指令占用 1 B,故 PC＝1000H＋1＝1001H,此执行过程与当前指令地址有关;然后将所求 PC 值加上 A 的内容求得所要访问程序存储器单元的地址,即(PC＋A)＝(1001H＋30H)＝(1031H);最后将该地址所对应单元的内容送入 A。

执行结果:将程序存储器中 1031H 的内容送入 A。

由以上两个例子的执行过程可以得知,MOVC A,@A＋DPTR 指令的特点是其执行结果只与指针 DPTR 及累加器 A 的内容有关,与该指令存放的地址及常数表格存放的地址无关,因此,常数表格的大小和位置可以在 64 KB 程序存储器中任意安排,表格可以为各个程序块公用。而 MOVC A,@A＋PC 指令的特点是根据 A 的内容来取出程序存储器中的常数,但由于 PC 的值是一个字值,且指向下一条指令的首地址,而 A 的值最大为 256 B,所以常数表格只能存放在该条查表指令后面的 256 B 单元内,表格的大小受到了限制,而且表格只能被一段程序所利用。

【例 4-11】 将程序存储器 2010H 单元中的数据传送到累加器 A 中。设程序的起始地址为 2000H。

方法一:指令如下。

```
ORG    2000H
MOV    DPTR,# 2000H
MOV    A,# 10H
MOVC   A,@ A+ DPTR
```

分析:访问前,必须保证 A＋DPTR 等于访问地址,如该例中的 2010H。一般方法是将访问地址低 8 位值(10H)赋给 A,剩下的 16 位地址(201OH-10H)＝2000H 赋给 DPTR。该编程与指令所在的地址无关。

方法二:指令如下。

```
ORG    2000H
MOV    A,# 0DH
MOVC   A,@ A+ PC
```

分析:因为程序的起始地址为 2000H,第一条指令为双字节指令,第二条指令为单字节指令,所以第二条指令的地址为 2002H,第二条指令的下一条指令的首地址就应为 2003H,即 PC＝2003H,因为 A＋PC＝2010H,故 A＝0DH。该编程与指令所在的地址有关,由此例可见,此方法不利于修改程序,故不建议使用。

两条指令的助记符都是在 MOV 的后面加"C",是 CODE 的第一个字母,即表示访问程序存储器中的数据。

4. 堆栈操作指令

堆栈是在片内存储器区中按"先进后出,后进先出"原则设置的专用存储区,STC89C52 的堆栈为向上生长型,即此堆栈为向地址增加的方向生长。堆栈的操作只有进栈和出栈两种,进栈操作地址增加,出栈操作地址减少。堆栈的操作主要用于子程序、中断服务程序中的现场保护和现场恢复。

数据的进栈/出栈由指针 SP 统一管理。单片机复位后,SP 为 07H,使得堆栈实际上是从

08H 单元开始的,由于 08H~1FH 单元分别属于工作寄存器区,20H~2FH 是位寻址区,故最好在复位后把 SP 值改为 30H 或更大的值,以避免堆栈与工作寄存器冲突。

只有以下两条指令用于堆栈操作。

(1)进栈指令。其功能为:将栈顶指针 SP 的内容加 1,然后将直接寻址单元中的数据压入 SP 所指的单元中。指令格式如下。

```
PUSH       direct        ;SP←SP+ 1,(SP)←(direct)
```

(2)出栈指令。其功能为:将堆栈内容弹出到直接寻址单元中,然后将 SP 的内容减 1,指向下一个单元。指令格式如下。

```
POP        direct        ;(direct)←(SP),SP←SP- 1
```

【例 4-12】 设 A=40H,B=41H,分析执行下列指令序列后的结果。

```
MOV        SP,# 30H      ;(SP)= 30H
PUSH       ACC           ;(SP)= 31H, (31H)= 40H
PUSH       B             ;(SP)= 32H, (32H)= 41H
MOV        A,# 00H       ;修改 A 的值
MOV        B,# 00H       ;修改 B 的值
POP        B             ;B= 41H, SP= 31H
POP        ACC           ;A= 40H, SP= 30H
```

执行后,A=40H,B=41H,SP=30H,与执行前一致。也就是 A 和 B 压栈保护后,即使改变了 A 和 B 的值,也可对 A 和 B 进行出栈操作,从而使其内容恢复原样。在堆栈操作指令中,累加器 A 一定要用 Acc 表示。

5. 交换指令

(1)字节交换。其功能是将累加器 A 和源操作数的内容交换。
指令如下。

```
XCH        A,Rn
XCH        A,direct
XCH        A,@ Ri
```

(2)半字节交换。其功能是将累加器 A 的低 4 位与内部存储器的低 4 位交换。
指令如下。

```
XCHD       A,@ Ri
```

(3)累加器内交换。其功能是将累加器内的高低半字节交换,即累加器 A 内的高 4 位与低 4 位交换。
指令如下。

```
SWAP       A
```

4.2.2 算术运算类指令

算术运算类指令主要是对 8 位无符号数进行算术操作。这类指令会影响 PSW 的有关位,关于这一类指令,要特别注意正确地判断结果对标志位的影响。

1. 加法指令

指令如下。

```
ADD        A,Rn          ;A←(A)+ (Rn)
ADD        A,direct      ;A←(A)+ (direct)
ADD        A,@ Ri        ;A←(A)+ ((Ri))
ADD        A,# data      ;A←(A)+ data
```

2. 带进位加法指令

指令如下。

```
ADDC       A,Rn          ;A←(A)+ (Rn)+ Cy
ADDC       A,direct      ;A←(A)+ (direct)+ Cy
ADDC       A,@ Ri        ;A←(A)+ ((Ri))+ Cy
ADDC       A,# data      ;A←(A)+ data+ Cy
```

这两组指令的特点如下。

(1) 一个加数总是来自累加器 A。

(2) 运算结果总是放在累加器 A 中。

(3) 对各个标志位的影响包含以下几个方面:位 7 有进位,则 Cy=1,否则 Cy=0;位 3 有进位,则 Ac=1,否则 Ac=0;位 6、位 7 任意一个有进位,而另一个无进位,则 OV=1,否则 OV=0;累加器 A 的结果会影响 P 标志。

溢出标志位 OV,只有在有符号数加法运算时才有意义。当两个有符号数相加时,OV=1,表示加法运算超出了累加器 A 所能表示的有符号数的有效范围(−128～+127)。

3. 加 1 指令

指令如下。

```
INC        A             ;A←(A)+ 1
INC        Rn            ;Rn←(Rn)+ 1
INC        @ Ri          ;direct←(direct)+ 1
INC        direct        ;Ri←(Ri)+ 1
INC        DPTR          ;DPTR←(DPTR)+ 1,16 位数加 1 指令
```

这组指令的特点:不影响任何标志,除 A 加 1 指令影响奇偶标志位 P 外。

4. 带进(借)位减法指令

指令如下。

```
SUBB       A,Rn          ;A←(A)-(Rn)-Cy
SUBB       A,direct      ;A←(A)-(direct)-Cy
SUBB       A,@ Ri        ;A←(A)-(@ Ri)-Cy
SUBB       A,# data      ;A←(A)-data-Cy
```

注意:没有不带进位的减法指令。

这组指令的特点如下。

(1) 从累加器 A 中减去指定变量和进位标志。

（2）结果存在累加器 A 中。

（3）SUBB 指令对标志位的影响：位 7 需借位，则 Cy＝1，否则 Cy＝0；位 3 需借位，则 Ac＝1，否则 Ac＝0；位 6、位 7 任意一个有借位，而另一个无借位，则 OV＝1，否则 OV＝0；累加器 A 的结果会影响 P 标志。

5. 减 1 指令

指令如下。

```
DEC     A           ;A←(A)-1à
DEC     Rn          ;Rn←(Rn)-1à
DEC     direct      ;direct←(direct)-1
DEC     @ Ri        ;(Ri)←((Ri))-1à
```

注意：没有 DEC DPTR 指令。

这组指令的特点：不影响标志位，除 A 减 1 指令影响奇偶标志位 P 外。

6. 十进制调整指令

指令如下。

```
DA  A
```

该指令对压缩 BCD 码进行加法运算时，紧跟在 ADD 和 ADDC 指令之后，对 BCD 码的加法运算结果进行修正，使其结果仍为 BCD 表达形式。

注意：该"DA A"指令不适合用于减法指令，即不能对减法进行 BCD 码调整。

关于 BCD 调整的原因主要有以下几个方面。

（1）十进制数调整问题。

对 BCD 码进行加法运算，只能借助于二进制数加法指令。但二进制数的加法运算原则上并不适合十进制数的加法运算，有时会产生错误结果，如表 4-2 所示的 BCD 码加法运算。

表 4-2　BCD 码加法运算情况

编　　号	十进制数加法运算	转换为二进制数进行加法运算
（a）	3＋6＝9	0011＋0110＝1001
（b）	7＋8＝15	0111＋1000＝1111
（c）	9＋8＝17	1001＋1000＝10001

上述 BCD 码的运算结果如下。

（a）结果正确。

（b）结果不正确，因为 BCD 码中没有 1111 这个编码。

（c）结果不正确，正确结果应为 17，而运算结果却是 11。

由此可见，二进制数加法指令不能完全适用于 BCD 码十进制数的加法运算，要对结果进行有条件的修正，这就是所谓的十进制数调整问题。

（2）出错原因和调整方法。出错原因在于 BCD 码共有 16 个编码，但只用到了其中的 10 个，剩下的 6 个没有用到。这 6 个没有用到的编码为无效编码。

在 BCD 码的加法运算中，凡结果进入或者跳过无效编码区，结果就出错。因此 1 位 BCD

码加法运算出错的情况有如下两种情况。

① 若相加结果大于 9,说明已经进入无效编码区;

② 若相加结果有进位,说明已经跳过无效编码区。

无论哪种错误,都是因为 6 个无效编码造成的。因此,只要出现上述两种情况之一,就必须进行调整。方法是把运算结果加 6 进行调整,即加上无效编码的个数。调整方案如下。

若(A_{0-3})>9 或(Ac)=1,则(A_{0-3})+06H→(A_{0-3});

若(A_{4-7})>9 或(Cy)=1,则(A_{4-7})+60H→(A_{4-7})。

中间结果的修正是由 ALU 硬件中的十进制数修正电路自动进行的。

【例 4-13】 (A)=56H,(R5)=67H,56H+67H=123H。执行以下指令:

```
ADD     A,R5
DA      A
ADD     A,R5        0101  0110
                 +  0110  0111
DAA                 1011  1101
调整:            +  0110  0110
                 1 ← 0010  0011
```

结果:(A)=23H,Cy=1,由此可见,56+67=123,结果正确。

7. 乘法指令

指令如下。

```
MULAB;BA←A*B
```

功能:累加器 A 和寄存器 B 中的无符号 8 位整数相乘。

结果:其 16 位积的低位字节存放在累加器 A 中,高位字节存放在寄存器 B 中。

对标志位的影响:进位标志 Cy 总是清"0";如果积大于 0FFH,即 255,则 OV=1,否则 OV=0;累加器 A 的结果会影响 P 标志。

8. 除法指令

指令如下。

```
DIVAB;A←A/B 的商,B←A/B 的余数
```

功能:累加器 A 中 8 位无符号整数除以寄存器 B 中的 8 位无符号整数。

结果:商存放在累加器 A 中,余数存放在寄存器 B 中。

对标志位的影响:进位标志 Cy 总是清"0";如果 B 的内容为 0,结果 A、B 中的内容不定,则溢出标志位 OV=1;累加器 A 的结果会影响 P 标志。

算术运算类指令小结:算术运算指令都是针对 8 位二进制无符号数的,如果要进行带符号或多字节二进制数的运算,则需要编写具体的运算程序,并通过执行程序来实现。

算术运算的结果将使 PSW 的进位(Cy)、辅助进位(Ac)、溢出(OV)3 种标志位置 1 或清零。但增 1 和减 1 指令不影响这些标志。

4.2.3 逻辑操作类指令

1. 简单逻辑操作指令

(1) 清"0"指令。

CLRA;功能:累加器 A 清"0",不影响 Cy、Ac、OV 等标志。

（2）取反指令。

CPLA;功能:累加器 A 按位取反,不影响 Cy、Ac、OV 等标志。

2. 移位指令

（1）左环移指令（见图 4-7）。

RLA;累加器 A 的 8 位向左环移 1 位,不影响标志。

（2）右环移指令（见图 4-8）。

RRA;累加器 A 的 8 位向右环移 1 位,不影响标志。

图 4-7　左环移　　　　　　　　　　图 4-8　右环移

（3）带进位左环移指令（见图 4-9）。

RLCA;累加器 A 的内容和进位标志位一起向左环移 1 位,不影响其他标志。

（4）带进位右环移指令（见图 4-10）。

RRCA;累加器 A 的内容和进位标志位一起向右环移 1 位,不影响其他标志。

图 4-9　带进位左环移　　　　　　　图 4-10　带进位右环移

3. 逻辑"与"指令（运算符 ∧）

指令如下。

```
ANL    A,Rn              ;A←(A)∧(Rn)
ANL    A,direct          ;A←(A)∧(direct)à
ANL    A,# data          ;A←(A)∧dataà
ANL    A,@ Ri            ;A←(A)∧((Ri))à
ANL    direct,A          ;direct←(direct)∧Aà
ANL    direct,# data     ;direct←(direct)∧dataà
```

这组指令的功能:在指出的变量之间以位为基础进行逻辑"与"操作,结果存放到目的变量所在的寄存器或存储器中去。

4. 逻辑"或"指令（运算符 ∨）

指令如下。

```
ORL    A,Rn              ;A←(A)∨(Rn)à
ORL    A,direct          ;A←(A)∨(direct)à
ORL    A,# data          ;A←(A)∨dataà
ORL    A,@ Ri            ;A←(A)∨((Ri))à
ORL    direct, A         ;direct←(direct)∨Aà
ORL    direct, # data    ;direct←(direct)∨dataà
```

这组指令的功能:在指出的变量之间执行以位为基础的逻辑"或"操作,结果存放到目的变量所在的寄存器或存储器中去。

5. 逻辑"异或"指令（运算符 ⊕）

指令如下。

```
XRL    A,Rn          ;A←(A)⊕(Rn)à
XRL    A,direct      ;A←(A)⊕(direct)à
XRL    A,# data      ;A←(A)⊕dataà
XRL    A,@ Ri        ;A←(A)⊕((Ri))à
XRL    direct,A      ;direct←(direct)⊕(A)à
XRL    direct,# data ;direct←(direct)⊕dataà
```

这组指令的功能：在指出的变量之间执行以位为基础的逻辑"异或"操作，结果存放到目的变量所在的寄存器或存储器中去。

逻辑运算中，"与"运算常用于对某些位清零，"或"运算常用于对某些位置1，"异或"运算常用于对某些位取反。

4.2.4　控制转移类指令

1. 长转移指令

指令如下。

```
LJMP    addr16              ;指令长度为三字节
```

执行该指令时，把转移的目的地址，即指令的第二字节和第三字节分别装入 PC 的高位和低位字节中，无条件地转向 addr16 指定的目的地址，即 64 KB 程序存储器地址空间的任何位置。

需要说明以下两点。

(1) 指令在 64 KB 范围内跳转，是因指令中包含 16 位地址。

(2) 先执行 PC＋3→PC，然后执行 addr16→PC。由此可见，第一步无实际作用。

【例 4-14】　执行 2000H　LJMP　2500H 后 PC 的变化？

分析：① PC＋3＝2003H；② PC＝2500H。

2. 相对转移指令

指令如下。

```
SJMP    rel                ;指令长度为双字节
```

需要说明以下几点。

(1) rel 为 8 位有符号数，所以是-128～＋127 范围内的无条件跳转。

(2) 执行过程：先执行 PC＋2→PC，然后当 rel 为正数补码时，执行 PC＝PC＋rel；当 rel 为负数补码时，执行 PC＝PC－(FFH＋1－rel)。

(3) 实际编程只需写上目的地址标号，相对偏移量 rel 由汇编程序自动计算。

例如：　　LOOP:MOVA,R6
⋮
　　　　　SJMP LOOP

汇编时，跳到 LOOP 处的偏移量由汇编程序自动计算和填入。

3. 绝对转移指令

指令如下。

```
AJMP    addr11              ;指令长度为双字节
```

该指令提供 11 位地址 A10~A0(即 addr11),其中 A10~A8 位于第 1 字节的高 3 位,A7~A0 在第 2 字节。操作码只占第 1 字节的低 5 位。

需要说明以下几点。

(1) 因为指令中包含 11 位地址,所以这是 2 KB 范围内的无条件跳转。

(2) 先执行 PC+2→PC,然后执行 addr11→PC.10~PC.0,PC.15~PC.11 不变。

【例 4-15】 执行 2000H AJMP 0600H 之后,PC 如何变化?

分析:① PC+2=2002H;② PC 由 2002H→2600H 属于 PC 的变化范围内:0010 0000 0000 0010~0010 0111 1111 1111,即 2000H~27FFH。

注意:目标地址必须与 AJMP 指令的下一条指令首地址的高 5 位地址码 A15~A11 相同,否则将混乱,所以,是 2 KB 范围内的无条件跳转指令。

若执行指令 2000H:AJMP 2800H,可以吗? 答案显然是不可以。读者请自行思考。

4. 间接跳转指令

指令如下。

```
JMP    @ A+ DPTR          ;指令长度为单字节
```

该指令的功能:累加器中的 8 位无符号数与数据指针 DPTR 的 16 位数相加,结果作为下一条指令的地址送入 PC 中。

注意:该指令不会改变累加器 A 和数据指针 DPTR 的内容,也不影响标志位。

用法:DPTR 的值固定,累加器 A 变化,即可实现程序的多分支转移。

5. 条件转移指令

条件转移指令是依某种特定条件转移的指令。条件满足时转移,不满足时顺序执行下一条指令。指令如下:

```
JZ     rel                ;若 A= 0,则转移
JNZ    rel                ;若 A≠0,则转移
```

6. 比较不相等转移指令

指令如下。

```
CJNE   A,direct,rel       ;若(A)≠(direct),则转移
CJNE   A,# data,rel       ;若(A)≠# data,则转移
CJNE   Rn,# data,rel      ;若(Rn)≠# data,则转移
CJNE   @ Ri,# data,rel    ;若((Ri))≠# data,则转移
```

该指令的功能:比较前面两个操作数的大小,若值不相等,则转移。常用于循环结构。

该指令的特点主要包括以下两个。

(1) 前两个操作数相减,但不保留结果,也不改变任何一个操作数的内容。

(2) 影响标志位:当第一操作数小于第二操作数时,进位标志位 Cy=1;当第一操作数大

于或等于第二操作数时,进位标志位 Cy=0。

7. 减 1 不为 0 转移指令

指令如下。

```
DJNZ  Rn, rel
DJNZ  direct, rel
```

该指令的功能:先执行(Rn 或 direct)-1→(Rn 或 direct),若结果不为 0,则转移。

该指令的用法:用于控制程序循环。预先装入循环次数,以减 1 后是否为"0"作为转移条件,这样可以实现按次数控制循环。

【例 4-16】 班级成绩存放在片内存储器以 30H 为首址的单元中,统计该班及格与不及格人数。

程序段如下:

```
        MOV   R0,# 52H
        MOV   R7,# 23H
LOOP:   MOV   A, @ R0
        CJNE  A,# 60,XY60
        INC   R1            ;= 60,计数 R1
        SJMP  DEND

XY60:   JNC   DY60
        INC   R2            ;< 60,计数 R2
        SJMP  DEND

DY60:   INC   R3            ;> 60,计数 R3
DEND:   DEC   R0
        DJNZ  R7, LOOP
        SJMP  $
        END
```

数据存放示意图如图 4-11 所示。

地址	存储器内容
30H	69
31H	100
	98
	13
	55
	:
R0→52H	100

图 4-11 数据存放示意图

8. 调用子程序指令

1)长调用指令

指令如下。

```
    LCALL   addr16    ;三字节指令
```

该指令的特点:可调用 64 KB 范围内程序存储器中的任何一个子程序。

该指令的操作步骤如下。

(1) 执行 PC+3→PC,即获得下一条指令的地址(断点地址)。

(2) 执行 SP+1→SP,PCL→(SP);SP+1→SP,PCH→(SP),即压入堆栈保护断点地址。

(3) 执行 addr16→PC,即将指令的第 2 字节和第 3 字节(A15~A8,A7~A0)分别装入 PC 的高位和低位字节中,然后从 PC 指定的地址开始执行程序,执行后不影响任何标志位。

2)绝对调用指令

指令如下。

```
    ACALL   addr11    ;双字节指令,指令字节如表 4-3 所示
```

表 4-3 ACALL 指令字节内容

第 1 字节	A10	A9	A8	0	1	0	0	1
第 2 字节	A7	A6	A5	A4	A3	A2	A1	A0

该指令的操作与 AJMP 指令的类似,不影响标志位。操作步骤如下。

(1) PC+2→PC;

(2) SP+1→SP,PCL→(SP);SP+1→SP,PCH→(SP);

(3) addr11→PC.10-PC.00。

注意:该指令为 2 KB 范围内的调用子程序的指令。子程序地址必须与 ACALL 指令下一条指令的 16 位首地址中的高 5 位地址相同,否则将混乱。

9. 子程序的返回指令

指令如下。

```
RET
```

操作步骤:先执行(SP)→PCH,然后执行(SP)-1→SP;(SP)→PCL,最后执行(SP)-1→SP。

该指令的功能:从堆栈中弹出数据到 PC 的高 8 位和低 8 位字节,将栈指针减 2,从刚恢复的 PC 值处开始继续执行程序,不影响任何标志位。

10. 中断返回指令

指令如下。

```
RETI
```

与 RET 指令相似,不同之处在于该指令同时清除了中断响应时被置 1 的内部中断优先级寄存器中的中断优先级状态,其他操作与 RET 指令的相同。

11. 空操作指令

指令如下。

```
NOP
```

执行 PC+1→PC。

该指令的特点:CPU 不进行任何实际操作,只消耗 1 个机器周期的时间。常用于程序中的等待或时间的延迟。

4.2.5 位操作类

由于 STC89C52 单片机内部有一个位处理机,所以位地址空间有比较丰富的位操作指令。这类指令不影响其他标志位,只影响本身的 Cy(写作 C)。

1. 数据位传送指令

指令如下。

```
MOV  C,bit
MOV  bit,C
```

注意:其中一个操作数必须是进位标志。

2. 位变量修改指令

指令如下。

```
CLR   C              ;清零
CLR   bit
CPL   C              ;取反
CPL   bit
SETB  C              ;置位1
SETB  bit
```

3. 位变量逻辑"与"指令

指令如下。

```
ANL   C,bit
ANL   C,/bit
```

4. 位变量逻辑"或"指令

指令如下。

```
ORL   C,bit
ORL   C,/bit
```

指令中的/bit,不影响直接寻址位求反前原来的状态。

5. 条件转移类指令

指令如下。

```
JC    rel        ;Cy= 1,则转移
JNC   rel        ;Cy= 0,则转移
JB    bit,rel    ;bit= 1,则转移
JNB   bit,rel    ;bit= 0,则转移
JBC   bit,rel    ;先 bit= 1,则转移,再 bit 清零
```

至此,前面按功能分类介绍了汇编语言指令系统,汇编指令总表如表4-4所示。

表 4-4 汇编指令总表

分类	助记符	说　明	字节数	机器周期	指令代码(机器代码)
1. 数据传送类	MOV A,Rn	寄存器内容传送到累加器 A	1	1	E8H～EFH
	MOV A,direct	直接寻址字节传送到累加器 A	2	1	E5H,direct
	MOV A,@Ri	间接寻址存储器内容传送到累加器 A	1	1	E6H～E7H
	MOV A,#data	立即数传送到累加器 A	2	1	74H,data
	MOV Rn,A	累加器 A 中的内容传送到寄存器	1	2	F8H～FFH
	MOV Rn,direct	直接寻址字节传送到寄存器	2	2	A8H～AFH,direct
	MOV Rn,#data	立即数传送到寄存器	2	2	78H～7FH,data
	MOV direct,A	累加器 A 中的内容传送到直接寻址字节	2	2	F5H,direct

续表

分类	助记符	说　明	字节数	机器周期	指令代码（机器代码）
1. 数据传送类	MOV direct,Rn	寄存器内容传送到直接寻址字节	2	2	88H～8FH,direct
	MOV directl,direct2	直接寻址字节 2 传送到直接寻址字节 1	3	2	85H,direct2,direct1
	MOV direct,@Ri	间接寻址存储器内容传送到直接寻址字节	2	2	86H～87H,direct
	MOV direct,♯data	立即数传送到直接寻址字节	3	2	75H,direct,data
	MOV @Ri,A	累加器内容传送到间接寻址存储器	1	2	F6H～F7H
	MOV @Ri,direct	直接寻址字节传送到间接寻址存储器	2	2	A6H～A7H,direct
	MOV @Ri,♯data	立即数传送到间接寻址存储器	2	2	76H～77H,data
	MOV DPTR,♯data16	16 位常数装入数据指针	3	2	90H,dataH,dataL
	MOVC A,@A+DP7R	程序存储器代码字节传送到累加器 A	1	2	93H
	MOVC A,@A+PC	程序存储器代码字节传送到累加器 A	1	2	83H
	MOVX A,@Ri	外部存储器内容（8 位地址）传送到累加器 A	1		2H～E3H
	MOVX A,@DPTR	外部存储器内容（16 位地址）传送到累加器 A	1		E0H
	MOVX @Ri,A	累加器内容传送到外部存储器（8 位地址）	1		F2H～F3H
	MOVX @DPTR,A	累加器内容传送到外部存储器（16 位地址）	1		F0H
	PUSH direct	直接寻址字节压入栈顶	2		C0H,direct
	POP direct	栈顶字节弹出到直接寻址字节	2		D0H,direct
	XCH A,Rn	寄存器字节和累加器字节交换	1		C8H～CFH
	XCH A,direct	直接寻址字节和累加器 A 字节交换	2	1	C5H,direct
	XCH A,@Ri	间接寻址存储器内容和累加器 A 内容交换	1	1	C6H～C7H
	XCHD A,@Ri	间接寻址存储器和累加器 A 内容交换低半字节	1	1	D6H～D7H
	SWAP A	累加器内高低半字节交换	1	1	C4H
2. 算术运算类	ADD A,Rn	寄存器内容加到累加器中	1	1	28H～2FH
	ADD A,direct	直接寻址字节内容加到累加器中	2	1	25H,direct
	ADD A,@Ri	间接寻址存储器内容加到累加器中	1	1	26H～27H
	ADD A,♯data	立即数加到累加器中	2	1	24H,data
	ADDC A,Rn	寄存器内容加到累加器（带进位）中	1	1	38H～3FH
	ADDC A,direct	直接寻址字节内容加到累加器（带进位）中	2	1	35H,direct

分类	助记符	说　明	字节数	机器周期	指令代码(机器代码)
2. 算术运算类	ADDC A,@Ri	间接寻址存储器内容加到累加器(带进位)中	1	1	36H～37H
	ADDC A,#data	立即数加到累加器(带进位)中	2	1	34H,data
	SUBB A,Rn	累加器内容减去寄存器内容(带借位)	1	1	98H～9FH
	SUBB A,direct	累加器内容减去直接寻址字节(带借位)	2	1	95H,direct
	SUBB A,@Ri	累加器内容减去间接寻址存储器(带借位)的内容	1	1	96H～97H
	SUBB A,#data	累加器内容减去立即数(带借位)	2	1	94H,data
	INC A	累加器加1	1	1	04H
	INC Rn	寄存器加1	1	1	08H～0FH
	INC direct	直接寻址字节加1	2	1	05H,
	INC @Ri	间接寻址存储器加1	1	1	06H～07H
	DEC A	累加器减1	1	1	14H
	DEC Rn	寄存器减1	1	1	18H～1FH
	DEC direct	直接寻址字节减1	2	1	15H,direct
	DEC @Ri	间接寻址存储器减1	1	1	16H～17H
	INC DPTR	数据指针加1	1	2	A3H
	MUL AB	累加器*B寄存器(高位存B,低位存A)	1	4	A4H
	DIV AB	累加器/B寄存器(余数存B,商存A)	1	4	84H
	DA A	累加器十进制调整	1	1	D4H
3. 逻辑运算类	ANL A,Rn	寄存器逻辑"与"到累加器中	1	1	58H～5FH
	ANL A,direct	直接寻址字节逻辑"与"到累加器中	2	1	55H,direct
	ANL A,@Ri	间接寻址存储器内容逻辑"与"到累加器中	1	1	56H～57H
	ANL A,#data	立即数逻辑"与"到累加器中	2	1	54H,data
	ANL direct,A	累加器内容逻辑"与"到直接寻址字节中	2	1	52H,direct
	ANL direct,#data	立即数逻辑"与"到直接寻址字节中	3	1	53H,direct,data
	ORL A,Rn	寄存器逻辑"或"到累加器中	1	1	48H～4FH
	ORL A,direct	直接寻址字节逻辑"或"到累加器中	2	1	45H,direct
	ORL A,@Ri	间接寻址存储器内容逻辑"或"到累加器中	1	1	46H～47H
	ORL A,#data	立即数逻辑"或"到累加器中	2	1	44H,data
	ORL direct,A	累加器内容逻辑"或"到直接寻址字节中	2	2	42H,direct

分类	助记符	说　明	字节数	机器周期	指令代码(机器代码)
3. 逻辑运算类	ORL direct,♯data	立即数逻辑"或"到直接寻址字节中	3	2	43H,direct,data
	XRL A,Rn	寄存器内容逻辑"异或"到累加器中	1	1	68H～6FH
	XRL A,direct	直接寻址字节逻辑"异或"到累加器中	2	1	65H,direct
	XRL A,@Ri	间接寻址存储器内容逻辑"异或"到累加器中	1	1	66H～67H
	XRL A,♯data	立即数逻辑"异或"到累加器中	2	1	64H,dataH
	XRL direct,A	累加器内容逻辑"异或"到直接寻址字节中	2	1	62H,direct
	XRL direct,♯data	立即数逻辑"异或"到直接寻址字节中	3	2	63H,direct, data
	CLR A	累加器清零	1	1	E4H
	CPL A	累加器求反	1	1	F4H
	RL A	累加器循环左移	1	1	23H
	RLC A	经过进位标志位的累加器循环左移	1	1	33H
	RR A	累加器循环右移	1	1	03H
	RRC A	经过进位标志位的累加器循环右移	1	1	13H
4. 控制转移类	ACALL Addr11	绝对调用子程序	2	2	a10a9a810001.addr(7～0)
	LCALL Addr16	长调用子程序	3	2	12H,adds(15～8),addr(7～0)
	RET	子程序返回	1	2	22H
	RETI	中断返回	1	2	32H
	AJMP Adds11	绝对转移	2	2	a10a9a800001.addr(7～0)
	LJMP Adds16	长转移	3	2	02H,addr(15～8),addr(7～0)
	SJMP rel	短转移(相对偏移)	2	2	80H,rel
	JMP @A+DPTR	相对DPTR的间接转移	1	2	73H
	JZ rel	累加器为零,则转移	2	2	60H,rel
	JNZ rel	累加器为非零,则转移	2	2	70H,rel
	CJNE A,direct,rel	比较直接寻址字节和A,不相等,则转移	3	2	B5H,direct,rel
	CJNE A,♯data,rel	比较立即数和A,不相等,则转移	3	2	B4H,data,rel
	CJNE Rn,♯data,rel	比较立即数和寄存器内容,不相等,则转移	3	2	B8H～BFH,data,rel
	CJNE @Ri,♯data,rel	比较立即数和间接寻址存储器内容,不相等,则转移	3	2	B6H～B7H,data,rel
	DJNZ Rn,rel	寄存器减1,不为零,则转移	2	2	D8H～DFH,rel
	DJNZ direct,rel	地址字节减1,不为零,则转移	3	2	D5H,direct, rel
	NOP	空操作	1	1	OOH

续表

分类	助记符	说 明	字节数	机器周期	指令代码(机器代码)
5.位操作类	CLR C	进位标志清零	1	1	C3H
	CLR bit	直接寻址位清零	2	1	C2H,bit
	SETB C	进位标志置1	1	1	D3H
	SETB bit	直接寻址位置1	2	1	D2H,bit
	CPL C	进位标志取反	1	1	B3H
	CPL bit	直接寻址位取反	2	1	B2H,bit
	ANL C,bit	直接寻址位逻辑"与"到进位标志位中	2	2	82H,bit
	ANL C,/bit	直接寻址位的反码逻辑"与"到进位标志位中	2	2	B0H,bit
	ORL C,bit	直接寻址位逻辑"或"到进位标志位中	2	2	72H,bit
	ORL C,/bit	直接寻址位的反码逻辑"或"到进位标志位中	2	2	A0H,bit
	MOV C,bit	直接寻址位传送到进位标志位中	2	2	A2H,bit
	MOV bit,C	进位标志位传送到直接寻址位中	2	2	92H,bit
	JC rel	进位标志位=1,则转移	2	2	40H,rel
	JNC rel	进位标志位=0,则转移	2	2	50H,rel
	JB bit,rel	直接寻址位=1,则转移	3	2	20H,bit,rel
	JNB bit,rel	直接寻址位=0,则转移	3	2	30H,bit,rel
	JBC bit,rel	直接寻址位=1,则转移,并清除该位	3	2	10H,bit,rel

4.3 STC系列单片机汇编语言程序设计

4.3.1 汇编语言程序设计基础

程序是指令的有序集合。单片机运行的过程就是执行指令序列的过程。编写这一指令序列的过程称为程序设计。

1. 单片机常用编程语言

单片机编程语言常用的是汇编语言和高级语言。

(1)汇编语言。用英文字符来代替机器语言,这些英文字符称为助记符。用汇编语言编写的程序称为汇编语言源程序。汇编语言源程序需转换(翻译)为二进制代码表示的机器语言程序,才能被机器识别和执行,这一过程称为汇编。完成"翻译"的程序称为汇编程序。经汇编程序"汇编"得到的以"0""1"代码形式表示的机器语言程序称为目标程序。

汇编语言的优点:使用汇编语言编写程序效率高,占用存储空间小,运行速度快,能编写出最优化的程序。

汇编语言的缺点:可读性差,离不开具体的硬件,面向"硬件"的语言通用性差。

(2) 高级语言。目前,大多数 51 系列单片机用户使用 C 语言(C51)来进行程序设计,已公认 C51 是高级语言中高效、简洁而又贴近 51 系列单片机硬件的编程语言。其优点:不受具体"硬件"的限制,通用性强,直观、易懂、易学,可读性好。

尽管目前已有不少设计人员使用 51 系列单片机来进行程序开发,但在对程序的空间和时间要求较高的场合,汇编语言仍必不可少。

在这种场合下,可使用 C 语言和汇编语言混合编程。在很多需要直接控制硬件且对实时性要求较高的场合,则非使用汇编语言不可。

因此,掌握汇编语言并能进行程序设计,是学习和掌握单片机程序设计的基本功之一。

2. 汇编语言的伪指令语句

汇编语言有两种基本语句:指令语句和伪指令语句。

(1) 指令语句。其格式已经在前面介绍过。每一条指令语句在汇编时都会产生一个指令代码(机器代码),执行该指令代码对应着机器的一种操作。

(2) 伪指令语句。"伪"体现在汇编后,伪指令没有相应的机器代码产生。只有在汇编前的源程序中才有伪指令。伪指令是在汇编语言源程序中向汇编程序发出的指示信息,告诉它如何完成汇编工作。

伪指令不属于指令系统中的汇编语言指令,是控制汇编(翻译)过程的一些控制命令,它是程序员发给汇编程序的命令,也称汇编程序控制命令。

伪指令具有控制汇编程序的输入/输出、定义数据和符号、条件汇编、分配存储空间等功能,下面介绍常用的伪指令。

① 汇编起始地址命令 ORG。

格式:ORG 十进制/十六进制数

功能:用来规定程序的起始地址。在一个源程序中,可多次使用 ORG 指令来规定不同程序段的起始地址。但是,地址必须由小到大排列,且不能交叉、重叠。如果不使用 ORG,则汇编得到的目标程序将从 0000H 地址开始。例如,下面的程序顺序是正确的:

```
ORG   0000H
……
ORG   0003H
……
ORG   0030H
```

下面这种顺序是错误的,因为地址出现了交叉:

```
ORG   1030H
……
ORG   1000H
……
ORG   0030H
```

② 汇编终止命令 END。

格式:END

功能:源程序结束标志,终止源程序的汇编工作。整个源程序中只能有一条 END 命令,且位于程序的最后。如果 END 出现在程序中间,其后的源程序将不进行汇编处理。

③ 标号赋值命令 EQU。

格式:标号 EOU 数值/符号

功能:用于给标号赋值,其标号值在整个程序中均有效。一般放在程序开始处。例如:

```
          COUNT  EQU 40H
          ORG    0000H
          LJMP   START
          ORG    0030H
   START: MOV    40H,# 20H        ;(10H)= 20H
          MOV    41H,# 30H        ;(11H)= 30H
          MOV    R0,# 10H         ;(R0)= 10H
          MOV    R1,# COUNT       ;(R1)= 40H
          MOV    R2,COUNT         ;(R2)= 20H
          MOV    R3,# COUNT+ 1    ;(R3)= 41H
          MOV    R4,COUNT+ 1      ;(R4)= 30H
          SJMP   $
          END
```

执行后的结果为:R0=10H,R1=40H,R2=20H,R3=41H,R4=30H。

④ 定义数据字节命令 DB(Define Byte)。

格式:DB 字节常数或 ASCII 字符

功能:用于从指定地址开始,在程序存储器连续单元中定义字节数据。例如:

```
ORG    2000H
DB     30H,24,"C","B"
DB     OACH
```

汇编后的结果如下:

(2000H)= 30H,

(2001H)= 18H(十进制数 24),

(2002H)= 43H(字符"C"的 ASCII 码),

(2003H)= 42H(字符"B"的 ASCII 码),

(2004H)= ACH

地址	程序存储器
2004H	CAH
	42H
	43H
	18H
2000H	30H

图 4-12 定义数据字节命令程序结果示意图

程序结果示意图如图 4-12 所示。

⑤ 定义数据字命令 DW(Define Word)。

格式:DW 字常数或 ASCII 字符

功能:用于从指定的地址开始,在程序存储器的连续单元中定义字数据。例如:

```
ORG    2000H
DW     1246H,7BH,10
```

汇编后的结果如下:

```
(2000H)= 12H          ;第 1 个字
(2001H)= 46H
(2002H)= 00H          ;第 2 个字
(2003H)= 7BH
(2004H)= 00H          ;第 3 个字
(2005H)= 0AH
```

⑥定义存储区命令 DS(Define Storage)。

格式:DS　表达式

功能:从指定地址开始,保留指定数目的字节单元作为存储区,供程序运行使用。例如:

```
ORG   2000H
DS    08H
DB    30H,8AH    ;则 30H 从 2008H 单元开始存放
```

注意:DB、DW 和 DS 命令只能对程序存储器有效,不对数据存储器有效。

⑦位定义命令 BIT。

格式:字符名称　BIT　位地址操作数

功能:用于给字符名称赋以位地址,位地址可以是绝对位地址,也可是符号地址。例如:

```
P10  BITP1.0
WR  BITP3.6
```

3. 汇编语言源程序的汇编方法

(1) 手工汇编。

通过查指令的机器代码表,把助记符指令人工逐个"翻译"成机器代码,再进行调试和运行。当手工汇编遇到相对转移偏移量的计算时较麻烦,易出错,只有小程序或受条件限制时才使用。实际中,多采用"汇编程序"来自动完成汇编。

(2) 机器汇编。

使用计算机的软件(汇编程序)来代替手工汇编。在计算机上使用编辑软件进行源程序编辑,然后生成一个 ASCII 码文件,扩展名为.asm,在计算机上运行汇编程序,并译成机器码。机器码通过计算机的串口(或并口)传送到用户样机(或在线仿真器),进行程序的调试和运行。有时,在分析某些产品程序的机器代码时,需将机器代码翻译成汇编语言源程序,称为"反汇编"。

4.3.2　汇编语言程序结构与设计示例

1. 汇编语言程序设计步骤

使用汇编语言进行程序设计的过程和使用高级语言进行程序设计的过程类似,一般都需要经过以下几个步骤。

(1) 分析问题,确定算法或解题思路。

实际问题是多种多样的,不可能有统一的模式,必须具体问题具体分析。对于同一个问

题,也存在多种不同的解决方案,应通过认真比较而从中挑选最佳方案。

(2)画流程图。

流程图又称程序框图,可以直观地表示出程序的执行过程或解题步骤和方法。同时,它给出程序的结构,体现整体与部分之间的关系,将复杂的程序分成若干简单的部分,给编程工作带来了方便。流程图还充分地表达了程序的设计思路,将问题与程序联系起来,便于我们阅读、理解程序,查找错误。画流程图是程序设计的一种简单、易行、有效的方法。

常用的流程图图形符号如图 4-13 所示。

图 形 符 号	名　　称	说　　明
 ▭	过程框	表示这段程序要做的事
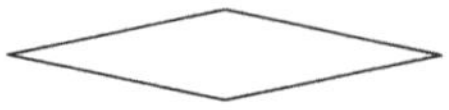 ◇	判断框	表示条件判断
 ⬭	始终框	表示流程的启动或终止
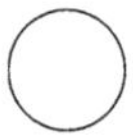 ○	连接框	表示程序连接流向
 ⬟	页连接框	表示程序换页连接
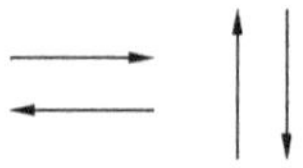 → ← ↑ ↓	程序流向	表示程序流向

图 4-13　常用的流程图图形符号

(3)编写程序。

根据流程图完成源程序的编写,即用汇编指令对流程图中的各部分加以具体实现。如果流程复杂,可以采取分别编写各个模块程序,然后汇总成完整程序的做法。

(4)调试与修改。

最初完成的程序通常会存在许多语法错误和逻辑错误,必须进行反复调试和修改,直至问题完全排除为止。如前所述,Proteus 仿真软件具有 51 系列单片机从概念到产品的全套开发功能,也是汇编程序设计的重要软件工具,应当熟练掌握,灵活应用。

2. 顺序程序结构

查表程序是一种常用程序,可避免复杂的运算或转换过程,可完成数据补偿、修正、计算、转换等各种功能,具有程序简单、执行速度快等优点。

查表是根据自变量 x 在表格中查找 y,使 y=f(x)。单片机中,数据表格存放于程序存储器内,当执行查表指令时,发出读程序存储器选通脉冲。两条极为有用的查表指令如下:

```
MOVC    A,@ A+ DPTR
MOVC    A,@ A+ PC
```

【例 4-17】 设计一个子程序,功能是根据累加器 A 中的数 x(0~9 之间)查寻 x 的平方表 y,即根据 x 的值查出相应的平方值 y。本例中的 x 和 y 均为单字节数(存放首地址××××H)。

指 令 地 址	子 程 序
××××H	ADD A,♯01H
××××H+2	MOVC A,@A+PC
××××H+3	RET
××××H+4	DB 00H,01H,04H,09H,10H DB 19H,24H,31H,40H,51H;数 0~9 的平方表

指令"ADD A,♯01H"的作用是 A 中的内容加上"01H","01H"即为查表指令与平方表之间的"RET"指令所占的字节数。加上"01H"后,可保证 PC 指向表首。累加器 A 中原来的内容仅是从表首开始向下查找多少个单元,在进入程序前 A 的内容在 00~09H 之间,如果 A 中的内容为 02H,则它的平方为 04H,可根据 A 的内容查出 x 的平方。

然而,使用指令"MOVC A,@A+DPTR"时不必计算偏移量,表格可以设在 64 KB 程序存储器空间内的任何地方,而不像"MOVC A,@A+PC"那样只设在 PC 下面的 256 个单元中。

例 4-17 的程序可改成如下形式:

```
PUSH     DPH          ;保存 DPH
PUSH     DPL          ;保存 DPL
MOV      DPTR,# TAB1
MOV      CA,@ A+ DPTR
POP      DPL          ;恢复 DPL
POP      DPH          ;恢复 DPH
MOVX     @ DPTR,A
RET
TAB1:    DB 00H,01H,04H,09H,10H        ;平方表
         DB 19H,24H,31H,40H,51H
```

如果 DPTR 已被使用,则在查表前必须保护 DPTR,且结束后恢复 DPTR。

3. 分支程序结构

分支程序结构分为无条件转移和有条件转移两类。有条件分支转移程序又可分为单分支转移和多分支转移两类。

(1) 单分支选择结构。

单分支选择结构仅有两个出口,二者可选其一。一般根据运算结果的状态标志,使用条件判断指令来选择并转移。

【例 4-18】 求单字节有符号数的二进制数补码。

分析:正数补码是其本身,负数补码是其反码加 1。因此,应首先判断被转换数的符号,负数进行转换,正数本身即为补码。

设二进制数放在 A 中,其补码放回到 A 中,参考程序如下:

```
CMPT:      JNB Acc.7,RETURN     ;(A)＞0,无需转换
           MOVC,Acc.7           ;符号位保存
           CPL A                ;(A)求反,加 1
```

```
              ADD   A,# 1
              MOV   Acc.7,C          ;符号位存放在 A 的最高位
   RETURN:    RET
```

（2）多分支选择结构。

程序的判别部分有两个以上的出口的,为多分支选择结构。指令系统提供了非常有用的两种多分支选择指令。

间接多分支转移指令:JMP @A+DPTR

比较多分支转移指令有:

```
   CJNE   A,direct,rel
   CJNE   A,# data,rel
   CJNE   Rn,# data,rel
   CJNE   @ Ri,# data,rel
```

间接多分支转移指令"JMP @A+DPTR"由数据指针 DPTR 决定多分支转移程序的首地址,由 A 的内容选择对应分支。4 条比较多分支转移指令(CJNE)能对两个欲比较的单元内容进行比较,当不相等时,程序实现相对转移;若二者相等,则顺序往下执行。

简单分支转移程序的设计,常采用逐次比较法,就是把所有不同的情况一个一个地进行比较,若有符合的就转向对应的处理程序。缺点是程序太长,若有 n 种可能的情况,就需有 n 个判断和转移。

实际中,典型例子就是当单片机系统中的键盘按下时,就会得到一个键值,根据不同的键值,跳向不同的键处理程序入口。此时,可用直接转移指令(LIMP 或 AJ. MP 指令)组成一个转移表,然后把该单元的内容读入累加器 A 中,转移表首地址放入 DPTR 中,再利用间接转移指令实现分支转移。

【例 4-19】 将寄存器 R2 的内容转向各处理程序 PRGX(X=0~n)。(R2)=0,转 PRG0;
(R2)=1,转 PRG1;…;(R2)=n,转 PRGn。

程序段如下:

```
   JMP6:  MOV   DPTR,# TAB5     ;转移表首地址送入 DPTR 中
          MOV   A,R2            ;分支转移参量送入 A 中
          MOV   B,# 03H         ;乘数 3 送入 B 中
          MUL   AB              ;分支转移参量乘 3
          MOV   R6, A           ;乘积的低 8 位暂存 R6
          MOV   A,B             ;乘积的高 8 位送入 A 中
          ADD   A,DPH           ;乘积的高 8 位加入 DPH 中
          MOV   DPH, A
          MOV   A, R6
          JMP   @ A+ DPTR       ;多分支转移选择
          ……
   TAB5:  LJMP   PRG0
          LJMP   PRG1
          ……
          LJMP   PRGn
```

4．循环程序结构

（1）循环程序结构主要由以下 4 部分组成。

循环初始化：完成循环前的准备工作。例如,循环控制计数初值的设置、地址指针起始地址的设置、为变量预置初值等。

循环处理：完成实际的处理工作,反复循环执行的部分又称循环体。

循环控制：在重复执行循环体的过程中,不断修改循环控制变量,直到符合结束条件才结束循环程序的执行。循环结束控制方法分为循环计数控制法和条件控制法两种。

循环结束：循环结束是对循环程序执行的结果进行分析、处理和存放的过程。

（2）循环结构的控制分为循环计数控制结构和条件控制结构两种。

① 循环计数控制结构。

依据计数器的值来决定循环次数,一般为减 1 计数器,计数器减到"0"时,循环结束。计数器初值在初始化时设定。

MCS-51 指令系统提供了功能极强的循环控制指令。

计数控制只有在循环次数已知的情况下才适用。循环次数未知时,不能用循环次数来控制,往往需要根据某种条件来判断是否应该终止循环。

【例 4-20】 求 n 个单字节无符号数 xi 的和,xi 按 i 顺序存放在单片机内部存储器从 50H 开始的单元中,n 放在 R2 中,所求的和(为双字节)放在 R3R4 中。程序如下：

```
ADD1:   MOV R2,# n      ;加法次数 n 送入 R2
        MOV R3,# 0      ;R3 存放和的高 8 位,初始值为 0
        MOVR4,# 0       ;R4 存放和的低 8 位,初始值为 0
        MOVR0,# 50H
LOOP:   MOVA,R4
        ADDA,@ R0
        MOVR4,A
        INCR0
        CLRA
        ADDCA,R3
        MOVR3,A
        DJNZR2,LOOP     ;判断加法循环次数是否已到
        END
```

使用寄存器 R2 作为计数控制变量,R0 作为变址单元以及用它来寻址 xi。一般来说,循环工作部分中的数据应该用间接方式来寻址,如这里使用 ADD A,@R0。

② 条件控制结构。

在循环控制中,先设置一个条件,再判断是否满足该条件,如果满足,则循环结束。如果不满足该条件,则循环继续。

【例 4-21】 一串字符依次存放在内部存储器从 30H 单元开始的连续单元中,字符串以 0AH 为结束标志,测试字符串的长度。

采用逐个字符依次与 0AH 比较(设置的条件)的方法。如果字符与 0AH 不等,则长度计数器和字符串指针都加 1;如果相等,则表示该字符为 0AH,字符串结束,计数器的值就是字符串的长度。程序如下：

```
        MOV   R4,# 0FFH              ;长度计数器初值送入 R4
```

```
        MOV    R1,# 2FH                    ;字符串指针初值送入 R1
NEXT: INC    R4
        INC    R1
        CJNE   @ R1,# 0AH,NEXT             ;比较,若不等,则进行下一字符比较
        END
```

上面两个例子都是单循环程序。如果一个循环程序中包含其他循环程序,则称为多重循环程序。最常见的多重循环是由 DJNZ 指令构成的软件延时程序。

【例 4-22】 编写 50 ms 延时程序。

软件延时程序与指令执行时间有很大的关系。当使用 12 MHz 晶振时,1 个机器周期为 1 μs,执行一条 DJNZ 指令的时间为 2 μs。可使用双重循环方法延时 50 ms,程序如下:

```
DEL:  MOV    R7,# 200                    ;本指令执行时间 1 μs
DEL1: MOV    R6,# 125                    ;本指令执行时间 1 μs
DEL2: DJNZ   R6,DEL2                     ;执行内循环 125 次,计时共 125×2 μs= 250 μs
        DJNZ   R7,DEL1                     ;指令执行时间 2 μs,执行外循环共 200 次
        RET                                ;指令执行时间 2 μs
```

它的延时时间为$[1+(1+250+2)\times200+2]$ $\mu s=50.603$ ms。

使用软件实现延时程序,不允许有中断,否则会严重影响定时的准确性。对于延时更长的时间,可采用多重循环方法。

5. 子程序结构

将那些需要多次应用的、完成相同的某种基本运算或操作的程序段从整个程序中抽取出来,单独编成一段程序,需要时再进行调用,这样的程序段称为子程序。其优点:采用子程序可使程序结构变得简单,能缩短程序的设计时间,能减少占用的程序存储空间。

(1)子程序的设计原则和应注意的问题。

① 子程序的入口地址、子程序的首条指令前必须有标号。

② 主程序调用子程序,是通过调用指令实现的。有两条子程序调用指令:绝对调用指令 ACALL addr11,双字节,addr11 指出了调用的目的地址,PC 中 16 位地址中的高 5 位不变,被调用的子程序的首地址与绝对调用指令的下一条指令的高 5 位地址相同,即只能在同一个 2 KB 区域内。长调用指令 LCALL addr16,三字节,addr16 为直接调用的目的地址,子程序可放在 64 KB 程序存储器区任意位置。

③ 子程序结构中必须用到堆栈,堆栈用来进行断点和现场的保护。

④ 子程序返回主程序时,最后一条指令必须是 RET 指令。其功能是把堆栈中的断点地址弹出送入 PC 指针中,从而实现子程序返回后能从主程序断点处继续执行主程序。

⑤ 子程序可以嵌套,即主程序可以调用某子程序,该子程序又可调用另外的子程序。

(2)子程序的基本结构。

典型的子程序的基本结构如下:

```
MAIN: ……                              ;MAIN 为主程序入口标号
        LCALL  SUB                        ;调用子程序 SUB
        ……
SUB:  PUSH   PSW                        ;现场保护
        PUSH   ACC
```

```
……                        ;子程序处理程序段
POP    ACC                 ;现场恢复,注意要先进后出
POP    PSW
RET                        ;最后一条指令必须为 RET
```

上述子程序结构中,现场保护与现场恢复不是必需的,要根据实际情况而定。

【例 4-23】 在单片机 P1 口外接 8 个 LED(发光二极管,低电平驱动)。试编写一个汇编程序,实现 LED 循环点亮功能,按照 P1.0→P1.1→P1.2→P1.3→…→P1.7→P1.6→P1.5→…→P1.0 的顺序无限循环。要求采用软件延时方式控制闪烁时间间隔(约 50 ms)。

解 仿真开发过程如下。

(1) 电路原理图设计。

利用 Proteus 软件的 ISIS 模块绘制原理图。考虑到 LED 低电平驱动要求,硬件电路设计时需使 LED 的阴极接 P1 口,阳极通过限流电阻与+5 V 电源相接。流水灯电路原理图如图4-14 所示。

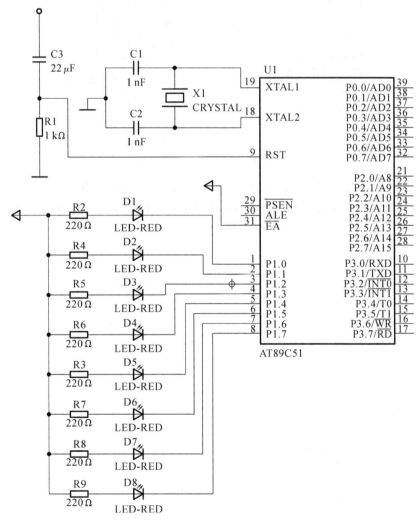

图 4-14 流水灯电路原理图

（2）汇编程序设计。

编程思路：P1 口的亮灯编码初值应能保证 P1.0 位输出低电平，其余位均输出高电平。根据电路要求，这一编码初值应为 0FEH，即 D1 为亮，D2～D8 皆为暗。此后，不断将亮灯编码值进行循环左移输出，亮灯位将随之由上向下变化；循环左移 7 次后改为循环右移，则亮灯位将随之由下向上变化。如此反复进行便可实现题意要求的流水灯功能。图 4-15 所示的为编程思路的程序流程图。

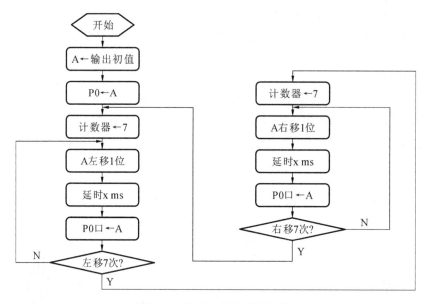

图 4-15　流水灯的程序流程图

根据图 4-15 所示流程图，可依次写出相应的汇编指令，并在适当指令行处设置符号地址（标号），在条件转移指令中加入相应标号便可完成汇编程序的编写。本题参考程序如下：

```
YS1  EQU  200
YS2  EQU  125
ORG  30H
     MOV   A,# 0FEH        ;1111 1110B—LDE 亮灯初值
     MOV   P1,A
     MOV   R2,# 7
DOWN: RLA                  ;左移 LED 下行方向
     ACALL  DEL50
     MOV   P1,A
     DJNZ  R2,DOWN
     MOV   R2,# 7
UP:  RR    A               ;右移 LED 上行方向
     ACALL  DEL50
     MOV   P1,A
     DJNZ  R2,UP
     MOV   R2,# 7
     SJMP  DOWN
```

```
DEL50: MOV      R7,# YS1        ;200 次共延时 50 ms
DEL1:  MOV      R6,# YS2        ;125 次
       DJNZ     R6,$
       DJNZ     R7,DEL1
       RET
       END
```

上述程序使用了 3 条伪指令,其中 ORG 30H 将程序指令码定位于 ROM 30H 地址;YS1 EQU 200 和 YS2 EQU 125 定义了两个用于延时子程序的计数值。采用伪指令后,上述汇编程序的可读性和可修改性都得到明显提升。图 4-16 为例 4-18 的程序编译及运行效果。

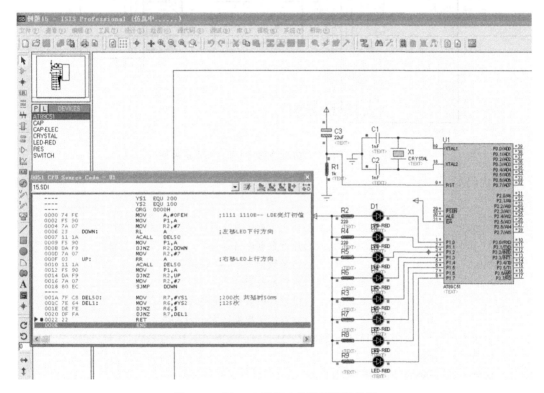

图 4-16 例 4-18 的程序编译及运行效果

程序编译后,打开调试运行窗口,并勾选"显示行号"、"显示地址"、"显示操作码"3 个选项,可看到如图 4-16 所示的编译运行结果。由图 4-16 所示的程序部分可见,伪指令的作用已得到体现,程序机器码被安排在 ROM 30H 处开始,YS1 和 YS2 的定义值 C8H 和 7DH 被编译到第 19～20 行的代码中,伪指令确定无相应机器码。依据仿真运行情况,实现了 LED 循环点亮的功能。

6. STC89C52 数据传送汇编语言编程举例

学习汇编语言和对 STC89C52 内部编程结构有初步了解后,现举一例,使用汇编语言编程实现。

【例 4-24】 设单片机片内存储器存储区首地址为 30H,片外存储器存储区首地址为 0100H,存取数据字节个数 16 个,并将片内存储区的这 16 个字节的内容设置为 01H～10H,

将片内首地址从 30H 开始的 16 个单元的内容传送到片外首地址从 0100H 开始的数据存储区中保存起来。Proteus 仿真外扩 8 KB 存储器 6264 电路如图 4-17 所示（详细介绍参看第 8 章）。

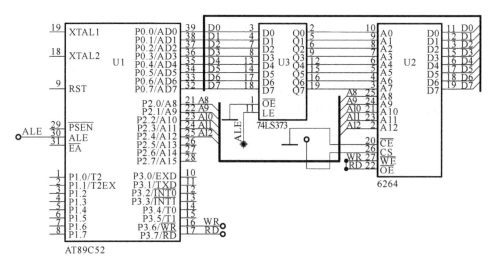

图 4-17 Proteus 仿真外部 8 KB RAM 扩展图

程序代码如下：

```
            ORG     0000H
DADDR       EQU     30H              ;片内数据区首地址
XADDR       EQU     0100H            ;片外数据区首地址
COUNT       EQU     10H              ;传送数据大小,共 16B
MAIN:       MOV     SP,# 60H         ;重置堆栈指针
            MOV     R0,# DADDR       ;设置片内数据区首地址
            MOV     R2,# COUNT       ;设置传送数据区大小为 16B
/ * * * * * * * * * *片内数据区初始化 * * * * * * * * * * * * /
INIT:       MOV     A,# 01H
LOOP1:      MOV     @ R0,A
            INC     A
            INC     R0
            DJNZ    R2,LOOP1
/ * * * * * * * * * * *片内外数据传送 * * * * * * * * * * * * * /
DXMOV:      MOV     R0,# DADDR       ;设置片内数据区首地址
            MOV     DPTR,# XADDR     ;设置片外数据区首地址
            MOV     R2,# COUNT       ;设置传送数据区大小为 16B
LOOP2:      MOV     A,@ R0
            MOVX    @ DPTR,A
            INC     R0
            INC     DPTR
            DJNZ    R2,LOOP2
            SJMP    $
            END
```

运行结果:内部数据区 30H～3FH 的单元内容为 01H～10H,片外数据区 0100H～010FH 的内容为 01H～10H。

在 Proteus 环境下,使用 Debug 调试该程序,打开 Registers 窗口,使用单步(Step)调试观察寄存器(Rn、A、DPTR、PSW)内容的变化;同时打开 Memory 窗口,可观察内部数据区 30H～3FH 的单元内容以及片外数据区 0100H～010FH 内容的变化情况。调试结果如图 4-18所示。

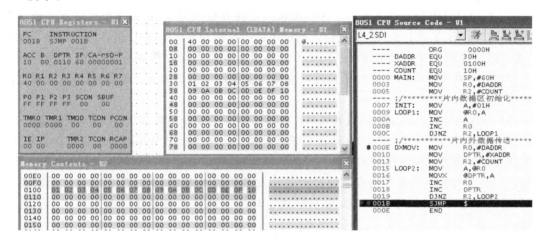

图 4-18 运行后单片机寄存器、内部存储器、外部存储器的情况

4.4 STC 单片机 C 语言程序设计

4.4.1 Keil C51 简介

1. C51 和标准 C 的区别

C 语言是美国国家标准协会(ANSI)制定的标准编程语言。1987 年,ANSI 公布 87 ANSI C,即标准 C 语言。目前,51 系列单片机编程的 C 语言都采用 Keil C51。Keil C51 是在标准 C 语言基础上发展起来的。

由于单片机应用系统日趋复杂,要求所写的代码规范化、模块化,所以便于大多数人以软件工程的形式进行协同开发。汇编语言作为传统单片机应用系统的编程语言,已经不能满足这样的实际需求。而 C 语言以其结构化和能高效编写代码满足了这样的需求,成为电子工程师进行单片机系统编程时的首选编程语言,因此获得了广泛的支持。基于 80C51 系列单片机的广泛应用,从 1985 年开始,许多公司陆续推出了 80C51 单片机的 C 语言编译器,简称 C51 语言。C51 语言在 ANSI C 语言的基础上针对 51 系列单片机的硬件特点进行了扩展,随着 80C51 单片机硬件性能的提升,尤其是片内程序存储器容量的增大和时钟工作频率的提升,已基本克服了高级语言产生代码长、运行速度慢、不适合单片机使用的缺点。因此,C51 语言获得了广泛应用,成为 80C51 系列单片机的主流程序设计语言,甚至是单片机开发人员必须掌握的一门"语言"。经过多年的努力,C51 语言已公认为高效、简洁而又贴近 51 系列单片机硬件的实用高级编程语言。

目前大多数51系列单片机用户都使用C51语言进行程序设计。使用C51语言进行单片机软件开发,有如下优点。

(1)编程调度灵活方便。C语言作为高级语言,其特点决定了它灵活的编程方式,同时,几乎所有系列的单片机都有相应的C语言级别的仿真调试系统,从而使得它的调试环境十分方便。

(2)模块化开发与资源共享。一种功能由一个函数模块完成,数据交换可以方便通过约定实现,这样十分有利于多人协同进行大系统项目的合作开发。同时,C语言的模块化开发方式,使得用C51语言开发出来的程序模块可以不经修改而直接被其他项目所用,这使得开发者可以很好地利用已有的大量C语言程序资源与丰富的库函数来减少重复劳动,从而最大限度地实现资源共享。

(3)可移植性好。由于不同系列的单片机其C语言的编译工具都是以1983年的ANSI C语言作为基础进行开发的,因此,一种在C语言环境下为某种型号单片机开发的C语言程序,只需将与硬件相关和编译连接的参数进行适当修改,就可以方便移植到其他型号的单片机上。例如,为51系列单片机编写的程序通过改写头文件以及少量的程序行,就可以方便移植到AVR或PIC单片机上。也就是说,基于C语言环境下的单片机系统能基本达到平台的无关性。

(4)代码效率高。当前较好的C51语言编译系统编译出来的代码效率只比直接使用汇编语言的低20%左右,如果使用优化编译选项,效果就会更好。

(5)便于项目的维护管理。使用C语言开发的程序比汇编语言程序的可读性好,程序便于修改,且便于开发小组计划项目、灵活管理、分工合作以及后期维护,基本上可以杜绝因开发人员变化而给项目进度或后期维护或升级所带来的影响,从而保证了整个系统的高品质、高可靠性以及可升级性。

嵌入式处理器的C语言编译系统与标准C语言的不同之处主要在于它们所针对的嵌入式处理器的硬件系统不同。C51语言的基本语法与标准C语言的相同,但对标准C语言进行了扩展。深入理解C51语言对标准C语言的扩展是掌握C51语言的关键。

C51语言与标准C语言的主要区别如下。

(1)头文件的差异。51系列单片机不同厂家产品的差异在于内部资源(如定时器、中断、I/O等)的数量以及功能的不同,而对使用者来说,只需要将相应的功能寄存器的头文件加载到程序内,就可实现所具有的功能。因此,C51语言系列的头文件集中体现了各系列芯片的不同资源及功能。

(2)数据类型的不同。51系列单片机包含位操作空间和丰富的位操作指令,因此C51语言与ANSI C语言相比又扩展了4种类型,以便能够灵活进行操作。

(3)数据存储类型的不同。C语言最初是为通用计算机设计的,通用计算机只有一个程序和数据统一寻址的内存空间,而51系列单片机有片内程序存储器与片外程序存储器,以及片内数据存储器与片外数据存储器。标准C语言并没有提供这部分存储器的地址范围的定义。此外,对于STC89C52单片机中大量的特殊功能寄存器也没有定义。

(4)标准C语言没有处理单片机中断的定义。

(5)C51语言与标准C语言的库函数有较大的不同。由于标准C语言中的部分库函数不适合嵌入式处理器系统,因此被排除在 C51 语言之外,如字符屏幕和图形函数。有些库函数可以继续使用,但这些库函数都必须针对 51 系列单片机的硬件特点进行相应的开发,与标准 C 语言库函数的构成与用法有很大的不同。例如库函数 printf(和 scanf),在标准 C 语言中,这两个函数通常用于屏幕打印和接收字符,而在 C51 语言中,它们主要用于串行口数据的收发。

(6) 程序结构的差异。首先,由于 51 系列单片机的硬件资源有限,所以它的编译系统不允许太多的程序嵌套。其次,标准 C 语言所具备的递归特性不被 C51 语言支持,在 C51 语言中,若要使用递归特性,必须用 reentrant 命令进行声明才能使用。

从数据运算操作、程序控制语句以及函数的使用上来说,C51 语言与标准 C 语言几乎没有什么明显的差别。如果程序设计者具备了有关标准 C 语言的编程基础,只要注意 C51 语言与标准 C 语言的不同之处,并熟悉 STC89C52 单片机的硬件结构,就能够较快地掌握 C51 语言的编程。

2. C51 语言开发环境

Keil C51 软件是德国 Keil Software 公司开发的用于 51 系列单片机的 C51 语言开发软件。Keil C51 软件在兼容 ANSI C 软件的基础上,又增加很多与 51 系列单片机硬件相关的编译特性,使得开发 51 系列单片机程序更为方便和快捷,程序代码运行速度快,所需存储器空间小,完全可以与汇编语言相媲美。它支持众多的 MCS-51 架构的芯片,同时集编辑、编译、仿真等功能于一体,具有强大的软件调试功能,是众多单片机应用开发软件中非常优秀的一款软件。

Keil C51 软件编译器在遵循 ANSI C 软件标准的同时,为 51 系列单片机进行了特别的设计和扩展,能让用户使用应用中需要的所有资源。

Keil C51 软件的库函数提供 100 多种功能,其中大多数是可再植入的,支持所有的 ANSI C 软件的程序。库函数中的程序还为硬件提供特殊指令,方便了应用程序的开发。

现在,Keil C51 软件已被完全集成到一个功能强大的全新集成开发环境(Intergrated Development Environment,IDE)Keil μVision4 中,Keil Software 公司推出的 Keil μVision4 是一款基于 Windows 的软件平台,它是一种用于 51 系列单片机的 IDE。Keil μVision4 提供了基于 8051 内核的各种型号单片机的支持,完全兼容先前的 Keil μVision 版本。

开发者可购买 Keil μVision4 软件,也可到 Keil Software 公司的主页免费下载 Eval(评估)版本。该版本同正式版本一样,但有一定的限制,最终生成的代码不能超过 2 KB,但已足够用于学习。开发者还可以到 Keil Software 公司网站申请免费的软件试用光盘。

Keil μVision4 环境下集成了文件编辑处理、编译链接、项目(Project)管理、窗口、工具引用和仿真软件模拟器以及 Monitor 51 硬件目标调试器等多种功能,这些功能均可在 Keil μVision4 环境中进行简便操作。用户可以在编辑器内调试程序,使用户快速地检查和修改程序。用户还可以在编辑器中选中变量和存储器来观察其值,并可显示在双层窗口中,还可对其进行适当调整。此外,Keil μVision4 调试器具有符号调试特性以及历史跟踪、代码覆盖、复杂断点等功能。

本书常用到 Keil C51 和 Keil μVision4 两个术语。Keil C51 一般简写为 C51,是指 51 系列单片机编程所用的 C 语言;而 Keil μVision4 可简写为 μVision4,是指用于 51 系列单片机的 C51 程序编写、调试的集成开发环境。μVision4 内部集成了源程序编辑器,并允许用户在编辑源文件时就可设置程序调试断点,便于在程序调试过程中快速检查和修改程序。此外,

μVision4 还支持软件模拟仿真(Simulator)和用户目标板调试(Monitor51)两种工作方式。在软件模拟仿真方式下,无需任何 51 系列单片机及其外围硬件即可完成用户程序仿真调试。

Keil μVision4 的串口调试器软件 comdebug.exe 能够在计算机端看到单片机发出的数据,该软件无需安装,可直接在当前位置运行这个软件。若读者需要最新版,可到有关搜索网站输入关键词"串口调试器",找到一个合适的下载网站,即可下载最新版本。当然,使用 Windows 自带的"超级终端"也是不错的选择。

4.4.2　Keil C51 语言基础知识

1. 数据类型

Keil C51 语言的基本数据类型如表 4-4 所示。针对 STC89C52 单片机的硬件特点,C51 语言在标准 C 语言的基础上扩展了 4 种数据类型(见表 4-5 的最后 4 行)。

表 4-5　Keil C51 语言支持的数据类型

数据类型	位数	字节数	取值范围
signed char	8	1	-128~+127,有符号字符变量
unsigned char	8	1	0~255,无符号字符变量
signed int	16	2	-32768~+32767,有符号整型数
unsigned int	16	2	0~65535,无符号整型数
signed long	32	4	-2147483648~+2147483647,有符号长整型
unsigned long	32	4	0~+4294967295,无符号长整型
float	32	4	±3.402823E+38,浮点数(精确到 7 位)
double	64	8	±1.175494E-308,浮点数(精确到 15 位)
*	24	1~3	指针对象
bit	1		0 或 1
sfr	8	1	0~255
sfr16	16	2	0~65535
sbit	1		可进行位寻址的特殊功能寄存器的某些位地址

注意:扩展的 4 种数据类型,不能使用指针对它们存取。

下面对表 4-5 中扩展的 4 种数据类型进行说明。

(1)位变量 bit。

bit 的值可以是 1(true),也可以是 0(false)。

(2)特殊功能寄存器 sfr。

STC89C52 特殊功能寄存器在片内存储器区的 80H~FFH 之间,"sfr"数据类型占用一个内存单元。利用它可访问 STC89C52 内部的所有特殊功能寄存器。例如,sfr P1=0x90 这条语句定义 P1 口在片内的寄存器,在后面的语句中可用"P1=0xFF"(使 P1 的所有引脚输出为高电平)之类的语句来操作特殊功能寄存器。

(3)特殊功能寄存器 sfr16。

"sfr16"数据类型占用两个内存单元。sfr16 与 sfr 一样用于操作特殊功能寄存器。所不同的是它用于操作占两个字节的特殊功能寄存器。例如,sfr16 DPTR＝0x82 语句定义了片内 16 位数据指针寄存器 DPTR,其低 8 位字节地址为 82H,其高 8 位字节地址默认为 00H,在后面的语句中可以对 DPTR 进行操作。

(4) 特殊功能位 sbit。

sbit 是指 STC89C52 片内特殊功能寄存器的可寻址位。

例如:
```
sfr    PSW= 0xd0;        /* 定义 PSW 寄存器地址为 0xd0 */
sbit   PSW ^2= 0xd2;     /* 定义 OV 位为 PSW.2 */
```

符号"^"前面是特殊功能寄存器的名字,"^"后面的数字用于定义特殊功能寄存器可寻址位在寄存器中的位置,取值必须是 0～7。

注意:不要把 bit 与 sbit 混淆。bit 用来定义普通的位变量,值只能是二进制的 0 或 1。而 sbit 定义的是特殊功能寄存器的可寻址位,其值是可进行位寻址的特殊功能寄存器的位绝对地址,例如 PSW 寄存器 OV 位的绝对地址为 0xd2。

2. 数据的存储类型

C51 完全支持 51 系列单片机所有的硬件系统。在 51 系列单片机中,程序存储器与数据存储器是完全分开的,且分为片内和片外两个独立的寻址空间,特殊功能寄存器与片内存储器统一编址,数据存储器与 I/O 接口统一编址。C51 编译器通过将变量、常量定义成不同存储类型的方法将它们放置在不同的存储区中。

C51 存储类型与 STC89C52 的实际存储空间的对应关系如表 4-6 所示。

表 4-6　C51 存储类型与 STC89C52 的实际存储空间的对应关系

存储类型	与存储空间的对应关系	数据长度/位	值域范围	备注
data	片内存储器直接寻址区,位于片内存储器的低 128B	8	0～127	
bdata	片内存储器位寻址区,位于 20H～2FH 空间,允许位访问与字节访问	8	0～255	
idata	片内存储器间接寻址的存储区	8	0～255	由 MOV @Ri 访问
pdata	片外存储器的一个分页寻址区,每页 256 B	8	0～255	由 MOVX @Ri 访问
xdata	片外存储器全部空间,大小为 64 KB	16	0～65535	由 MOVX @DPTR 访问
code	程序存储区的 64 KB 空间	16	0～65535	

(1) 片内数据存储器。

data:片内直接寻址区,位于片内存储器的低 128 B。

bdata:片内位寻址区,位于片内存储器位寻址区 20H～2FH。

idata:片内间接寻址区,位于片内存储器所有地址单元(00H～FFH)。

(2) 片外数据存储器。

pdata:片外数据存储器页,一页为 256 B。

xdata:片外数据存储器的 64 KB 空间。

(3) 片内外程序存储器。

code:片内外程序存储器的 64 KB 空间。

对单片机编程时,正确地定义数据类型以及存储类型,是所有编程者在编程前都需要首先考虑的问题。在资源有限的条件下,如何节省存储单元并保证运行效率,是对开发者的考验。只有对 C51 的各种数据类型以及存储类型非常熟悉,才能运用自如。

定义变量的类型时应考虑如下问题:程序运行时该变量的可能取值范围,是否有负值,绝对值有多大,以及相应需要的存储空间大小。在够用的情况下,尽量选择 8 位即一个字节的 char 型,特别是 unsiged char。对于 51 系列这样的定点机而言,浮点类型变量会明显增加运算时间和程序长度,如果可以,尽量使用灵活巧妙的算法来避免引入浮点变量。定义数据的存储类型通常应遵循如下原则:只要条件满足,尽量选择内部直接寻址的存储类型 data,然后选择 idata 即内部间接寻址。对于那些经常使用的变量,要使用内部寻址。只有在内部数据存储器数量有限或不能满足要求的情况下,才使用外部数据存储器。选择外部数据存储器可先选择 pdata 类型,最后选用 xdata 类型。

需指出的是,扩展片外存储器原理上虽很简单,但在实际开发中,很多时候会带来不必要的麻烦,如可能降低系统稳定性、增加成本、拉长开发和调试周期等,故推荐使用片内存储空间。

另外,单片机应用都是面对小型的控制,代码比较短,对于程序存储区的大小要求很低。常常是片内存储器很紧张而片内闪速存储器很富裕,因此,如果实时性要求不高,可考虑使用宏,以及将一些子函数的常量数据做成数据表,放置在程序存储区,当程序运行时,进入子函数动态调用下载至存储器即可,退出子函数后立即释放该内存空间。

3. C51 语言的位变量定义

由于 STC89C52 能够进行位操作,所以 C51 语言扩展了"bit"数据类型用来定义位变量,这是 C51 语言与标准 C 语言的不同之处。C51 语言中位变量 bit 的具体定义如下。

(1) 位变量的 C51 语言定义方法。

C51 通过关键字 bit 来定义位变量,格式如下。

```
bit    bit-name;
```

例如:

```
bit  ov-flag;                          /*将 ov-flag 定义为位变量*/
```

(2) C51 语言程序函数的"bit"参数及返回值。

C51 语言程序函数可以包含类型为"bit"的参数,也可将其作为返回值。例如:

```
bit  func(bit  b0, bit  b1);     /* 位变量 b0,b1 作为函数 func()的参数*/
{ ……
return(b1);                       /* 位变量 b1 作为函数的返回值*/
}
```

(3) 位变量的限制。

位变量不能用来定义指针和数组。例如:

```
bit  *prt;                             /*错误,不能用位变量来定义指针*/
bit  a-array[];                        /*错误,不能用位变量来定义数组*/
```

在定义位变量时,允许定义存储类型,位变量都被放入一个位段,此段总是位于

STC89C52 片内存储器中,因此其存储器类型限制为 bdata、data 或 idata,如果将位变量定义成其他类型,则会在编译时出错。

4. 一个简单的 C51 语言程序

一个 C51 语言源程序由一个个模块化的函数所构成,函数是指程序中的一个模块,main() 函数为程序的主函数,其他若干个函数可以理解为一些子程序。

一个 C51 语言源程序无论包含多少函数,它总是从 main() 函数开始执行,不论 main() 函数位于程序的什么位置。程序设计就是编写一系列的函数模块,并在需要的时候调用这些函数,实现程序所要求的功能。

(1) C51 语言程序与函数。

下面通过一个简单的 C51 语言程序认识 C51 语言程序与函数。

【例 4-25】 在 STC89C52 的 P1.7 引脚接有一只发光二极管,二极管的阴极接 P1.7 引脚,阳极通过限流电阻接+5 V,现在让发光二极管每隔 800 ms 闪灭,占空比为 50%。已知单片机的时钟频率为 12 MHz,即每个机器周期为 1 μs,采用软件延时的方法,参考程序如下:

```
# include < reg52.h>              //包含 reg52.h 头文件
sbit  P17= P1^7;                  //定义位变量 P1.7,也可使用 sbit P17= 0x97
void  Delay(unsigned int i){      //延时函数 Delay(),i 是形式参数
unsigned int j;                   //定义变量 j
for(;i> 0;i- - ){                 //如果 i> 0,则 i 减 1
        for(j= 0;j< 333;j++){     //如果 j< 333,则 j 加 1,约 2 ms
        ;                         //空函数
        }
}
}
void  main(void){                 //主函数 main()
    while(1){                     //主程序轮询
        P17= 1;                   //P1.7 输出高电平,发光二极管灭
        Delay(800);               //将实际参数 800 传递给形式参数 i 延时 1600ms
        P17= 0;                   // * P1.7 输出低电平,发光二极管亮
        Delay(800);               //将实际参数 800 传递给形式参数 i 延时 1600 ms
    }
}
```

下面对程序进行简要说明。

程序的第 1 行是“文件包含”,是将另一个文件“reg52.h”的内容全部包含进来。文件“reg52.h”包含了 51 系列单片机全部的特殊功能寄存器的字节地址及可寻址位的位地址定义。

程序包含 reg52.h 就是为了使用 P1 这个符号,即通知程序中所写的 P1 是指 STC89C52 的 P1 口,而不是其他变量。打开 reg52.h 文件可以看到“sfr P1=0x90;”,即定义符号 P1 与地址 0x90 对应,而 P1 口的地址就是 0x90。虽然这里的“文件包含”只有一行,但 C 语言编译器在处理的时候却要处理几十行或几百行代码。

程序的第 2 行用符号 P17 来表示 P1.7 引脚。在 C51 语言中,如果直接写“P1.7”编译器

并不能识别,而且 P1.7 也不是一个合法的 C51 语言程序变量名,所以必须给它起一个另外的名字,这里起的名字是 P17,可是 P17 是否就是 P1.7 呢?因此必须给它们建立联系,这里使用 C51 语言的关键字"sbit"来进行定义。

第 3 行~第 9 行对函数 Delay()进行了事先定义,只有这样,才能在主程序中被主函数 main()调用。自行编写的函数 Delay()的作用是软件延时,调用时使用的这个"800"被称为"实际参数",以延时 1600 ms 的时间。

内层循环 for(j=0;j<333;j++){;}这条语句在反汇编时对应的汇编代码如下:

```
          CLR     A                ;1个机器周期
          MOV     R5,A             ;1个机器周期
          MOV     R4,A             ;1个机器周期
C_080C:   INC     R5               ;1个机器周期
          CJNE    R5,# 0x00,C_0811 ;2个机器周期
          INC     R4               ;1个机器周期
C_0811:   CJNE    R4,# 0x01,C_080C ;2个机器周期
          CJNE    R5,# 0x4D,C_080C ;R4R5= 0x014D= 333 * 6= 2ms
```

其中,{;}在反汇编时不对应任何语句,即不占用机器周期。因而,该 for 循环共需要[1+1+1+333 * (1+2+1+2)]个机器周期=2001 个机器周期,约为 2 ms。

相比之下,调用外层循环 for(;i>0;i−−){ }时,1+2+i×(2001+1+2)可以近似为 i×2001,即 i 个 2 ms。编程者可在一定范围内对 i,j 进行调整(不超过 i,j 的取值范围),用来控制延时时间的长短。

若 Delay()的定义写在主函数 main()的后面,则需要先作出声明,否则编译无法通过,因为编译到主函数 main()中的 Delay()语句时,找不到相应的函数体。

(2)用户自定义函数与库函数。

从结构上划分,函数分为主函数 main()和普通函数两种。对于普通函数,从用户使用的角度又可划分有两种:一种是标准库函数;另一种是用户自定义函数。

① 标准库函数。

Keil C51 语言具有功能强大、资源丰富的标准库函数,由 C51 语言编译器提供。进行程序设计时,应该善于充分利用标准库函数,以提高编程效率。

用户可以直接调用 C51 语言的库函数而不需要为这个函数编写任何代码,只需要包含具有该函数说明的头文件即可。例如,调用输出函数 printf()时,要求程序在调用输出库函数前包含以下 include 命令:♯include〈stdio. h〉。

② 用户自定义函数。

用户根据自己需要所编写的函数,如上例中的 Delay()函数。编写时,要注意以下几点。

● 函数的首部(函数的第 1 行),包括函数名、函数类型、函数属性、函数参数(形式参数)名、参数类型。例如:

```
void  Delay(unsigned int i)
```

● 函数体,即函数首部下面的花括号"{　}"内的部分。如果一个函数体内有多个花括号,则最外层的一对"{　}"为函数体的范围。

C51 语言是区分大小写的,例如 Delay 与 delay,编译时是不同的两个名称。

5. C51 语言的运算符

在程序中实现运算,要熟悉常用的运算符。本节对 C51 语言中用到的标准 C 语言运算符进行复习,为 C51 语言的程序设计打下基础。

(1) 算术运算符。

C51 语言中用到的算术运算符及其说明如表 4-7 所示。

表 4-7　算术运算符及其说明

符　　号	说　　明
+	加法运算
-	减法运算
*	乘法运算
/	除法运算
%	取模运算
++	自增 1
——	自减 1

对于"/"和"％",这两个符号都涉及除法运算,但"/"运算是取商,而"％"运算为取余数。例如,"5/3"的结果(商)为 1,而"5％3"的结果(余数)为 2。

表 4-7 所示的自增和自减运算符是使变量自动加 1 或减 1,自增和自减运算符放在变量前和变量后是不同的。

++i,——i:在使用 i 之前,先使 i 值加(减)1。

i++,i——:在使用 i 之后,再使 i 值加(减)1。

(2) 逻辑运算符。

C51 语言中用到的逻辑运算符及其说明如表 4-8 所示。

表 4-8　逻辑运算符及其说明

符　　号	说　　明
&&	逻辑"与"
		逻辑"或"
!	逻辑"非"

(3) 关系运算符。

C51 语言中用到的关系运算符及其说明如表 4-9 所示。

表 4-9　关系运算符及其说明

符　　号	说　　明
>	大于
<	小于
>=	大于或等于
<=	小于或等于
==	等于
!=	不等于

（4）位运算。

C51 语言中用到的位运算及其说明如表 4-10 所示。

表 4-10　位运算及其说明

符　号	说　明
&	位逻辑"与"
|	位逻辑"或"
^	位"异或"
~	位取反
<<	位左移
>>	位右移

（5）赋值、指针和取值运算符。

C51 语言中用到的赋值、指针和取值运算及其说明如表 4-11 所示。

表 4-11　赋值、指针和取值运算及其说明

符　号	说　明
=	赋值
*	指向运算符
&	取地址

6. STC89C52 不同存储区的 C51 语言定义

STC89C52 有不同的存储区。利用绝对地址的头文件 absace.h 可对不同的存储区进行访问。该头文件的函数包括：CBYTE()（访问 code 区，字符型）；DBYTE()（访问 data 区，字符型）；PBYTE()（访问 pdata 区或 I/O 接口，字符型）；XBYTE()（访问 xdata 区或 I/O 接口，字符型）。

另外还有 CWORD()、DWORD()、PWORD()、XWORD()等 4 个函数，它们的访问区域同上，只是访问的数据类型为 int 型。

STC89C52 片内的 4 个并行 I/O 接口（P0～P3），都是 SFR，故对 P0～P3 采用定义 SFR 的方法。而 STC89C52 在片外也扩展了并行 I/O 接口，但这些扩展的 I/O 接口与片外扩展的存储器是统一编址的，即把一个外部 I/O 接口当作外部存储器的一个单元来看待，可根据需要来选择为 pdata 类型或 xdata 类型。对于片外扩展的 I/O 接口，根据硬件译码地址，将其看作片外存储器的一个单元，使用语句 #define 进行定义。例如：

```
# include  < absace.h> /* 不可缺少 */
# define  PORTB  XBYTE[0xffc2]
/* 定义外部 I/O 接口 PORTB 的地址为 xdata 区的 0xffc2 */
```

也可把片外 I/O 接口的定义放在一个头文件中，然后在程序中通过 #include 语句调用。一旦在头文件或程序中通过使用 #define 语句对片外 I/O 接口进行了定义，在程序中就可以自由使用变量名（例如 PORTB）来访问这些片外 I/O 接口了。

7. C51 语言中断服务函数的定义

由于标准 C 语言没有处理单片机中断的定义，为直接编写中断服务程序，C51 语言编译器

对函数的定义进行了扩展,增加了一个扩展关键字 interrupt,使用该关键字可以将一个函数定义成中断服务函数。由于 C51 语言编译器在编译时对声明为中断服务程序的函数自动添加了相应的现场保护、阻断其他中断、返回时恢复现场等处理的程序段,因而在编写中断服务函数时可不必考虑这些问题,减轻了用汇编语言编写中断服务程序的烦琐工作,而把精力放在如何处理引发中断请求的事件上。

中断服务函数的一般形式为:

　　函数类型　函数名(形式参数表)[interrupt n][using n]

关键字 interrupt 后面的 n 是中断号,对于 STC89C52,取值为 0～7,编译器从 8×n＋3 处产生中断向量。STC89C52 中断源对应的中断号和中断向量如表 4-12 所示。

表 4-12　STC89C52 中断号和中断向量

中断号 n	中断源	中断向量(8×n+3)
0	外部中断 0	0003H
1	定时/计数器 0	000BH
2	外部中断 1	0013H
3	定时/计数器 1	001BH
4	串行口	0023H
5	定时/计数器 2	002BH
6	附加外部中断 2	0033H
7	附加外部中断 3	003BH

定义一个函数时,using 是一个选项,如果不选用该项,则由编译器选择一个寄存器区作为绝对寄存器区访问。STC89C52 在内部存储器中有 4 个工作寄存器区,每个寄存器区包含 8 个工作寄存器(R0～R7)。C51 语言扩展的关键字 using 是专门用来选择 STC89C52 的 4 个不同的工作寄存器区的。关键字 using 对函数目标代码的影响如下。

(1) 在中断函数的入口处将当前工作寄存器区的内容保护到堆栈中,函数返回前将被保护的寄存器区的内容从堆栈中恢复。

(2) 使用关键字 using 在函数中确定一个工作寄存器区时必须小心,要保证工作寄存器区切换都只在指定的控制区域中发生,否则将产生不正确的函数结果。

注意,带 using 属性的函数原则上不能返回 bit 类型的值,且关键字 using 和关键字 interrupt 都不允许用于外部函数,另外也都不允许接带运算符的表达式。

例如,外部中断 1(INT1)的中断服务函数书写如下:

```
void  int1()  interrupt 2  using 0        //中断号 n= 2,选择 0 区工作寄存器区
```

当编写 STC89C52 中断程序时,应遵循以下规则。

(1) 中断函数没有返回值,如果定义了一个返回值,将会得到不正确的结果。因此,建议在定义中断函数时,将其定义为 void 类型,以明确说明没有返回值。

(2) 中断函数不能进行参数传递,如果中断函数中包含任何参数声明,都将导致编译出错。

(3) 任何情况下都不能直接调用中断函数,否则会产生编译错误。因为中断函数的返回是由指令 RETI 完成的。RETI 指令会影响 STC89C52 硬件中断系统内的不可寻址的中断优

先级寄存器的状态。如果在没有实际中断请求的情况下直接调用中断函数,就不会执行 RE-TI 指令,其操作结果可能会产生一个致命的错误。

(4)如果在中断函数中再调用其他函数,则被调用的函数所使用的寄存器区必须与中断函数使用的寄存器区不同。

4.4.3 C51 语言程序设计举例

可从程序结构上把程序分为三类,即顺序结构、分支结构和循环结构。顺序结构是程序的基本结构,程序自上而下,从主函数 main() 开始一直到程序运行结束,程序只有一条路可走,没有其他的路径可以选择。顺序结构比较简单和便于理解,这里重点介绍分支结构和循环结构。

1. 分支结构程序

(1)只有两条分支的时候使用 if...else 语句。语句结构如下。

```
if   (条件)   {分支1}
else          {分支2}
```

(2)在分支较多时的情况下使用 switch 语句。语句结构如下。

```
switch(表达式){
    case 表达式值1:语句1;
          break;
    case 表达式值2:语句2;
          break;
    ⋮
          Default:break;
}
```

每个 switch 分支必须有一条 break 语句,否则程序并不能跳出 switch,就会继续执行 case 后面的 case 语句。如果查看上述结构的程序对应的汇编语言源程序,可以看到,每一条 break 语句对应了汇编语言中的一条 SJMP 指令,而没有 SJMP 指令程序会继续向下执行,并不能跳出分支选择语句。实际上在对应的汇编语言源程序中,case(0),case(1),…只是确定了分支的地址,真正的判断是在 switch 语句中。

2. 循环结构程序

循环语句有以下 3 种。

(1)for 循环语句结构如下。

```
for (循环变量初值;循环变量条件;循环变量修改)
{ 循环体 }
```

(2)while 循环语句结构如下。

```
While(循环体执行条件)
{ 循环体 }
```

(3)do while 循环语句结构如下。

```
do  { 循环体 }
while(循环体执行条件)
```

前两种循环的过程是先进行循环条件是否满足的判断,才决定循环体是否执行;而"do while 循环"的过程是在执行完循环体后再判断条件是否满足,再决定循环体是否继续执行。3 种循环中,经常使用的是 for 语句。

下面显示了一个值得注意的现象,能够反映出 C51 语言在编译中对于执行时间和占用的存储单元的比较。

例如,for(i=0;i<10;i++)对应的汇编语句为:

```
        CLR     A               ;1 个机器周期
        MOV     R7,A            ;2 个机器周期
LOOP:   INC     R7              ;1 个机器周期
        CJNE    R7,# 0AH,LOOP   ;2 个机器周期
```

而 for(i=2;i<10;i++)对应的汇编语句为:

```
        MOV     R7,# 02H        ;2 个机器周期
LOOP:   INC     R7              ;1 个机器周期
        CJNE    R7,# 0AH,LOOP   ;2 个机器周期
```

为什么当 i=0 时,编译器要多花一个机器周期对 for 循环初始化? 这是因为在使用立即数时,单片机需要在代码空间(程序存储器)中为该立即数申请一个存储单元,用来存放该立即数,作为 MOV 指令的操作数;而累加器 A 是单片机中的寄存器,使用 A 可以节省一个字节的存储空间,从而实现以时间换取空间的目的。

【例 4-26】 求 1 到 100 之间整数的和。

程序如下:

```
# include < reg52.h>
# include < stdio.h>
main( ){
    int  Var1, Sum= 0;
    for(Var1= 1;Var1< = 100;Var1++)
        Sum+ = Var1;                //累加求和
    while(1);
}
```

关于循环,需说明的是,在无操作系统的控制器和处理器上运行的程序,主体通常采用轮询方式,即把所有的操作包含在一个 while(1){ }中。这样的无限循环在面向通用计算机的软件设计中是不被允许的,然而,在嵌入式系统软件设计中,由于其硬件构成和使用需求,常采用这种无限循环。

3. 中断程序的编写

为了响应中断请求而进行中断处理的程序称为中断程序,由中断初始化程序和中断服务程序两部分组成(具体内容将在第 5 章详细介绍)。

中断初始化程序的位置位于主程序中,主要包括选择外部中断的触发方式、开中断、设置

中断优先级等。

参考的程序结构如下：

```
# include < reg52.h>
void  main(){                              //主函数
    中断初始化；
}
void int0()  interrupt 0  using 0{      //外中断 0 的中断服务函数
    中断服务；
}
```

4. STC89C52 数据传送 C51 语言编程举例

【例 4-27】 设单片机片内存储器存储区首地址为 30H,片外存储器存储区首地址为 3000H,存取数据字节个数为 16 个,并将片内存储区的这 16B 的内容设置为 01H～10H,将片内首地址为 30H 开始为 16 个单元的内容传送到片外首地址为 3000H 开始的数据存储区中保存。使用 Keil C51 语言编程实现。

程序代码如下：

```
# include< reg52.h>
# define LENTH 16
unsigned char idata dADDR[LENTH] _at_ 0x30;
unsigned char xdata xADDR[LENTH] _at_ 0x3000;
void main(){
    unsigned int i;
    for(i= 0;i< LENTH;i++)
        dADDR[i]= i+ 1;         //将 0x01～0x10 存放到 0x30 开始的 16 个地址单元
    for(i= 0;i< LENTH;i++)
        xADDR[i]= dADDR[i];
                        //将 0x30 开始的 16 个内部存储器单元内容转存 0x3000 外部存储器
}
```

unsigned char idata dADDR［LENTH］_at_0x30 和 unsigned char xdata xADDR ［LENTH］_at_0x3000 是使用_at_定义的两数组,其绝对地址分别是 0x30 和 0x3000,使用 idata 和 xdata 区别片内存储区和片外存储区。

运行结果:内部数据区 30H～3FH 单元内容为 01H～10H,片外数据区 3000H～300FH 单元内容为 01H～10H。

在 Keil 环境下,使用 Debug 调试该程序,打开 Registers 窗口,使用单步(Step)调试观察寄存器(Rn、A、DPTR、PSW)内容的变化;同时打开 Memory 窗口,输入 I:0x30 或 X:0x3000,使用单步调试,观察内部数据区 30H～3FH 单元内容以及片外数据区 3000H～300FH 内容的变化情况,如图 4-19 所示。

4.4.4 C51 语言与汇编语言的混合编程

目前大多数开发人员都在用 C51 语言开发单片机程序,但在一些对速度和时序敏感的场

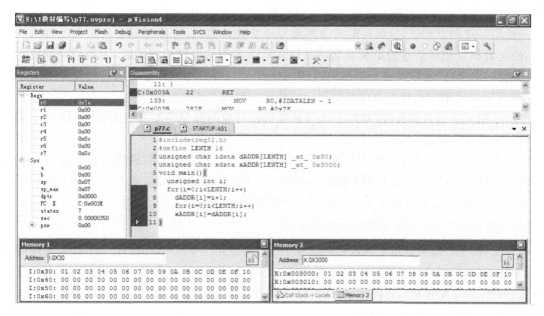

图 4-19 Keil4 环境下 Debug 程序调试结果

合下,C51 语言略显不足,且有些特殊的要求必须通过汇编语言程序来实现,但是用汇编语言编写的程序远不如用 C51 语言编写的可读性好、效率高。因此,采用 C51 语言与汇编语言混合编程是解决这类问题的最好方案。

1. C51 语言与 MCS-51 汇编语言的比较

无论是采用 C51 语言还是汇编语言,源程序都要转换成机器码,单片机才能执行。对于用 C51 语言编制的程序,要经过编译器,而采用汇编语言编写的源程序经过汇编器汇编后产生浮动地址作为目标程序,然后经过链接定位器生成十六进制的可执行文件。

C 语言能直接对计算机的硬件进行操作,与汇编语言相比它具有如下优点。

(1) C51 语言要比 MCS-51 汇编语言的可读性好。

(2) 程序由若干函数组成,为模块化结构。

(3) 使用 C51 语言编写的程序可移植性好。

(4) 编程及程序调试的时间短。

(5) C51 语言中的库函数包含了许多标准的子程序,且具有较强的数据处理能力,可大大减少编程工作量。

(6) 对单片机中的寄存器分配、不同存储器的寻址,以及数据类型等细节可由编译器来管理。

汇编语言的特点如下。

(1) 代码执行效率高。

(2) 占用存储空间小。

(3) 可读性和可移植性差。

使用 MCS-51 汇编语言编程时,需要考虑它的存储器结构,尤其要考虑应合理正确地使用其片内数据存储器与特殊功能寄存器,及按实际地址处理端口数据,也就是说,编程者必须具体地组织、分配存储器资源和正确处理端口数据。

使用 C51 语言编程,虽不像汇编语言那样要具体地组织、分配存储器资源和处理端口数据,但是数据类型和变量的定义必须与 STC89C52 的存储器结构相关联,否则编译器就不能正确地映射定位。用 C51 语言编写的程序与标准 C 语言编写的程序不同之处就是必须根据 STC89C52 的存储器结构以及内部资源定义相应的数据类型和变量。

所以用 C51 语言编程时,如何定义与单片机相对应的数据类型和变量,是使用 C51 语言编程的一个重要问题。

混合编程多采用如下的编程思想:程序的框架或主体部分以及数据处理及运算用 C51 语言编写,时序要求严格的部分用汇编语言编写。这种混合编程的方法将 C 语言和汇编语言的优点结合起来,已经成为目前单片机程序开发的最流行的编程方法。

2. C51 语言与汇编语言混合编程的方法

首先,在把汇编语言程序加入 C 语言程序前,需使用与 C51 语言程序一样具有明确的边界、参数、返回值和局部变量的汇编语言;同时,必须为汇编语言编写的程序段指定段名并进行定义;另外,如果要在它们之间传递参数,则必须保证汇编程序用来传递参数的存储区和 C51 语言函数使用的存储区是一样的。

在 C51 语言中使用汇编语言有以下 3 种方法。

(1) C51 语言代码中嵌入汇编代码。

这可通过预编译指令 asm 在 C51 语言代码中嵌入汇编代码。方法是使用 ♯ pragma 语句,具体结构如下:

```
# pragma asm
汇编指令行
# pragma end asm
```

这种方法是通过 asm 和 endasm 告诉 C51 语言编译器,中间的行不用编译为汇编行。

【例 4-28】 有时需要精确延时子程序时,使用 C 语言比较难控制,这时就可以在 C51 语言中嵌入汇编语言。代码如下,假设该文件以 test1.c 文件名保存。

```
# include < reg52.h>
void main(void){
P2= 1;
# pragma asm
    MOVR7,# 10
DEL:MOV R6,# 20
    DJNZ R6,$
    DJNZ R7,DEL
# pragma end asm
P2= 0;
}
```

需要注意的是,Keil μVision4 的默认设置不支持 asm 和 endasm,这时,采用本方法进行混合编程需做如下设置。

● 在 Project 窗口中选择汇编代码的 C 文件后右击,选择"Options for File 'TEST1.C'",

在打开的窗口中勾选右边的"Generate Assembler SRC File"和"Assemble SRC File"选项,使勾选框由灰色变成黑色的有效状态,如图 4-20 所示。

● 能对汇编进行封装还要在项目中加入相应的封装库文件,在该例项目中编译模式是 small 模式,所以选用 C51S.lib 库文件,这也是最常用的,这些库文件是在 KEIL 安装目录下的 lib 目录中,即将"Keil\C51\Lib\C51S. Lib"加入工程中,该文件必须作为工程的最后一个文件,即需要先加入 C51 源文件,后加入库文件,加好后就可以顺利编译了,如图 4-21 所示。

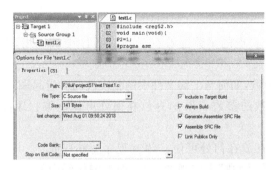 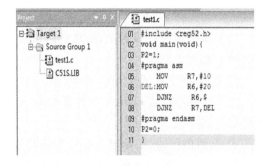

图 4-20　C 语言和汇编语言混合编程时的 Options 的设置　　　　图 4-21　C 语言和汇编语言混合编程时加入 C51S. lib 的结果

(2) 使用控制命令 SRC。

本方式最为灵活简单,先用 C51 语言编写代码,然后用 SRC 控制命令将 C51 文件编译生成汇编文件(.SRC),在该汇编文件中对要求严格的部分进行修改,保存为汇编文件.asm,再用 A51 进行编译生成机器代码。

(3) 在 C51 语言程序中调用汇编程序。

本方式中汇编语言程序部分和 C51 语言程序部分位于不同的模块,或不同的文件,通常由 C51 语言程序模块调用汇编语言程序模块的变量和函数,例如,调用汇编语言编写的中断服务程序。

C51 语言模块和汇编语言模块的接口比较简单,分别使用 C51 和 A51 对源文件进行编译,然后使用 C51 连接 OBJ 文件即可。模块接口间的关键问题是 C51 语言函数与汇编语言函数之间的参数传递。C51 语言中有两种参数传递方法:通过寄存器传递和通过固定存储区传递。例如:

C 语言程序 main. c 如下:

```
void max(char a,char b);      //汇编语言实现
main() {
    char a= 40,b= 50 ,c;
    c= max(a,b);
    }
```

说明:以上程序 void max(char a,char b)函数由后面的汇编程序实现。

汇编语言程序 max.asm 如下:

```
PUBLIC _MAX
DE SEGMENT CODE
PSEG  DE
```

```
_MAX:      MOV A,R7
           MOV 30H,R5
           CJNE 30H,A,THIS
THIS:      JC  NEXT
           MOV  A,R5
           MOV  R7,A
EXIT:      RET
           END
```

从上面的例子可以看出,要想让以汇编语言实现的函数能够在 C 语言程序中被调用,需要解决下面 3 个问题。

① 程序的寻址,在 main.c 中调用的 max()函数,如何与汇编文件中的相应代码对应起来。

② 参数传递,从 main.c 中传递给 max()函数的参数 a 和 b,存放在何处可使汇编程序能够获取它们的值。

③ 返回值传递,汇编语言计算得到的结果,存放在何处可使 C 语言程序能够获取。

程序的寻址是通过在汇编文件中定义同名的“函数”来实现的,如上面汇编代码中的:

```
PUBLIC_MAX
DE   SEGMENT CODE
RESG   DE
_MAX:……
```

在上面的例子中,“_MAX”与 C 程序中的 max 相对应。在 C 语言程序和汇编语言之间,函数名的转换规则如表 4-13 所示。

表 4-13 函数名的转换规则

C 程序的函数声明	汇编语言的符号名	解　　释
void func(void)	FUNC	无参数传递或不含寄存器参数的函数名不做改变地传入目标文件中,名字只是简单地转换为大写形式
void func(char)	_FUNC	带寄存器参数的函数名转为大写,并加上“_”前缀
void func(void) reentrant	_? FUNC	重入函数须使用前缀“_?”

传递参数的简单办法是使用寄存器,这种做法能够产生精炼高效的代码,具体规则如表 4-14 所示。

表 4-14 参数传递规则

参 数 类 型	char	int	long,float	一 般 指 针
第 1 个参数	R7	R6,R7	R4~R7	R1,R2,R3
第 2 个参数	R5	R4,R5	R4~R7	R1,R2,R3
第 3 个参数	R3	R2,R3	无	R1,R2,R3

例如,在前面的例子语句 void max(char a,char b);中,第一个 char 型参数 a 放在寄存器 R7 中,第二个 char 型参数 b 放在寄存器 R5 中。因此,在后面的汇编代码中,可分别从 R7 和 R5 中取这两个参数:

......
```
 _MAX:  MOV  A,R7       ;取第一个参数
        MOV  30H , R5   ;取第二个参数
```
......

汇编语言通过寄存器或存储器传递参数给 C 语言程序。汇编语言通过寄存器传递参数给 C 语言的返回值如表 4-15 所示。

表 4-15　汇编语言返回值

返　回　值	寄　存　器	说　　明
bit	C	进位标志
(unsigned) char	R7	
(unsigned) int	R6,R7	高位在 R6,低位在 R7
(unsigned) long	R4～R7	高位在 R4,低位在 R7
float	R4～R7	32 位 IEEE 格式,指数和符号位在 R7
指针	R1,R2,R3	R3 存放寄存器类型,高位在 R2,低位在 R1

在前面的例子中,汇编程序就是通过把两个数中较大的一个保存在寄存器 R7 中返回给 C 函数的。

4.5　简单接口程序应用

4.5.1　基本 I/O 单元与编程

按键检测与控制是单片机应用系统中的基本 I/O 功能。

发光二极管(简称 LED)作为输出状态显示设备,具有电路简单、功耗低、寿命长、响应速度快等特点。LED 与单片机接口可以采用低电平驱动和高电平驱动两种方式(见图 4-22)。对应图 4-22(a)所示的低电平驱动,I/O 接口输出"0"电平可使其点亮,反之输出"1"电平可使其关断。同理,对应图 4-22(b)所示的点亮电平和关断电平分别为"1"和"0"。由于低电平驱动时,单片机可提供较大输出电流,故低电平驱动最为常用。LED 限流电阻通常取值 100～200 Ω。

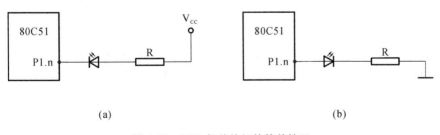

(a)   (b)

图 4-22　LED 与单片机的简单接口

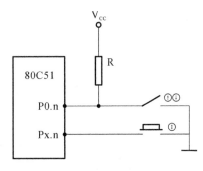

图 4-23 按键或开关与单片机
的简单接口

按键或开关是最基本的输入设备,与单片机相连的简单方式是直接与 I/O 接口线连接(见图 4-23)。当按键或开关闭合时,对应口线的电子就会发生反转,CPU 通过读端口电平即可识别是哪个按键或开关闭合. 需要注意的是,P0 口工作在 I/O 方式时,其内部结构为漏极开路状态,因此与按键或开关接口时需要有上拉电阻,而 P1~P3 口均不存在这一问题,故不需要上拉电阻(见图 4-20 的 Px.n 口,x=1~3,n=0~7)。

【例 4-29】 独立按键识别。

参考图 4-24 所示的电路编写程序,要求实现如下功能:开始时 LED 均为熄灭状态,随后根据按键动作点亮相应 LED(在按键释放后能继续保持该亮灯状态,直至新的按键压下为止)。

解 参考程序如下:

```
//例 4-29  单键检测练习
# include < REG51.H>
void main() {
    char key= 0;
    P2= 0;
    while(1){
        key= ～P0 & 0x0f;              //读取按键状态
        if (key ! = 0)  P2= key;    //显示到 LED

    }}
```

分析:为使 P0.4~P0.7 端口的读入值强制为 0,而 P0.0~P0.3 端口的读入不受影响,可对读取的端口值进行"与"操作,屏蔽 P0 高 4 位,即 key=P0&0x0f。语句 if(key! =0x0f) P2=key 可实现仅在按键有动作时才将 key 值送 P2 输出的功能,否则 P2 将维持前次的输出状态。

编程、编译与运行步骤请看前面章节所述内容,其中建立的编程界面和运行界面分别如图 4-25 和图 4-26 所示。

【例 4-30】 键控流水灯。要求:K1 为"启动键",首次按压 K1 可产生"自下向上"的流水灯运动;K2 为"停止键",按压 K2 可终止流水灯的运动;K3 和 K4 为"方向键",分别产生"自上向下"和"自下向上"运动。

解 参考程序如下:

```
# include "reg51.h"
char led[]= {0x01,0x02,0x04,0x08};      //LED 灯的花样数据
void delay(unsigned char time){         //延时函数
    unsigned char j= 225;
    for(;time> 0;time- - )
        for(;j> 0;j- - );
}
void main(){
```

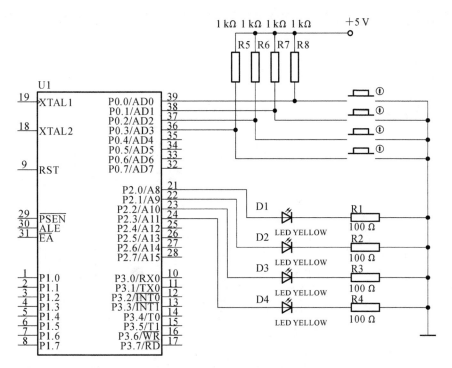

图 4-24 例 4-29 的电路图

图 4-25 例 4-29 的编程界面

```
bit    dir= 0,run= 0;                   //标志位定义及初始化
char i;
while(1){
    switch (P0 & 0x0f){                 //读取键值
        case 0x0e:run= 1;break;         //K1 动作,设 run= 1
        case 0x0d:run= 0,dir= 0;break;  //K2 动作,设 run= dir= 0
```

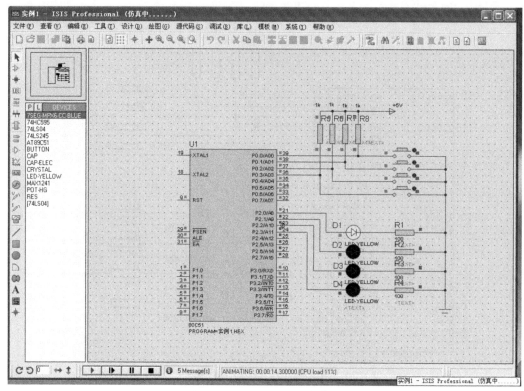

图 4-26　例 4-29 的运行界面

```
        case 0x0b:dir= 1;break;          //K3 动作,设 dir= 1
        case 0x07:dir= 0;break;          //K4 动作,设 dir= 0
    }
    if (run)                             //若 run= dir= 1, 自上而下流动
        if(dir)
            for(i= 0;i< = 3;i++){
                P2= led[i];
                delay(255);
            }
        else                             //若 run= 1,dir= 0, 自下而上流动
            for(i= 4;i> = 1;i- - ){
                P2= led[i - 1];
                delay(255);}
    else P2= 0;                          //若 run= 0,灯全灭
}}
```

　　彩灯循环速度可以通过延时函数的整型调用参数值来改变,创建的 Keil 项目和程序界面如图 4-27 所示。

【例 4-31】　混合编程。将例 4-30 的 C51 函数 delay()的功能改用汇编语言实现,并完成系统的混合编程。

　　解　例 4-30 的延时函数是无返回型的,但有一个 char 型输入参数。根据第 4.4.4 节关于在 C51 语言中调用汇编程序的要求,本实例采用大写形式且加"_"前缀的同名"函数"来实现

图 4-27 例 4-30 的编程界面

延时功能,具体程序如下:

```
;延时处理函数(汇编)
PUBLIC      KEY
DE          SEGMENT CODE
RSEG        DE
_DELAY:     MOV    R0,# 255
DEL2:       DJNZ   R0,DEL2
            DJNZ   R7,_DELAY
            RET
            END
```

上述程序中以 R7 作为参数传递寄存器,将 unsigned char time 参数传入汇编语言程序中。本实例的 C51 语言程序如下:

```
# include "reg51.h"
char led[]= {0x01,0x02,0x04,0x08};              //LED 灯的花样数据
void delay(unsigned char time);
void main(){
    bit dir= 0,run= 0;                          //标志位定义及初始化
    char i;
    while(1){
        switch (P0 & 0x0f){                     //读取键值
```

```
            case 0x0e:run= 1;break;           //K1 动作,设 run= 1
            case 0x0d:run= 0,dir= 0;break;    //K2 动作,设 run= dir= 0
            case 0x0b:dir= 1;break;           //K3 动作,设 dir= 1
            case 0x07:dir= 0;break;           //K4 动作,设 dir= 0
        }
        if (run)                              //若 run= dir= 1,自上而下流动
            if(dir)
                for(i= 0;i< = 3;i++){
                    P2= led[i];
                    delay(255);
                }
            else                              //若 run= 1,dir= 0,自下而上流动
                for(i= 4;i> = 1;i- - ){
                    P2= led[i- 1];
                    delay(255);
                }
        else P2= 0;                           //若 run= 0,灯全灭
}}
```

从以上程序可以看出,与例 4-30 相比,两者的 C51 语言程序几乎是完全相同的,只是例 4-31 中的 delay()函数只有定义没有函数体。将上述两个程序文件(delay. asm 和例 4-30)添加到 Keil 的同一工程中,程序界面如图 4-28 所示,编译方法同前。

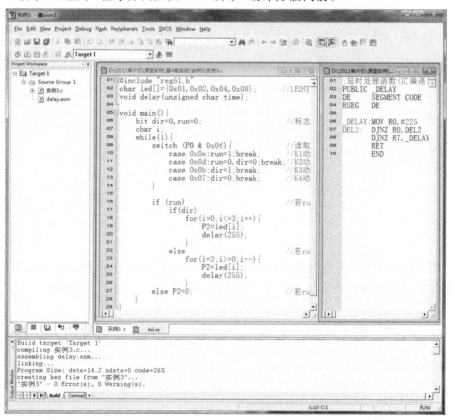

图 4-28 例 4-31 的编程界面

4.5.2 LED 数码管原理与编程

LED 数码管具有显示亮度高、响应速度快的特点。最常用的是七段 LED 显示器,该显示器内部有七个条形 LED 和一个小圆点 LED。这种显示器分共阴极和共阳极两种。共阳极 LED 显示器的 LED 的所有阳极连接在一起,为公共端,如图 4-29(a)所示;共阴极 LED 显示器的 LED 的所有阴极连接在一起,为公共端,如图 4-29(b)所示。单个数码管的引脚配置如图 4-29(c)所示,其中 com 为公共端。

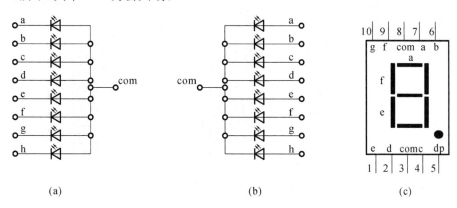

(a)   (b)   (c)

图 4-29   七段显示器工作原理

LED 数码管的 a～g 等 7 个 LED 加正电压点亮,加零电压熄灭,不同亮暗的组合能形成不同的字形,这种组合称为段码。共阴极的部分段码表如表 4-16 所示。

表 4-16   常用字符的段码表

字　　符	DP	g	f	e	d	c	b	a	段码(共阴极)	段码(共阳极)
0	0	0	1	1	1	1	1	1	3FH	C0H
1	0	0	0	0	0	1	1	0	06H	F9H
2	0	1	0	1	1	0	1	1	5BH	A4H
3	0	1	0	0	1	1	1	1	4FH	B0H
4	0	1	1	0	0	1	1	0	66H	99H
5	0	1	1	0	1	1	0	1	6DH	92H
6	0	1	1	1	1	1	0	1	7DH	82H

【例 4-32】 LED 数码管显示。

将 80C51 单片机 P0 口的 P0.0～P0.7 引脚连接到一个共阴极数码管上(电路原理图如图 4-30 所示),使之循环显示 0～9 个数字,时间间隔为 500 循环步。

解 编程原理分析如下。

数码管的显示字模(即段码)与显示数值之间没有规律可循。常用作法为:将字模按显示值大小顺序存入一数组中,例如,数值 0～9 的共阴型字模数组为 led_mod[ ]={0x3f,0x06,0x5b,0x4f,0x66,0x6d,0x7d,0x07,0x7f,0x6f}。使用时,只需将待显示值作为该数组的下标变量即可取得相应的字模。顺序提取 0～9 的字模并送入 P0 口输出,便可实现题意要求的功

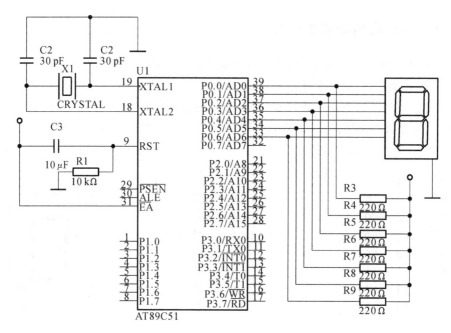

图 4-30　例 4-32 的电路图

能。参考程序如下：

```
# include < reg51.h>                                //包括一个 51 标准内核的头文件
char led_mod[]= {0x3f,0x06,0x5b,0x4f,0x66,0x6d,0x7d,0x07,0x7f,0x6f};
                                                                //LED 显示字模

void delay(unsigned int time){
    unsigned int j= 0;
    for(;time> 0;time--)
        for(j= 0;j< 125;j++);
}
void main(void) {
    char i= 0;
    while(1){
        for(i= 0;i< = 9;i++) {
        P0= led_mod[i];
        delay(500);
    }  }  }
```

【例 4-33】　计数显示器。

对按键动作进行统计，并将动作次数通过数码管显示出来（电路原理图如图 4-31 所示）。要求显示范围为 1～99，增量为 1，超过计量界限后自动返回 1 循环显示。

解　编程原理分析如下。

（1）计数统计原理。

循环读取 P3.7 口电平。若输入为 0，计数器变量 count 加 1；若判断计满 100，则 count 清零。为避免按键在压下期间连续计数，每次计数处理后都需查询 P3.7 口电平，直到 P3.7 为 1（按键释放）时才能结束此次统计。为防止按键抖动产生的误判，本例使用了软件消抖措施，详

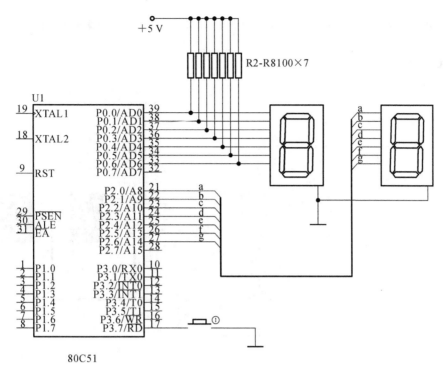

图 4-31 计数显示电路

见第 4.5.3 节有关内容。

(2) 拆字显示原理。

为使 count 的两位数值分别显示在两只数码管上，可将 count 用取模运算（count%10）拆出个位值，整除 10 运算（count/10）拆出十位值，提取字模后分别送入相应显示端口即可。参考程序如下，运行界面如图 4-32 所示。

```
# include < reg51.H>
sbit P3_7= P3^7;
unsigned char code table[]= {0x3f,0x06,0x5b,0x4f,0x66,0x6d,0x7d,0x07,0x7f,
                             0x6f};
unsigned char count;
void delay(unsigned int time){
    unsigned int j= 0;
    for(;time> 0;time- - )
      for(j= 0;j< 125;j++);
}
void main(void){
  count= 0;                        //计数器赋初值
  P0= table[count/10];             //P0 口显示初值
  P2= table[count% 10];            //P2 口显示初值
  while(1) {                       //进入无限循环
    if(P3_7= = 0){                 //软件消抖,检测按键是否压下
        delay(10);
        if(P3_7= = 0) {            //若按键压下
```

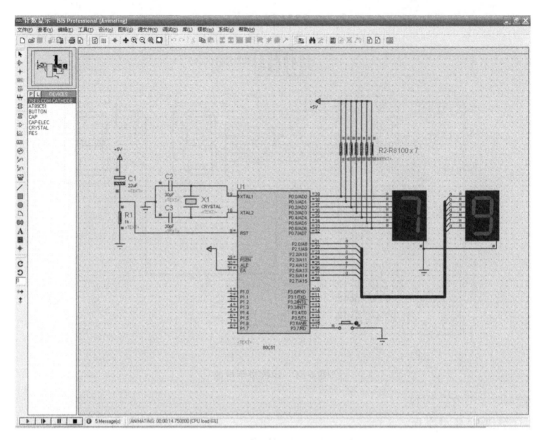

图 4-32　计数显示运行界面

```
        count++;                    //计数器增1
        if(count= = 100)            //判断循环是否超限
            count= 0;
        P0= table[count/10];        //P0口输出显示
        P2= table[count% 10];       //P2口输出显示
        while(P3_7= = 0);           //等待按键松开,防止连续计数
    }
}  }  }
```

4.5.3　I/O接口的进阶应用

1. 数码管动态显示原理与编程

LED数码管与单片机的接口方式有静态显示接口和动态显示接口之分。静态显示接口是一个并行口接一个数码管。采用这种接口方式的优点:被显示数据只要送入并行口,就不再需要CPU干预,因而显示效果稳定。但该接口方式占用资源较多,例如,n个数码管就需要n个8位的并行口。例4-31就是采用的静态显示接口方式。动态显示接口则完全不同,它是将所有数码管的段码线对应并联起来接在一个8位并行口上,而每只数码管的公共端分别由一位I/O线控制,其电路原理图如图4-33所示。

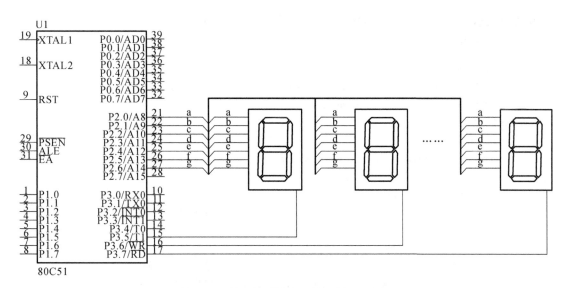

图 4-33 数码管动态显示接口原理示意图

动态显示过程采用循环导通或循环截止各位显示器的做法。当循环显示时间间隔较小（10 ms）时，由于人眼的暂留特性，所以看不出数码管的闪烁现象。动态显示接口的突出特点是占用资源较少，但由于显示值需要 CPU 随时刷新，故其占用机时较多。

【例 4-34】 数码管动态显示。

图 4-34 为采用共阴极 LED 数码管的电路原理图，要求采用动态显示接口原理显示字符"L2"。

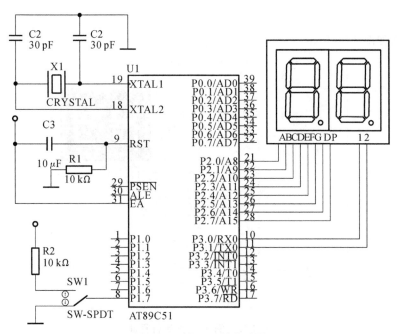

图 4-34 例 4-34 的电路图

解 图 4-34 中的双联 LED 数码管共用 P2 口的段码线，位码线则分别独立使用 P3.0 和 P3.1。将位码 0x02 和 0x01 先后送入 P3 口可依次使能左、右两个数码管。此时若将 0x38 和

0x5b 两个显示码依次送到 P2 口,便可产生"L2"的动态显示效果。

例 4-34 的参考程序如下:

```
# include < REG51.H >
char led_mod[]= {0x38,0x5B,0x76,0x4F};          //LED 字模"L2H3"
void delay(unsigned int time);
sbit P17= P1^7;
void main() {
    char led_point= 0, switch_sta= 0;
    while (1) {
        if (P17= = 1)
            switch_sta= 2;                       //开关向上
        else
            switch_sta= 0;                       //开关向下
        P3= 2 - led_point;                       //输出 LED 位码
        P2= led_mod[switch_sta +  led_point];    //输出字模
        led_point= 1- led_point;                 //刷新 LED 位码
        delay(30);
    }
}
void delay(unsigned int time){
    unsigned int j= 0;
    for(;time> 0;time- - )
        for(j= 0;j< 125;j++);
}
```

运行界面如图 4-35 所示。

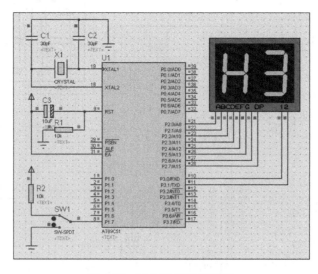

图 4-35 例 4-34 的运行界面

2. 行列式键盘原理与编程

例 4-29 和例 4-30 中介绍的按键都是每只按键单独接在一根 I/O 线上,构成所谓的独立式键盘。独立式键盘的特点是电路简单,易于编程,但占用的 I/O 线较多,当需要较多按键时可能产生 I/O 资源紧张的问题。为此,可采用行列式键盘方式,具体做法是,将 I/O 接口分为行线和列线,按键设置在跨接行线和列线的交点上,列线通过上拉电阻接正电源。4×4 行列式键盘的硬件电路图如图 4-36 所示。

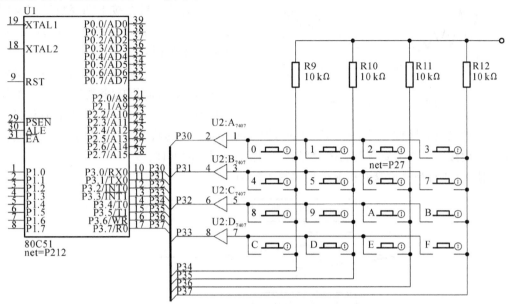

图 4-36 4×4 行列式键盘的硬件电路图

行列式键盘的特点是占用 I/O 线较少(例如,图 4-36 中的 16 个按键仅用了 8 个 I/O 线),但软件部分较为复杂。

行列式键盘的检测可采用软件扫描查询法进行,即根据按键压下前后,所在行线的端口电子是否出现反转,判断有无按键闭合动作。下面以外接于 P3 口的 4×4 行列式键盘为例说明其检测过程。

(1) 键盘列扫描。

由 P3 口循环输出一键扫描码事先存放在扫描数组变量中,如扫描码 key_scan[]={0xef,0xdf,0xbf,0x7f};使键盘的 4 行电平全为 1;4 列电平轮流有一列为 0,其余为 1。

(2) 按键判断。

利用(P3&0x0f)算法判断有无按键压下。若行线低 4 位不全为 1,说明至少有一个按键压下,此时 P3 口的读入值必为根据按键闭合规律确定的键模数组 key_buf[ ]值之一。

代码如下:

```
key_buf[]= {0xee, 0xde, 0xbe, 0x7e,
            0xed, 0xdd, 0xbd, 0x7d,
            0xeb, 0xdb, 0xbb, 0x7b,
            0xe7, 0xd7, 0xb7, 0x77};
```

(3) 键值计算。

若将行列式键盘按自左至右、自上而下的排列顺序号作为其键值,则通过逐一对比 P3 读入值与键模数组,可求得闭合按键的键值 j,代码如下:

```
for (j= 0 ; j < 16 ;j++) {
    if (P3= = key_buf[j])  return j;
}
return - 1;                          //无键按下时返回值- 1标志
```

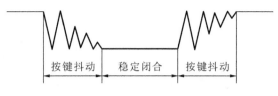

图 4-37　按键抖动的波形

机械式按键在按下和释放瞬间常因弹簧开关的变形而产生电压波动现象,抖动波形一般如图 4-37 所示。

按键抖动会造成按键状态不易确定的问题,需要采取措施来消除抖动。单片机常用软件延时 10 ms 的办法来消除抖动的影响。当检测到有键按下时,先延时 10 ms,然后再检测按键的状态,若仍是闭合状态,则认为真正有按键按下。当需要检测到按键释放时,也需做同样的处理。

上述 4×4 行列式键盘的检测过程如图 4-38 所示。

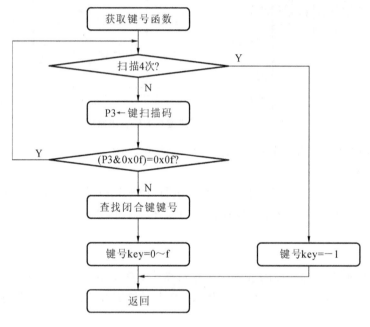

图 4-38　4×4行列式键盘的检测流程

【例 4-35】　行列式键盘编程。

图 4-39 为 4×4 行列式键盘和 1 位共阴极数码管电路原理图。要求开机后数码管暂为黑屏状态,按下任意按键后,再显示该键的键值字符(0~F)。若没有新键按下,则维持前次按键结果。

解　基于上述扫描查询原理分析,本实例的程序如下:

```
# include < reg51.h>
char led_mod[]= {0x3f,0x06,0x5b,0x4f,0x66,0x6d,0x7d,0x07,     //led 显示码
            0x7f,0x6f,0x77,0x7c,0x58,0x5e,0x79,0x71};
char key_buf[]= {0xee, 0xde, 0xbe, 0x7e, 0xed, 0xdd, 0xbd, 0x7d,  //键值
```

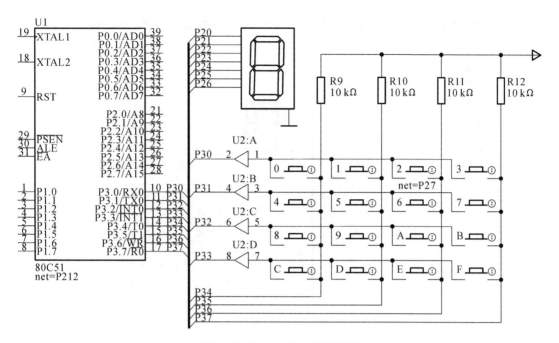

图 4-39 例 4-35 的电路原理图

```
                    0xeb, 0xdb, 0xbb, 0x7b,0xe7, 0xd7, 0xb7, 0x77};

char get Key(void) {
    char key_scan[]= {0xef, 0xdf, 0xbf, 0x7f};          //键扫描码
    char i= 0, j= 0;
    for (i= 0; i <  4 ; i++) {
        P3= key_scan[i];                                //P3 送出键扫描码
        if ((P3 & 0x0f) ! = 0x0f) {                     //判断有无按键闭合
            for (j= 0 ; j < 16 ;j++) {
                if (P3= = key_buf[j]) return j;          //查找闭合键键号
            }
        }
    }
    return- 1;                                          //无按键闭合
}

void main(void) {
    char key= 0;
    P2= 0x00;                                           //开机黑屏
    while(1) {
        key= get Key();                                 //获得闭合键号
        if (key ! = - 1) P2= led_mod[key];              //显示闭合键号
    }}
```

程序运行界面如图 4-40 所示。

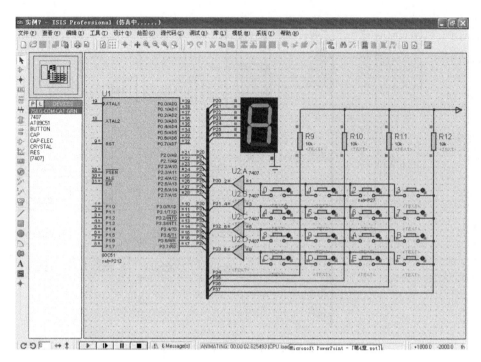

图 4-40 例 4-35 的运行界面

4.6 本章小结

本章是在读者已经掌握了标准 C 语言的前提下,初步介绍如何使用 C51 来编写单片机的应用程序。C51 语言是在标准 C 语言的基础上,根据单片机存储器的硬件结构及内部资源,扩展了相应的数据类型和变量,而 C51 语言在语法规定、程序结构与设计方法上都与标准 C 语言的相同。本章重点介绍了 C51 语言对标准 C 语言所扩展的部分,以及 C51 语言的集成开发环境 Keil μVision4 和 C51 语言与汇编语言的混合编程,并通过一些实例来介绍 C51 语言的基本程序设计思想。后面通过实例详细阐述了常用显示元器件的键盘接口电路以及软件编程调试的方法。

习　　题

1. 简述 C51 语言在标准 C 语言的基础上做了哪些扩充。

2. 在单片机应用开发系统中,C 语言编程相比汇编语言编程有哪些优势?

3. 在 C51 语言中有几种关系运算符? 请列举。

4. 在 C51 语言中为何要尽量采用无符号的字节变量或位变量?

5. 为了加快程序的运行速度,C51 语言中频繁操作的变量应定义在哪个存储区?

6. 在 C51 语言中为什么要避免使用 float 浮点型变量?

7. 如何定义 C51 语言的中断函数?

8. 编写程序将 STC89C52 单片机片内存储器 50H 单元和 52H 单元的单字节无符号数相乘,乘积存放在外部数据存储器 2000H 开始的单元中。

9. 片内存储器 40H～43H 单元分别存放两个无符号十六进制数,试编写 C51 语言程序,将其中的大数存放在 44H、45H 单元中,小数存放在 46H、47H 单元中。

10. 分别使用 C 语言和汇编语言完成下列要求的程序。

(1) 将地址为 4000H 的片外数据存储单元内容送入地址为 30H 的片内数据存储单元中。

(2) 将地址为 4000H 的片外数据存储单元内容送入地址为 3000H 的片外数据存储单元中。

(3) 将地址为 0800H 的程序存储单元内容送入地址为 30H 的片内数据存储单元中。

(4) 将片内数据存储器中地址为 30H 与 40H 的单元内容交换。

(5) 画出一个 4 位共阴极七段码显示电路,并通过编写程序来实现 4 位数字的显示功能。

(6) 画出一个 4 位共阴极七段码显示电路和 16 个按键的电路,并通过编写程序实现任意输入 4 个按键显示 4 位数字的功能。

第5章 STC89C52单片机中断系统

本章首先介绍了中断的概念和基本的中断术语,以及 STC89C52 单片机中断系统的结构;然后详细叙述了与中断有关的特殊功能寄存器各位的功能和作用、中断响应的硬件处理过程、中断响应的条件、外部中断响应时间、中断请求撤销的方法、中断服务子程序设计需要考虑的问题、采用中断时的主程序结构、中断服务子程序的流程;最后给出中断示例。

5.1 中断的概念

所谓中断,就是当机器正在执行程序的过程中,一旦遇到异常或特殊请求时,就停止正在

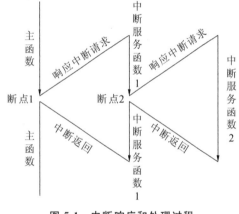

图 5-1 中断响应和处理过程

执行的程序,转入执行另一个程序,对问题或请求进行必要的处理,并在处理完毕后立即返回断点继续执行原来的程序。中断响应和处理过程如图 5-1 所示。

中断主要包含如下术语。

中断源:发出中断请求的设备。

中断向量地址:中断服务程序的入口地址。

中断响应:对中断请求作出的处理。

中断嵌套:在中断服务程序中又响应了其他中断请求。

5.2 STC89C52单片机中断系统简介

5.2.1 中断系统结构

STC89C51RC/RD+系列单片机的中断系统结构如图 5-2 所示,该中断系统由中断源、中断标志、中断允许控制寄存器和中断优先级控制寄存器等构成。

STC89C52 单片机在传统 51 系列单片机 5 个中断源的基础上增加了 3 个中断源,共有 8 个中断源。5 个中断源分别是外部中断 0($\overline{\text{INT0}}$)、定时/计数器 0(Timer0,以下简称 T0)、外部中断 1($\overline{\text{INT1}}$)、定时/计数器 1(Timer1,以下简称 T1)、串行口中断(UART)。新增加的 3 个中断源为定时/计数器 2(Timer2,以下简称 T2)、外部中断 2($\overline{\text{INT2}}$)和外部中断 3($\overline{\text{INT3}}$)。它们的中断标志由寄存器 TCON、SCON、T2CON、XICON 相应位来锁定,它们的中断允许和

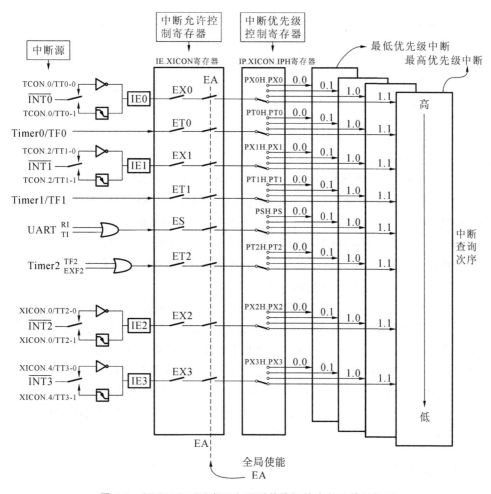

图 5-2 STC89C51RC/RD＋系列单片机的中断系统结构图

中断优先级由寄存器 IE、IP、IPH、XICON 来控制。

5.2.2 中断源

STC89C52 单片机的中断源、中断向量地址、中断查询次序、中断优先级设置及中断请求标志如表 5-1 所示。

表 5-1 中断源、中断向量地址、中断查询次序、中断优先级设置及中断请求标志表

中断源	中断向量地址	中断查询次序	中断优先级设置	优先级 0（最低）	优先级 1	优先级 2	优先级 3（最高）	中断请求标志
$\overline{INT0}$	0003H	0（最优先）	PX0H PX0	0 0	0 1	1 0	1 1	IE0
T0	000BH	1	PT0H PT0	0 0	0 1	1 0	1 1	TF0
$\overline{INT1}$	0013H	2	PX1H PX1	0 0	0 1	1 0	1 1	IE1
T1	001BH	3	PT1H PT1	0 0	0 1	1 0	1 1	TF1
UART	0023H	4	PSH PS	0 0	0 1	1 0	1 1	RI＋TI

中断源	中断向量地址	中断查询次序	中断优先级设置	优先级0（最低）	优先级1	优先级2	优先级3（最高）	中断请求标志
T2	002BH	5	PT2H PT2	0 0	0 1	1 0	1 1	TF2＋EXF2
$\overline{\text{INT2}}$	0033H	6	PX2H PX2	0 0	0 1	1 0	1 1	IE2
$\overline{\text{INT3}}$	003BH	7（最低）	PX3H PX3	0 0	0 1	1 0	1 1	IE3

传统51系列单片机的5个基本中断源如下。

外部中断0($\overline{\text{INT0}}$)：中断服务程序入口地址为0003H，中断请求标志为IE0。

定时/计数器0(T0)：中断服务程序入口地址为000BH，中断请求标志为TF0。

外部中断1($\overline{\text{INT1}}$)：中断服务程序入口地址为0013H，中断请求标志为IE1。

定时/计数器1(T1)：中断服务程序入口地址为001BH，中断请求标志为TF1。

串行口中断(UART)：中断服务程序入口地址为0023H，中断请求标志为TI和RI，TI为发送中断请求标志，RI为接收中断请求标志。

STC89C52单片机在5个中断源的基础上新增的3个中断源如下。

定时/计数器2(T2)：中断服务程序入口地址为002BH，中断请求标志为TF2或EXF2。

外部中断2($\overline{\text{INT2}}$)：中断服务程序入口地址为0033H，中断请求标志为IE2。

外部中断3($\overline{\text{INT3}}$)：中断服务程序入口地址为003BH，中断请求标志为IE3。

此处，外部中断i(i＝0,1,2,3)低电平有效，当外部有中断触发信号时，硬件自动将标志IEi(i＝0,1,2,3)置1。外部中断i(i＝0,1,2,3)还可以将单片机从掉电模式中唤醒。当定时器Ti(i＝0,1,2)的定时时间到时，硬件自动将标志TFi(i＝0,1,2)置1。

5.2.3　中断请求标志

传统51系列单片机的中断请求标志由TCON、SCON寄存器相应位来锁定。STC89C52在此基础上增加了T2CON、XICON寄存器的相应位来进行标识。

1. TCON寄存器

TCON寄存器为定时/计数器的控制寄存器，字节地址为88H，可进行位寻址。特殊功能寄存器TCON的中断允许位如表5-2所示。

表 5-2　TCON 的中断允许位

	D7	D6	D5	D4	D3	D2	D1	D0
TCON	TF1	TR1	TF0	TR0	IE1	IT1	IE0	IT0
位地址	8FH	8EH	8DH	8CH	8BH	8AH	89H	88H

TF1：定时/计数器1的溢出中断请求标志位。当T1计数产生溢出时，由硬件使TF1置"1"，并向CPU申请中断。CPU响应TF1中断时，TF1标志由硬件自动清零，TF1也可由软件清零。

TF0：定时/计数器0的溢出中断请求标志位。当T0计数产生溢出时，由硬件使TF0置"1"，并向CPU申请中断。CPU响应TF0中断时，TF0标志由硬件自动清零，TF0也可由软件清零。

IE1：外部中断 1 的中断请求标志位。

IE0：外部中断 0 的中断请求标志位。

IT1：外部中断 1 的中断请求触发控制位。

- IT1＝0，电平触发方式，引脚上低电平有效，并将 IE1 置"1"。当程序转向中断服务子程序时，由硬件自动将 IE1 清零。

- IT1＝1，跳沿（下降沿）触发方式，加入引脚上的外部中断请求输入信号电平从高到低时负跳变信号有效，并将 IE1 置"1"。当程序转向中断服务子程序时，由硬件自动将 IE1 清零。

IT0：外部中断 0 的中断请求触发控制位。

- IT0＝0，电平触发方式，引脚上低电平有效，并将 IE0 置"1"。当程序转向中断服务子程序时，由硬件自动将 IE0 清零。

- IT0＝1，跳沿（下降沿）触发方式，加入引脚上的外部中断请求输入信号电平从高到低时负跳变信号有效，并将 IE0 置"1"。当程序转向中断服务子程序时，由硬件自动将 IE0 清零。

STC89C52 复位后，TCON 被清零，8 个中断源的中断请求标志均为 0。TR1、TR0 与中断系统无关，将在第 6 章中介绍。

2. SCON 寄存器

SCON 寄存器为串行口控制寄存器，字节地址为 98H，可进行位寻址。SCON 的中断允许位如表 5-3 所示。D1、D0 位分别用于锁存串行口的发送中断和接收中断的中断请求标志 TI 和 RI，"1"表示有中断请求，"0"表示无中断请求；D2～D7 这 6 位与中断系统无关，将在第 7 章中介绍。

表 5-3 SCON 的中断允许位

	D7	D6	D5	D4	D3	D2	D1	D0
SCON	—	—	—	—	—	—	TI	RI
位地址	9FH	9EH	9DH	9CH	9BH	9AH	99H	98H

3. T2CON 寄存器

T2CON 寄存器为定时/计数器 2 的控制寄存器，字节地址为 C8H，可进行位寻址。T2CON 的中断允许位如表 5-4 所示。D7 位为定时/计数器 2 的溢出中断请求标志位 TF2，"1"表示有中断请求，"0"表示无中断请求；D0～D6 这 7 位与中断系统无关，将在第 6 章介绍。

表 5-4 T2CON 的中断允许位

	D7	D6	D5	D4	D3	D2	D1	D0
T2CON	TF2	—	—	—	—	—	—	—
位地址	CFH	CEH	CDH	CCH	CBH	CAH	C9H	C8H

4. XICON 寄存器

XICON 寄存器为附加的控制寄存器，字节地址为 C0H，可进行位寻址。XICON 的中断允许位如表 5-5 所示。

表 5-5　XICON 的中断允许位

	D7	D6	D5	D4	D3	D2	D1	D0
XICON	—	—	IE3	IT3	—	—	IE2	IT2
位地址	C7H	C6H	C5H	C4H	C3H	C2H	C1H	C0H

IT2:外部中断 2 的中断请求触发控制位。

● IT2＝0,电平触发方式,引脚上低电平有效,并将 IE2 置"1"。当程序转向中断服务子程序时,由硬件自动将 IE2 清零。

● IT2＝1,跳沿(下降沿)触发方式,加入引脚上的外部中断请求输入信号电平从高到低时跳变信号有效,并将 IE2 置"1"。当程序转向中断服务子程序时,由硬件自动将 IE2 清零。

IE2:外部中断 2 的中断请求标志位,"1"表示有中断请求,"0"表示无中断请求。

IT3:外部中断 3 的中断请求触发控制位。

● IT3＝0,电平触发方式,引脚上低电平有效,并将 IE3 置"1"。当程序转向中断服务子程序时,由硬件自动将 IE3 清零。

● IT3＝1,跳沿(下降沿)触发方式,加入引脚上的外部中断请求输入信号电平从高到低时负跳变信号有效,并将 IE3 置"1"。当程序转向中断服务子程序时,由硬件自动将 IE3 清零。

IE3:外部中断 3 的中断请求标志位,"1"表示有中断请求,"0"表示无中断请求。

D2、D3、D6、D7 位的功能将在第 5.2.4 节介绍。

5.2.4　中断控制寄存器

传统 51 系列单片机中断控制寄存器由 IE、IP 组成,STC89C52 在此基础上增加了 XICON、IPH 寄存器,各中断源的中断控制寄存器如表 5-6 所示。

表 5-6　STC89C52 单片机的中断控制寄存器

寄存器	地址	名称	7	6	5	4	3	2	1	0	复位值
IE	A8H	中断允许控制寄存器	EA	—	ET2	ES	ET1	EX1	ET0	EX0	0000,0000
IP	B8H	中断优先级低位寄存器	—	—	PT2	PS	PT1	PX1	PT0	PX0	xx00,0000
IPH	B7H	中断优先级高位寄存器	PX3H	PX2H	PT2H	PSH	PT1H	PX1H	PT0H	PX0H	0000,0000
XICON	C0H	附加中断控制寄存器	PX3	EX3	IE3	IT3	PX2	EX2	IE2	IT2	0000,0000

1. IE/XICON 寄存器

(1)中断允许控制寄存器 IE。

传统 51 系列单片机对各中断源的开启和关闭均是由中断允许寄存器 IE 控制的,STC89C52 在此基础上增加了附加中断控制寄存器 XICON 来控制附加的外部中断源。中断允许控制寄存器 IE 的字节地址为 A8H,可进行位寻址,其中断允许位如表 5-7 所示。

表 5-7　中断允许控制寄存器 IE 的中断允许位

	D7	D6	D5	D4	D3	D2	D1	D0
IE	EA		ET2	ES	ET1	EX1	ET0	EX0
位地址	AFH	AEH	ADH	ACH	ABH	AAH	A9H	A8H

中断允许控制寄存器 IE 能对中断的开放和关闭实现两级控制,在其中有一个总开关的中断控制位 EA(IE.7 位)能实现第一级控制。EA＝0 时,屏蔽所有的中断请求;EA＝1 时,CPU 开放中断请求,但 8 个中断源的中断请求是否允许,还要由 IE 中的低 6 位所对应的 6 个中断请求允许控制位和 XICON 寄存器中的 D2、D6 位所对应的 2 个外部中断允许位 EX2 与 EX3 来控制,即第二级控制。

中断允许控制寄存器 IE 中各位的功能说明如下。

- EA:CPU 总中断允许控制位。EA＝0,CPU 屏蔽所有的中断请求;EA＝1,CPU 开放所有的中断请求。EA 的作用是使中断允许实现两级控制,即各中断源首先受 EA 控制,其次受各中断源自己的中断允许控制位的控制。

- ET2:定时/计数器 2 的溢出中断允许位。ET2＝0,禁止 T2 溢出中断;ET2＝1,允许 T2 溢出中断。

- ES:串行口中断允许位。ES＝0,禁止串行口中断;ES＝1,允许串行口中断。

- ET1:定时/计数器 1 的溢出中断允许位。ET1＝0,禁止 T1 溢出中断;ET1＝1,允许 T1 溢出中断。

- EX1:外部中断 1 中断允许位。EX1＝0,禁止外部中断 1 中断;EX1＝1,允许外部中断 1 中断。

- ET0:定时/计数器 0 的溢出中断允许位。ET0＝0,禁止 T0 溢出中断;ET0＝1,允许 T0 溢出中断。

- EX0:外部中断 0 中断允许位。EX0＝0,禁止外部中断 0 中断;EX0＝1,允许外部中断 0 中断。

(2) 附加中断控制寄存器 XICON。

附加中断控制寄存器 XICON 为辅助中断控制寄存器,字节地址为 C0H,可进行位寻址。附加中断控制寄存器 XICON 的中断允许位如表 5-8 所示。

表 5-8　附加中断控制寄存器 XICON 的中断允许位

	D7	D6	D5	D4	D3	D2	D1	D0
XICON	—	EX3	IE3	IT3	—	EX2	IE2	IT2
位地址	C7H	C6H	C5H	C4H	C3H	C2H	C1H	C0H

EX2:外部中断 2 中断允许位。EX2＝1,中断允许;EX2＝0,中断禁止。

EX3:外部中断 3 中断允许位。EX3＝1,中断允许;EX3＝0,中断禁止。

XICON 寄存器中的 D0、D1、D4、D5 位的功能在第 5.2.3 节已有介绍,此处不再赘述。D7、D3 位的功能稍后介绍。

2. 中断优先级控制寄存器 IP/IPH 和 XICON

传统 51 系列单片机有两个中断优先级,即高优先级和低优先级,可实现两级中断嵌套。STC89C51RC/RD＋系列单片机通过设置新增加的特殊功能寄存器(IPH/XICON)中的相应位,可将中断优先级设置为四级中断优先级,如果只设置 IP,那么中断优先级只有两级,与传统 51 系列单片机两级中断优先级完全兼容。

一个正在执行的低优先级中断能被高优先级中断所中断,但不能被另一个低优先级中断所中断,一直执行到遇到返回指令 RETI,返回主程序后再执行一条指令才能响应新的中断申请。以上所述可归纳为下面两条基本规则。

- 低优先级中断能被高优先级中断所中断,反之不能。
- 任何一种中断(不管是高优先级还是低优先级),一旦得到响应,就不会再被它的同级中断所中断。

STC89C52 单片机的 8 个中断源硬件自动配置了相同优先级别的中断查询次序(见表5-1),外部中断 0 最优先,之后优先级从高到低依次是定时/计数器 0、外部中断 1、定时/计数器 1、串行口中断、定时/计数器 2、外部中断 2、外部中断 3。STC89C52 单片机有两级中断,通过高低 2 位二进制数来配置,由中断优先级控制寄存器 IP/XICON 和 IPH 来设置。

(1) IP 寄存器。

IP 寄存器在传统 51 单片机中为中断优先级寄存器,字节地址为 B8H,可进行位寻址,各位的定义如表 5-9 所示。若某位为"1",则表示对应中断申请为高级;若某位为"0",则表示对应中断申请为低级。

例如:若 IP=18H,则表示串行口中断、定时/计数器 1 中断为高级中断,外部中断 0、1 和定时/计数器 0 为低级中断。6 个中断源的中断优先级次序为定时/计数器 1(最高)、串行口中断、外部中断 0、定时/计数器 0、外部中断 1、定时/计数器 2(最低)。

在 STC89C52 单片机中,IP 是中断优先级低位控制寄存器,字节地址为 B8H,可进行位寻址。特殊功能寄存器 IP 的格式如表 5-9 所示。

表 5-9　中断优先级低位控制寄存器 IP 的格式

	D7	D6	D5	D4	D3	D2	D1	D0
IP	—	—	PT2	PS	PT1	PX1	PT0	PX0
位地址	BFH	BEH	BDH	BCH	BBH	BAH	B9H	B8H

表 5-9 中,PX0 位对应外部中断 0 优先级的低位配置,PT0 位对应定时/计数器 0 中断优先级的低位配置,PX1 位对应外部中断 1 优先级的低位配置,PT1 位对应定时/计数器 1 中断优先级的低位配置,PS 位对应串行口中断优先级的低位配置,PT2 位对应定时/计数器 2 中断优先级的低位配置。

(2) IPH 寄存器。

IPH 寄存器是 STC89C52 单片机中断优先级高位控制寄存器,字节地址为 B7H,不能进行位寻址。特殊功能寄存器 IPH 的格式如表 5-10 所示。

表 5-10　中断优先级高位控制寄存器 IPH 的格式

	D7	D6	D5	D4	D3	D2	D1	D0
IPH	PX3H	PX2H	PT2H	PSH	PT1H	PX1H	PT0H	PX0H

表 5-10 中,PX0H 位对应外部中断 0 优先级的高位配置,PT0H 位对应定时/计数器 0 中断优先级的高位配置,PX1H 位对应外部中断 1 优先级的高位配置,PT1H 位对应定时/计数器 1 中断优先级的高位配置,PSH 位对应串行口中断优先级的高位配置,PT2H 位对应定时/计数器 2 中断优先级的高位配置,PX2H 位对应外部中断 2 优先级的高位配置,PX3H 位对应外部中断 3 优先级的高位配置。

（3）XICON 寄存器。

XICON 寄存器是 STC89C52 单片机辅助中断控制寄存器，字节地址为 C0H，可进行位寻址。辅助中断控制寄存器 XICON 的格式如表 5-11 所示。

表 5-11　辅助中断控制寄存器 XICON 的格式

	D7	D6	D5	D4	D3	D2	D1	D0
XICON	PX3	EX3	IE3	IT3	PX2	EX2	IE2	IT2
位地址	C7H	C6H	C5H	C4H	C3H	C2H	C1H	C0H

表 5-11 中，PX2 位对应外部中断 2 优先级的低位配置，PX3 位对应外部中断 3 优先级的低位配置。

STC89C52 单片机四级中断优先级由软件配置，它是由各个中断源的优先级高位和低位一起来配置的，例如：外部中断 0 优先级高位 PX0H 和低位 PX0 配置，即 PX0H PX0＝00，01，10，11，分别配置外部中断 0 为优先级 0（最低级）、优先级 1、优先级 2、优先级 3（最高级），同理可知 8 个中断源的各优先级配置方法如表 5-1 所示的中断优先级设置。

5.3　中断响应

中断响应的过程，首先由硬件自动生成一条长调用指令 LCALL addr16，addr16 就是程序存储区中相应的中断入口地址。例如，对于外部中断 1 的响应，硬件自动生成的长调用指令为 LCALL 0013H，首先将程序计数器 PC 的内容压入堆栈以保护断点，再将中断入口地址装入计数器 PC，使程序转向响应中断请求的中断入口地址。各中断向量地址如表 5-1 所示。两个中断入口地址间相隔 8 B，难以安放一个完整的中断服务程序。因此，通常在中断入口地址处放置一条无条件转移指令，使程序转向中断服务程序入口时继续执行。

5.3.1　中断响应条件

中断响应是有条件的，当遇到下列三种情况之一时，中断响应被封锁。

● CPU 正在处理同级或更高优先级的中断。

● 所查询的机器周期不是当前正在执行指令的最后一个机器周期，只有在当前指令执行完毕后，才能进行中断响应，以确保当前指令执行的完整性。

● 正在执行的指令是 RETI 或是访问 IE 或 IP 的指令。因为按照 STC89C52 中断系统的规定，执行完这些指令后，需要再执行一条指令，才能响应新的中断请求。

如果存在上述三种情况之一，则 CPU 将丢弃中断查询结果，不能对中断进行响应。

中断请求被响应，必须满足以下必要条件。

● 总中断允许开关接通，即 IE 寄存器中的总中断允许位 EA＝1。

● 该中断源发出中断请求，即对应的中断请求标志为"1"。

● 该中断源的中断允许位为"1"，即该中断被允许。

● 无同级或更高级中断正在被服务。

当 CPU 查询到有效的中断请求且满足上述条件时，就进行中断响应。

5.3.2 外部中断响应时间

使用外部中断时,需考虑从外部中断请求到转向中断入口地址所需的时间。外部中断的最短响应时间为 3 个机器周期。其中中断请求标志位查询占 1 个机器周期,而这个机器周期又恰好处于指令的最后一个机器周期。在这个机器周期结束后,中断即被响应,CPU 接着执行一条硬件子程序调用指令 LCALL 到相应的中断服务程序入口,需要 2 个机器周期。

外部中断响应的最长时间为 8 个机器周期,当 CPU 进行中断标志查询时,刚好开始执行 RETI 或访问 IE 或 IP 的指令,需执行完这条指令再执行一条指令后才能响应中断。执行 RETI 或访问 IE 或 IP 的指令,最长需要 2 个机器周期,接着再执行一条指令,以最长指令(乘法指令 MUL 或除法指令 DIV)来算,也只有 4 个机器周期。加上硬件子程序调用指令 LCALL 的执行需要 2 个机器周期,因此,外部中断响应的最长时间为 8 个机器周期。

如果正在处理同级或更高级中断,外部中断请求的响应时间取决于正在执行的中断服务程序的处理时间,这种情况下,响应时间就无法计算了。

这样,在一个单一中断的系统里,STC89C52 单片机对外部中断请求的响应时间总是在 3~8 个机器周期。

5.3.3 中断请求的撤销

STC89C52 单片机有两种触发方式:电平触发方式和跳沿触发方式。

1. 电平触发方式

外部中断申请触发器的状态随着 CPU 在每个机器周期采样到的外部中断输入引脚电平的变化而变化,在中断服务程序返回之前,外部中断请求输入必须无效(即外部中断请求输入已由低电平变为高电平),否则会再次响应中断。所以电平触发方式适用于外部中断以低电平输入且中断服务程序能清除外部中断请求源(即外部中断输入电平又变为高电平)的情况。

2. 跳沿触发方式

外部中断申请触发器能锁存外部中断输入线上的负跳变,即使不能响应,中断请求标志也不能丢失,相继连续两次采样,一个机器周期采样为高,下一个机器周期采样为低,则中断申请触发器置 1,直到 CPU 响应此中断才清零。输入的负脉冲宽度至少保持 12 个时钟周期才能被采样到,适合以负脉冲形式输入的外部中断请求。

某个中断请求被响应后,就存在一个中断请求的撤销问题。中断请求的撤销有如下几种情况。

(1)定时/计数器中断请求的撤销。

中断响应后,硬件会自动将 T0 或 T1 的中断请求标志位(TF0 或 TF1)清零,自动撤销定时/计数器的溢出中断请求,T2 的中断请求标志位 TF2 或 EXF2 必须用软件清零,如 CLR TF2 或 CLR EXF2。

(2)外部中断请求的撤销。

① 跳沿方式外部中断请求的撤销。跳沿方式外部中断请求的撤销包括两项:中断标志位清零和外部中断请求信号的撤销。中断标志位清零是在中断响应后由硬件自动完成的;外部中断请求信号的撤销是由于跳沿信号过后该外部中断请求信号也消失了,所以自动撤销。

② 电平方式外部中断请求的撤销。电平方式外部中断请求的撤销也包括两项：中断标志位清零和外部中断请求信号的撤销。其中，中断响应后，中断请求标志位自动撤销，但中断请求信号的低电平可能继续存在，为此，除中断标志位清零外，还需在中断响应后将中断请求信号输入引脚从低电平强制变为高电平，如图 5-3 所示（D 触发器置 1 端，表示符号为 $\overline{SD}$，低电平触发）。用 D 触

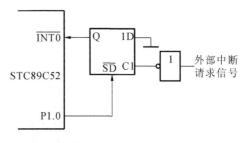

图 5-3 电平方式外部中断请求的撤销

发器锁存外来的中断请求低电平，并通过 D 触发器的输出端 Q 接到外部中断 0 输入端，增加的 D 触发器不影响中断请求。

中断响应后，利用 D 触发器的 $\overline{SD}$ 端接 STC89C52 的 P1.0 端，只要 P1.0 端输出一个负脉冲，就可以使 D 触发器置"1"，撤销低电平的中断请求信号。

负脉冲可在中断服务程序的中断返回 RETI 指令前增加如下指令：

```
ORL  P1,# 01H    ;P1.0为"1"
ANL  P1,# 0FEH   ;P1.0为"0"
ORL  P1,# 01H    ;P1.0为"1"
```

（3）串行口中断请求的撤销。

响应串行口的中断后，CPU 无法知道是接收中断还是发送中断，因此需测试这两个中断标志位，以判定是接收操作还是发送操作，然后再清除。因此，串行口中断请求的撤销只能使用软件的方法在中断服务程序中进行，即用如下指令在中断服务程序中对串行口中断标志位进行清除。

```
CLR  TI          ;清 TI 标志位
CLR  RI          ;清 RI 标志位
```

5.4 中断程序的设计

5.4.1 中断程序的设计过程

中断系统的运行必须与中断程序配合才能正确使用。中断程序设计的任务有下列四个。
- 设置中断允许控制寄存器 IE/XICON，允许相应的中断请求源中断。
- 设置中断优先级控制寄存器 IP/XICON、IPH，确定所使用的中断源的优先级。
- 若是外部中断源，还要设置中断请求的触发方式来决定是采用电平触发方式还是跳沿触发方式。
- 编写中断服务子程序，处理中断请求。

前三个一般放在主程序的初始化程序段中。

【例 5-1】 在 STC89C52 单片机中，假设允许外部中断 1 中断，其余屏蔽，设定外部中断 1 为最高级中断优先级 3，采用下降沿触发方式，其他中断源为最低级中断优先级 0。

初始化程序如下:

```
SETB   EA                 ;EA 位置 1,总中断开关开放
SETB   EX1                ;EX1 位置 1,允许外部中断 1 产生中断
SETB   IT1                ;IT1 位置 1,外部中断 1 为跳沿触发方式
MOV    IP,# 04H           ;设置 IP,外部中断源 1 的优先级低位置 1,其余中断源的低位置 0
MOV    IPH,# 04H          ;设置 IPH,外部中断源 1 的优先级高位置 1,其余中断源的高位置 0
CLR    PX2                ;附加外部中断源 2 的优先级低位置 0
CLR    PX3                ;附加外部中断源 3 的优先级低位置 0
```

1. 采用中断时的主程序结构

程序必须先从主程序起始地址 0000H 开始执行。所以,在起始地址 0000H 的几个字节中,使用无条件转移指令跳向主程序。

另外,各中断入口地址之间依次相差 8 B,如果中断服务子程序超过 8 B,就会占用其他中断入口地址,从而影响其他中断源的中断处理。为此,一般在进入中断后,使用一条无条件转移指令把中断服务子程序跳转到远离其他中断入口地址处。

常用的主程序结构如下:

```
        ORG 0000H
        LJMP MAIN
        ORG X1X2X3X4H     ;X1X2X3X4H 为某中断源的中断入口地址
        LJMP INT          ;INT 为该中断源的中断入口标号
        ORG Y1Y2Y3Y4H     ;Y1Y2Y3Y4H 为主程序入口地址
MAIN:主程序
    ⋮
INT:中断服务程序
```

如果有多个中断源,就有多个"ORG　X1X2X3X4H"的入口地址,多个"中断入口地址"必须依次由小到大排列。如主程序 MAIN 的起始地址为 Y1Y2Y3Y4H,可根据具体情况来安排(假设此处为外部中断 1,则 X1X2X3X4H＝0013H)。

2. 中断服务子程序的流程

中断服务子程序的基本流程为:中断服务子程序入口→关中断→现场保护→开中断→中断处理→关中断→现场恢复→开中断→中断返回。下面对有关中断服务子程序执行过程中的一些问题进行说明。

(1)现场保护和现场恢复。

现场是指中断时单片机中某些寄存器和存储器单元中的数据或状态。为了使中断服务子程序的执行不破坏这些数据或状态,要将其送入堆栈保存起来,这就是现场保护,现场保护一定要位于中断处理程序的前面。中断处理结束后,在返回主程序前,需要把保存的现场内容从堆栈中弹出,恢复原有内容,这就是现场恢复,现场恢复一定要位于中断处理程序的后面。

单片机的堆栈操作指令"PUSH direct"和"POP direct"是供现场保护和现场恢复使用的。要保护哪些内容,应根据具体情况来决定。

(2)关中断和开中断。

现场保护前和现场恢复前关中断,是为了防止此时有高一级的中断进入,避免现场被破

坏。在现场保护和现场恢复之后的开中断是为下一次的中断做好准备,也是为了允许有更高级的中断进入。这样,中断处理可以被打断,但原来的现场保护和现场恢复不允许更改,除了现场保护和现场恢复的片刻外,仍然保持着中断嵌套的功能。但有时候,一个重要的中断,必须执行完毕,不允许被其他的中断嵌套。因此,可在现场保护前先关闭总中断开关位,待中断处理完毕后再开总中断开关位。这样,需将中断服务子程序基本流程中的中断处理步骤前后的开中断和关中断去掉。

（3）中断处理。

设计者可根据任务的具体要求来编写中断处理部分的程序。

（4）中断返回。

中断服务子程序的最后一条指令必须是返回指令 RETI。CPU 执行完这条指令后,把响应中断时所置 1 的不可寻址的优先级状态触发器清零,然后从堆栈中弹出位于栈顶的两个字节的断点地址并送入程序计数器 PC,弹出的第一个字节送入 PCH,弹出的第二个字节送入 PCL,然后从断点处重新执行主程序。

【例 5-2】 根据中断服务子程序的基本流程,编写一个中断服务程序。设现场保护只将寄存器 PSW 和累加器 ACC 的内容压入堆栈中进行保护。

一个典型的中断服务子程序如下:

```
INT:CLR  EA                      ;CPU 关中断
    PUSH PSW                     ;现场保护
    PUSH ACC
    SETB EA                      ;总中断允许
    ⋮                            ;中断处理程序段
    CLR EA                       ;关中断
    POP ACC                      ;现场恢复
    POP PSW
    SETB EA                      ;总中断允许
    RETI                         ;中断返回,恢复断点
```

本例的现场保护假设仅涉及程序状态字 PSW 和累加器 ACC 的内容,若有其他需要保护的内容,则只需在相应位置再加几条 PUSH 和 POP 指令即可。注意,堆栈的操作是先进后出。

中断处理程序段,设计者应根据中断任务的具体要求来编写中断处理程序。

如果不允许被其他的中断所中断,可将"中断处理程序段"前后的"SETB EA"和"CLR EA"两条指令去掉。

最后一条指令必须是返回指令 RETI,不可缺少,CPU 执行完这条指令后,返回断点处,重新执行被中断的主程序。

5.4.2 中断程序设计举例

【例 5-3】 STC89C52 单片机的 P1 口高 4 位连接发光二极管,P1 口低 4 位连接开关,外部中断引脚 P3.2 连接按键开关 K2,外部中断引脚 P3.3 连接按键开关 K1,接口电路如图 5-4 所示,外部中断 1 为边沿触发的外部中断源,当按下按键 K1 产生外部中断信号时,单片机读

取 P1.0～P1.3 引脚的输入信号,将采样的输入信号转换为输出信号去驱动相应发光二极管的亮灭,单片机的工作频率为 11.0592 MHz,请编写相应的驱动程序。

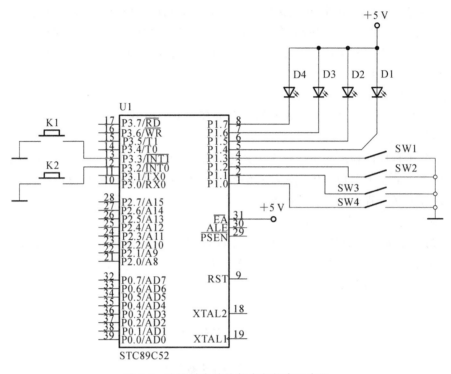

图 5-4 边沿触发的外部中断仿真示意图

分析:从图 5-4 可知,STC89C52 单片机外部中断 1 在按下按键 K1 时产生边沿触发的外部中断信号,此处只用到一个中断源,不设中断优先级,使用单片机内部硬件给出优先级即可。设计步骤如下。

(1) 外部中断 1 的入口地址为 0013H。

(2) 设置边沿触发方式外部中断,逐级开放中断,程序如下:

```
SETB   IT1                    ;外部中断 1 为跳沿触发方式
SETB   EX1                    ;允许外部中断 1 产生中断
SETB   EA                     ;允许 CPU 中断
```

(3)中断服务子程序:读取输入信号,输出驱动信号,中断服务子程序最后一条指令为 RETI。

① C51 语言程序(中断方式)清单如下:

```
# include  < reg52.h>
# define  uchar  unsigned char
void  main()
{
    uchar  p1_Value= 0;
    SP= 0x50;                  //设置堆栈
    IT1= 1;                    //设置外部中断 1 为边沿触发
```

```
        EX1= 1;                    //开放外部中断 1
        EA= 1;                     //开放总中断
        while(1){ }                //原地等待中断
    }
    void  exint0(void)  interrupt  2 { //外部中断 1 中断服务子程序
        uchar p1_Value= 0;
        P1= 0xff;
        p1_Value= P1 & 0x0f;       //读取 P1 口低 4 位键值
        p1_Value= p1_Value< < 4;   //左移 4 位
        P1= p1_Value;              //输出键值,驱动发光二极管
    }
```

② 汇编语言程序(中断方式)清单如下:

```
        ORG    0000H
        LJMP   MAIN                ;上电转向主程序
        ORG    0013                ;外部中断 1 的入口地址
        LJMP   EXINT1              ;指向中断服务子程序
        ORG    0100H               ;主程序
MAIN:   MOV  SP,# 50H
        SETB   IT1                 ;选择边沿触发方式
        SETB   EX1                 ;允许外部中断 1 中断
        SETB   EA                  ;CPU 允许中断
HERE:   AJMP   HERE                ;主程序原地等待
EXINT1: MOV P1,# 0FFH
        MOV A,P1                   ;读 P1 口
        SWAP A                     ;高低 4 位交换
        MOV P1,A                   ;送 P1 口
        RETI
END
```

【例 5-4】 根据图 5-5 所示的数码管显示与按键电路原理图,编写验证两级外部中断嵌套效果的程序。其中 K0 设定为低优先级中断源,K1 设定为高优先级中断源。此外,利用发光二极管 D1 验证外部中断请求标志 IE0 在脉冲触发中断时的硬件置位与撤销过程。

分析:编程原理如下。

(1) 3 只数码管可分别进行字符 1~9 的循环计数显示,其中主函数采用无限计数显示,K0 和 K1 的中断函数则采用单圈计数显示。

(2) 由于 K0 的自然优先级(接 $\overline{\text{INT0}}$ 引脚)高于 K1(接 $\overline{\text{INT1}}$ 引脚)的,所以需要将 K1 的中断级别设置为高优先级,即 PX1=1,PX0=0。

(3) 由于 IE0 的撤销过程发生在 K0 响应中断的瞬间,所以在 K0 中断函数里将 IE0 值送入 P3.0 输出可验证这一过程。而 IE0 的置位信息较难捕获,因此可以利用"低级中断请求虽不能中止高级中断响应过程,但可保留中断请求信息"的原理进行,即在 K1 中断函数里设置输出 IE0 的语句。

基于上述考虑,例 5-4 的 C51 语言程序如下:

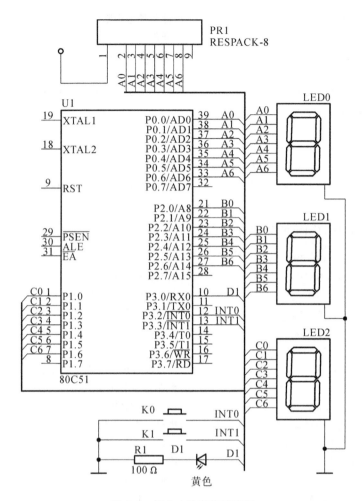

图 5-5 例 5-4 的电路原理图

```
# include "reg51.h"
char  led_mod[]= {0x3f,0x06,0x5b,0x4f,0x66,0x6d,0x7d,0x07,0x7f,0x6f};
                                    //字模
sbit  D1=P3^0;
void  delay(unsigned int time){     //延时
    unsigned char j;
    for(j= 255;time> 0;time-)
        for(;j>0;j-);
}
key0()  interrupt  0 {              //K0 中断函数
    unsigned char i;
    D1=IE0;                         //IE0 状态输出
    for(i=0;i<=9;i++){              //字符 0~9 循环 1 圈
        P2= led_mod[i];
        delay(35000);
    }
    P2= 0x40;                       //结束符"-"
```

```
}
key1() interrupt 2 {                    //K1 中断函数
    unsigned char i;
    for(i=0;i<=9;i++){                  //字符 0～9 循环 1 圈
        D1=IE0;                         //IE0 状态输出
        P1=led_mod[i];
        delay(35000);
    } P1=0x40;                          //结束符"-"
}
void main(){
    unsigned char i;
    TCON= 0x05;                         //脉冲触发方式
    PX0= 0;  PX1= 1;                    //INT1 优先
    D1= 0;  P1= P2= 0x40;              //输出初值
    IE= 0x85;                           //开启中断
    while(1){
        for(i= 0;i< = 9;i++){          //字符 0～9 无限循环
            P0= led_mod[i];
            delay(35000);
    }}}
```

程序运行效果如图 5-6 所示。

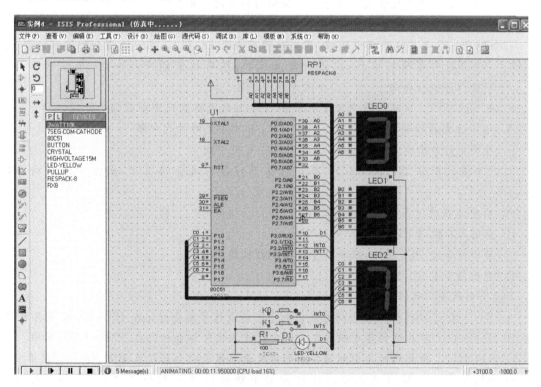

图 5-6　两级外部中断嵌套程序的运行效果

由图 5-6 可直观地看到两级外部中断嵌套时的运行效果，以及中断请求标志的建立与撤销过程,由此可加深对中断原理的理解。

5.5 本章小结

本章介绍了STC89C52单片机中断的基本概念、常用术语、中断系统的结构图、中断源的控制和触发方式、四级中断优先级的设置方法、中断响应和处理方法,以及中断响应时的现场保护和现场恢复方法。通过本章的学习,读者应重点掌握与中断系统有关的特殊功能寄存器以及中断系统的应用特性,应能熟练地进行中断系统的初始化编程以及中断服务子程序的设计。

习   题

1. 什么是中断? 什么是中断处理? 什么是中断嵌套?

2. 什么是中断源? STC89C52有哪些中断源? 各有哪些特点?

3. STC89C52单片机的8个中断源所对应的中断入口地址是什么?

4. STC89C52单片机有几级中断优先级? 对中断源的优先级进行设置时需要通过哪些寄存器来编程实现?

5. 中断服务子程序与普通子程序有哪些相同和不同之处?

6. 中断响应需要满足哪些条件?

7. STC89C52单片机响应中断后,产生长调用指令LCALL,执行该指令的过程包括:首先把(   )的内容压入堆栈,以进行断点保护;然后把长调用指令的16位地址送入(   ),使程序执行转向(   )中的中断地址区。

8. 在STC89C52单片机的中断请求源中,需要外加电路实现中断撤销的是(   )。

A. 电平方式的外部中断   B. 脉冲方式的外部中断

C. 外部串行口中断   D. 定时中断

9. 中断查询确认后,STC89C52单片机在下列各种运行情况下,能立即进行响应的是(   )。

A. 当前正在进行高优先级中断处理

B. 当前正在执行RETI指令

C. 当前指令是DIV指令,且正处于取指令的机器周期

D. 当前指令是MOV A,R3

10. 下列说法正确的是(   )。

A. STC89C52单片机的各中断源发出的中断请求信号都会标记在IE、XICON寄存器中

B. STC89C52单片机的各中断源发出的中断请求信号都会标记在TMOD寄存器中

C. STC89C52单片机的各中断源发出的中断请求信号都会标记在IPH、IP寄存器中

D. STC89C52单片机的各中断源发出的中断请求信号都会标记在TCON、SCON、T2CON与XICON寄存器中

11. STC89C52单片机的P1口高4位连接发光二极管,P1口低4位连接开关,P3口的

P3.2 引脚连接按键开关 K2,P3.3 引脚连接按键开关 K1,接口电路如图 5-4 所示,请编程实现按键中断以及中断嵌套(外部中断 1 为高优先级,外部中断 0 为低优先级)。按下按键 K2 产生外部中断 1 的中断请求信号,中断响应后读取键值去驱动发光二极管点亮;按下按键 K1 产生外部中断 0 的中断请求信号,中断响应后驱动发光二极管循环点亮。建议:编程时,为了更好地观察二极管亮灭状态,需加入适当的延时程序。调试运行时,先按按键 K1,执行外部中断 0 的低级中断;再按按键 K2,执行外部中断 1 的高级中断,观察中断嵌套。

第6章　STC89C52单片机定时/计数器

本章首先介绍了STC89C52定时/计数器的组成、功能、工作模式和工作方式,然后介绍了与其相关的4个特殊功能寄存器(TMOD、TCON、T2CON、T2MOD)各位的定义,最后介绍了定时/计数器的编程及应用实例。

在测控系统中,常常需要有实时时钟和计数器,以实现定时控制以及对外界事件进行计数。传统51系列单片机有2个16位定时/计数器,即定时/计数器0和定时/计数器1;STC89C52单片机在此基础上增加了1个16位定时/计数器,即定时/计数器2。下面将它们简称为T0、T1和T2。

6.1　STC89C52单片机定时/计数器的组成

传统8051系列单片机定时/计数器由T0和T1组成,STC89C52单片机在此基础上增加了1个T2。T0由特殊功能寄存器TH0、TL0构成,T1由特殊功能寄存器TH1、TL1构成,T2由特殊功能寄存器TH2、TL2和RCAP2H、RCAP2L构成。它们的2种工作模式为定时器和计数器,定时是计片内时钟脉冲个数,计数是计片外时钟脉冲个数,T0和T1有4种工作方式(方式0、方式1、方式2和方式3)。T2有3种工作方式(自动重新载载初值的16位定时/计数器、捕获事件、波特率发生器)。

宏晶公司的STC89C51RC/RD+系列单片机的定时器特殊功能寄存器的地址、名称和位定义如表6-1所示。

表6-1　STC89C51RC/RD+系列单片机的定时器特殊功能寄存器的地址、名称和位定义

寄存器	地址	名称	7	6	5	4	3	2	1	0	复位值
TCON	88H	T0 和 T1 控制	TF1	TR1	TF0	TR0	IE1	IT1	IE0	IT0	00000000
TMOD	89H	T0 和 T1 模式	GATE GATE1	C/T1	M1 M1_1	M0 M1_0	GATE GATE0	C/T0	M1 M0_1	M0 M0_0	00000000
TL0	8AH	T0 低字节									00000000
TH0	8CH	T0 高字节									00000000
TL1	8BH	T1 低字节									00000000
TH1	8DH	T1 高字节									00000000
T2CON	C8H	T2 控制	TF2	EXF2	RCLK	TCLK	EXEN2	TR2	C/T2	CP/RL2	00000000
T2MOD	C9H	T2 模式							T2OE	DCEN	XXXXX000
RCAP2L	CAH	T2 重新装载/捕获低字节									00000000

续表

寄存器	地址	名称	7	6	5	4	3	2	1	0	复位值
RCAP2H	CBH	T2 重新装载/捕获高字节									00000000
TL2	CCH	T2 低字节									00000000
TH2	CDH	T2 高字节									00000000

6.2 定时/计数器 0 和定时/计数器 1

STC89C51RC/RD＋系列单片机的 T0 和 T1,与传统 8051 单片机的定时/计数器完全兼容。当 T1 作为波特率发生器时,T0 可以当 2 个 8 位定时器使用。

STC89C52 单片机内部设置的 2 个 16 位定时/计数器 T0 和 T1 都具有定时和计数 2 种工作模式,在特殊功能寄存器 TMOD 中有一位控制位 C/$\overline{T}$,用来选择 T0 或 T1 为定时器还是计数器。定时/计数器的核心部件是一个加法计数器,其本质是对脉冲进行计数,只是计数脉冲的来源不同:如果计数脉冲来源于系统时钟,则为定时方式,此时定时/计数器每 12 个时钟或每 6 个时钟获得一个计数脉冲,计数值加 1;如果计数脉冲来自于单片机外部引脚(T0 为 P3.4,T1 为 P3.5),则为计数方式,每来一个计数脉冲加 1。

当定时/计数器工作在定时模式时,可在烧录用户程序时即 STC-ISP 编程器中设置(见图 3-6)来确定计数脉冲是系统时钟/12(12T 模式)还是系统时钟/6(6T 模式),然后 T0 和 T1 对该计数脉冲进行计数。当定时/计数器工作在计数模式时,对外部计数脉冲计数不分频。

6.2.1 与 T0/T1 相关的寄存器

STC89C52 单片机中与 T0/T1 相关的寄存器如表 6-2 所示。

表 6-2 与 T0/T1 相关的寄存器

符号	描述	地址	7	6	5	4	3	2	1	0	复位值
TCON	定时控制寄存器	88H	TF1	TR1	TF0	TR0	IE1	IT1	IE0	IT0	00000000
TMOD	定时模式寄存器	89H	GATE	C/$\overline{T}$	M1_1	M1_0	GATE	C/$\overline{T}$	M0_1	M0_0	00000000
TL0	Timer Low0	8AH									00000000
TL1	Timer Low1	8BH									00000000
TH0	Timer High0	8CH									00000000
TH1	Timer High1	8DH									00000000

对表 6-2 中的特殊功能寄存器 TMOD、TCON 的相应位进行配置,即可确定 T0 和 T1 的工作模式、工作方式、启停和中断触发方式,TL0 和 TH0 用于装载 T0 的计数值,TL1 和 TH1 用于装载 T1 的计数值。

1. TMOD 寄存器

TMOD 寄存器是 T0/T1 的模式寄存器,字节地址为 89H,不可进行位寻址。特殊功能寄存器 TMOD 的格式如表 6-3 所示。

表 6-3　特殊功能寄存器 TMOD 的格式

	D7	D6	D5	D4	D3	D2	D1	D0
TMOD	GATE1	C/$\overline{\text{T1}}$	M1_1	M1_0	GATE0	C/$\overline{\text{T0}}$	M0_1	M0_0

表 6-3 中的低 4 位用来设置 T0,高 4 位用来设置 T1。

M0_1、M0_0=00、01、10、11,用于设置 T0 分别工作在方式 0、方式 1、方式 2、方式 3。

C/$\overline{\text{T0}}$:用来设置 T0 的工作模式。C/$\overline{\text{T0}}$=0,为定时;C/$\overline{\text{T0}}$=1,为计数。

GATE0:门控位,与外部引脚$\overline{\text{INT0}}$有关。GATE0=0 时,若 TR0=1,则允许计数;若 TR0=0,则禁止计数。GATE0=1 时,若 TR0=1 且$\overline{\text{INT0}}$=1,则允许 T0 计数;若 TR0=0 或 $\overline{\text{INT0}}$=0,则禁止 T0 计数。

M1_1、M1_0=00、01、10,用于设置 T1 分别工作在方式 0、方式 1、方式 2。

C/$\overline{\text{T1}}$:用来设置 T1 的工作模式。C/$\overline{\text{T1}}$=0,为定时;C/$\overline{\text{T1}}$=1,为计数。

GATE1:门控位,与外部引脚/INT1 有关。GATE1=0 时,若 TR1=1,则允许计数;若 TR1=0,则禁止计数。GATE1=1 时,若 TR1=1 且$\overline{\text{INT1}}$=1,则允许 T1 计数;若 TR1=0 或 $\overline{\text{INT1}}$=0,则禁止 T1 计数。

2. TCON 寄存器

TCON 寄存器是 T0/T1 的控制寄存器,字节地址为 88H,可进行位寻址。特殊功能寄存器 TCON 的格式如表 6-4 所示。

表 6-4　特殊功能寄存器 TCON 的格式

	D7	D6	D5	D4	D3	D2	D1	D0
TCON	TF1	TR1	TF0	TR0	IE1	IT1	IE0	IT0
位地址	8FH	8EH	8DH	8CH	8BH	8AH	89H	88H

表 6-4 中的低 4 位设置与中断有关,已在第 5 章介绍。

TR0:运行控制位。TR0=1,启动 T0 计数;TR0=0,停止 T0 计数。

TF0:T0 计数溢出中断标志位。TF0=1,T0 有中断请求;TF0=0,T0 无中断请求。

TR1:运行控制位,TR1=1,启动 T1 计数;TR1=0,停止 T1 计数。

TF1:T1 计数溢出中断标志位,TF1=1,T1 有中断请求;TF1=0,T1 无中断请求。

6.2.2　定时/计数器 0/1 的 4 种工作方式

STC89C52 单片机内置的 T0/T1 有 4 种工作方式(与传统 51 单片机完全兼容),由特殊功能寄存器 TMOD 来设置,具体参见第 6.2.1 节的内容。

由第 6.2.1 节可知,通过对 TMOD 中的 M0_1 位和 M0_0 位的设置,可以选择 T0 的 4 种工作方式;而对 TMOD 中的 M1_1 位和 M1_0 位的设置,可以选择 T1 的 4 种工作方式。也就是说,每个定时/计数器可构成 4 种电路结构模式。在工作方式 0、工作方式 1 和工作方式 2

时,T0 和 T1 的方式相同;在工作方式 3 时,T0、T1 的方式不同。下面以 T1 为例,分述各种工作方式的特点和用法。由于在不同的工作方式下计数器的位数也不同,因此最大计数值(量程 M)也不同。

工作方式 0:13 位计数,$M=2^{13}=8192$。

工作方式 1:16 位计数,$M=2^{16}=65536$。

工作方式 2:8 位计数,$M=2^{8}=256$。

工作方式 3:T0 定时器分成 2 个 8 位计数器,2 个 M 均为 256,T1 停止计数。

1. 工作方式 0

工作方式 0 是 13 位定时/计数器,16 位计数器只有 13 位使用,其中 TL1 的高 3 位没有用。此时 T1 工作在方式 0 时的电路结构如图 6-1 所示。

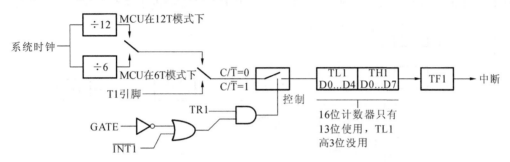

图 6-1 T1 工作在方式 0 时的电路结构

2. 工作方式 1

工作方式 1 是 16 位定时/计数器,16 位计数器全用,此时 T1 工作在方式 1 时的电路结构如图 6-2 所示。

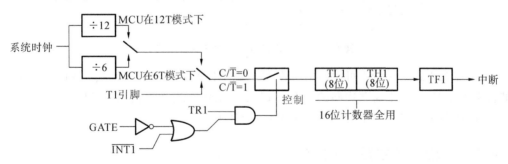

图 6-2 T1 工作在方式 1 时的电路结构

3. 工作方式 2

工作方式 2 是 8 位定时/计数器,系统具有自动重载计数初值功能,此方式可省去用户在软件中重载初值的程序,并可产生相当精确的定时时间。T1 工作在方式 2 时的电路结构如图 6-3 所示。

4. 工作方式 3

工作方式 3 仅适用于 T0,是将 16 位 T0 拆成 2 个独立的 8 位计数器 TH0 和 TL0,TH0 不能作为外部计数模式。TL0 占用了 T0 的所有中断资源,如 C/T̄、GATE、T0 引脚、TR0、

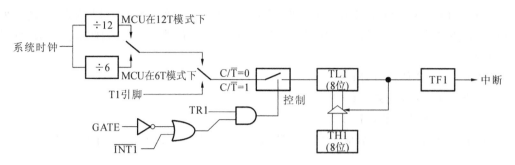

图 6-3　T1 工作在方式 2 时的电路结构

$\overline{\text{INT0}}$、TF0 以及中断服务程序入口地址 000BH；而 TH0 占用 Tl 的所有中断资源，如 TR1、TF1 以及中断服务程序入口地址 001BH。T0 工作在方式 3 时的电路结构如图 6-4 所示。

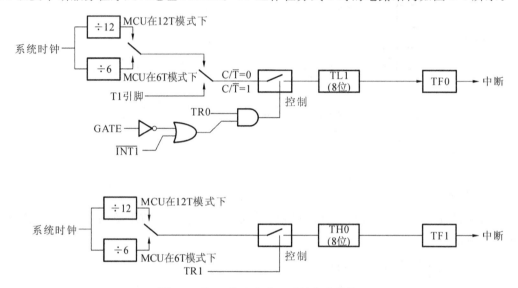

图 6-4　T0 工作在方式 3 时的电路结构

T0 工作在方式 3 时，T1 可设定为工作方式 0、工作方式 1 或工作方式 2，用来作为串行口的波特率发生器，或者不需要中断的场合。T1 处于工作方式 3 时相当于 TR1＝0，停止计数。T1 运行的控制条件只有 2 个，即 C/$\overline{\text{T}}$ 和 M1_1、M1_0。

6.2.3　定时/计数器 0/1 的应用

定时/计数器的应用编程主要应考虑：根据应用要求，通过程序的初始化，正确设置控制字，计算计数初值，编写中断服务子程序，适时设置控制位等。通常情况下，设置顺序大致如下。

- 计算计数初值并装入 THi 和 TLi(i＝0,1)。
- 工作方式控制字(TMOD)的设置。
- 中断允许位 ETi(i＝0,1)、EA 的设置，使主机开放中断。
- 启/停位 TRi(i＝0,1)的设置。

现以 T0/T1 为例进行介绍。

51 系列单片机 T0/T1 是以不断加 1 进行计数的,即属于加法计数器,因此不能直接将实际计数值作为计数初值送入计数寄存器 THi、TLi 中,而必须将实际计数值以 2^8、2^{13}、2^{16} 为模求补,以其补码作为计数初值设置 THi 和 TLi。

设实际计数值为 X,计数器长度为 n(n=8、13、16),则应装入计数寄存器 THi 和 TLi 的计数初值为 2^n-X,式中的 2^n 为取模值。例如:工作方式 0 的计数器长度为 13,则 n=13,以 2^{13} 为模;工作方式 1 的计数器长度为 16,则 n=16,以 2^{16} 为模等,所以计数初值 $(X)_补=2^n-X$。

对于定时模式,是对机器周期计数,而机器周期与选定的主频密切相关,因此,需要根据应用系统选定的主频来确定机器周期值,现以 6 MHz(主频)为例,则机器周期为

$$一个机器周期=\frac{12 或 6}{6\ \mathrm{MHz}}=\frac{12 或 6}{6\times10^6}\ \mu s=2\ \mu s 或 1\ \mu s \tag{6-1}$$

对于传统 51 系列单片机,式(6-1)中的分子取值为 12;而对于 STC89C52 单片机,式(6-1)中的分子取值是根据计数脉冲倍速设置来定的(参见图 3-12),若单片机选 12T,则式(6-1)的分子为 12,若选 6T,则式(6-1)的分子为 6。

实际定时时间为

$$Tc=x\times Tp \tag{6-2}$$

式中:Tp 为机器周期;Tc 为所需定时时间;x 为所需计数次数。主频和 Tc 一般是已知值,在求得 Tp 后就可求得所需计数值 x,再求 x 的补码,即可求得定时计数初值。

$$(x)_补=2^n-x \tag{6-3}$$

例如:设定时时间为 2 ms,机器周期 Tp 为 2 μs,则可求得定时计数次数为

$$x=\frac{2\ \mathrm{ms}}{2\ \mu s}=1000\ 次$$

设选用工作方式 1,n=16,则应设置的定时计数初值为
$$(x)_补=2^n-x=2^{16}-x=65536-1000=64536=FC18H$$
则将其分解成 2 个 8 位十六进制数,低 8 位 18H 装入 TLi 中,高 8 位 FCH 装入 THi 中(i=0,1)。

工作方式 0、工作方式 1、工作方式 2 的最大计数次数分别为 8192、65536 和 256。

对外部事件计数模式,只需根据实际计数次数求补后变换成 2 个十六进制码即可。

1. 工作方式 0 和工作方式 1 的应用

【例 6-1】 设 STC89C52 单片机系统时钟频率为 6 MHz,要求在 P1.0 引脚上输出 1 个机器周期为 2 ms 的方波,方波信号的占空比为 50%,请编写驱动程序。

软件设计分析如下。

(1) 计算计数初值:计数脉冲倍速设置选 12T。

1 个机器周期=12/6 MHz=12/6×10⁶μs=2 μs,由于是计片内系统时钟,所以选用 T0 定时、工作方式 0。输出周期为 2 ms,则每定时 1 ms 计数溢出使 P1.0 输出求反,计数次数为 x=1 ms/2 μs=500 次。

计数初值:$(x)_补=2^{13}-500=8192-500=7692=1E0CH=1111000001100B$(13 位二进制数),由于 13 位数的高 8 位装入 TH0,即 TH0=0F0H,而低 5 位装入 TL0,不足 8 位部分补 0 装入 TL0,即 TL0=0CH。若 T0 选择工作方式 1,则有 $(x)_补=2^{16}-500=65036=FE0CH$。

(2) 初始化程序。

对定时器 0 初始化(TMOD=00H 时,T0 定时、工作于方式 0、门控 GATE0=0)和中断初

始化,即对 IP、IE、TCON、TMOD 的相应位进行设置,并将计数初值装入定时器,如:TMOD=01H(T0 为定时、工作于方式 1、门控 GATE0=0),IP=00H,IE=82H,TCON=10H,即 ET0=1,EA=1,TR0=1。

(3) 中断入口地址:T0 的中断入口地址为 000BH。

(4) 程序清单。

方法一:使用软件查询,T0 工作于方式 1。仿真调试过程如图 6-5 所示。

```
        ORG    0000H
START:MOV    SP,#60H              ;设置堆栈区
        MOV    TMOD,#01H           ;T0 定时方式 1 门控 GATE0= 0
        SETB   TR0                 ;启动定时器 0 计数
L1:     MOV    TH0,#0FEH           ;装载计数初值
        MOV    TL0,#0CH
LOOP1:JNB    TF0,LOOP1           ;判断计数溢出? 没有,原地等待
        CLR    TF0                 ;溢出,清溢出标志位
        CPL    P1.0                ;P1.0 输出求反
        SJMP   L1
        END
```

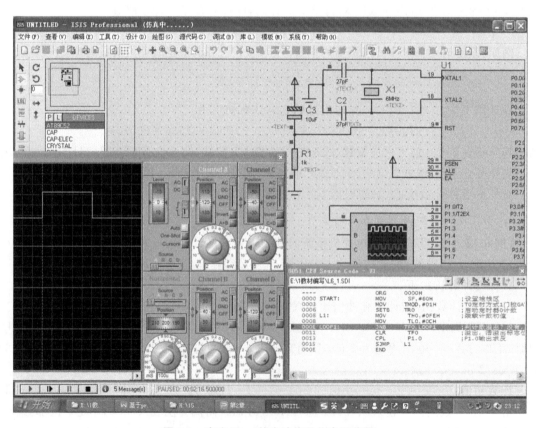

图 6-5　产生 2 ms 的方波信号仿真调试图

方法二:使用 C51 语言程序中断方式,T0 工作于方式 1。

```
# include< reg52.h>
sbit   P10= P1^0;
void  main(){
    SP= 0x60;                    /* 设置堆栈指针 */
    TMOD= 0x01;                  /* 定时器 0:定时、工作方式 1、门控 GATE0= 0 */
    TL0= 0x0c;                   /* 装载计数初值 */
    TH0= 0xfe;
    TR0= 1;                      /* 启动定时器 0 计数 */
    ET0= 1;                      /* 允许定时器 0 中断 */
    EA= 1;                       /* 允许 CPU 中断 */
    while(1){ ;
    }
}
void  timer0 int(void)  interrupt  1 {
    TL0= 0x0c;                   /* 重载计数初值 */
    TH0= 0xfe;
    P10= ! P10;                  /* P1.0 输出求反 */
    }
```

由于计数器 0 工作在方式 0 或方式 1 需要重新装载初值,所以定时时间不精确,P1.0 的实际输出频率与理论值 500 Hz 有误差,若想输出频率为 500 Hz,则计数初值需要修正,若工作在方式 1,当初值 x＝FE13H 时,则输出频率为 501 Hz≈500 Hz。

【例 6-2】 定时中断控制的流水灯。

采用定时中断方法实现图 6-6 所示的流水灯的控制功能,要求流水灯的闪烁速率约为每秒 1 次。电路原理图如图 6-6 所示。

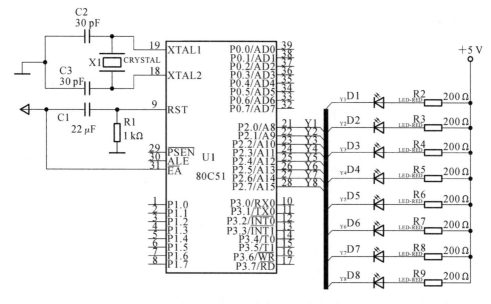

图 6-6　例 6-2 的电路原理图

软件设计分析:1 s 定时可视为 20 次 50 ms(50000 μs)定时的累积量。若采用的振荡频率为 12 MHz,定时方式 1,则计数初值 $(x)_{补} == 2^{16}$-50000×12/12=0x3CB0。流水灯在主函数中进行控制。

以下是参考程序,仿真运行界面如图 6-7 所示。

```
# include < reg51.h>
# define uchar unsigned char
bit   ldelay= 0;                        //长定时溢出标记
uchar   t= 0;                           //定时溢出次数

timer0( )  interrupt  1 {               //T0 中断函数
    if (++t= = 20)  {t= 0; ldelay= 1;}  //刷新长定时溢出标记
    TH0= 0x3c;    TL0= 0xb0;            //重置 T0 初值
}

void main(void) {
    uchar code ledp[8]= {0xfe,0xfd,0xfb,0xf7,0xef,0xdf,0xbf,0x7f};
    uchar   ledi;                       //指示显示顺序
    TMOD= 0x01;                         //定义 T0 定时方式 1
    TH0= 0x3c;    TL0= 0xb0;           //溢出 20 次= 1 秒(振荡频率为 12 MHz)
    TR0= 1;
    EA= ET0= 1;
    while(1){
        if(ldelay) {                    //发现有时间溢出标记,进行处理
```

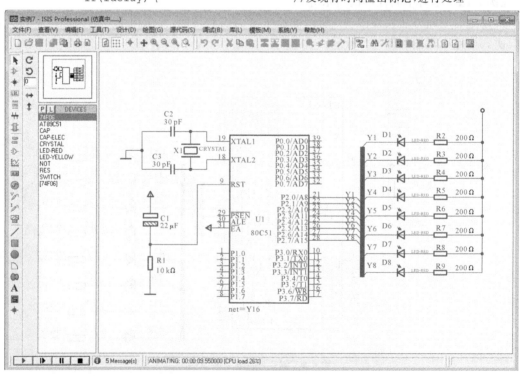

图 6-7 1 s 定时流水灯仿真运行界面

```
        ldelay= 0;                      //清除标记
        P2= ledp[ledi];                 //读取一个值送入 P2 口
        ledi++;//指向下一个
        if (ledi= = 8)   ledi= 0;       //若到最后一个灯就换到第一个灯
    }}}
```

2. 工作方式 2 的应用

工作方式 2 是一个可以自动重新装载初值的 8 位定时/计数器,可省去重新装载初值指令,精确定时时间。

【例 6-3】 若将单片机 STC89C52 P3.4 引脚上发生的负跳变信号作为 P1.0 引脚产生方波的启动信号,要求 P1.0 引脚上输出周期为 1 ms 的方波,如图 6-8 所示(振荡频率为 6 MHz)。

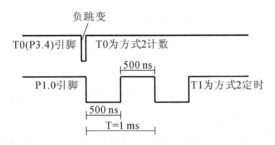

图 6-8 负跳变触发输出 1 个机器周期为 1 ms 的方波

软件设计分析:将 T0 设置为方式 2 计数,初值为 FFFFH。当外部计数输入端 T0(P3.4)发生 1 次负跳变时,T0 计数器加 1 则溢出,溢出标志 TF0 置 1,向 CPU 发出中断请求,此时 T0 相当于一个负跳变沿触发的外部中断源。

进入 T0 中断服务程序,此时 T0 引脚上已接收负跳变信号。启动 T1,将 T1 设置为方式 2 定时,每隔 500 μs 产生一次中断,在 T1 中断服务子程序中对 P1.0 求反,使 P1.0 产生振荡频率为 1 kHz(周期为 1 ms)的方波。由于省去了重新装载初值指令,所以可产生精确的定时时间。

(1) 计算 T1 的计数初值。

若方波的频率为 1 kHz,则周期为 1 ms,定时时间为 500 μs,设 T1 的定时时间初值为 x,则$(2^8-x)\times2\times10^{-6}=500\times10^{-6}$,$x=2^8-250=06H$。

(2) 程序清单。

① 汇编语言程序(中断方式)清单如下:

```
        ORG    0000H
        LJMP   MAIN             ;跳向主程序 MAIN
        ORG    000BH            ;T0 的中断入口地址
        LJMP   T0XINT           ;T0 中断服务程序
        ORG    001BH            ;T1 的中断入口地址
        LJMP   T1TIME           ;T1 中断服务程序
        ORG    0030H            ;主程序入口
MAIN:   MOV    SP,# 60H         ;设置堆栈区
        MOV    TMOD,# 26H       ;设置 T0 为方式 2 计数,设置 T1 为方式 2 定时
        MOV    TL0,# 0FFH       ;T0 置初值,计 1 个脉冲
```

```
        MOV    TH0,# 0FFH
        SETB   ET0              ;允许 T0 中断
        MOV    TL1,# 06H        ;T1 置初值
        MOV    TH1,# 06H
        SETB   EA               ;允许总中断
        SETB   TR0              ;启动 T0 计数
        SETB   ET1              ;允许 T1 产生定时中断
HERE:   AJMP   HERE
/* * * * * * * * * * T0 中断服务子程序 * * * * * * * * * * */
T0XINT:CLR    TR0               ;停止 T0 计数
        SETB   TR1              ;启动 T1 定时
        RETI
/* * * * * * * * * * T1 中断服务子程序 * * * * * * * * * * */
T1TIME:CPL    P1.0              ;P1.0 取反
        RETI
        END
```

当 T0(P3.4)引脚发生负跳变时,计数器 0 计 1 个脉冲,产生计数溢出,TF0 为 1,发出中断申请。由于主程序已设置为允许 T0 中断且允许 CPU 中断,所以跳向 T0 中断服务子程序。该 T0 中断服务子程序的功能:停止 T0 计数,启动 T1 定时,T0 中断返回,返回原地等待处,执行"HERE:AJMP HERE"指令,循环等待,等待 T1 的 500 μs 定时中断到来。由于主程序已设置为允许 T1 中断,当 T1 的 500 μs 定时溢出中断产生时,则进入 T1 中断服务子程序,将 P1.0 引脚电平取反。由于是自动重新装载初值,所以省去了 T1 重新装载初值指令。中断返回后,到"AJMP HERE"处等待 T1 的 500 μs 定时中断。如此重复,即得到图 6-8 所示的方波。

② C51 语言程序(中断方式)清单如下:

```
# include< reg52.h>
sbit  P10= P1^0;
void  main() {
    SP= 0x60;                /* 设置堆栈指针 */
    TMOD= 0x26;              /* T0 为方式 2 计数,T1 为方式 2 定时 */
    TL0= 0xff;               /* 设置 T0 计数初值,计 1 个脉冲 */
    TH0= 0xff;
    TL1= 0x06;               /* 设置 T1 定时初值 */
    TH1= 0x06;
    ET0= 1;                  /* 允许 T0 中断 */
    ET1= 1;                  /* 允许 T1 中断 */
    EA= 1;                   /* 允许总中断 */
    TR0= 1;                  /* 启动 T0 计数 */
    while(1){                /* 原地等待中断 */
    }
}
/* * * * * * 计数器 0 中断服务子程序 * * * * * */
void timer0xint(void) interrupt 1{
```

```
    TR0= 0;                    /*禁止计数器 0 计数 */
    TR1= 1;                    /*启动定时器 1 */
}
/* * * * * *定时器 1 中断服务子程序* * * * * */
void timer1Tint(void) interrupt 3 {
    P10= ! P10;                /* P1.0 输出求反 */
}
```

3. 工作方式 3 的应用

工作方式 3 下的 T0 和 T1 大不相同。T0 工作在方式 3,TL0 和 TH0 被分成 2 个独立的 8 位定时/计数器,其中,TL0 可作为 8 位的定时/计数器,而 TH0 只能作为 8 位的定时器。此时 T1 只能工作在方式 0、方式 1 或方式 2。一般情况下,当 T1 用作串行口波特率发生器时,T0 才设置为方式 3,此时,常把定时器 l 设置为方式 2,用作波特率发生器。

【例 6-4】 假设某 STC89C52 单片机应用系统的 2 个外部中断源已被占用,T1 用作波特率发生器。现要求增加一个外部中断源,并控制 P1.0 引脚输出一个频率为 5 kHz(周期为 200 μs)的方波。设振荡频率为 12 MHz。

软件设计分析:设置 T0 工作在方式 3,TL0 为方式 3 计数模式,TH0 为方式 3 定时模式,TL0 的初值设为 0FFH,当检测到 T0(P3.4)引脚的信号出现负跳变时,TL0 计数溢出并向 CPU 发出中断申请。这里 T0(P3.4)引脚作为一个负跳变沿触发的外部中断请求输入端。TL0 中断处理子程序中,启动 TH0,将 TH0 事先设置为方式 3,定时时间为 100 μs,从而控制 P1.0 输出周期为 200 μs 的方波信号。

(1) 计算初值 x。

将 TL0 的初值设为 0FFH,计 1 个脉冲。

方波的频率为 5 kHz,周期为 200 μs,因此 TH0 的定时时间为 100 μs。由于振荡频率为 12 MHz,所以机器周期为 1 μs,TH0 的初值 x 为:$(2^8-x)\times10^{-6}=100\times10^{-6}$,得 $x=2^8-100=9CH$。

(2) 程序清单。

① 汇编语言程序(中断方式)清单如下:

```
        ORG   0000H
        LJMP  MAIN
        ORG   000BH         ;TL0 的中断入口地址
        LJMP  TL0INT        ;跳向 TL0 中断服务子程序
        ORG   001BH         ;TH0 占用 T1 的中断资源
        LJMP  TH0INT        ;跳向 TH0 中断服务子程序
        ORG   0100H         ;主程序入口
MAIN:   MOV   TMOD,# 07H    ;设置 T0 为方式 3,设置 T1 为方式 0 定时
        MOV   TL0,# 0FFH    ;设置 TL0 计数初值
        MOV   TH0,# 9CH     ;设置 TH0 定时初值
        SETB  TR0           ;启动 T0 计数
        MOV   IE,# 8AH      ;允许 T0 和 T1 中断,允许 CPU 中断
HERE:   AJMP  HERE          ;循环等待
TL0INT: MOV   TL0,# 0FFH    ;重新装载 TL0 计数初值
```

```
         SETB   TR1                    ;启动 TH0 定时
         RETI
THOINT: MOV    TH0,# 9CH               ;重新装载 TH0 定时初值
         CPL    P1.0                   ;P1.0 输出求反
         RETI
         END
```

② C51 语言程序(查询方式)清单如下：

```
# include< reg52.h>
sbit  P10= P1^0;
void timer1int(void);
void  main(){
    TMOD= 0x07;
    TL0= 0xff;
    TH0= 0xa2;
    TR0= 1;
    P10= 1;
    while(1){
      if(TF0){TL0= 0xff;TR1= 1;TF0= 0;}
      if(TF1){timer1int(); TF1= 0;}
    }
}
void timer1int() {
    TH0= 0xa2;                       /* 重新装载初值影响精度,修正值为 A2H */
    P10= ! P10;
}
```

4. 门控位 GATEx 的应用——测量脉冲宽度

下面介绍门控位 GATE 的具体应用,并测量 P3.3 引脚上正脉冲的宽度。

【例 6-5】 单片机门控位 GATE1 可使 T1 的启动计数受 $\overline{INT1}$ 引脚的控制,当 GATE1=1、TR1=1,只有 $\overline{INT1}$ 引脚输入高电平时,T1 才被允许计数。测量 P3.3 引脚上正脉冲的宽度,如图 6-9 所示(单片机的振荡频率为 6 MHz)。

图 6-9 利用门控位 GATE 测量正脉冲的宽度

分析如下。

(1)建立被测脉冲:将 T0 设置为方式 2 定时,门控位 GATE0=0,定时溢出使 P3.0 引脚求反,从而输出周期为 1 ms 的方波作为被测脉冲,P3.0 输出信号连接到 P3.3 引脚。

(2)测量方法:采用查询方式来测量 P3.3 引脚输入正脉冲宽度,将 T1 设置为方式 1 定时,门控位 GATE1=1,则利用 P3.3 引脚和 TR1 信号控制 T1 启动/停止计数。当 GATE1=

1 时，$\overline{\text{INT1}}=1$ 且 TR1=1，启动 T1 计数；若 $\overline{\text{INT1}}=0$ 或 TR1=0，禁止 T1 计数，如图 6-9 所示。将计数器的 TH1 计数值送入 P2 口并进行显示，TL1 计数值送入 P1 口并进行显示。

（3）计数初值的计算：当 T0 工作于方式 2 时，计数初值为 $(x)_{补}=2^8-0.5\text{ ms}/2\text{ }\mu s=06$ H；将 T1 设置为定时方式 1 时，计片内脉冲，从 0 开始计数，即 TH1=00H，TL1=00H。

（4）程序清单有如下两种。

① 采用 T0 中断方式、T1 查询方式编写程序，如下：

```
        ORG    0000H
RESET:AJMP   MAIN              ;复位入口地址,转入主程序
        ORG    000BH
        CPL    P3.0
        RETI
        ORG    0030H            ;主程序入口地址
MAIN: MOV    SP,# 60H          ;设置堆栈指针
        MOV    TMOD,# 92H       ;将 T1 设置为方式 1 定时,GATE1= 1,T0 设置为方式 2 定时
        MOV    TL1,# 00H        ;设置 T1 定时初值
        MOV    TH1,# 00H
        MOV    TL0,# 06H        ;设置 T0 定时初值
        MOV    TH0,# 06H
        SETB   TR0              ;启动 T0 计数
        SETB   ET0              ;允许 T0 中断
        SETB   EA               ;允许 CPU 总中断
LOOP0:JB     P3.3,LOOP0        ;等待 P3.3 引脚为低电平
        SETB   TR1              ;P3.3 为低电平,置 TR1 为 1
LOOP1:JNB    P3.3,LOOP1        ;等待 P3.3 变为高电平
LOOP2:JB     P3.3,LOOP2        ;P3.3 为高电平时,T1 开始计数,等待降为低电平
        CLR    TR1              ;P3.3 为低电平,T1 停止计数
        CLR    TR0              ;T0 停止计数,停止产生被测脉冲
        MOV    P2,TH1           ;T1 计数值送入显示器
        MOV    P1,TL1
        AJMP   LOOP0
        END
```

执行以上程序，使引脚上出现的正脉冲宽度以机器周期数的形式显示在数码管上，值为 TH0=00H，TL0=FBH，则脉冲宽度 Tw=FBH × 2 μs=251 × 2 μs=502 μs，理论值为 500 μs。

中断方式：从图 6-9 可知，外部中断 1 引脚（P3.3）第一次接收到下降沿信号，触发第一次中断，在中断服务程序中设置 TR1=1。此时 $\overline{\text{INT1}}=0$，不能启动 T1 工作，当 P3.3 引脚出现脉冲信号上升沿时，自动启动 T1 计数；而 P3.3 引脚出现脉冲信号第二次下降沿时，即降为 0，自动停止 T1 计数，在中断服务程序中使 TR1=0。使用从启动 T1 计数到停止 T1 计数所记录的计数值乘以机器周期值就是正脉冲的宽度。

② T0 和 T1 都为中断方式。

汇编语言程序清单如下：

```
        ORG    0000H
RESET:  AJMP   MAIN              ;复位入口地址,转入主程序
```

```
        ORG    000BH
        AJMP   T0TIME
        ORG    0013H
        AJMP   INT1INT
        ORG    0030H           ;主程序入口地址
MAIN:   MOV    SP,#60H         ;设置堆栈指针
        MOV    TMOD,#92H       ;将 T1 设置为方式 1 定时,GATE1= 1,T0 设置为方式 2 定时
        MOV    TL1,#00H        ;设置 T1 定时初值
        MOV    TH1,#00H
        MOV    TL0,#06H        ;设置 T0 定时初值
        MOV    TH0,#06H
        SETB   TR0             ;启动 T0 计数
        SETB   ET0             ;允许 T0 中断
        SETB   IT1             ;设置外部中断 1 下降沿触发中断
        SETB   EX1             ;允许外部中断 1 的中断请求
        SETB   EA              ;允许 CPU 总中断
        CLR    00H             ;设置中断标志,该位为 0,中断一次,该位为 1,中断两次
LOOP0:  MOV    P2,TH1          ;T1 计数值送入显示器
        MOV    P1,TL1
        AJMP   LOOP0
T0TIME: CPL    P3.0            ;P3.0 输出求反
        RETI

INT1INT:JB     00H,INT12       ;第二次中断? 是,转 INT12
        SETB   TR1             ;第一次,启动定时器 1 计数
        SETB   00H             ;建立中断标志
        RETI
INT12:  CLR    TR1             ;第二次中断,禁止定时器计数
        RETI
        END
```

C51 语言程序清单如下:

```
# include< reg52.h>
sbit   P30= P3^0;
sbit   flag= PSW^5;
void   main(){
SP= 0x60;
TMOD= 0x92;
TL0= 0x06;
TH0= 0x06;
TL1= 0x0;
TH1= 0x0;
TR0= 1;
IT1= 1;
IE= 0x86;
```

```
flag= 0;
while(1){
    P2= TH1;
    P1= TL1;
    }
}
  void timer0int(void) interrupt 1{
    P30= ! P30;
}
void int1int(void) interrupt 2{
    if(flag= = 0) {TR1= 1;flag= 1;}
      else  TR1= 0;
}
```

显示在数码管上的值为 TH0＝00H,TL0＝F9H,则脉冲宽度为 Tw＝F9H × 2 μs＝249 ×2 μs＝498 μs,理论值为 500 μs。

6.3　定时/计数器 2

T2 是一个 16 位加法(或减法)计数器,通过设置特殊功能寄存器 T2CON 中的位可将其作为定时器或计数器,设置特殊功能寄存器 T2MOD 中的 DCEN 位可将其作为加法(向上)计数器或减法(向下)计数器。

6.3.1　与定时/计数器 2 相关的寄存器

与 T2 相关的寄存器如表 6-5 所示。通过配置控制寄存器 T2CON 与模式寄存器 T2MOD 的相应位来确定 T2 是用于定时/计数模式还是用于 T2 的工作方式、T2 的启动/停止和中断触发方式;TL2 和 TH2 用于装载 T2 的计数值;RCAP2L 和 RCAP2H 用于装载捕获值或重新装载值。

表 6-5　与 T2 相关的寄存器

符号	描述	地址	7	6	5	4	3	2	1	0	复位值
T2CON	T2 控制	C8H	TF2	EXF2	RCLK	TCLK	EXEN2	TR2	C/$\overline{\text{T2}}$	CP/$\overline{\text{RL2}}$	00000000
T2MOD	T2 模式	C9H							T2OE	DCEN	00000000
RCAP2L	T2 重新装载/捕获低字节	CAH									00000000
RCAP2H	T2 重新装载/捕获高字节	CBH									00000000
TL2	T2 低字节	CCH									00000000
TH2	T2 高字节	CDH									00000000

1. T2MOD 寄存器

T2MOD 寄存器是 T2 的模式寄存器，字节地址为 C9H，不可进行位寻址。特殊功能寄存器 T2MOD 的格式如表 6-6 所示。

表 6-6　特殊功能寄存器 T2MOD 的格式

	D7	D6	D5	D4	D3	D2	D1	D0
T2MOD	—					—	T2OE	DCEN

表 6-6 中各位的定义如下。

T2OE：T2 时钟输出使能位。当 T2OE＝1 时，允许时钟输出到 P1.0 引脚；当 T2OE＝0 时，不允许时钟输出到 P1.0 引脚。

DCEN：T2 的向下计数使能位。当 DCEN＝1 时，T2 向下计数；当 DCEN＝0 时，T2 向上计数。

T2 的数据寄存器 TH2、TL2 与 T0 的数据寄存器 TH0、TL0，T1 的数据寄存器 TH1、TL1 的用法一样，而捕获寄存器 RCAP2H、RCAP2L 只是在捕获方式下产生捕获操作时自动保存 TH2、TL2 的值。

2. T2CON 寄存器

T2CON 寄存器是 T2 的控制寄存器，用于设置 T2 的工作模式（定时或计数）和 T2 的工作方式，字节地址为 C8H，可进行位寻址。特殊功能寄存器 T2CON 的格式如表 6-7 所示。

表 6-7　特殊功能寄存器 T2CON 的格式

	D7	D6	D5	D4	D3	D2	D1	D0
T2CON	TF2	EXF2	RCLK	TCLK	EXEN2	TR2	C/$\overline{\text{T2}}$	CP/$\overline{\text{RL2}}$
位地址	CFH	CEH	CDH	CCH	CBH	CAH	C9H	C8H

表 6-7 中各位的定义如下。

(1) CP/$\overline{\text{RL2}}$：T2 的工作方式（捕获/重新装载）标志位，只能通过软件置位或清除。

● 当 CP/$\overline{\text{RL2}}$＝1 且 EXEN2＝1 时，T2EX 引脚（P1.1）负跳变产生捕获。

● 当 CP/$\overline{\text{RL2}}$＝0 且 EXEN2＝1 或 T2 计数溢出时，T2EX 引脚（P1.1）负跳变都可使 T2 自动重新装载。当 RCLK＝1 或 TCLK＝1 时，CP/$\overline{\text{RL2}}$控制位无效，在 T2 溢出时强制其为自动重新装载。

(2) C/$\overline{\text{T2}}$：T2 的模式选择位，只能通过软件置位或清除。

● 当 C/$\overline{\text{T2}}$＝0 时，T2 为内部定时模式。

● 当 C/$\overline{\text{T2}}$＝1 时，T2 为外部计数模式，下降沿触发。

(3) TR2：T2 的启动控制标志位。

● 当 TR2＝1 时，启动 T2 计数。

● 当 TR2＝0 时，停止 T2 计数。

(4) EXEN2：T2 的外部时钟使能标志位。

● 当 EXEN2＝0 时，禁止外部时钟触发 T2，T2EX 引脚（P1.1）负跳变对 T2 不起作用。

● 当 EXEN2＝1 且 T2 未用作串行口的波特率发生器时，允许外部时钟触发 T2；当 T2EX

(P1.1)引脚出现负跳变脉冲时,激活 T2 捕获或重新装载,并置位 EXF2 申请中断。

(5) TCLK:串行口发送时钟标志位,只能通过软件置位或清除。

● 当 TCLK＝1 时,将 T2 溢出脉冲作为串行口模式 1 或模式 3 的发送时钟。

● 当 TCLK＝0 时,将 T1 溢出脉冲作为串行口模式 1 或模式 3 的发送时钟。

(6) RCLK:串行口接收时钟标志位,只能通过软件置位或清除。

● 当 RCLK＝1 时,将 T2 溢出脉冲作为串行口模式 1 或模式 3 的接收时钟。

● 当 RCLK＝0 时,将 T1 溢出脉冲作为串行口模式 1 或模式 3 的接收时钟。

(7) EXF2:T2 的捕获或重新装载的标志位,必须用软件清零。当 EXEN2＝1 且 T2EX 引脚(P1.1)负跳变产生 T2 的捕获或重新装载时,EXF2 才置位。当允许 T2 中断时,EXF2＝1 将使 CPU 进入中断服务子程序,即 EXF2 只能当 T2EX 引脚(P1.1)负跳变且 EXEN2＝1 时才能触发中断,使 EXF2＝1。在递增或递减计数器模式(DCEN＝1)中,EXF2 不会引起中断。

(8) TF2:T2 的溢出标志位,T2 溢出时置位,并申请中断,只能用软件清除。但 T2 作为波特率发生器使用时(即 RCLK＝1 或 TCLK＝1),T2 溢出时不对 TF2 置位。

T2 的 3 种工作方式设定如表 6-8 所示。

表 6-8　T2 的 3 种工作方式

RCLK＋TCLK	CP/$\overline{RL2}$	TR2	工作方式
0	0	1	16 位自动重新装载
0	1	1	16 位捕获
1	×	1	波特率发生器
×	×	0	关闭

6.3.2　定时/计数器 2 的 3 种工作方式

T2 与 T0/T1 有所区别,T2 的工作方式由特殊功能寄存器 T2CON 来设定,如表 6-7 所示。T2 的 3 种工作方式是自动重新装载初值的 16 位定时/计数器、捕获事件和波特率发生器。

1. 自动重新装载初值的 16 位定时/计数器

当 T2 工作于自动重新装载方式时,可通过 C/$\overline{T2}$配置为定时器或计数器,并且可编程控制向上计数或向下计数,计数方向通过特殊功能寄存器 T2MOD(见表 6-6)的 DCEN 位来选择。当 DCEN 置位 0 时,T2 默认为向上计数;当 DCEN 置位 1 时,T2 通过 T2EX 引脚来确定是向上计数还是向下计数(见图 6-11)。

(1) 当 DCEN＝0 时,如图 6-10 所示,T2 自动设置为向上计数。这种方式下,T2CON 中的 EXEN2 控制位有两种选择:若 EXEN2＝0,T2 为向上计数至 0FFFFH 溢出,置位 TF2 激活中断,同时把 16 位计数寄存器 RCAP2H 和 RCAP2L 的内容重新装载到 TH2 和 TL2 中,RCAP2H 和 RCAP2L 的值可由软件预置;若 EXEN2＝1,T2 的 16 位重新装载由溢出或外部输入端 T2EX 的负跳变触发,使 EXF2 置位,如果中断允许,同样产生中断。

(2) 当 DCEN＝1 时,如图 6-11 所示,T2 为向上计数或向下计数。这种方式下,T2EX 引脚控制着计数的方向。T2EX 上的一个逻辑 1 使得 T2 递增计数,计数至 0FFFFH 溢出,置位

TF2,激活中断,同时将 16 位计数寄存器 RCAP2H 和 RCAP2L 重新装载到 TH2 和 TL2 中。T2EX 引脚为逻辑 0 时,T2 递减计数。当 TH2 和 TL2 计数到等于 RCAP2H 和 RCAP2L 寄存器中的值时,计数下溢,置位 TF2,激活中断,同时将 0FFFFH 数值重新装入定时寄存器 TH2 和 TL2 中。T2 上溢或下溢,置位 EXF2,但外部中断标志位 EXF2 被锁死,这种工作方式下,EXF2 不能激活中断。

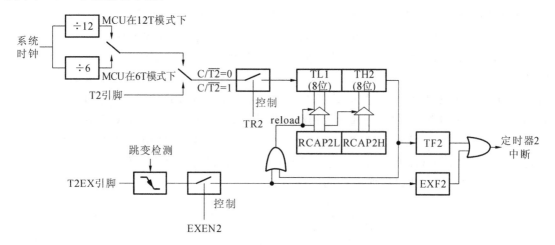

图 6-10 T2 自动重新装载方式(DCEN=0)

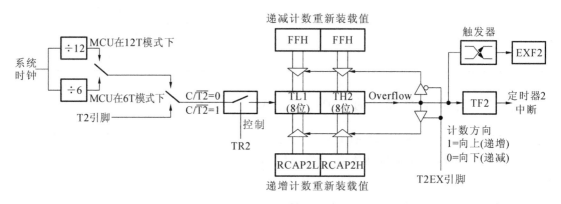

图 6-11 T2 自动重新装载方式(DCEN=1)

2. 捕获方式

在捕获方式下,通过 T2CON 控制位 EXEN2 来选择两种方式。

当 EXEN2=0,T2 是一个 16 位定时器或计数器,且计数溢出时,对 T2CON 的溢出标志 TF2 置位,同时激活中断,如图 6-12 所示。

当 EXEN2=1,T2 仍是一个 16 位定时器或计数器,而当 T2EX 引脚(P1.1)外部输入信号发生 1 至 0 的负跳变时,也出现 TH2 和 TL2 中的值分别被捕获到 RCAP2H 和 RCAP2L 中。此外,T2EX 引脚信号的跳变使得 T2CON 中的 EXF2 置位,EXF2 像 TF2 一样也会激活中断(EXF2 中断向量与 T2 溢出中断向量相同,都为 002BH,在 T2 中断服务程序中可以通过查询 TF2 和 EXF2 来确定引起中断的事件)。捕获方式如图 6-12 所示。在该方式中,TH2 和 TL2 无重新装载值,当 T2EX 引脚产生捕获事件时,计数器仍以 T2 引脚(P1.0)脉冲或振荡频

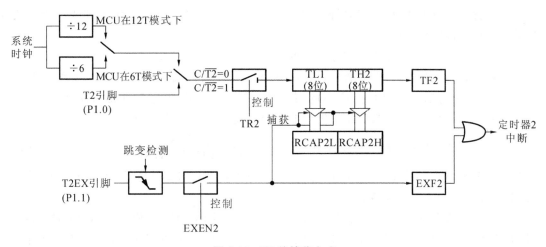

图 6-12 T2 的捕获方式

率的 1/2(或 1/6)计数。

3. 波特率发生器

通过设置 T2CON(见表 6-7)中的 TCLK 和 RCLK,可选择 T1 或 T2 作为串行口波特率发生器。

- 当 TCLK=0 时,T1 作为串行口波特率发生器输出发送时钟。
- 当 TCLK=1 时,T2 作为串行口波特率发生器输出发送时钟。
- 当 RCLK=0 时,T1 作为串行口波特率发生器输出接收时钟。
- 当 RCLK=1 时,T2 作为串行口波特率发生器输出接收时钟。

图 6-13 所示的为 T2 工作于波特率发生器方式时的逻辑结构图,该工作方式与自动重新装载方式相似,当 T2 溢出时,波特率发生器方式使得 T2 的寄存器使用 RCAP2H 和 RCAP2L 中的 16 位数值重新装载,寄存器 RCAP2H 和 RCAP2L 的值由软件预置。

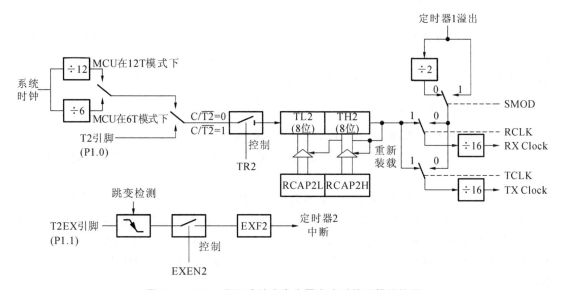

图 6-13 T2 工作于波特率发生器方式时的逻辑结构图

T2 配置为计数方式时,外部时钟信号由 T2 引脚引入,当串行口工作于方式 1 或方式 3 时,波特率由下面的公式确定:

$$方式 1 和方式 3 的波特率 = T2 溢出率/16 \tag{6-4}$$

T2 可配置为定时方式,大多数情况下,一般配置成定时模式($C/\overline{T2}=0$)。T2 作为波特率发生器与作为定时器时的操作有所不同,作为定时器时,它会在每个机器周期递增(1/6 或 1/12 振荡频率);然而,T2 作为波特率发生器时,它的波特率计算公式如下:

$$方式 1 和方式 3 的波特率 = \frac{振荡频率}{n \times [65536 - (RCAP2H, RCAP2L)]} \tag{6-5}$$

式中,n=16(6T 模式)或 n=32(12T 模式),(RCAP2H,RCAP2L)是 RCAP2H 和 RCAP2L 寄存器内容,为 16 位无符号整数。

T2 作为波特率发生器的方式,只有在 T2CON 中,当 RCLK=1 或 TCLK=1 时,波特率工作方式才有效。在波特率发生器工作方式中,TH2 的溢出并不置位 TF2,也不产生中断。即使 T2 作为串行口的波特率发生器,也不要禁止 T2 中断。如果 EXEN2(T2 外部使能标志)被置位,T2EX 引脚上从 1 到 0 负跳变,则会置位 EXF2(T2 外部中断标志位),但不会使(RCAP2H,RCAP2L)重新装载到(TH2,TL2)中。因此,当 T2 作为波特率发生器时,T2EX 可以作为一个附加的外部中断源使用。

T2 工作于波特率发生器时,不要对 TH2 或 TL2 进行读/写,在此方式下,定时器在每个状态时定时器都会加 1,若对其进行读或写,就不会准确。然而,寄存器 RCAP2 可以读,但不能写,否则造成重新装载错误。在访问 T2 或 RCAP2 寄存器之前,应该关闭定时器(TR2 清零)。

4. 可编程时钟输出

STC89C52 单片机中,可设置 T2 通过 P1.0 引脚输出时钟。P1.0 引脚除作为通用 I/O 接口外,还有两个功能可供选用:用于 T2 的外部计数输入和 T2 时钟信号输出(占空比为 50%),图 6-14 所示的为 T2 时钟信号输出模式示意图。当工作频率为 16 MHz 时,时钟输出频率范围为 61 Hz~4 MHz。

当设置 T2 为时钟发生器时,即($C/\overline{T2}$ T2CON.1)=0,T2OE(T2MOD.1)=1,必须由 TR2(T2CON.2)启动或停止定时器。时钟输出频率取决于振荡频率和 T2 捕获寄存器(RCAP2H,RCAP2L)的重新装载值,如式(6-6)所示。

$$时钟输出频率 = \frac{振荡频率}{n \times [65536 - (RCAP2H, RCAP2L)]} \tag{6-6}$$

式中:n=2(6 时钟/机器周期);n=4(12 时钟/机器周期)。

由式(6-6)可知,在主振荡器频率设定后,时钟信号输出频率就取决于定时计数初值的设定。

在时钟输出方式下,计数器回 0 溢出不会产生中断请求,这个特性与作为波特率发生器的使用相仿。T2 既可作为波特率发生器使用,又可作为时钟发生器使用。但需注意的是,波特率和时钟输出频率不能单独确定各自不同的频率,因为它们都依赖于 RCAP2H 和 RCAP2L,不可能出现两个计数初值。当 T2 作为时钟信号输出频率时,T2EX 可以作为一个附加的外部中断源使用。

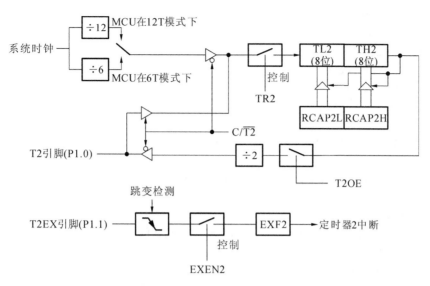

图 6-14 T2 时钟信号输出模式

6.3.3 定时/计数器 2 的应用

【例 6-6】 设 STC89C52 单片机系统的时钟频率为 12 MHz，T2 的工作方式为自动重新装载，请编写程序使得在 P1.6 引脚上输出周期为 2 ms、占空比为 50% 的方波信号。

设计分析如下。

（1）求定时初值 N。设置 T2 为 16 位自动重新装载方式，工作模式为定时，选择向上计数，即 DCEN＝0，取 EXEN2＝0，T2 为向上计数至 0FFFFH 溢出，置位 TF2 激活中断，TF2 需软件清零。

$$(2^{16}-N)\times 1\ \mu s=1\ ms,\quad N=65536-1000=64536=FC18H$$

（2）确定特殊功能寄存器 T2CON、T2MOD、IE、IP、IPH 的值。

T2CON＝04H（自动重新装载 CP/$\overline{RL2}$＝0，定时 C/$\overline{T2}$＝0，启动 T2 工作，TR2＝1）。

T2MOD＝00H（向上计数 DCEN＝0，T2 时钟输出不使能，即 T2OE＝0）。

IE＝0A0H（允许 T2 申请中断请求，即 ET2＝1，允许总中断，即 EA＝1）。

IP＝20H（设置 PT2＝1，其他位为 0），IPH＝20H（设置 PT2H＝1，其他位为 0），即 PT2H PT2＝11，设置 T2 中断优先级为最高级，即第三级。

（3）确定 T2 中断服务子程序入口地址为 002BH。

（4）编写主程序和中断服务子程序。

程序清单有如下两种。

① 汇编语言程序（中断方式）清单如下：

```
T2CON     EQU   0C8H            ;定义 T2CON 寄存器的字节地址为 C8H
T2MOD     EQU   0C9H
TF2       EQU   T2CON.7         ;定义 T2 计数溢出标志位
ET2       EQU   IE.5            ;定义 T2 中断允许标志位
RCAP2L    EQU   0CAH
```

```
RCAP2H    EQU   0CBH
TL2       EQU   0CCH
TH2       EQU   0CDH
IPH       EQU   0B7H
      ORG   0000H
      AJMP      MAIN
      ORG   002BH
      LJMP      PT2INT          ;T2中断入口地址
      ORG0100H
MAIN:MOV SP,      # 60H          ;设置堆栈指针
      MOV T2MOD,   # 00H
      MOV T2CON,   # 04H
      MOV TH2,     # 0FCH         ;装载 T2 定时初值
      MOV TL2,     # 18H
      MOV RCAP2L,  # 18H
      MOV RCAP2H,  # 0FCH
      MOV IE,      # 0A0H         ;允许 T2 申请中断请求,允许总中断
      MOV IP,      # 20H          ;设置 T2 为第三级中断优先级
      MOV IPH,     # 20H
      SETB      P1.6             ;预置 P1.6= 1
HERE:SJMP        HERE            ;原地等待
PT2INT:
      CLR       TF2              ;清计数溢出标志
      CPL   P1.6
      RETI
      END
```

② C51 语言程序(查询方式)清单如下：

```
# include< REG52.H>
sbit  P16= P1^6;                //定义位变量 P16
sfr T2MOD = 0xC9;               //定义特殊功能寄存器 T2MOD
sfr IPH  = 0xB7;
void  main(){
    SP= 0X60;
    T2MOD= 0x00;
    T2CON= 0x04;
    TL2= 0x18;
    TH2= 0xfc;
    RCAP2H= 0xfc;
    RCAP2L= 0x18;
    IE= 0xa0;
    IP= 0x20;
    IPH= 0x20;
    while(1){
    if(TF2){TF2= 0;P16= ! P16;}  //等待,当 TF2= 1 时,清中断标志,P1.6取反
```

```
            }
        }
```

【例 6-7】 设 STC89C52 单片机系统的时钟频率为 12 MHz，T2 的工作方式为捕获方式，将捕获的计数值低 8 位送入 P3 口，高 8 位送入 P2 口，使用频率仪和示波器观察 P1.1 引脚捕获脉冲的频率值和波形。

设计分析如下。

由题意可知，T2 的工作方式为捕获方式，T2CON 中的 EXEN2 有两种选项，此处选择 EXEN2＝1，即外部捕获。选定时模式，C/$\overline{T2}$＝0；选择向上计数，DCEN＝0。而捕获脉冲是利用 T0 工作方式 1 定时，使 P1.5 输出周期为 2 ms 的方波，该方波接入 P1.1 引脚作为捕获脉冲。为了捕获 P1.1 引脚脉冲频率值，可以利用 P1.1 引脚负跳变触发 T2 外部中断，第一次中断时，启动 T2 开始计数，此时 T2 的初始计数值为 0，即 TH2＝00H，TL2＝00H，并且此时的捕获值 RCAP2L＝00H，RCAP2H＝00H；到第二次中断时，T2 停止计数，此时捕获寄存器的内容就是记录的机器周期个数，进而可求出 P1.1 引脚的脉冲频率值。

(1) 求定时初值 N。

T0 选择工作方式 1 定时，输出周期为 2 ms 的方波，则 T0 的初值为

$$\left(2^{16}-\frac{1\ \text{ms}}{1\ \mu\text{s}}\right)=65536-1000=\text{FC18H}$$

即 TH0＝0FCH，TL0＝18H。

(2) 确定特殊功能寄存器 TMOD、T2CON、T2MOD、IE 的值。

由于此处 T2 采用外部捕获，所以 T2CON＝09H。又因为 T2 选择的是向上计数，所以 T2MOD＝00H。T0 选择工作方式 1 定时、门控位 GATE0＝0，所以 TMOD＝01H。允许 T0、T2 申请中断请求，允许总中断，所以 IE＝0A2H。

(3) T0 和 T2 中断服务子程序入口地址分别为 000BH(T0)、002BH(T2)。

程序清单有如下两种。

① 汇编语言程序(中断方式)清单如下：

```
    T2CON        EQU  0C8H
    T2MOD        EQU  0C9H
    CP           EQU  T2CON.0
    TR2          EQU  T2CON.2
    EXEN2        EQU  T2CON.3
    EXF2         EQU  T2CON.6
    TF2          EQU  T2CON.7
    ET2          EQU  IE.5
    RCAP2L       EQU  0CAH
    RCAP2H       EQU  0CBH
    TL2          EQU  0CCH
    TH2          EQU  0CDH
    IPH          EQU  0B7H
         ORG 0000H
         AJMP    MAIN
         ORG 000BH
```

```
            LJMP    PT0INT
            ORG 002BH
            LJMP    PT2INT
            ORG 0100H
MAIN:   MOV     SP,# 60H
        MOV     TMOD,# 01H          ;定时/计数器 0,工作方式 1 定时
        MOV     TH0,# 0FCH          ;定时初值
        MOV     TL0,# 18H
        SETB    TR0                 ;启动定时器 0
        MOV     T2MOD,# 00H         ;定时/计数器 2 的加法计数
        MOV     T2CON,# 09H         ;定时/计数器 2,捕获方式,定时,允许外部信号触发
        MOV     TH2,# 00H           ;定时器 2 计数寄存器初值
        MOV     TL2,# 00H
        MOV     RCAP2L,# 00H        ;设置捕获寄存器计数初值
        MOV     RCAP2H,# 00H
        MOV     IE,# 0A2H           ; 允许定时器 0 中断,允许定时器 2 中断,允许总中断
        CLR     20H.0               ;设置中断次数标志,第一次 20H.0= 0,第二次 20H.1= 1
        CLR     20H.1               ;设置捕获值大于量程(65536)标志,20H.1= 1
LOOP:   ACALLDISP
        AJMPLOOP
/ * * * * * * * * * * * *显示子程序* * * * * * * * * * * * * /
DISP:
        MOV     C,20H.1
        JC      NEQUT               ;查询捕获值大于量程?
        MOV     P2,RCAP2H           ;捕获值小于量程,显示捕获值
        MOV     P3,RCAP2L
        RET
NEQUT:  MOV     P2,# 0FFH           ;捕获值大于量程,显示 FFFFH
        MOV     P3,# 0FFH
        RET
/ * * * * * * * * * * * *定时器 0 中断服务子程序* * * * * * * * * * * * * /
PT0INT: MOV     TH0,# 0FCH          ;定时器 0 重新装载计数初值
        MOV     TL0,# 18H
        CPL     P1.5                ;P1.5 求反,使 P1.5 输出方波
        RETI
/ * * * * * * * * * * * *定时器 2 中断服务子程序* * * * * * * * * * * * * /
PT2INT: CLR     P1.7                ;点亮 P1.7,表明进入定时器 2 中断服务程序
        JBC     TF2,PTF2            ;定时溢出引起中断吗
        JBC     EXF2,PEXF2          ;P1.1 负跳变引发中断吗
        RETI
PEXF2:  MOV     C,20H.0             ;P1.1 引脚负跳变引起中断,中断标志位送入进位位
        JC      TT2                 ;判断第一次中断吗
        SETB    TR2                 ;第一次中断,启动定时器 2 计数
        SETB    20H.0               ;中断次数标志置 1
        RETI
```

```
TT2:    CLR    TR2              ;第二次中断,定时器 2 停止计数
        CLR    20H.0            ;中断次数标志清零
        CLR    EXEN2            ;定时/计数器 2 的外部使能位清零
ESC:    RETI
PTF2:   MOV    TH2,RCAP2H       ;定时溢出中断,重新装载计数初值
        MOV    TL2,RCAP2L
        SETB   20H.1            ;设置捕获脉冲宽度大于量程标志
        RETI
```

数码管显示捕获值为 07CFH,将该计数值乘以机器周期便是捕获脉冲周期。即 07CFH $=1999 \times 1\mu s = 1.999$ ms,与理论值 2 ms 比较,相差 0.001 ms。

② C51 语言程序(查询方式)清单如下:

```
/* * * * 文件名为 6-7.C * * * * * * * * * */
# include< REG52.H>
# define uchar unsigned char
sbit  P16= P1^6;
sbit  P15= P1^5;
sbit  P17= P1^7;
sfr T2MOD  = 0xC9;
uchar n= 0;                      //定义量程标志
uchar reg1,reg2;                 //定义捕获值变量
/* * * * * * * * * * * * * 显示* * * * * * * * * * * * * * * * * * */
void   disp(){
    if(n= = 1){P2= 0xff;P0= 0xff;}
    P2= reg2;                    //显示捕获值的高位
    P3= reg1;                    //显示捕获值的低位

}
/* * * * * * * * * * * 主程序 * * * * * * * * * */
void  main(){
    SP= 0x60;
    TMOD= 0x01;
    TH0= 0xfc;
    TL0= 0x18;
    TR0= 1;
    T2MOD= 0x0;
    T2CON= 0x9;
    TL2= 0x0;                    //设置 T2 计数寄存器初值
    TH2= 0x0;
    RCAP2H= 0x0;                 //设置捕获寄存器计数初值
    RCAP2L= 0x0;
    IE= 0xa2;
    while(1)
    {
    disp();                     //等待,调用显示函数
```

```
    }
}
/ * * * * * * * * * * * * *定时器 0 的中断函数 * * * * * * * * * * * * * /
void timer0int(void) interrupt 1{    //该函数建立捕获脉冲
    TF0= 0;                          //清除 T0 中断标志位
    TH0= 0xfc;
    TL0= 0x18;
    P15= ! P15;
}
/ * * * * * * * * * * * * *定时器 2 的中断函数 * * * * * * * * * * * * * /
void timer2int(void) interrupt 5{
    uchar f;                         //定义中断次数变量 f
    TF2= 0;
    P17= 0;
    if(TF2= = 1){TF2= 0;TH2= RCAP2H;TL2= RCAP2L;n++;}
    if(EXF2= = 1){
        EXF2= 0;
        if(f= = 0){TR2= 1;f++;} //第一次外部信号触发中断,启动定时器 2 计数
        else{
            {ZK(reg1= RCAP2L;    //保存捕获值
        reg2= RCAP2H;
        f= 0;
        TR2= 0;                      //停止定时器 2 计数
        EXEN2= 0;                    //禁止 T2EX 负跳变产生捕获
        }
    }
}
```

此程序段数码管显示捕获值为 07CEH,将该计数值乘以机器周期便是捕获脉冲周期,即 07CEH＝1998×1μs＝1.998 ms,与理论值 2 ms 比较,相差 0.002 ms。

6.4 本章小结

本章首先介绍了 STC89C52 单片机定时/计数器的组成、与定时/计数器相关的特殊功能寄存器,详细叙述了这些特殊功能寄存器每一位的物理意义和使用这些特殊功能寄存器的方法。其次介绍了 T0 和 T1 的 4 种工作方式、它们的电路结构模型以及它们适合的应用范围。最后介绍了与 T2 相关的特殊功能寄存器及其每位的物理意义和使用方法,以及 T2 的 3 种工作方式逻辑结构图,并举例说明了 T2 的各种工作方式。

习　题

1. 如果采用的振荡频率为 12 MHz,定时/计数器工作在方式 0、方式 1、方式 2 下,则其最

大的定时时间各为多少?

2. 定时/计数器作为计数器使用时,对外界计数频率有何限制?

3. 定时/计数器的工作方式 2 有什么特点? 适用于哪些应用场合?

4. 当 T0 工作于方式 3 时,应该如何控制 T1 的启动和关闭?

5. 定时/计数器测量某正脉冲的宽度,采用何种方式可得到最大量程? 若时钟频率为 6 MHz,求允许测量的最大脉冲宽度是多少?

6. 编写程序,f_{osc}=12 MHz,定时/计数器工作于方式 2,使 P1.7 引脚输出周期为 10 ms 的方波,P1.0 引脚输出周期为 400 μs 的方波,占空比为 10∶1 的矩形波形。

7. 使用定时/计数器扩展外部中断源,应如何设计和编程?

8. THx 与 TLx(x=0,1)是普通寄存器还是计数器? 其内容可以随时使用指令更改吗? 更改后的新值是立即刷新还是等当前计数器计满之后才能更新?

第7章 STC89C52单片机串行通信

7.1 串行通信概述

7.1.1 数据通信

在计算机技术中,数据传输方式有两大类:并行传输和串行传输。并行传输是将数据字节的各位用多条数据线同时进行传输。一般来说,在计算机内部,CPU 和并行存储器以及并行 I/O 接口之间采用并行数据传输方式。通常 CPU 的位数与并行数据的宽度对应,例如 TC89C52 的 CPU 为 8 位,其数据总线宽度为 8,即有 8 条数据线。数据传输时,8 位二进制数据同时进行输入或输出。这种方式逻辑清晰,控制简单,接口方便,相对传输速度快,效率高,适合短距离的数据传输。但是,如果计算机和其他计算机或终端设备距离很远时,并行传输方式不仅不经济,而且存在长线电容耦合和线反射等技术问题,这时就可以采用串行传输方式。串行传输是指数据各位依次逐位进行传输。这种方式控制复杂,传输速度较慢。

图 7-1、图 7-2 分别为并行传输和串行传输的示意图。有时为了节省线缆数量,即使在计算机内部,CPU 和某些外部设备之间也可以采用非并行的传输方式,如 I^2C、SPI、USB 等标准传输方式,但它们与这里所述的串行通信有明显不同。总之,串行通信是以微处理器为核心的系统之间的数据交换方式,而 I^2C、SPI、USB 等标准接口是微处理器系统与非微处理器型外部设备之间的数据交换方式。前者可以是对等通信,而后者只能采用主从方式。

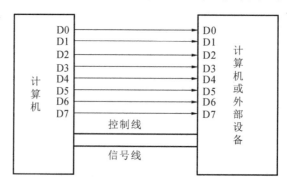

图 7-1 并行传输

按照传输数据的流向,串行通信有 3 种传输方式:单工、半双工和全双工。在单工传输方式下,通信线的一端为发送器(TXD),另一端为接收器(RXD),数据只能按照一个固定的方向传输。在半双工传输方式下,系统由一个 TXD 和一个 RXD 组成,但不能同时在两个方向上传输,收发开关由软件方式切换。在全双工传输方式下,通信系统每端都有 TXD 和 RXD,可

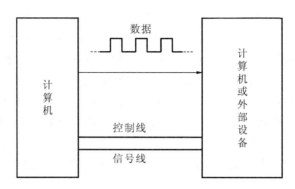

图 7-2　串行传输

以同时发送和接收数据,即数据可以在两个方向上同时传输。

　　在实际应用中,尽管多数串行通信接口电路具有全双工传输功能,但仍以半双工传输为主(简单、实用)。STC89C52 单片机支持最高级形式的全双工串行通信,图 7-3 给出了这 3 种情况的示意图(注:三角形表示 TXD,矩形表示 RXD)。

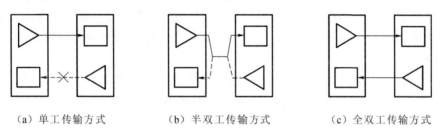

（a）单工传输方式　　　　（b）半双工传输方式　　　　（c）全双工传输方式

图 7-3　串行通信的 3 种传输形式

7.1.2　异步通信和同步通信

　　在串行数据通信中,有同步通信和异步通信两种基本方式。同步通信和异步通信的最本质区别在于通信双方是否使用相同的时钟源。

1. 异步通信

　　在异步通信中,数据以帧为单位进行传输,如图 7-4 所示。一帧数据由起始位、数据位、可编程校验位(可选)和停止位构成。帧和帧之间可以有任意停顿,收发双方依靠各自的时钟来控制数据的异步传输。

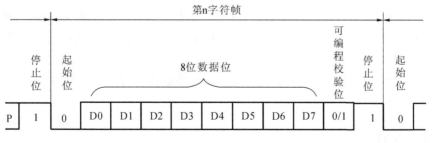

图 7-4　异步串行帧格式

（1）起始位：占1位，用于实现发送方和接收方之间的同步。当不进行数据通信时，通信线路保持为高电平，当发送方准备向接收方传输数据时，首先发送起始位，即逻辑上的0电平，使得串行通信线路的电平由高电平变为低电平，接收方在检测到这一电平变化后，准备接收数据。

（2）数据位：可以是字符或数据，一般为5～8位，由低位到高位依次传输。

（3）可编程校验位：占1位，是用户自定义的特征位，用于通信过程中数据差错的校验，或者传输多机串行通信的联络信息。常用的差错校验方法有奇偶校验、和校验及循环冗余码（Cyclic Redundancy Code，CRC）校验。

● 奇偶校验：按字符校验，数据传输速度会受到影响。这种特点使得它一般只用于异步串行通信。

● 和校验：和检验是指将发送方发送的数据块求和（字节数求和），并产生一个字节的校验字符（校验和）附加到数据块末尾。接收方接收数据时也需要对数据块求和，将所得结果与发送方的校验和进行比较，相符则无差错，否则出现了差错。但这种校验方法无法检验出字节位序的错误。

● 循环冗余码校验：循环冗余码校验的工作方式是在发送方产生一个冗余码，附加在信息位后面一起发送到接收方，接收方收到的信息按发送方形成循环冗余码同样的算法进行校验，如果发现错误，则通知发送方重发。这种校验方法漏检率低，是数据通信领域中最常用的一种数据校验码。

（4）停止位：占1位，位于数据位末尾，用于告知一帧结束，始终为高电平。数据传输结束后，发送方发送逻辑1，将通信线路再次置为高电平，表示一帧数据发送结束。

2. 同步通信

在同步通信中，数据以块为单位进行连续传输。发送方先发送1～2个字节的同步字符，接收方检测到同步字符（一般由硬件实现）后，即准备接收后续的数据流。为了保证正确接收数据，发送方除了传输数据外，还要同时传输同步时钟信号，如图7-5所示。由于同步通信省去了字符开始和结束标志，而且字节和字节之间没有停顿，所以其速度高于异步通信的，但对硬件结构要求比较高。

图 7-5　同步通信的数据格式

由上可得到推论：异步通信比较灵活，适用于数据的随机发送和接收；而同步通信的数据是成批传输的。异步传输的速度一般为每秒50～19200位，而同步传输的速度较快，可达每秒80万位。

STC89C52单片机只支持异步通信。由于异步传输方式对硬件环境要求较低，因此得到了广泛应用。

7.1.3　波特率

波特率（Baud Rate）是表征串行通信数据传输快慢的物理量，它表示每秒钟传输的二进制位数,单位为 bit/s(bit per second)。常用的波特率有 50、110、300、600、1200、2400、4800、9600、19200 等。波特率的倒数即为每位传输所需要的时间。由上面介绍的异步串行通信原理可知,互相通信的双方必须有相同的波特率,否则无法成功完成数据通信。

发送和接收数据是由同步时钟触发发送器和接收器实现的。发送/接收时钟频率与波特率有关,即

$$f_{T/R}=n\times BR_{T/R}$$

式中:$f_{T/R}$为收发时钟频率,单位为 Hz;$BR_{T/R}$为收发波特率;n 为波特率因子,同步通信 n=1,异步通信 n 可取 1、16 或 64。也就是说,同步通信中,数据传输的波特率即为同步时钟频率;而异步通信中,时钟频率可为波特率的整数倍。

【例 7-1】　设单片机以 1200 bit/s 的波特率发送 120 帧的数据,每帧 10 位,问至少需要多长时间?

解　所谓"至少",是指串行通信不能被打断,且数据帧与帧之间无等待间隔的情况。需传送的二进制位数为 $10\times120=1200$(位);所需时间 $T=1200$ 位/1200 位=1 s。

7.2　串行口的结构

STC89C52RC 单片机内部集成有一个可编程的全双工异步通信串行口,既可作为通用异步接收/发送器(UART)使用,又可作为同步移位寄存器使用。

7.2.1　内部硬件结构

STC89C52 串行口的内部结构如图 7-6 所示。它包括两个物理上独立的接收、发送缓冲器 SBUF,可同时发送、接收数据,发送缓冲器只能写入数据不能读出数据,接收缓冲器只能读出数据不能写入数据。两个缓冲器共用一个单元地址 99H。

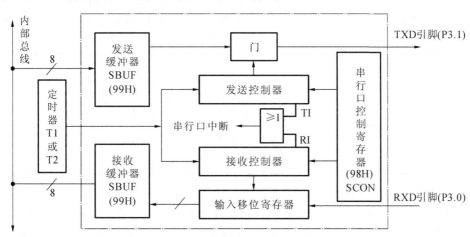

图 7-6　串行口的内部结构

发送控制器的作用是在门电路和定时器 T1 或定时器 T2 的配合下,将发送缓冲器 SBUF 中的并行数据转换为串行数据,并自动添加起始位、可编程校验位和停止位。这一过程结束

后,自动使发送中断请求标志位 TI 置 1,用于通知 CPU 已将发送缓存器 SBUF 中的数据输出到 TXD 引脚(P3.1)。

接收控制器的作用是在输入移位寄存器和定时器 T1 或定时器 T2 的配合下,将来自 RXD 引脚(P3.0)的串行数据转换为并行数据,并自动过滤掉起始位、可编程校验位和停止位。这一过程结束后,自动使接收中断请求标志位 RI 置 1,用于通知 CPU 接收的数据已存入接收缓冲器 SBUF。

STC89C52 串行通信以定时器 T1 或定时器 T2 作为波特率信号发生器,其溢出脉冲经过分频单元后送入接收/发送控制器中。

与 STC89C52 单片机串行口控制有关的特殊功能寄存器有 4 个,分别是串行口控制寄存器 SCON、电源控制寄存器 PCON、从机地址控制寄存器 SADEN 和从机地址掩膜寄存器 SADDR。下面对这些特殊功能寄存器各位的功能予以详细说明。

7.2.2 串行口特殊功能寄存器

1. 串行口控制寄存器 SCON

串行口控制寄存器 SCON,字节地址为 98H,可进行位寻址,位地址为 98H~9FH。SCON 的所有位都可进行位操作清零或置 1,格式如图 7-7 所示。

	D7	D6	D5	D4	D3	D2	D1	D0
SCON	SM0/FE	SM1	SM2	REN	TB8	RB8	TI	RI
位地址	9FH	9EH	9DH	9CH	9BH	9AH	99H	98H

图 7-7 串行口控制寄存器 SCON 的格式

下面介绍 SCON 中各位的功能。

(1)SM0/FE:当 PCON 寄存器的 SMOD0/PCON.6 为 1 时,该位用于帧错误检测,当检测到一个无效停止位时,通过 UART 接收器设置该位,FE 必须由软件清零;当 PCON 寄存器的 SMOD0/PCON.6 为 0 时,SM0 与 SM1 一起用来选择串行口的工作方式,如表 7-1 所示。

表 7-1 串行口的 4 种工作方式

SM0 SM1	方 式	功 能 说 明
0 0	0	同步移位寄存器方式(用于扩展 I/O 口)
0 1	1	10 位异步收发,波特率可变(由定时器控制)
1 0	2	11 位异步收发,波特率为 $f_{CLK}/64$ 或 $f_{CLK}/32$
1 1	3	11 位异步收发,波特率可变(由定时器控制)

(2) SM2:多机通信控制位。

多机通信在方式 2 和方式 3 时进行。当串行口以方式 2 或方式 3 接收时,如果 SM2=1,则只有当接收到的第 9 位数据(RB8)为 1 时,才使 RI 置 1,产生中断请求,并将接收到的前 8 位数据送入 SBUF;当接收到的第 9 位数据(RB8)为 0 时,则将接收到的前 8 位数据丢弃。当 SM2=0 时,则不论第 9 位数据是 1 还是 0,都将前 8 位数据送入 SBUF 中,并使 RI 置 1,产生中断请求。

多机通信在在方式 1 时,如果 SM2＝1,则只有收到有效的停止位时才会激活 RI。在方式 0 时,SM2 必须为 0。

（3）REN:允许串行接收位,由软件置 1 或清零。

● 当 REN＝1 时,允许串行口接收数据。

● 当 REN＝0 时,禁止串行口接收数据。

（4）TB8:发送的第 9 位数据。

在方式 2 和方式 3 时,TB8 是要发送的第 9 位数据,其值由软件置 1 或清零。在双机串行通信中,一般作为奇偶校验位使用;在多机串行通信中,用来表示主机发送的是地址帧还是数据帧,TB8＝1 为地址帧,TB8＝0 为数据帧。在方式 0 和方式 1 中,不使用 TB8。

（5）RB8:接收的第 9 位数据。

在方式 2 和方式 3 时,RB8 存放接收到的第 9 位数据。在方式 1 时,如 SM2＝0,RB8 为接收到的停止位;在方式 0 时,不使用 RB8。

（6）TI:发送中断标志位。

在方式 0 时,串行口发送的第 8 位数据结束时 T1 由硬件置 1,在其他方式中,串行口开始发送停止位时置 TI 为 1。TI＝1,表示一帧数据发送结束。TI 的状态可供软件查询,也可申请中断。CPU 响应中断后,在中断服务程序中向发送缓冲器 SBUF 写入要发送的下一帧数据。TI 必须由软件清零。

（7）RI:接收中断标志位。

在方式 0 时,接收完第 8 位数据后,RI 由硬件置 1。在其他工作方式中,串行口接收到停止位时,该位置 1。RI＝1,表示一帧数据接收完毕,并申请中断,要求 CPU 从接收缓冲器 SBUF 中取走数据。该位的状态也可供软件查询。RI 必须由软件清零。

对于 TI、RI,有以下三点需要特别注意。

（1）在 4 种工作方式下进行数据传输,可以通过采用查询 TI、RI 来判断数据是否发送、接收结束,当然也可以采用中断方式。

（2）串行口是否向 CPU 申请中断取决于 TI 与 RI 进行相"或"运算的结果,即当 TI＝1 或 RI＝1,或 TI、RI 同时为 1 时,串行口向 CPU 申请中断。因此,在 CPU 响应串行口中断请求后,首先需要使用指令判断是 RI＝1 还是 TI＝1,然后进入相应的发送或接收处理程序。

（3）如果 TI、RI 同时为 1,一般而言,则需优先处理接收子程序。这是因为接收数据时 CPU 处于被动状态,虽然串行口输入有双重输入缓冲,但是,如果处理不及时,仍然会造成数据重叠覆盖而丢失一帧数据,所以应当尽快处理接收的数据。而发送数据时 CPU 处于主动状态,完全可以稍后处理,不会出现差错。

2. 电源控制寄存器 PCON

电源控制寄存器 PCON 的字节地址为 87H,不能进行位寻址,格式如图 7-8 所示。

	D7	D6	D5	D4	D3	D2	D1	D0
PCON	SMOD	SMOD0	—	POF	GF1	GF0	FD	IDL

图 7-8 电源控制寄存器 PCON 的格式

仅 SMOD、SMOD0 两位与串行口有关,其他各位的功能已在第 3.6 节介绍过。

SMOD:波特率选择位。例如,

$$方式 2 的波特率 = 2^{SMOD}/32 \times f_{CLK}$$

当 SMOD=1 时,相比 SMOD=0 时的波特率加倍,所以 SMOD 也称波特率倍增位。当串行口工作在方式 2 时,计算得到的波特率将加倍。复位时,SMOD 位为 0。

SMOD0:帧错误检测有效控制位。当 SMOD0=1 时,SCON 寄存器中的 SM0/FE 位用于 FE(帧错误检测)功能;当 SMOD0=0 时,SCON 寄存器中的 SM0/FE 位用于 SM0 功能,与 SM1 一起指定串行口工作方式。复位时,SMOD0 位为 0。

3. 从机地址控制寄存器 SADEN 和从机地址掩膜寄存器 SADDR

为了方便多机通信,STC89C52 单片机设置了从机地址控制寄存器 SADEN 和从机地址掩膜寄存器 SADDR。其中从机地址掩膜寄存器 SADEN 的地址为 B9H,复位值为 00H;从机地址控制寄存器 SADDR 的地址为 A9H,复位值为 00H。

7.3 串行口的 4 种工作方式

STC89C52 单片机串行通信有 4 种工作方式,可通过软件编程设置对 SCON 中的 SM0、SM1 位进行选择。

7.3.1 串行口方式 0

串行口在方式 0 时,可作为同步移位寄存器工作,可以外接移位寄存器芯片来扩展一个或多个 8 位并行 I/O 接口。因此,这种方式不适用于两个 STC89C52 单片机之间的异步串行通信。

方式 0 以 8 位数据为一帧,不设起始位和停止位,先发送或接收最低位。当单片机工作在 6T 模式时,其波特率固定为 $f_{CLK}/6$。当单片机工作在 12T 模式时,其波特率固定为 $f_{CLK}/12$。方式 0 的帧格式如图 7-9 所示。

| … | D0 | D1 | D2 | D3 | D4 | D5 | D6 | D7 | … |

图 7-9　方式 0 的帧格式

1. 方式 0 发送

以方式 0 发送时,当 CPU 执行一条将数据写入发送缓冲器 SBUF 的指令时,产生一个正脉冲,串行口开始把发送缓冲器 SBUF 中的 8 位数据以 $f_{CLK}/12$ 或 $f_{CLK}/6$ 的固定波特率从 RXD 引脚(P3.0)串行口输出,低位在先,TXD 引脚(P3.1)输出同步移位脉冲,发送完 8 位数据后将中断标志位 TI 置 1。方式 0 的发送时序如图 7-10 所示。

2. 方式 0 接收

以方式 0 接收,REN 为串行口允许接收控制位,REN=0,禁止接收;REN=1,允许接收。当向 SCON 寄存器写入控制字(设置为方式 0,并使 REN 位置 1,同时 RI=0)时,产生一个正脉冲,串行口开始接收数据。

引脚 RXD 为数据输入端,TXD 为移位脉冲信号输出端,接收器以 $f_{CLK}/12$ 或 $f_{CLK}/6$ 的固定波特率采样 RXD 引脚的数据信息,当接收完 8 位数据时,中断标志 RI 置 1,表示一帧数据

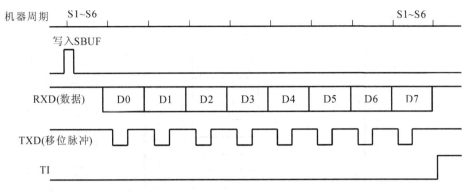

图 7-10 方式 0 的发送时序

接收完毕,可进行下一帧数据的接收。方式 0 的接收时序如图 7-11 所示。

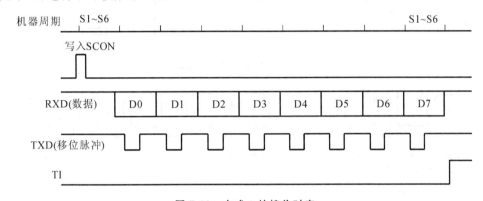

图 7-11 方式 0 的接收时序

在方式 0 中,SCON 寄存器的 TB8、RB8 位没有使用到,发送或接收完 8 位数据后,由硬件将 TI 或 RI 中断标志位置 1,CPU 响应 TI 或 RI 中断,在中断服务程序中向发送缓冲器 SBUF 中发送下一个数据或从接收缓冲器 SBUF 中把接收到的 1 B 存入内部 RAM 中。

TI 或 RI 标志位必须由软件清零,采用如下指令:

```
CLR    TI    ;TI 位清零
CLR    RI    ;RI 位清零
```

在单片机应用系统中,如果并行口的 I/O 资源不够,而串行口又无他用时,可以用来扩展并行 I/O 接口,这种扩展方法不会占用片外 RAM 地址,也节省了单片机的硬件开销(只需外加 1 根 I/O 线),但扩展的移位寄存器芯片越多,接口的操作速度就越慢。

【例 7-2】 图 7-12 所示的为利用串行口在方式 0 外接一片 8 位串行输入/并行输出的移位寄存器芯片 74LS164 扩展一个并行输出口的接口电路,要求控制 8 个 LED 循环点亮。

74LS164 的逻辑图如图 7-13 所示。

其工作原理如下。

(1) 清零端($\overline{MR}$)若为低电平,则输出端都为 0。

(2) 清零端若为高电平,且时钟端(CP)出现上升沿脉冲,则输出端 Q 锁存输入端 D 的电平。

(3) 串行数据输入端(A,B)可控制数据。当 A、B 端任意一个为低电平时,则禁止新数据

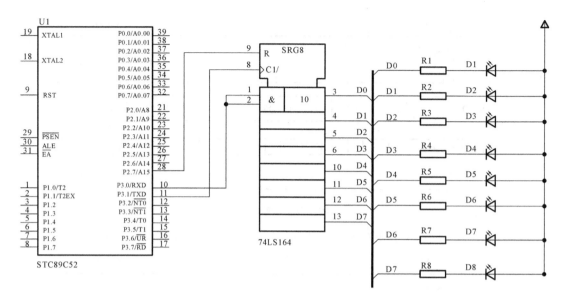

图 7-12　串行移位输出电路

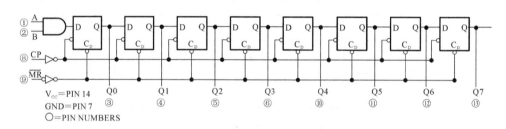

图 7-13　74LS164 的逻辑图

的输入,在时钟端脉冲 CP 上升沿作用下,Q0 为低电平。当 A、B 端有一个高电平时,则另一个就允许输入数据,并在上升沿作用下确定串行数据输入口的状态。

(4)前级 Q 端与后级 D 端相连可用于移位,因此最先接收到的数据将进入最高位。

方式 0 发送时,串行数据由 P3.0(RXD 端)送出,移位脉冲由 P3.1(TXD 端)送出。在移位时钟的作用下,串行口发送缓冲器 SBUF 中的数据逐位地从 P3.0 串行移入 74LS164 中。在某些应用场合,还需要在 74LS164 输出端外接输出三态门控制,以便保证串行输入结束后再输出数据。这是因为 74LS164 没有并行输出控制端,在串行输入过程中,其输出端的状态会不断变化。

程序如下:

```
# include < REG52.H>
# define DELAYTIMES 239
sbit MR= P2^7;
void time(unsigned int ucMs);        //延时单位为 ms
unsigned char  ucCounter;            //延时设定的循环次数

void main() {
    unsigned char index, LED;        //定义 LED 指针和显示字模
```

```
    SCON= 0;                          //设置串行模块工作在方式 0
    MR= 1;                            //CLEAR＝1,允许输入数据
    while (1) {
        LED= 0x7f;
        for (index= 0; index< 8; index++) {
            SBUF= LED;                //控制 L0 灯点亮
            do {} while(! TI);        //通过 TI 查询判断数据是否输出结束
            LED= ((LED> > 1)|0x80);   //左移 1 位,末位置 1
            TI= 0;
            time(1000);               //延时 100 ms
        }
    }
}
void time(unsigned int ucMs)          //延时单位为 ms
{

    while (ucMs! = 0) {
        for (ucCounter= 0; ucCounter< DELAYTIMES; ucCou    nter++){}    //延时
ucMs-;
    }
}
```

【例 7-3】 图 7-14 所示为利用串行口外接两片 8 位并行输入/串行输出的寄存器 74LS165 扩展两个 8 位并行输入口。要求从 16 位扩展口读入 10 组共 20 B 数据,并将其转存到内部 RAM 地址以 30H 开始的单元。

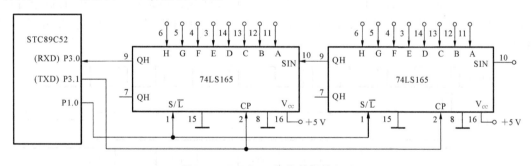

图 7-14 74LS165 作为并行输入口

74LS165 是 8 位并行输入/串行输出的寄存器。当 74LS165 的 S/$\overline{L}$ 端由高电平向低电平跳变时,并行输入端的数据被置入寄存器;当 S/$\overline{L}$=1,且时钟禁止端(15 脚)为低时,允许 TXD (P3.1)移位时钟输入,在该脉冲作用下,数据由右向左方向移动。在图 7-14 中,TXD 与所有 74LS165 的 CP 相连。RXD 与 74LS165 的串行输出端 QH 相连;P1.0 与 S/$\overline{L}$ 相连,控制 74LS165 的串行移位或并行输入。当扩展多个 8 位输入口时,相邻两芯片的首尾(QH 与 SIN)相连。

程序如下。

```
    MOV   R7,# 10            ;设置读入数据组数
    MOV   R0,# 30H           ;设置内部 RAM 数据区的首地址
```

```
START: CLR    P1.0            ;并行置入数据,S/L= 0
       SETB   P1.0            ;允许串行移位,S/L= 1
       MOV    R2,# 02H        ;每组为 2 B
RXDATA:MOV    SCON,# 10H      ;串行口工作在方式 0,允许接收
WAIT:  JNB    RI,WAIT         ;未接收完一帧,则等待
       CLR    RI              ;RI 标志清零,准备下次接收
       MOV    A,SBUF          ;读入数据
       MOV    @ R0,A          ;送入片内 RAM 缓冲区
       INC    R0              ;指向下一个地址
       DJNZ   R2,RXDATA       ;未读完一组数据,则继续
       DJNZ   R7,START        ;10 组数据未读完重新并行置数
```

7.3.2 串行口方式 1

当 SM0＝01、SM1＝01 时,串行口设置为方式 1 的双机串行通信。TXD 引脚和 RXD 引脚分别用于发送数据和接收数据。

方式 1 的一帧数据为 10 位,包括 1 个起始位、8 个数据位、1 个停止位、先发送或接收最低位。方式 1 的帧格式如图 7-15 所示。

图 7-15　方式 1 的帧格式

1. 方式 1 发送

采用方式 1 输出时,数据位由 TXD 端输出。当 CPU 执行一条写入 SBUF 的指令时,就启动发送。方式 1 的发送时序如图 7-16 所示。图 7-16 中,TX 时钟的频率就是发送的波特率。

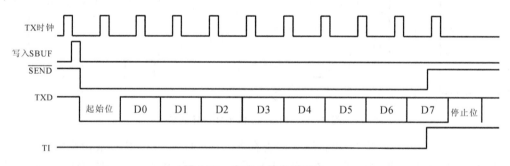

图 7-16　方式 1 的发送时序

开始发送时,内部发送控制信号变为有效,将起始位向 TXD 引脚(P3.0)输出,此后每经过一个 TX 时钟周期便产生一个移位脉冲,并由 TXD 引脚输出一个数据位。8 位数据位全部发送完毕后,中断标志位 TI 置 1。

2. 方式 1 接收

方式 1 接收数据时(REN＝1),数据从 RXD(P3.1)引脚输入。当检测到起始位的负跳变时,则开始接收数据。方式 1 的接收时序如图 7-17 所示。

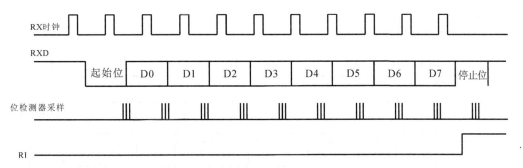

图 7-17 方式 1 的接收时序

接收时，定时控制信号有两种：一种是接收移位时钟（RX 时钟），它的频率和传送的波特率相同；另一种是位检测器采样脉冲，频率是 RX 时钟的 16 倍。以波特率的 16 倍速率采样 RXD 引脚状态。当采样到 RXD 端从 1 到 0 的负跳变时，就启动检测器，接收的值是 3 次连续采样（第 7、8、9 个脉冲时采样）取 2 次相同的值，以确认起始位（负跳变）的开始，较好地消除了干扰所带来的影响。

当确认起始位有效时，开始接收一帧信息。每一位数据也都进行 3 次连续采样（第 7、8、9 个脉冲时采样），接收的值是 3 次采样中至少有 2 次相同的值。当一帧数据接收完毕后，同时满足以下两个条件，接收才有效。

(1) RI＝0，即上一帧数据接收完成后，RI＝1 发出的中断请求已被响应，SBUF 中的数据已被取走，说明"接收 SBUF"已空。

(2) SM2＝0 或收到的停止位为 1（方式 1 时，停止位已进入 RB8），则将接收到的数据装入 SBUF 和 RB8（装入的是停止位），且中断标志位 RI 置 1。

若不同时满足以上两个条件，则所接收的数据不能装入 SBUF，该帧数据将丢弃。

7.3.3 串行口方式 2 和方式 3

方式 2 和方式 3 都是 11 位异步通信方式。两种方式的共同点是发送和接收时有第 9 位数据，正确运用 SM2 位能实现多机通信。两者的不同点在于，方式 2 的波特率是固定的，而方式 3 的波特率由定时器 T1 或定时器 T2 的溢出率决定。可由用户在很宽的范围内选择，以适应不同通信距离和应用场合的需要。

当 SM0＝10、SM1＝10 时，设置为方式 2；当 SM0＝11，SM1＝11 时，设置为方式 3。方式 2 和方式 3 的一帧数据均为 11 位，包括 1 位起始位、8 位数据位、1 位可编程校验位和 1 位停止位。方式 2、方式 3 的帧格式如图 7-18 所示。

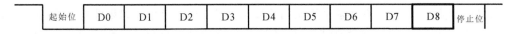

图 7-18 方式 2、方式 3 的帧格式

1. 方式 2、方式 3 发送

发送前，先根据通信协议由软件设置 TB8（如奇偶校验位或多机通信的地址/数据标志位），然后将要发送的数据写入 SBUF，即启动发送。TB8 自动装入第 9 位数据位，并逐一发送。发送完毕后,使 TI 位置 1。

串行口方式 2 和方式 3 的发送时序如图 7-19 所示。

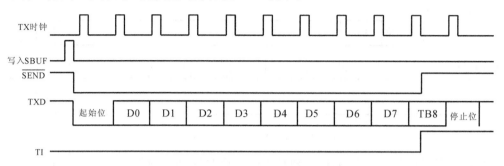

图 7-19 串行口方式 2 和方式 3 的发送时序

2. 方式 2、方式 3 接收

当 SM0＝10、SM1＝10,且 REN＝1 时,以方式 2 接收数据。数据由 RXD 端输入,接收 11 位信息。当位检测器采样到 RXD 的负跳变时,判断起始位有效,便开始接收一帧信息。在接收完第 9 位数据后,需满足以下两个条件,才能将接收到的数据送入 SBUF(接收缓冲器)。

(1) RI＝0,意味着接收缓冲器为空。

(2) SM2＝0 或接收到的第 9 位数据位 RB8＝1。

当满足上述两个条件时,收到的数据送入接收缓冲器 SBUF,第 9 位数据送入 RB8,且 RI 位置 1。若不满足这两个条件,则接收的信息将被丢弃。

串行口方式 2 和方式 3 的接收时序如图 7-20 所示。

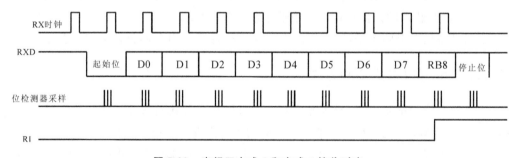

图 7-20 串行口方式 2 和方式 3 接收时序

7.4 波特率的设定与计算

在串行通信中,收发双方必须采用相同的通信速率,即波特率。如果波特率有偏差,则将影响通信的成功率;如果误差大于 2%,则通信不会成功。串行口的 4 种工作方式中,方式 0 和方式 2 的波特率是固定的,而方式 1 和方式 3 的波特率是可设置的,波特率时钟须从单片机内部定时器 1 或者定时器 2 产生。

1. 方式 0

串行口工作在方式 0 时,波特率与系统时钟频率 f_{CLK} 有关。一旦系统时钟频率选定且在

STC-ISP 编程器中设置好,方式 0 的波特率就一直固定不变。

当用户在烧录用户应用程序时,STC-ISP 编程器中如果已设置单片机为 6T/双倍速,其波特率为 f_{CLK} 的 1/6。

当用户在烧录用户应用程序时,STC-ISP 编程器中如果已设置单片机为 12T/单倍速,其波特率为 f_{CLK} 的 1/12。

2. 方式 2

串行口工作在方式 2 时,波特率仅与 SMOD 位的值有关。其计算公式为

$$方式 2 的波特率 = \frac{2^{SMOD}}{64} \times f_{CLK} \tag{7-1}$$

3. 方式 1 和方式 3

串行口工作在方式 1 或方式 3 时,波特率的设置方法相同,采用定时器 T1 或定时器 T2 作为波特率发生器。其计算公式为

$$波特率 = \frac{2^{SMOD}}{32} \times 定时器 T1 的溢出率或定时器 T2 的溢出率 \tag{7-2}$$

实际设置波特率时,T1 常设置为方式 2 定时,即 8 位常数重新装入方式,并且不允许 T1 中断。这种方式不仅操作方便,也可避免因软件重新装载初值带来的定式误差。

设单片机工作在 12T 模式,设定时器 T1 工作在方式 2 的初值为 X,则有

$$定时器 T1 的溢出率 = \frac{1}{溢出周期} = \frac{1}{(256-X) \times T_{cy}} = \frac{f_{CLK}}{12 \times (256-X)} \tag{7-3}$$

将式(7-3)代入式(7-2),则有

$$波特率 = \frac{2^{SMOD}}{32} \times \frac{f_{CLK}}{12 \times (256-X)} \tag{7-4}$$

此时,波特率随 f_{CLK}、SMOD 和初值 X 的变化而变化。解出时间常数重新装载初值为

$$X = 256 - f_{CLK} \times (SMOD+1)/(384 \times 波特率) \tag{7-5}$$

当单片机工作在 6T 模式时,设定时器 T1 工作在方式 2 的初值为 X,则有

$$定时器 T1 的溢出率 = \frac{f_{CLK}}{6 \times (256-X)} \tag{7-6}$$

将式(7-6)代入式(7-2),则有

$$波特率 = \frac{2^{SMOD}}{32} \times \frac{f_{CLK}}{6 \times (256-X)} \tag{7-7}$$

解出时间常数重新装载初值为

$$X = 256 - f_{CLK} \times (SMOD+1)/(192 \times 波特率) \tag{7-8}$$

当将定时器 T2 作为波特率发生器时,定时器 T2 的溢出脉冲经 16 分频后作为串行口发送脉冲、接收脉冲。其波特率计算公式为

$$波特率 = \frac{2^{SMOD}}{32} \times \frac{f_{CLK}}{65536 - (RCAP2H, RCAP2L)} \tag{7-9}$$

实际使用时,常根据已知波特率和时钟频率 f_{CLK} 来计算 T1、T2 的初值。表 7-2、表 7-3 分别给出了以定时器 T1 和定时器 T2 作为波特率发生器时,常用波特率和初值的对应关系。

表 7-2 使用定时器 T1 产生的常用波特率

波特率	$f_{CLK}=12$ MHz		$f_{CLK}=11.0592$ MHz	
	SMOD	TH1/TL1	SMOD	TH1/TL1
19.2 kbit/s	1	FCH	1	FDH
9.6 kbit/s	1	F9H	0	FDH
4.8 kbit/s	1	F3H	0	FAH
2.4 kbit/s	0	F3H	0	F4H
1.2 kbit/s	0	E6H	0	E8H

表 7-3 使用定时器 T2 产生的常用波特率

波特率	$f_{CLK}=12$ MHz		$f_{CLK}=11.0592$ MHz	
	RCAP2H	RCAP2L	RCAP2H	RCAP2L
19.2 kbit/s	FFH	EDH	FFH	EEH
9.6 kbit/s	FFH	D9H	FFH	DCH
4.8 kbit/s	FFH	B2H	FFH	D8H
2.4 kbit/s	FFH	64H	FFH	70H
1.2 kbit/s	FEH	C8H	FEH	E0H

关于表 7-2、表 7-3,有几点需要特别说明。

(1) 当使用时钟振荡频率 $f_{CLK}=12$ MHz 时,将初值 X 和 f_{CLK} 代入式(7-3)中,计算出的波特率有一定误差。为了减小波特率的误差,可使用时钟频率为 11.0592 MHz 或 22.1184 MHz,此时定时初值为整数,但该外接晶体振荡器用于系统精确的定时服务不是十分理想。例如,若单片机工作在 12T 模式,外接一个振荡频率为 11.0592 MHz 的晶体振荡器,机器周期等于 12/11.0592 MHz(≈ 1.085 μs)是一个无限循环小数。当单片机外接一个振荡频率为 22.1184 MHz 的晶体振荡器,机器周期等于 12/22.1184 MHz(≈ 0.5425 μs)也是一个无限循环小数,因此不能为定时应用提供精确的定时。

(2) 如果要产生很低的波特率,如波特率选为 55 bit/s,则可以考虑使用定时器 T1 工作在方式 1,即 16 位定时器方式。但在这种情况下,当定时器 T1 溢出时,需在中断服务程序中重新装入初值,中断响应时间和执行指令时间会使波特率产生一定误差,可用改变初值的方法加以调整。

定时器 T2 作为波特率发生器,是 16 位自动重新装载初值,位数比定时器 1 作为波特率发生器的要多(定时器 1 作为串行口波特率发生器工作在方式 2,是 8 位自动重新装载初值),因此支持更快的传输速度。

设置波特率的常用初始化部分程序如下:

```
MOV   TMOD,# 20H          ;设置定时器 T1 工作在方式 2
MOV   TH1,# XXH           ;装载定时初值
MOV   TL1,# XXH
SETB  TR1                 ;开启定时器 T1
```

```
MOV  PCON,# 80H          ;波特率倍增
MOV  SCON,# 50H          ;设置串行口工作在方式 1
```

【例 7-4】 若 STC89C52 单片机系统的时钟频率 f_{CLK} 为 11.0592 MHz,工作在 12T 模式下,采用 T1 定时器工作在方式 2 作为波特率发生器,波特率为 2400 bit/s,求初值。

解 取 SMOD=0。

将已知条件代入式(7-5)中,可以解得 X=244=F4H。该结果也可通过查表 7-2 得到。

【例 7-5】 设 STC89C52 单片机系统的时钟频率 f_{CLK} 为 11.0592 MHz,T2 工作在波特率发生器方式,波特率为 9600 bit/s,求初值和编写串行口初始化程序。

(1) 设计分析如下。

根据题意,可知 T2 工作于波特率发生器方式,T2 产生发送时钟和接收时钟,则 TCLK=1、RCLK=1。

① 求定时初值 N。

选择 T2 为定时模式(C/T2=0),启动 T2 工作,即 TR2=1;选择向上计数,即 DCEN=0,这时波特率的计算公式为

方式 1 和方式 3 的波特率=$f_{CLK}/\{n \times [65536-(RCAP12H,RCAP2L)]\}$

取 SMOD=0,由于 MCU 选 12T,则 n=32,已知波特率为 9600 bit/s,振荡频率为 11.0592 MHz。令 N=(RCAP2H,RCAP2L),有

$$9600=11.0592 \text{ MHz}/[32 \times (65536-N)]$$

$$N=65536-11.0592\text{MHz}/[32 \times 9600]=65536-36=65500=\text{FFDCH}$$

即 TH2=EFH,TL2=DCH,RCAP2H=FF,RCAP2L=DCH。

② 确定特殊功能寄存器 T2CON、T2MOD 的值。

T2CON=34H(即 TCLK=1,RCLK=1,TR2=1),T2MOD=00H(即 DCEN=0)。

(2) 程序清单(子程序)。

① 汇编语言程序如下:

```
/ * * * * * * * * 初始化串行口波特率,9600,使用定时器 2,f_osc= 11.0592 MHz * * * * * *
* * /
InitUart:MOV  SCON,# 50H;         //串行口工作在方式 1
        MOV  T2MOD,# 00          //设置 T2 加法计数,时钟输出不使能
        MOV  T2CON,# 34H         //T2 作为波特率发生器,并启动 T2 计数
        MOV  TH2,# 0FFH          //设置定时寄存器计数初值
        MOV  TL2,# 0DCH          //设置定时寄存器计数初值
        MOV  RCAP2H,# 0FFH       //设置自动重新装载寄存器计数初值
        MOV  RCAP2L,# 0DCH
        RET
```

② C51 语言程序如下:

```
void initUart(void)
{
  SCON  = 0x50;
  T2MOD= 0x00
  T2CON= 0x34;
```

```
TH2  = 0xff;
TL2  = 0xdc;
RCAP2L= 0xdc;
RCAP2H= 0xff;
}
```

7.5   STC89C52 单片机之间的通信

本节将介绍 STC89C52 单片机之间双机串行通信的硬件接口和软件设计。单片机的串行通信接口设计需考虑如下问题。

（1）确定通信双方的数据传输速率。

（2）由数据传输速率确定采用的串行通信接口标准。

（3）在通信接口标准允许范围内确定通信的波特率。为减小波特率的误差，通常选用 11.0592 MHz 的晶振频率。

（4）根据任务需要，确定收发双方使用的通信协议。

（5）通信线的选择。一般选用双绞线较好，并根据传输距离选择纤芯的。如果空间的干扰较多，还要选择带有屏蔽层的双绞线。

（6）通信协议确定后，再进行通信软件设计。

7.5.1   串行通信接口

STC89C52 串行口的输入、输出均为 TTL 电平。这种以 TTL 电平串行传输数据的方式抗干扰性差，传输距离短且传输速率低。为了提高串行通信的可靠性，增大串行通信的距离以及提高传输速率，一般采用标准串行接口来实现串行通信。RS-232C、RS-422A、RS-485 都是串行数据接口标准，最初都是由电子工业协会（EIA）制定并发布的。

1. TTL 电平通信接口

如果两个 STC89C52 单片机相距在 1.5 m 之内，则可直接使用 TTL 电平传输方式实现双机通信。将甲机 RXD 端与乙机 TXD 端相连，乙机 RXD 端与甲机 TXD 端相连，接口如图 7-21 所示。

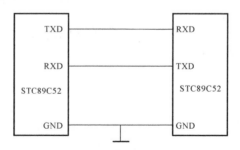

图 7-21   使用 TTL 电平传输方式实现双机通信

2. RS-232C 接口

RS-232C 于 1969 年发布,命名为 EIA-RS-232C,作为工业标准,以保证不同厂家产品之间的兼容。RS-232C 规定任何一条信号线的电压均为负逻辑关系,即逻辑 1 时,电压为 −3∼ −15 V;逻辑 0 时,电压为 +3∼ +15 V。 −3∼ +3 V 为过渡区,不做定义。RS-232C 的通信电平如图 7-22 所示。

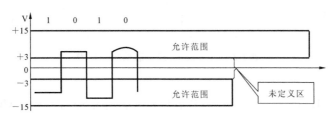

图 7-22 RS-232C 的通信电平

由于 RS-232C 接口标准出现得较早,所以采用该接口时会存在以下问题。

(1) 传输距离短,传输速率低。

RS-232C 总线标准受电容允许值的约束,使用时传输距离一般不要超过 15 m(线路条件好时也不超过几十米)。最高传送速率为 20 kbit/s(不能满足同步通信要求,所以 RS-232C 主要用于异步通信)。

(2) 有电平偏移。

RS-232C 总线标准要求收发双方共地。通信距离较大时,收发双方的地电位差别较大,在信号地上将有比较大的地电流并产生压降。这样,当一方输出的逻辑电平到达对方时,其逻辑电平若偏移较大,则将发生逻辑错误。

(3) 抗干扰能力差。

RS-232C 在电平转换时采用单端输入/输出,在传输过程中,干扰和噪声混在正常的信号中。为了提高信噪比,RS-232C 总线标准不得不采用比较大的电压摆幅。

当单片机双机通信距离在 1.5∼15 m 时,可考虑使用 RS-232C 标准接口实现点对点的双机通信,接口电路如图 7-23 所示。但由于 RS-232C 的电气特性不能直接满足单片机系统中 TTL 电平的传输要求,因此,为了使用 RS-232C 接口通信,必须在单片机系统中加入电平转换芯片,以实现 TTL 电平向 RS-232C 电平的转换。常见的从 TTL 到 RS-232C 的电平转换器有 MC1488、MC1489 和 MAX232A 等芯片。图 7-23 中的 MAX232A 是美国 MAXIM 公司生产的 RS-232C 双工发送/接收器电路芯片。

3. RS-422A 接口

针对 RS-232C 总线标准存在的问题,EIA 协会制定了新的串行通信标准 RS-422A。它是平衡型电压数字接口电路的电气标准,如图 7-24 所示。

RS-422A 与 RS-232C 的主要区别是,收发双方的信号地不再共地,RS-422A 采用平衡驱动和差分接收的方法。用于数据传输的是两条平衡导线,这相当于两个单端驱动器。输入同一个信号时,其中一个驱动器的输出永远是另一个驱动器的反相信号。因此,两条线上传输的信号电平,当一条表示逻辑 1 时,另一条一定为逻辑 0。若传输时信号中混入了干扰和噪声(共模形式),由于差分接收器的作用,所以能识别有用信号以及正确接收传输的信息,并使干

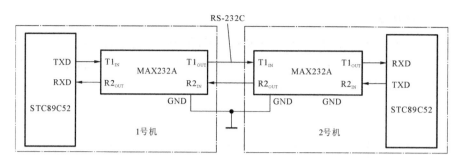

图 7-23　RS-232C 双机通信接口电路

扰和噪声相互抵消。

RS-422A 与 TTL 电平转换常用的芯片有传输线驱动器 SN75174 或 MC3487 和传输线接收器 SN75175 或 MC3486。

RS-422A 能在长距离、高速率下传输数据。它的最大传输速率为 10 Mbit/s，电缆允许的长度为 12 m，如果采用较小的传输速率，则最长传输距离可达 1219 m。

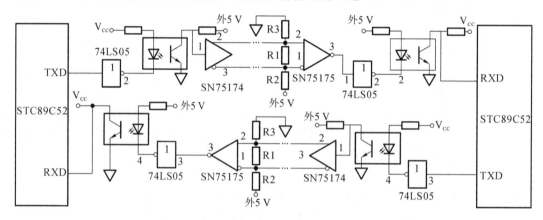

图 7-24　RS-422A 平衡驱动差分接收电路

4. RS-485 接口

RS-422A 双机通信需四芯传输线，应用于长距离通信很不经济。因此，在工业现场，通常采用双绞线传输的 RS-485 串行通信接口，很容易实现多机通信。RS-485 是 RS-422A 的变型，它与 RS-422A 的区别为：RS-422A 为全双工传输方式，采用两对平衡差分信号线；RS-485 为半双工传输方式，采用一对平衡差分信号线。RS-485 很容易实现多机通信。RS-485 允许在通信线路上最多可以使用 32 对差分驱动/接收器。当然，如果在一个网络中连接的设备超过 32 个，还可以使用中继器。在图 7-25 中，RS-485 以双向、半双工的方式来实现双机通信。在 STC89C52 单片机系统发送或接收数据前，应先将 SN75176 的发送门或接收门打开，当 P1.0=1 时，发送门打开，接收门关闭；当 P1.0=0 时，接收门打开，发送门关闭。SN75176 芯片内集成了一个差分驱动器和一个差分接收器，且兼有 TTL 电平到 RS-485 电平、RS-485 电平到 TTL 电平的转换功能。

RS-485 的最长传输距离约为 1219 m，最大传输速率约为 10 Mbit/s。通信线路要采用平衡双绞线。平衡双绞线的长度与传输速率的长度成反比，传输速率在 100 kbit/s 以下才可能

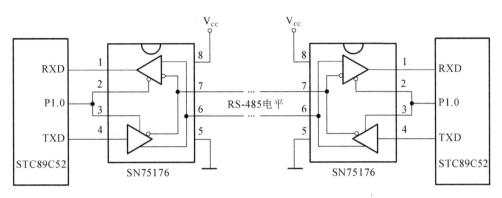

图 7-25　RS-485 双机通信接口电路

使用规定的最长电缆。只有在很短的距离下,才能获得最大的传输速率。一般 100 m 长双绞线的最大传输速率仅为 1 Mbit/s。

7.5.2　双机串行通信编程

双机串行通信的软件设计与第 7.5.1 节介绍的各种串行标准的硬件接口电路无关,因为采用不同标准的串行通信接口仅由双机串行通信距离、传输速率以及抗干扰性能来决定。

【例 7-6】　假定有甲、乙两机以方式 1 进行异步通信,采用图 7-26 所示的双机串行通信电路,其中甲机发送数据,乙机接收数据。双方的振荡频率为 $f_{CLK} = 11.0592$ MHz,通信波特率为 2400 bit/s。甲机循环发送数字 0~F,乙机接收后返回接收值。若发送值与返回值相等,则继续发送下一个数字,否则重发当前数字。

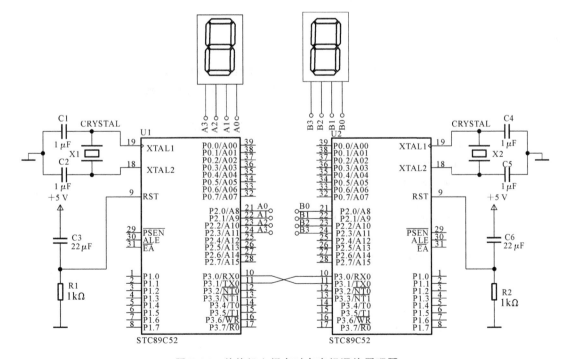

图 7-26　单片机之间点对点串行通信原理图

设计程序时,选择定时器 T1 工作在方式 2 下,通过查表 7-3,计数初值为 0F4H。
发送程序如下:

```
# include< reg52.h>
# define DELAYTIMES 239
# define uchar unsigned char
void time(unsigned int ucMs);          //延时单位为 ms
void initUart(void);                    //初始化串行口波特率,使用定时器 T1
unsigned char  ucCounter;

void main(void){
    uchar counter= 0;
    time(1);                            //延时等待外围器件完成复位
    initUart();
    while(1){
        SBUF= counter;                  //发送联络信号
            while(TI= = 0);             //等待发送完成
              TI= 0;                    //清 TI 标志位
            while(RI= = 0);             //等待乙机回答
              RI= 0;
              if(SBUF= = counter){
                 P2= counter;           //显示已发送值
                 if(++counter> 15) counter= 0;     //修正计数器值
                 time(500);
                     }
                 }
    }
    void initUart(void){                //初始化串行口波特率,使用定时器 T1
        SCON= 0x50;                     //串行口工作在方式 1,允许接收数据
        PCON= 0;                        //波特率不加倍
        TMOD= 0x20;                     //T1 工作在方式 2
        TH1= 0xf4;
        TL1= 0xf4;
        TCON= 0x40;                     //TR1= 1
    }
    void time(unsigned int ucMs)//延时单位为 ms
    {
        while (ucMs! = 0) {
            for (ucCounter= 0; ucCounter< DELAYTIMES; ucCounter++){}  //延时
            ucMs-;
        }
    }
}
```

接收程序如下:

```
# include< reg52.h>
# define uchar unsigned char
void time(unsigned int ucMs);           //延时单位为 ms
void inituart(void);                    //初始化串行口波特率,使用定时器 T1
void main(void){
uchar   receive;                        //定义接收缓冲器
time(1);                                //延时等待外围器件完成复位
initUart();
while(1){
    while(RI= = 1){                     //等待接收完成
    RI= 0;                              //清 RI
    receive= SBUF;                      //取接收值
    SBUF= receive;                      //结果返回发送缓冲器
    while(TI= = 0);                     //等待发送结束
    TI= 0;                              //清 TI
    P2= receive;                        //显示接收值
    }
  }
}
void initUart(void){                    //初始化串行口波特率,使用定时器 T1
    SCON= 0x50;                         //串行口工作在方式 1,允许接收数据
    PCON= 0;                            //波特率不加倍
    TMOD= 0x20;                         //T1 工作在方式 2
    TH1= 0xf4;
    TL1= 0xf4;
    TCON= 0x40;                         //TR1= 1
  }
```

程序说明:采用查询法检查收发是否完成。发送值和接收值分别显示在双方的 LED 数码管上。

【例 7-7】　甲、乙两机以方式 2 进行双机串行通信。要求使用汇编语言编写发送中断和接收中断服务程序,以 TB8 作为奇偶校验位,采用偶校验。设第二组工作寄存器区的 R0 作为发送数据区地址指针,第一组工作寄存器区的 R1 作为接收数据区地址指针。

发送中断服务程序如下。

```
PIPT1:PUSH    PSW         ;现场保护
      PUSH    ACC
      SETB    RS1         ;选择第二组工作寄存器组
      CLR     RS0
      CLR     TI
      MOV     A,@ R0      ;取数据
      MOV     C, P
      MOV     TB8, C      ;校验位送 TB8,采用偶校验
      MOV     SBUF, A     ;发送数据
      INC     R0
```

```
        POP     ACC          ;恢复现场
        POP     PSW
        RETI
```

接收中断服务程序如下。

```
PITI:PUSH       PSW          ;保护现场
        PUSH    ACC
        SETB    RS0          ;选择第一组工作寄存器组
        CLR     RS1
        CLR     RI
        MOV     A,SBUF       ;将接收到的数据送入累加器A
        MOV     C,P
        JNC     L1           ;C= 0,若收到的字节中1的个数为偶数,则跳转
        JNB     RB8,ERP      ;若C= 0,RB8= 0,则出错,跳入ERP进行出错处理
        AJMP    L2           ;若C= 1,RB8= 1,则接收数据正确,跳入L2进行处理
L1:     JB      RB8,ERP      ;若C= 0,RB8= 1,则出错,跳入ERP进行出错处理
L2:     MOV     @R1,A        ;数据送入内存
        INC     R1
        POP     ACC
        POP     PSW
        RETI
ERP:    …                    ;出错处理程序段入口
        RETI
```

7.5.3 多机通信

多个STC89C52单片机可利用串行口进行多机通信,常采用如图7-27所示的主从式结构。主从式是指在多机系统中只有一个主机,其余的全是从机。主机发送的信息可以被所有从机接收,任何一个从机发送的信息,只能由主机接收。从机与从机之间不能进行直接通信,只能通过主机实现。

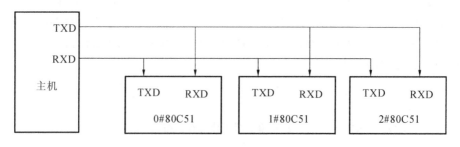

图 7-27　多机通信系统示意图

图7-27中,主机可以是单片机或其他有串行接口的微机。主机的RXD端与所有从机的TXD端相连,TXD端与所有从机的RXD端相连。从机地址分别为01H、02H和03H。在多机通信系统中,每个从机都被赋予唯一的地址。一般还要预留1～2个广播地址,它是所有从机共有的地址。例如可将广播地址设为00H。

1. 多机通信的工作原理

要保证主机与所选择的从机通信,需保证串行口有识别功能。SCON 中的 SM2 位就是为满足这一条件设置的多机通信控制位。其工作原理是在串行口以方式 2(或方式 3)接收数据时,若 SM2＝1,则表示进行多机通信。也可能会有以下两种情况。

(1)当从机接收到从主机发送来的第 9 位数据 RB8＝1 时,前 8 位数据才装入 SBUF,并置中断标志 RI＝1,向 CPU 发出中断请求。在中断服务程序中,从机把接收到的 SBUF 中的数据存入数据缓冲区中。

(2)如果从机接收到的第 9 位数据 RB8＝0,则不产生中断标志 RI＝1,不引起中断,从机不接收主机发来的数据。

若 SM2＝0,则接收的第 9 位数据不论是 0 还是 1,从机都将产生 RI＝1 中断标志,接收到的数据装入 SBUF 中。其配置关系如下所示:

SM2＝1 时,若 RB8＝1,SBUF 满→置位 RI	——所有从机
SM2＝1 时,若 RB8＝0,SBUF 满→不置位 RI	——非命中从机
SM2＝0 时,任意 RB8 值,SBUF 满→置位 RI	——命中从机

应用这一特性,可实现 STC89C52 单片机的多机通信。具体的工作过程如下。

(1)各从机初始化程序允许从机的串行口中断,将串行口编程为方式 2 或方式 3 接收,即 9 位异步通信方式,且 SM2 和 REN 置 1,使从机处于多机通信且只接收地址帧的状态。

(2)在主机和某个从机通信之前,先将从机地址(即准备接收数据的从机)发送给各个从机,接着才传输数据(或命令),主机发出的地址帧信息的第 9 位为 1,数据(或命令)帧的第 9 位为 0。当主机向各从机发送地址帧时,各从机的串行口接收到的第 9 位信息 RB8 为 1,且由于各从机的 SM2＝1,则 RI 置 1,各从机响应中断。在中断服务子程序中,判断主机送来的地址是否与本机地址相符,若为本机地址,则该从机 SM2 位清零,准备接收主机的数据或命令;若地址不相符,则保持 SM2＝1。

(3)主机发送数据(或命令)帧,数据帧的第 9 位为 0。此时各从机接收到的 RB8＝0。只有与前面地址相符合的从机(即 SM2 位已清零的从机)才能激活中断标志位 RI,从而进入中断服务程序,接收主机发来的数据(或命令);与主机发来的地址不相符的从机,由于 SM2 保持为 1,又 RB8＝0,因此不能激活中断标志 RI,就不能接收主机发来的数据帧。从而保证主机与从机间通信的正确性。此时,主机与建立联系的从机已经设置为单机通信模式,即在整个通信中,通信的双方都要保持发送数据的第 9 位(即 TB8 位)为 0,防止其他从机误接收数据。

(4)结束数据通信并为下一次的多机通信做好准备。当主机与从机的数据通信结束后,一定要将从机再设置为多机通信模式,以便进行下一次的多机通信。这时要求与主机正在进行数据传输的从机必须随时监测接收的数据第 9 位(RB8),如果其值为 1,则说明主机传输的不再是数据,而是地址,这个地址就有可能是广播地址。当收到广播地址后,便将从机的通信模式再设置成多机模式,为下一次的多机通信做好准备。

2. 多机通信实例

【例 7-8】 设 1 台主机与 2 台从机进行通信,如图 7-28 所示。K1、K2 为 1♯、2♯从机的激发键,每按 1 次,主机向相应从机顺序发送 1 位 0~F 间的字符(可用虚拟终端 TERMINAL 观察)。命中从机收到地址帧后使相应的 LED 状态反转 1 次,收到数据帧后显示在共阳极数码管上,振荡频率为 11.0592 MHz。要求采用串行口通信方式 3,波特率为 9600 b/s,发送程序采用查询法,接收程序采用中断法。

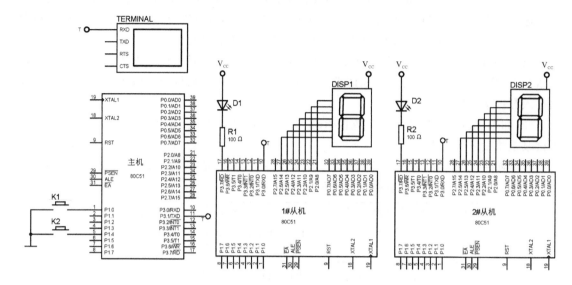

图 7-28 1 主机 2 从机串行口传输原理图

图 7-28 中的 TERMINAL 是用于观察串行通信数据的虚拟仪器,使用时只需将其 TXD 端和 RXD 端分别与单片机的 RXD 端和 TXD 端相连。通过属性窗口进行参数设置。其设置参数参见图 7-29。

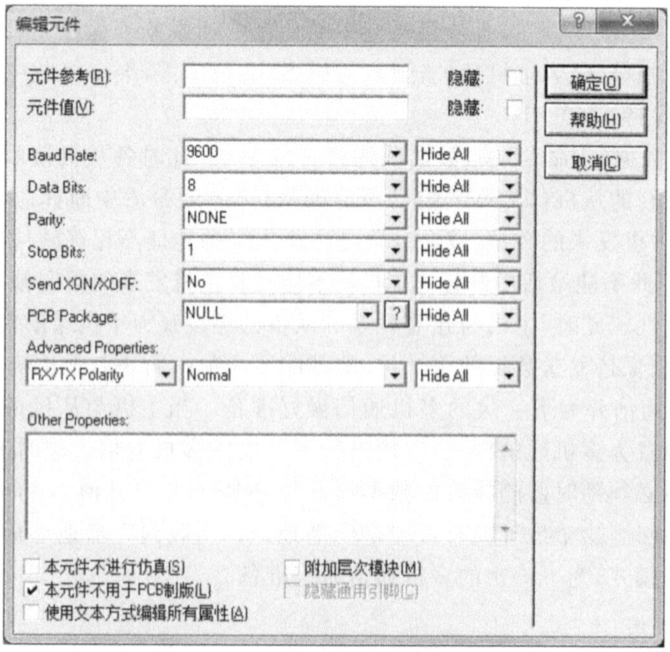

图 7-29 虚拟终端窗口设置图

根据题意要求,在参数框内选择波特率为 9600 b/s、8 位数据、无奇偶校验等参数。

分析：波特率初始化时选择 T1 定时器工作方式 2，TH1＝TL1＝0xfd，SMOD＝0 可满足波特率为 9600 b/s 的要求。

程序设计方法：主机在主函数中以查询法进行按键检测，并以键值作为发送函数的传递参数。在发送函数中查询 TI 标志位，分两步发送地址帧和数据帧；从机在初始化后进入等待状态。在中断接收函数中，先对地址帧进行判断，随后将接收的字符转化为数组顺序号，通过查表输出其显示字模。

例 7-8 的参考程序如下。

```c
//多机通信(主机)程序
# include < reg51.h>
# define uchar unsigned char
# define NODE1_ADDR 1              //1# 从机地址
# define NODE2_ADDR 2              //2# 从机地址

uchar KeyValue= 0;                 //键值
uchar code str[]= "0123456789ABCDEF";  //字符集
uchar pointer_1= 0,pointer_2= 0;   //从机当前发送的字符指针

void delay(uchar time){            //延时
    uchar i,j;
    for(i= 0;i< 130;i++)
        for(j= 0;j< time;j++);
}

void proc_key(uchar node_number){  //发送程序
    delay(200);
    SCON= 0xc0;                    //串行口方式 3、多机通信、禁止接收、中断标志清零
    TMOD= 0x20;                    //T1 定时方式 2
    TH1= TL1= 0xfd;                //波特率为 9600b/s
    TR1= 1;                        //启动 T1
    TB8= 1;                        //发送地址帧
    SBUF= node_number;
    while(TI= = 0);                //等待地址帧发送结束
    TI= 0;                         //清 TI 标志
    TB8= 0;                        //准备发送数据帧
    switch(node_number){           //切换从机
        case 1: {
            SBUF= str[pointer_1++];        //1# 从机字符帧
            if(pointer_1> = 16) pointer_1= 0;  //修改发送指针
            break;
        }
        case 2: {
            SBUF= str[pointer_2++];             //2# 从机字符帧
            if(pointer_2> = 16) pointer_2= 0;   //修改发送指针
            break;
```

```
        }
        default: break;
    while(TI= = 0);                        //等待数据帧发送结束
    TI= 0;
}}


main(){
while(1){
    P1= 0xff;
        while(P1= = 0xff);                 //检测按键
        switch(P1){                        //切换从机
            case 0xfe: proc_key(NODE1_ADDR);break;
            case 0xef: proc_key(NODE2_ADDR);break;
        }}    }


//多机通信(1# 从机)
# include < reg51.h>
# define NODE1_ADDR 1
# define uchar unsigned char

uchar i,j;
sbit P3_7= P3^7;
uchar code table[16]= {0xc0,0xf9,0xa4,0xb0,0x99,0x92,0x82,0xf8,0x80,0x90,
                       0x88,0x83,0xc6,0xa1,0x86,0x8e};

void display(uchar ch){
    if((ch> = 48)&&(ch< = 57))P2= table[ch-48];
    else if((ch> = 65)&&(ch< = 70))P2= table[ch-55];
}

main(){
SCON= 0xf0;                                //串行口方式 3、多机通信、允许接收、中断标
                                           //  志清零
    TMOD= 0x20;                            //T1定时方式 2
    TH1= TL1= 0xfd;                        //波特率为 9600b/s
    TR1= 1;                                //启动 T1
    ES= 1;EA= 1;                           //开启中断
    while(1);
}

void receive(void) interrupt 4 {
    RI= 0;
    if(RB8= = 1){
        if(SBUF= = NODE1_ADDR){
            SM2= 0;
```

```
            P3_7= ! P3_7;
        }
        return;
    }
    display(SBUF);
    SM2= 1;
}


//多机通信(2# 从机)
# include < reg51.h>
# define NODE2_ADDR 2
# define uchar unsigned char

uchar i,j;
sbit P3_7= P3^7;
uchar code table[16]= {0xc0,0xf9,0xa4,0xb0,0x99,0x92,0x82,0xf8,0x80,0x90,
                        0x88,0x83,0xc6,0xa1,0x86,0x8e};
void display(uchar ch){
    if((ch> = 48)&&(ch< = 57)) P2= table[ch-48];
    else if((ch> = 65)&&(ch< = 70)) P2= table[ch-55];
}
main(){
    SCON= 0xf0;                     //串行口方式 3、多机通信、允许接收、中断标
    志清零
    TMOD= 0x20;                     //T1 定时方式 2
    TH1= TL1= 0xfd;                 //波特率为 9600b/s
    TR1= 1;                         //启动 T1
    ES= 1;EA= 1;                    //开启中断
    while(1);
}
void  receive(void)  interrupt 4 {
    RI= 0;
    if(RB8= = 1){
        if(SBUF= = NODE2_ADDR){
            SM2= 0;
            P3_7= ! P3_7;
        }
        return;
    }
    display(SBUF);
    SM2= 1;
}
```

从以上程序可以看出,除地址编号外,2 台从机的程序完全相同。例 7-8 的程序运行效果
如图 7-30 所示。将虚拟终端界面放大后,可以看出主机发送的字符与从机接收的字符完全

一致。

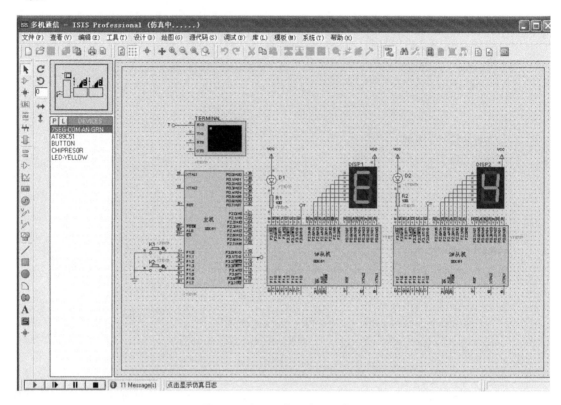

图 7-30   例 7-8 的程序运行效果

7.6   PC 与单片机间的通信

7.6.1   PC 与单片机的点对点通信设计

1. 硬件接口电路

工业化的迅猛发展对信息的传输、交换和处理等提出了更高的要求。在功能比较复杂的控制系统和数据采集系统中,一般常用 PC 作为主机,单片机作为从机。单片机通过串行口与 PC 主机的串行口相连,将采集到的数据传输到 PC 主机,再在 PC 主机上进行数据处理。由于单片机的输入/输出是 TTL 电平,所以 PC 主机配置的都是 RS-232C 标准串行接口。图 7-31 为 9 针 D 型连接器(插座)DB9 的引脚定义,对应的阴头用于连接线侧,其引脚说明如表 7-4 所示。由于两者的电平不匹配,所以必须将单片

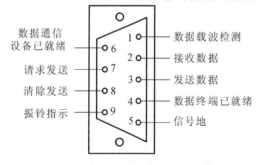

图 7-31   9 针 D 型连接器(插座)DB9 的引脚定义

数据通信设备已就绪   6

请求发送   7

清除发送   8

振铃指示   9

1   数据载波检测

2   接收数据

3   发送数据

4   数据终端已就绪

5   信号地

机输出的 TTL 电平转换为 RS-232 电平。单片机与 PC 主机的串行通信连接如图 7-32 所示。

表 7-4 9 针 D 型连接器(插座)DB9 的引脚说明

插针序号	功能说明	符号	信号方向
1	数据载波检测	DCD	DTE←DCE
2	接收数据	RXD	DTE←DCE
3	发送数据	TXD	DTE→DCE
4	数据终端已就绪	DTR	DTE→DCE
5	信号地	GND	
6	数据通信设备已就绪	DSR	DTE←DCE
7	请求发送	RTS	DTE→DCE
8	清除发送	CTS	DTE←DCE
9	振铃指示	DELL	DTE←DCE

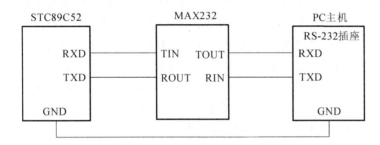

图 7-32 PC 主机与单片机的串行通信连接

2. 程序设计思想

通信程序设计分为 PC(上位机)程序设计与单片机(下位机)程序设计。

由于高级语言(如 C、BASIC)具有编程简单、调试容易、制图功能强等优点,汇编语言具有执行速度快等特点,所以 PC 的主程序采用 C 语言编写,通信子程序采用汇编语言编写。在实际开发调试单片机端的串行口通信程序时,也可以使用 STC 系列单片机下载程序中内嵌的串行口调试程序或其他串行口调试软件(如串行口调试精灵软件)来模拟 PC 的串行口通信程序,这也是实际工程开发中,特别是团队开发时常用的方法。

7.6.2 PC 与多个单片机的串行通信接口设计

在工控系统(尤其是多点现场工控系统)设计实践中,单片机与 PC 组合构成分布式测控系统是一个重要的发展方向。在图 7-33 中,PC 与单片机间的通信采用主从方式,PC 为主机,单片机为从机,由 PC 确定与哪个单片机进行通信。

这种分布式测控系统在许多实时工业控制和数据采集系统中充分发挥了单片机功能强、抗干扰性好、面向控制等优点,同时又可利用 PC 弥补单片机在数据处理和交互性等方面的不足。在系统中,主机定时扫描前沿单片机,以便采集数据或发送控制信息。以 STC89C52 为核心的智能式测量和控制仪表(从机)既能独立完成数据处理和控制任务,又可将数据传输给

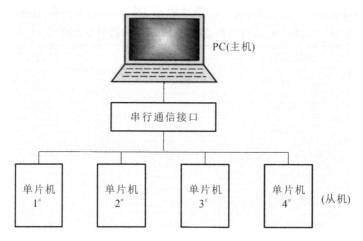

图 7-33   PC 与多台单片机构成小型的分布式测控系统

主机。PC 将这些数据进行处理、显示、打印,同时将各种控制命令传输给各从机,以实现集中管理和最优控制,特别是某从机系统的故障不会影响其他子系统的正常工作。要组成一个这样的分布式测控系统,首先要解决 PC 与单片机之间的串行通信接口问题。

下面以 RS-485 串行多机通信为例,说明 PC 与数台 STC89C52 单片机进行多机通信的接口电路设计方案。由于 PC 都配置有 RS-232C 串行标准接口,可通过转换电路转换成 RS-485 串行接口。STC89C52 单片机有 1 个全双工的串行口,该串行口加上驱动电路后就可实现 RS-485 串行通信。在图 7-34 中,单片机的串行口通过 75176 芯片驱动后可转换成 RS-485 标准接口,根据 RS-485 标准接口的电气特性,从机数量不多于 32 台。

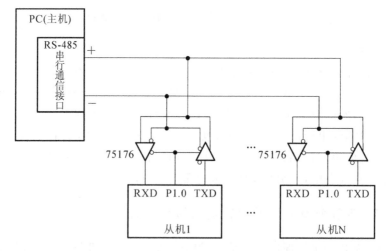

图 7-34   PC 与 STC89C52 单片机的串行通信接口电路

7.7   本章小结

串行通信有异步通信和同步通信两种。异步通信按字符传输,每传输一个字符,就用起始位来进行收发双方的同步;同步通信进行数据传输时,收发双方要保持完全同步,因此,要求接收设备和发送设备必须使用同一时钟。同步传输的优点是可以提高传送速率,但硬件较复杂。

单片机串行通信的数据通路形式有单工、半双工、全双工三种传输方式。异步通信时可能会出现帧格式错、超时错等传输错误。校验传输错误的方法有奇偶校验、和校验和循环冗余码校验。

与 STC89C52 单片机串行通信相关的寄存器包括 SBUF、SCON、PCON、SADEN 及 SADDR。其中读/写缓冲器 SBUF 共用一个字节地址 99H,发送 SBUF 只写不读,而接收 SBUF 只读不写;用于串行口通信控制的寄存器 SCON 用于通信方式的选择、接收和发送控制通信状态的指示。为了方便多机通信,STC89C52 单片机设置了从机地址控制寄存器 SADEN和SADDR。

需要注意的是,TB8 用于存储发送数据的第 9 位,RB8 用于存储接收数据的第 9 位。它们既可作为编程校验位使用,又可作为控制位使用。在多机通信中,经常把该位用作数据帧和地址帧的标志。SM2 为多机通信控制位。

STC89C52 单片机的串行口有 4 种工作方式。方式 0 为同步通信方式,以 8 位数据为一帧,主要用于单片机 I/O 接口的扩展。其他 3 种工作方式均为异步通信方式,其中方式 1 的数据帧格式为 10 位,包括包括 1 个起始位、8 个数据位、1 个可编程校验位(D8)和 1 个停止位;方式 2 和方式 3 的数据帧格式都是 11 位,包括 1 个起始位、8 个数据位、1 个可编程校验位(D8)和 1 个停止位。可编程校验位(D8)可以由软件置 1 或者清零,存放在 TB8 中,发送时连同 8 位数据共同通过串行通信总线发出,接收方将依次接收到的 D0~D7 装入接收缓冲器 SBUF 中,发送的可编程校验位(D8)存入 RB8 中。

在 STC89C252 单片机串行口的 4 种工作方式中,方式 0、方式 2 的波特率都是固定的,方式 1、方式 3 的波特率是可变的,可以通过定时器 1 或者定时器 2 设定。一般当定时器 1 作为波特率发生器使用时,经常选择工作在方式 2。当设置定时器 T2 作为波特率发生器时,定时器 T2 的溢出脉冲经 16 分频后作为串行口发送脉冲及接收脉冲。

习　　题

1. 什么是串行异步通信? 它有哪些作用?

2. STC89C52 单片机的串行口由哪些功能部件组成? 各有什么作用?

3. 简述串行口接收数据和发送数据的过程。

4. STC89C52 串行口有几种工作方式? 有几种帧格式? 各工作方式的波特率如何确定?

5. 若异步通信接口按方式 3 传输,已知每分钟传输 3600 个字符,其波特率是多少?

6. STC89C52 中 SCON 的 SM2、TB8、RB8 有何作用?

7. 假设串行口以方式 3 发送一个地址帧,地址信息为 15H,请画出该串行帧的波形图。

8. 设单片机主频频率为 12 MHz,求用 T1 产生波特率时的初始值,并计算波特率的误差。

9. 在串行通信中,收发双方对波特率的设定应该是(　　　　　)的。

10. 通过串行口发送数据或接收数据时,在程序中应使用(　　　　　)。

A. MOVC 指令　　　　　B. MOVX 指令　　　　　C. MOV 指令　　　　　D. XCHD 指令

11. 简述利用串行口进行多机通信的原理。

12. 什么叫定时器的溢出率？它有何意义？

13. 为什么 STC89C52 单片机串行口方式 0 的帧格式没有起始位(0)和停止位(1)？

14. 直接以 TTL 电平进行串行传输数据的方式有什么缺点？

15. 为什么在串行传输距离较远时,常采用 RS-232C、RS-422A 和 RS-485 标准串行接口来进行串行数据传输？比较 RS-232C、RS-422A 和 RS-485 标准串行接口的优缺点。

16. STC89C52 单片机以串行方式 1 发送数据,波特率为 9600 b/s。若发送 1 KB 数据,问至少要用多少时间？

17. 试利用 STC89C52 单片机串行口扩展 I/O 接口,控制 4 个数码管以一定速率闪烁,编程实现其功能。

18. 若单片机的振荡频率为 11.0592 MHz,串行口工作于方式 3,波特率为 2400 b/s,写出定时器方式控制字并计算定时器计数初始值。

19. STC89C52 单片机以串行口方式 1 发送 960 B 数据用时 1 s,试计算其波特率。

20. 已知双机通信的波特率为 2400 b/s,振荡频率为 11.0592 MHz,采用中断方式并应用 C51 语言编写程序,实现将发送机中数组 Buffer[10] 的数据传输到接收机,并存储到接收机的 Receiver[10] 数组。编写双机通信程序。

第8章 STC89C52 单片机存储器的扩展

传统的 8051 系列单片机只有 128B（8051）/256B（8052）存储器供用户使用。STC89C51RC/RD＋系列单片机(包括 STC89C52RC)片内数据存储器除内部 RAM 外,还包含内部扩展的 RAM,其片上集成的数据存储器有 512 B/1280 B。STC89C51RC/RD＋系列单片机内部集成了 4～64 KB 的闪速程序存储器,使用 ISP/IAP 技术读/写内部 Flash 来实现的电擦除型只读存储器(EEPROM)最小为 2 KB,最大为 16 KB,基本上能很好地满足项目的需要,这样既节省了片外资源,又达到了降低成本的目的,使用起来也更加方便。这些资源对于小型的测控系统已经足够,但对于较大的应用,若单片机内部集成的存储器还不能满足需求,就需要对 STC89C52RC 单片机进行外部程序存储器和外部数据存储器的扩展。

8.1 系统扩展结构

STC89C52 单片机采用总线结构,使扩展易于实现。由图 8-1 可以看出,系统扩展主要包括存储器扩展和 I/O 接口部件扩展。当系统要求扩展时,应将其外部连线变为与一般 CPU 类似的三总线结构形式,即地址总线(Address Bus,AB)、数据总线(Data Bus,DB)和控制总线(Control Bus,CB)。其中,地址总线用于传输单片机发出的地址信号,以便进行存储单元和 I/O 接口芯片中的寄存器单元的选择;数据总线用于在单片机与外部存储器之间或与 I/O 接口之间传输数据,为双向传输;控制总线是单片机发出的各种控制信号线。

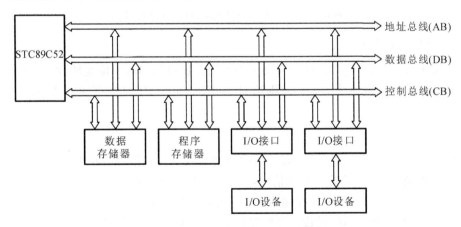

图 8-1 STC89C52 单片机的系统扩展结构

STC89C52 单片机的存储器扩展包括程序存储器扩展和数据存储器扩展。STC89C52 单片机采用程序存储器空间和数据存储器空间独立的哈佛结构。扩展后,系统形成两个并行的外部存储器空间。

由于系统扩展是以 STC89C52 为核心的,通过总线把单片机与各扩展部件连接起来。因此,要进行系统扩展,先要构造系统总线。

下面讨论单片机是如何来构造系统的三总线的。

1. P0 口作为低 8 位地址/数据总线

STC89C52 受引脚数目的限制,P0 口既用作低 8 位地址总线,又用作数据总线(分时复用),因此需增加一个 8 位地址锁存器。当 STC89C52 访问外部扩展的存储器单元或 I/O 接口时,先将低 8 位地址送入地址锁存器锁存,锁存器再输出作为系统的低 8 位地址(A7~A0)。随后,P0 口还可以作为数据总线口(D7~D0),如图 8-2 所示,该口为三态数据双向口,是应用系统使用最为频繁的通道。单片机与外部进行信息交换时,除少数信息通过 P1 口外,其余都通过 P0 口传输。

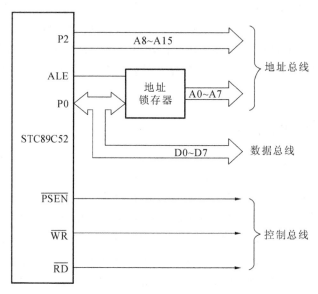

图 8-2　STC89C52 单片机扩展的三总线结构

2. P2 口作为高位地址线

P2 口用作系统的高 8 位地址线,再加上地址锁存器提供的低 8 位地址,便形成了 16 位的地址总线,从而使单片机系统的寻址范围达到 64 KB。由于 P2 口具有锁存功能,所以不需要外加锁存器。

3. 控制信号线

除地址总线和数据总线外,还要有系统的控制总线。这些信号有的是单片机引脚的第一功能信号,有的则是 P3 口的第二功能信号,主要包括以下几方面。

(1) $\overline{PSEN}$ 作为外部扩展程序存储器的读选通控制信号。

(2) $\overline{RD}$ 和 $\overline{WR}$ 作为外部扩展数据存储器和 I/O 的读、写选通控制信号。

(3) ALE 作为 P0 口发出的低 8 位地址锁存控制信号。

(4) $\overline{EA}$ 作为片内外程序存储器的选择控制信号。

可见,STC89C52 的 PDIP40 HD 版本的 4 个并行 I/O 接口,由于系统扩展的需要,所以能够真正作为数字 I/O 使用的就只剩下 P1 和 P3 的部分口线。

8.2 地址锁存与地址空间分配

8.2.1 地址锁存

受引脚数的限制,STC89C52 的 P0 口兼作数据线和低 8 位地址线,为了将地址和数据信息区分开来,需要在 P0 口外部增加地址锁存器,即将地址信息的低 8 位锁存后输出。锁存器的锁存控制信号采用 ALE 实现。在每个机器周期,ALE 两次有效,可以利用地址锁存器在 ALE 的下降沿将 P0 口输出的地址信息锁存,当 ALE 转为低电平时,P0 口输出 8 位数据信息。

目前,常用的地址锁存器芯片有 74LS373、74LS573 等。

1. 地址锁存器芯片 74LS373

74LS373 芯片内部由 8 路 D 触发器和 8 个三态缓冲器组成。其内部结构如图 8-3 所示,引脚如图 8-4 所示。

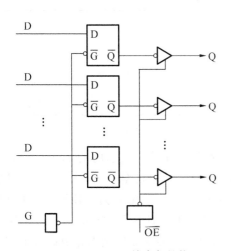

图 8-3 74LS373 的内部结构

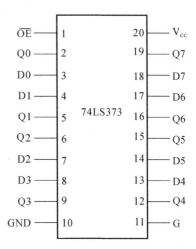

图 8-4 74LS373 的引脚

各引脚说明如下。

D7~D0:8 位数据输入线。

Q7~Q0:8 位数据输出线。

G:数据输入锁存选通信号。当加入该引脚的信号为高电平时,外部数据选通到内部锁存器;负跳变时,数据锁存到锁存器中。

$\overline{OE}$:数据输出允许信号,低电平有效。当该信号为低电平时,三态门打开,锁存器中的数据输出到数据输出线。当该信号为高电平时,输出线为高阻态。

STC89C52 与 74LS373 锁存器的连接如图 8-5 所示。当 G 端为高电平时,74LS373 的数据输出端 Q 的状态与数据输入端 D 的状态相同。当 G 端从高电平返回到低电平时(下降沿后),输入端的数据就被锁存在锁存器中,数据输入端 D 的变化不再影响 Q 端输出。

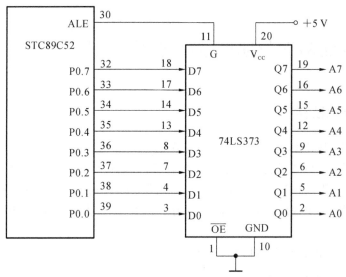

图 8-5　STC89C52 单片机 P0 口与 74LS373 的连接

74LS373 锁存器的功能如表 8-1 所示。

表 8-1　74LS373 的功能

$\overline{OE}$	G	D	Q
0	1	1	1
0	1	0	0
0	0	×	不变
1	×	×	高阻态

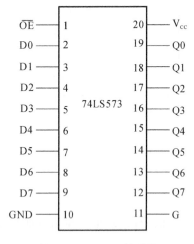

图 8-6　74LS573 的引脚

2. 地址锁存器芯片 74LS573

74LS573 也是一种带有三态门的 8D 锁存器,功能及内部结构与 74LS373 的完全一样,只是其引脚排列与 74LS373 的不同,图 8-6 所示为 74LS573 的引脚。与 74LS373 的引脚相比,74LS573 的输入端 D 和输出端 Q 依次排列在芯片两侧,为绘制印制电路板提供了方便。

各引脚说明如下。

D7～D0:8 位数据输入线。

Q7～Q0:8 位数据输出线。

G:数据输入锁存选通信号,该引脚的功能与 74LS373 的 G 端的功能相同。

$\overline{OE}$:数据输出允许信号,低电平有效。当该信号为低电平时,三态门打开,锁存器中的数据输出到数据输出线。当该信号为高电平时,输出线为高阻态。

8.2.2　地址空间分配

从 STC89C52 单片机系统扩展结构可知,扩展后,单片机系统形成两个并行的外部存储器空间,即程序存储器空间和数据存储器空间。两个独立空间的最大可寻址空间均为 4 KB。如何把片外的两个 64 KB 地址空间分配给各个程序存储器、数据存储器芯片,使一个存储单元只对应一个地址,避免单片机发出一个地址时同时访问两个单元,从而发生数据冲突。这就是存储器地址空间的分配问题。

STC89C52 单片机发出的地址码用于选择某个存储器单元,在这个过程中,单片机必须进行两种选择:一是选中该存储器芯片,称为"片选",未被选中的芯片不能被访问;二是在"片选"的基础上再根据单片机发出的地址码来对"选中"芯片的某一单元进行访问,即"单元选择"。为了实现片选,存储器芯片都有片选引脚。同时也有多条地址线引脚,以便进行单元选择。("片选"和"单元选择"都是单片机通过地址线一次发出的地址信号来完成选择。本书把单片机系统的地址线笼统地分为低位地址线和高位地址线,片选都是使用高位地址线。实际上,16条地址线中的高、低位地址线的数目并不是固定的,只是习惯上把用于"单元选择"的地址线都称为低位地址线,其余的称为高位地址线。)

常用的存储器地址空间分配方法有两种:线性选择法(简称线选法)和地址译码法(简称译码法)。

1. 线选法

线选法一般只适用于外部扩展少量的片外存储器和 I/O 接口芯片。所谓线选法,通常是指直接利用单片机系统的某一高位地址线作为存储器芯片(或 I/O 接口芯片)的"片选"控制信号。为此,只需要把用到的高位地址线与存储器芯片的"片选"端直接连接即可。

线选法的优点是电路简单,不需要另外增加地址译码器硬件电路,体积小,成本低。缺点是可寻址的芯片数目受到限制,芯片之间地址不连续,地址空间没有充分利用。

2. 译码法

对于一些外部扩展芯片数量较多的应用系统,需要的片选信号往往多于可利用的高位地址线,因此无法使用线选法扩展外围芯片。此时,可使用译码器对 STC89C52 单片机的高位地址进行译码,将译码输出作为存储器芯片的片选信号。这种方法能够有效地利用存储器空间。

常用的译码器芯片有 74LS138、74LS139 和 74LS154。若全部高位地址线都参加译码,则称为全译码;若仅部分高位地址线参加译码,则称为部分译码。部分译码存在着部分存储器地址空间相重叠的情况。

下面介绍两种常用的译码器芯片。

(1) 74LS138。74LS138 是 3 线-8 线译码器,有 3 个数据输入端,经译码产生 8 种状态。其引脚如图8-7 所示,其真值表如表 8-2 所示。由表 8-2 可知,当一个选通端 G1 为高电平,且另外两个选通端 $\overline{G2A}$ 和 $\overline{G2B}$ 为低电平时,可将输入端 C、B、A 的二进制编码在一个对应的引脚输出端以低电平译出。其余引脚输出均为高电平。此时,可将输出为低电平的引脚作为某一存储器芯片的片选信号。

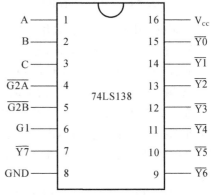

图 8-7　74LS138 的引脚图

表 8-2　74LS138 的真值表

输入端						输出端							
G1	$\overline{G2A}$	$\overline{G2B}$	C	B	A	$\overline{Y7}$	$\overline{Y6}$	$\overline{Y5}$	$\overline{Y4}$	$\overline{Y3}$	$\overline{Y2}$	$\overline{Y1}$	$\overline{Y0}$
1	0	0	0	0	0	1	1	1	1	1	1	1	0
1	0	0	0	0	1	1	1	1	1	1	1	0	1
1	0	0	0	1	0	1	1	1	1	1	0	1	1
1	0	0	0	1	1	1	1	1	1	0	1	1	1
1	0	0	1	0	0	1	1	1	0	1	1	1	1
1	0	0	1	0	1	1	1	0	1	1	1	1	1
1	0	0	1	1	0	1	0	1	1	1	1	1	1
1	0	0	1	1	1	0	1	1	1	1	1	1	1
其他状态	×	×	×			1	1	1	1	1	1	1	1

注:1 表示高电平,0 表示低电平,×表示任意。

（2）74LS139。74LS139 是双 2 线-4 线译码器。这两个译码器完全独立,分别有各自的数据输入端、译码状态输出端以及数据输入允许端,其引脚如图 8-8 所示,其真值表如表 8-3 所示(只给出其中一组)。

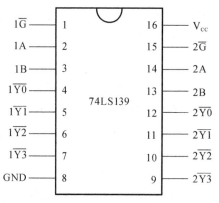

图 8-8　74LS139 的引脚图

表 8-3　74LS139 的真值表

输入端			输出端			
$\overline{G}$	B	A	$\overline{Y3}$	$\overline{Y2}$	$\overline{Y1}$	$\overline{Y0}$
0	0	0	1	1	1	0
0	0	1	1	1	0	1
0	1	0	1	0	1	1
0	1	1	0	1	1	1
1	×	×	1	1	1	1

下面以 74LS138 为例,采用全地址译码方式,如何进行地址分配。例如,单片机要扩展 8 片 8 KB 的 SRAM 6264,如何通过 74LS138 将 64 KB 空间分配给各个芯片?

依照 74LS138 的译码逻辑,将 P2.7、P2.6、P2.5 这 3 条高位地址线分别连接 74LS138 的 C、B、A 端,这样译码器的 8 个输出端 $\overline{Y0}$～$\overline{Y7}$分别连接到 8 片 6264 的片选端,即可实现 8 选 1 的片选。低 13 位地址(P2.4～P2.0、P0.7～P0.0)完成对选中的 6264 芯片中的各个存储单元的单元选择。这样就把 64 KB 空间分成 8 个 8 KB 空间,地址空间分配如图 8-9 所示,图中与地址无关的电路部分均未画出。扩展的 8 片 6264 的地址空间连续,而且没有地址重叠的现象。

本例中,如果将 $\overline{Y7}$连接到 1 片 6116,则芯片容量只有 2 KB,那么 E000H～E7FFH、E800H～EFFFH、F000H～F7FFH、F800H～FFFFH 这 4 个 2 KB 空间都对应 6116 芯片,也

就是说,即使采用全地址译码法,也会有地址重叠现象。

采用译码器划分的地址空间块都是相等的,如果将地址空间块划分为不等的块,则可采用可编程逻辑器件 FPGA 对其编程,以代替译码器进行非线性译码。

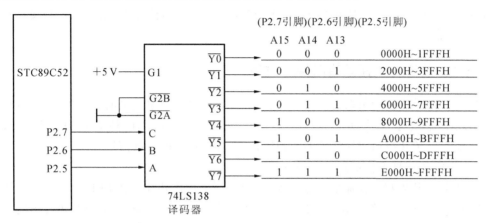

图 8-9　将 64 KB 地址空间划分成 8 个 8 KB 空间

8.3　程序存储器的扩展

外部程序存储器的种类单一,常采用只读存储器。只读存储器简称 ROM(Read Only Memory)。ROM 中的信息一旦写入,就不能随意更改,特别是不能在程序运行过程中写入新的内容,故称为只读存储器。这种存储器在电源断开后,仍能保存程序(此特性称为非易失性),在系统上电后,CPU 可取出这些指令重新执行。

向 ROM 中写入信息称为 ROM 编程。根据编程方式的不同,可将 ROM 分为以下几种。

(1) 掩模 ROM:编程以掩模工艺实现,因此称为掩模 ROM。这种芯片存储结构简单,集成度高,但由于掩模工艺成本较高,因此只适合大批量生产。

(2) 可编程 ROM(PROM):芯片出厂时没有任何程序信息,需要使用独立的编程器写入。但 PROM 只能写一次,写入内容后,就不能再修改。

(3) EPROM:使用紫外线擦除,使用电信号编程。在芯片外壳的中间位置有一个圆形窗口,对该窗口照射紫外线就可擦除原有的信息。使用编程器可将调试完毕的程序写入。

(4) EEPROM(E^2PROM):EEPROM 是一种使用电信号编程以及电信号擦除的 ROM 芯片。对 EEPROM 的读/写操作与 RAM 存储器的几乎没有什么区别,只是写入的速度慢一些,但断电后仍能保存信息。

(5) Flash ROM:Flash ROM 称为闪速存储器(简称闪存),是在 EPROM、EEPROM 的基础上发展起来的一种电擦除型只读存储器。其特点是可快速在线修改其存储单元中的数据,改写次数可达 1 万次,其读/写速度很快,存取时间可达 70 ns,而成本比 EEPROM 的低得多。由于 Flash ROM 具有低成本和快速电擦写的特性,所以更受用户的欢迎,目前大有取代 EEPROM 的趋势。

由于超大规模集成电路制造工艺的发展,芯片集成度越来越高,扩展程序存储器时使用的

ROM 芯片数量越来越少,因此芯片的选择多采用线选法,而地址译码法用得较少。并且目前许多单片机生产厂家生产的 8051 内核的单片机,在芯片内部集成了数量不等的 Flash ROM,如 STC89C51RC/RD＋系列单片机内部集成了 4～64 KB 的 Flash ROM,能满足绝大多数用户的需要,性价比高。在片内集成的 Flash ROM 满足要求的情况下,用户没有必要再扩展外部程序存储器。

8.3.1 外扩程序存储器的操作时序

STC89C52 单片机应用系统的扩展方法较为简单,这是由单片机的优良扩展性能决定的。单片机的地址总线为 16 位,扩展的片外 ROM 的最大容量为 64 KB,地址为 0000H～FFFFH。

STC89C52 单片机访问片外扩展的程序存储器时,所用的控制信号有以下 3 种。

(1) ALE:用于低 8 位地址锁存控制。

(2) $\overline{PSEN}$:片外程序存储器读选通控制信号,用于连接外部扩展 EPROM 的$\overline{OE}$引脚。

(3) $\overline{EA}$:片内、片外程序存储器访问的控制信号。当$\overline{EA}=1$ 时,如果单片机发出的地址小于片内程序存储器的最大地址,则访问片内程序存储器;当$\overline{EA}=0$ 时,只访问片外程序存储器。

扩展的片外 RAM 的最大容量也为 64 KB,地址为 0000H～FFFFH。但由于 STC89C52 采用不同的控制信号和指令(CPU 对 ROM 的读操作由$\overline{PSEN}$控制,指令使用 MOVC 类;CPU 对 RAM 的读、写操作分别使用$\overline{RD}$和$\overline{WR}$控制,指令使用 MOVX),所以,尽管 ROM 与 RAM 的地址是重叠的,也不会发生混乱。

STC89C52 对片外 ROM 的操作时序分两种,即执行非 MOVX 指令的时序和执行 MOVX 指令的时序,如图 8-10(a)、(b)所示。

1. 应用系统无片外 RAM

硬件系统没有外部扩展 RAM(或 I/O)时,不用执行 MOVX 指令。当执行非 MOVX 指令时,时序如图 8-10(a)所示。P0 口作为地址/数据复用的双向总线,用于输入指令或输出程序存储器的低 8 位地址 PCL。在每个机器周期中,地址锁存控制信号 ALE 2 次有效,同时,$\overline{PSEN}$也是每个机器周期中 2 次有效。当 ALE 上升为高电平时,P2 口输出高 8 位地址 PCH, P0 口输出低 8 位地址 PCL;ALE 下降为低电平后,P2 口信息保持不变,而 P0 口将用来读取片外 ROM 中的指令。因此,低 8 位地址必须在 ALE 降为低电平之前由外部地址锁存器锁存起来。在$\overline{PSEN}$输出负跳变选通片外 ROM 后,P0 口转为输入状态,读入片外 ROM 的指令字节。

2. 应用系统扩展了片外 RAM

在执行访问片外 RAM(或 I/O)的 MOVX 指令时,16 位地址应转而指向数据存储器,时序如图 8-10(b)所示。在指令输入以前,P2 口输出的地址 PCH、PCL 指向程序存储器;在指令输入并判断是 MOVX 指令后,ALE 在该机器周期 S5 状态锁存的是 P0 口发出的片外 RAM (或 I/O)低 8 位地址。若执行的是"MOVX A,@DPTR"或"MOVX @DPTR,A"指令,则此地址就是 DPL(数据指针低 8 位);同时,在 P2 口上出现的是 DPH(数据指针的高 8 位)。若执行的是"MOVX A,@Ri"或"MOVX @Ri,A"指令,则 Ri 的内容为低 8 位地址,而 P2 线上的将是 P2 口锁存器的内容。在同一机器周期中将不再出现有效取指信号,下一个机器周期中

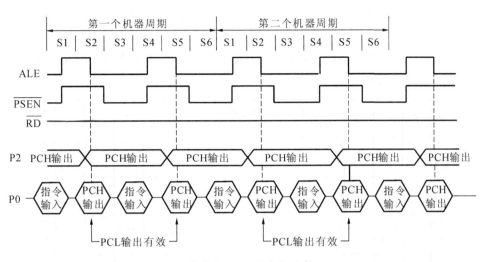

(a) 执行非MOBX指令的时序

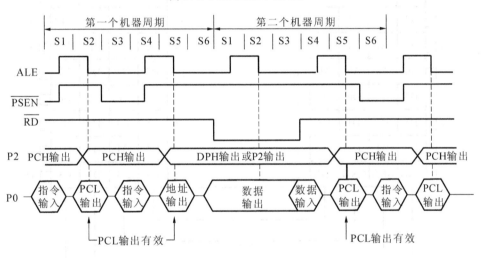

(a) 执行非MOVX指令的时序

图 8-10   片外扩展 ROM 的操作时序

ALE 的有效锁存信号也不再出现;当$\overline{RD}$或$\overline{WR}$有效时,P0 口将读/写数据存储器中的数据。

从图 8-10(b)可以看出,执行一次 MOVX 指令就会丢失一个 ALE 脉冲,且在执行 MOVX 指令时的第二个机器周期中才对片外 RAM(或 I/O)进行读/写,地址总线才由数据存储器使用。

8.3.2   程序存储器的扩展方法

1. 常用的 EPROM 芯片

程序存储器的扩展使用较多的是与单片机的连接为并行接口的 EPROM。

EPROM 的典型芯片是 27 系列产品,型号"27"后面的数字表示其位存储容量。如果换算成字节容量,只需将该数字除以 8 即可。例如,"27128"中的"27"后的数字"128",对应 16 KB 的字节容量。随着大规模集成电路技术的发展,大容量存储器芯片的产量剧增,售价不断下降,性价比明显增高,且由于小容量芯片停止生产,使市场某些小容量芯片的价格反而比大容量芯片的价格还贵。所以,应尽量采用大容量芯片。目前常用的 EPROM 芯片有 2764(8 KB)、27128(16 KB)、27256(32 KB)、27512(64 KB)。27 系列 EPROM 芯片的引脚如图 8-11所示,其主要技术特性如表 8-4 所示。

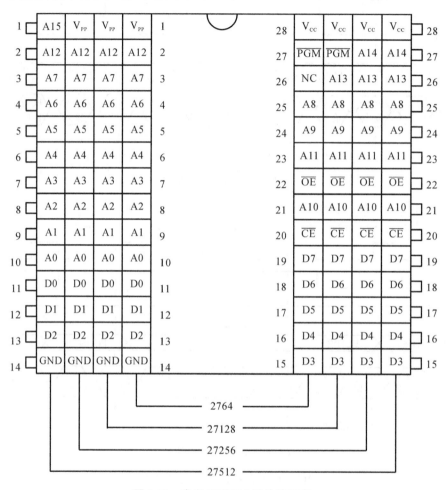

图 8-11　常用 EPROM 芯片的引脚

表 8-4　常见 EPROM 芯片的主要技术特性

芯片型号	容量/KB	引脚数	工作电压/V	编程电压/V	读出时间/ns	最大工作电流/mA	最大维持电流/mA
Intel2732	4	24	5	12.5	100～300	100	35
Intel2764	8	28	5	12.5	100～200	75	35
Intel27128	16	28	5	12.5	100～300	100	40
Intel27256	32	28	5	12.5	100～300	100	40
Intel27512	64	28	5	12.5	100～300	125	40

图 8-11 中,各芯片的引脚功能说明如下。

A0～A15:地址线引脚。它的数目由芯片的存储容量决定,用于进行单元选择。

D7～D0:数据线引脚。

$\overline{CE}$:片选控制端。

$\overline{OE}$:输出允许控制端。

$\overline{PGM}$:编程时,编程脉冲的输入端。

V_{PP}:编程时,编程电压(+12V 或+25V)输入端。

V_{CC}:+5V,芯片的工作电压。

GND:地。

NC:无用端。

EPROM 芯片一般有读出、未选中、编程、程序校验、编程禁止 5 种工作方式,其工作方式的控制如表 8-5 所示。

表 8-5　EPROM 芯片工作方式的控制

工作方式	$\overline{CE}/\overline{PGM}$	$\overline{OE}$	D7～D0
读出	0	0	程序输出
未选中	1	×	高阻态
编程	正脉冲	1	程序写入
程序校验	0	0	程序读出
编程禁止	0	1	高阻态

(1) 读出方式。一般情况下,EPROM 工作于读出方式。当 $\overline{CE}$ 为低电平,$\overline{OE}$ 为低电平时,V_{PP} 为+5 V,就可将 EPROM 指定地址单元的内容从 D7～D0 中读出。

(2) 未选中方式。当 $\overline{CE}$ 为高电平时,芯片进入未选中方式,这时数据输出为高阻悬浮状态,不占用数据总线。EPROM 处于低功耗的维持状态。

(3) 编程方式。在 V_{PP} 端加上规定好的高电压,在 $\overline{CE}$ 端和 $\overline{OE}$ 端加上合适的电平(不同的芯片要求不同),可将数据写入指定的地址单元。编程地址和编程数据分别由系统的 A15～A0 和 D7～D0 提供。

(4) 编程校验方式。V_{PP} 端保持相应的编程电压,按读出方式操作,读出固化好的内容,校验写入内容是否正确。

(5) 编程禁止方式。编程禁止方式不能写入程序,输出呈现高阻状态。

2. STC89C52 单片机与 EPROM 的接口电路设计

由于 STC89C51RC/RD+系列单片机内部集成了 4～64 KB 的 Flash ROM,所以在设计中,可根据实际需要来决定是否扩展外部 EPROM。当系统的应用程序不大于单片机片内的 Flash ROM 容量时,扩展外部程序存储器的工作可省略。但是,作为扩展外部程序存储器的基本方法,读者还是应该掌握。

图 8-12 为 16 KB ROM(27128)的扩展电路。更大容量的 27256、27512 与 STC89C52 的连接,区别仅在于连接的地址线数目不同。

STC89C52 的 P0 口接地址锁存器 74LS373,将低 8 位的地址锁存后再接到 27128 的 A0～A7 上。将 STC89C52 的地址锁存控制信号线 ALE 接到 74LS373 锁存器控制端 G,当 ALE

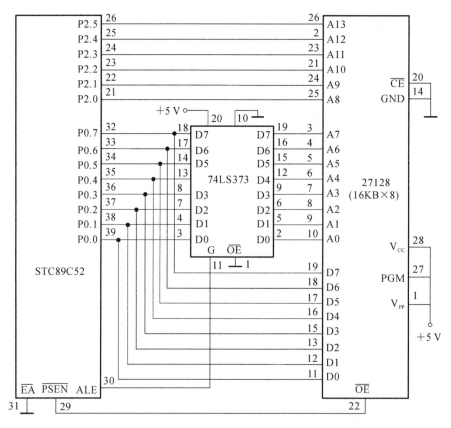

图 8-12　STC89C52 与 27128 的接口电路

发生负跳变时,74LS373 将低 8 位地址锁存,P0 口方可作为数据线使用。27128 的高位地址线有 6 条,即 A8~A13,直接接到 P2 口的 P2.0~P2.5 即可。

在设计接口电路时,由于外部扩展的 EPROM 在正常使用中只读不写,故 EPROM 芯片只有读出控制引脚$\overline{OE}$,该引脚与 STC89C52 单片机的$\overline{PSEN}$相连。

由于是单片 EPROM 扩展,所以不需要考虑片选问题,27128 的片选端$\overline{CE}$直接接地。当然,也可接到某一高位地址线上(A15 或 A14)进行线选或接到某一地址译码器的输出端。

与单片 EPROM 扩展电路相比,多片 EPROM 的扩展除片选端$\overline{CE}$外,其他均与单片扩展电路的相同。图 8-13 所示的为采用译码法扩展 4 片 27128 EPROM。

由于 27128 的容量为 16 KB,所以片内地址线有 14 条。将高位剩余的 2 条地址线接到 74LS139 译码器的输入端 A、B,译码器使能端 G 直接接地,输出端$\overline{Y0}$~$\overline{Y3}$分别接到 4 片 27128 的片选端。根据表 8-3(74LS139 的译码逻辑),$\overline{Y0}$~$\overline{Y3}$每次只能有一位输出为 0,因此,只有输出为 0 的一端所连接的芯片才会被选中。若此时 P2.7=0、P2.6=0,则选中 IC1。地址线 A15~A0 与 P2、P0 的对应关系如下:

P2.7	P2.6	P2.5	P2.4	P2.3	P2.2	P2.1	P2.0	P0.7	P0.6	P0.5	P0.4	P0.3	P0.2	P0.1	P0.0
A15	A14	A13	A12	A11	A10	A9	A8	A7	A6	A5	A4	A3	A2	A1	A0
0	0	×	×	×	×	×	×	×	×	×	×	×	×	×	×

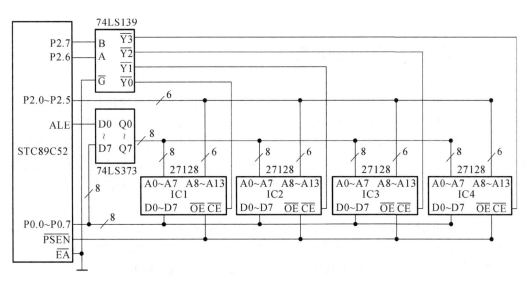

图 8-13 STC89C52 单片机与 4 片 27128 EPROM 的接口电路

当 P2.7、P2.6 全为 0，P2.5～P2.0 与 P0.7～P0.0 这 14 条地址线的任意状态都能选中 IC1 的某一单元。当"×"全为"0"时，则为最小地址 0000H；当"×"全为"1"时，则为最大地址 3FFFH。因此，IC1 的地址空间为 0000H～3FFFH。同理，可得其他芯片的地址范围。各芯片的地址空间分布如表 8-6 所示。

表 8-6 4 片 27128 的地址空间分布

| 译码器输入 | | 译码器有效输出 | 选中芯片 | 地址范围 | 存储容量 |
P2.7	P2.6				
0	0	$\overline{Y0}$	IC1	0000H～3FFFH	16 KB
0	1	$\overline{Y1}$	IC2	4000H～7FFFH	16 KB
1	0	$\overline{Y2}$	IC3	8000H～BFFFH	16 KB
1	1	$\overline{Y3}$	IC4	C000H～FFFFH	16 KB

为了更清楚地讲述单片机与扩展的程序存储器的软、硬件之间的关系，下面结合图 8-13 所示的译码电路来说明片外程序区读指令的过程。

3. 单片机片外程序区读指令的过程

单片机上电复位后，CPU 就从系统启动地址 0000H 处开始取指令，并执行程序。取指令期间，低 8 位地址送入 P0 口，经锁存器 A0～A7 输出。高 8 位地址送入 P2 口，直接由 P2.0～P2.5 锁存到 A8～A13 地址线上，P2.7、P2.6 作为 74LS139 译码输入产生片选控制信号。这样，根据 P2 口、P0 口状态选中第一个程序存储器芯片 IC1(27128) 的第一个单元地址 0000H。然后，当 PSEN 变为低电平时，将 0000H 中的指令代码经 P0 口读入内部 RAM 中进行译码，从而决定进行何种操作。在取出一个指令字节后，PC 自动加 1，然后取第二个字节，依此类推。当 PC=3FFFH 时，从 IC1 最后一个单元取指令；当 PC=4000H 时，CPU 向 P2 口、P0 口送出 4000H 地址，选中第二个程序存储器 IC2，IC2 的地址范围为 4000H～7FFFH，读指令的过程同 IC1 的过程，不再赘述。

8.4 数据存储器的扩展

STC89C52 单片机内部仅有 512 B 的数据存储器，可用于存放程序执行的中间结果和过程数据。这 512 B 的内部数据存储器包含 256 B 的内部 RAM 和 256 B 的内部扩展 RAM。内部扩展的 256B RAM 在物理上属于内部，而在逻辑上属于外部。在系统需要大量数据缓冲的场合（如语言系统、商场收费的 POS 机）中，可以通过在外部扩展较大容量的静态随机存储器（SRAM）或 Flash ROM 扩充系统的数据存储能力，扩展的最大容量为 64 KB，地址为 0000H~FFFFH。

当设置特殊功能寄存器 AUXR（地址为 8EH）的 EXTRAM 位为 0 时，在 00H 到 FFH 单元（256 B）使用 MOVX @DPTR 指令访问的是内部扩展的 RAM，超过 0FFH 的地址空间将访问外部扩展的 RAM；而采用 MOVX @Ri 指令只能访问片内扩展的 00H 到 FFH 单元。

有些应用系统在外部扩展了 I/O 或者使用片选去选择多个 RAM 区时，与内部扩展的 RAM 逻辑地址有时会产生冲突，这时可以将 EXTRAM 设置为 1，禁止访问此内部扩展的 EXTRAM。此时 MOVX @DPTR/MOVX @Ri 指令的使用和普通 8052 单片机的相同。

8.4.1 外扩数据存储器的读/写操作时序

扩展 RAM 与扩展 ROM 类似，由 P2 口提供高 8 位地址，P0 口分时地作为低 8 位地址线和 8 位双向数据总线。片外 RAM 的读和写由 STC89C52 的 $\overline{RD}$(P3.7) 和 $\overline{WR}$(P3.6) 信号控制，尽管与 EPROM 的地址重叠，但由于控制信号不同（片外程序存储器 EPROM 的输出端允许 $\overline{OE}$ 由单片机的读选通信号 $\overline{PSEN}$ 控制），所以也不会发生总线冲突。STC89C52 单片机片外扩展 RAM 的读和写两种操作时序的基本过程是相同的。

1. 读片外扩展 RAM 操作时序

CPU 对扩展的片外 RAM 进行读操作的时序如图 8-14 所示。

在第一个机器周期的 S1 状态，ALE 信号由低变高（见①处），从读 RAM 周期开始。在 S2 状态，CPU 把低 8 位地址（DPL 内容）送到 P0 总线上，把高 8 位地址（DPH 内容）送到 P2 口。ALE 下降沿（见②处）用来把低 8 位地址信息锁存到外部锁存器 74LS373 内。而高 8 位地址信息一直锁存在 P2 口锁存器中（见③处）。

在 S3 状态，P0 口总线变成高阻悬浮状态④。在 S4 状态，执行"MOVX A,@DPTR"指令后使 $\overline{RD}$ 信号变为有效（见⑤处），$\overline{RD}$ 信号使被寻址的片外 RAM 将数据送上 P0 总线（见⑥处），当 $\overline{RD}$ 返回高电平后（⑦处），P0 总线变为悬浮状态⑧。

2. 写片外扩展 RAM 操作时序

单片机执行"MOVX @DPTR,A"/"MOVX @Ri,A"指令，向片外 RAM 写数据。在单片机执行这条指令后，STC89C52 的 $\overline{WR}$ 信号为低有效，此信号使 RAM 的 $\overline{WE}$ 端选通。

片外扩展 RAM 写时序如图 8-15 所示。开始的过程与读的过程类似，但写的过程是 CPU 主动把数据送上 P0 总线，故在时序上，CPU 先向 P0 总线送完 8 位地址后，在 S3 状态就将数据送到 P0 总线（③处）。此间，P0 总线上不会出现高阻悬浮现象。

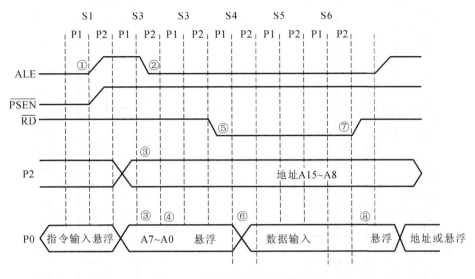

图 8-14 片外扩展 RAM 读时序

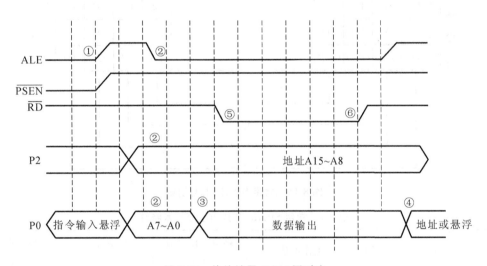

图 8-15 片外扩展 RAM 写时序

在 S4 状态,写信号$\overline{\text{WR}}$有效(⑤处),选通片外 RAM,之后 P0 口上的数据就写到 RAM 中,然后写信号$\overline{\text{WR}}$变为无效(⑥处)。

8.4.2 数据存储器的扩展方法

1. 常用的静态 RAM(SRAM)芯片

在单片机应用系统中,外部扩展的数据存储器多采用 SRAM,但 SRAM 不具备数据掉电保护的特性。目前,常用的 SRAM 芯片有 6116(2KB)、6264(8KB)、62128(16KB)、62256(32KB)等。它们都采用单一+5 V 电源供电,双列直插封装,除 6116 为 24 引脚封装外,6264、62128、62256 均为 28 引脚封装。这些 RAM 芯片的引脚排列如图 8-16 所示,其主要技术特性如表 8-7 所示。

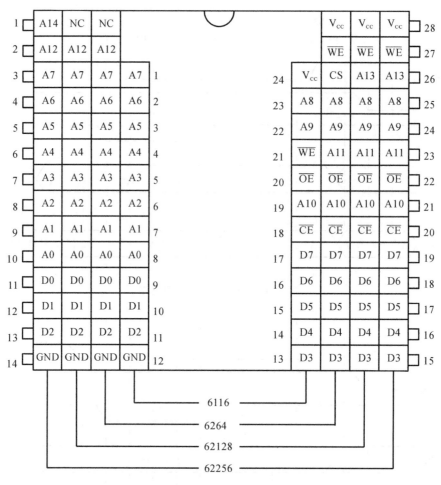

图 8-16 常用 SRAM 芯片引脚

表 8-7 常用 SRAM 芯片的主要技术特性

芯片型号	容量/KB	引脚数	工作电压/V	典型工作电流/mA	典型维持电流/mA	典型存取时间/ns
6116	2	24	5	35	5	200
6264	8	28	5	40	2	200
62128	16	28	5	8	0.5	200
62256	32	28	5	8	0.5	200

图 8-16 中,各 SRAM 芯片引脚的功能说明如下。

A0～A14:地址输入线。

D0～D7:双向三态数据线。

$\overline{CE}$:片选信号输入线。对 6264 芯片,当 24 引脚(CS)为高电平且 $\overline{CE}$ 为低电平时才选中该片。

$\overline{RD}$:读选通信号输入线,低电平有效。

$\overline{WR}$:写允许信号输入线,低电平有效。

V_{CC}：工作电源+5 V。

GND：地。

SRAM 芯片有读出、写入、维持 3 种工作方式，工作方式的控制如表 8-8 所示。

表 8-8 常用 SRAM 芯片的工作方式的控制

工作方式	$\overline{CE}$	$\overline{OE}$	$\overline{WE}$	D7～D0
读出	0	0	1	数据输出
写入	0	1	0	数据输入
维持	1	×	×	高阻态

注：对于 CMOS 型 SRAM，$\overline{CE}$ 为高电平，电路处于降耗状态。此时，V_{CC} 电压可降至 3 V 左右，内部存储的数据也不会丢失。

2. STC89C52 单片机与 SRAM 的接口电路设计

STC89C52 对片外 RAM 的读和写由 $\overline{RD}$(P3.7) 和 $\overline{WR}$(P3.6) 控制，片选端 $\overline{CE}$ 由地址译码器的译码输出控制。因此在设计时，主要解决地址分配、数据线和控制信号线的连接问题。当与高速单片机连接时，还要根据时序解决读/写速度的匹配问题。

图 8-17 所示的为使用线选法扩展 24 KB 外部数据存储器的电路图。图中的数据存储器采用 3 片 6264，该芯片地址线有 13 条，为 A0～A12，故 STC89C52 剩余高位地址线 3 条。使用线选法可扩展 3 片 6264，对应的存储器空间如表 8-9 所示。从表 8-9 可以看出，扩展的存储器芯片地址空间不连续。

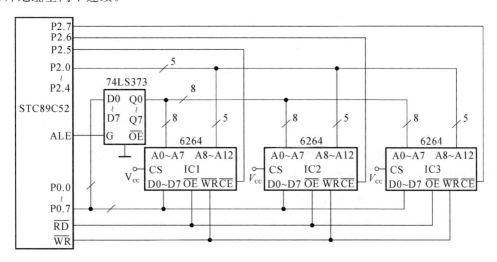

图 8-17 使用线选法扩展片外数据存储器的电路图

表 8-9 3 片 6264 芯片对应的地址空间分配

P2.7	P2.6	P2.5	选中芯片	地址范围	存储容量
1	1	0	IC1	C000H～DFFFH	8 KB
1	0	1	IC2	A000H～BFFFH	8 KB
0	1	1	IC3	6000H～7FFFH	8 KB

图 8-18 所示的为使用译码法扩展外部数据存储器的接口电路。图中的数据存储器采用 4 片 62128，芯片地址线为 A0～A13，高位剩余 2 条地址线，若采用 2 线-4 线译码器，则可扩展 4 片 62128。各片 62128 芯片地址分配如表 8-10 所示。由于全部高位地址线都参加译码，即采用了全译码方案，所以扩展的 4 片 62128 地址空间连续，且每个存储单元的地址唯一。

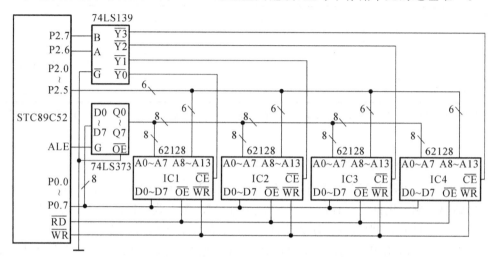

图 8-18 译码法扩展片外数据存储器电路图

表 8-10 4 片 62128 芯片的地址空间分配

译码器输入		译码器有效输出	选中芯片	地址范围	存储容量
P2.7	P2.6				
0	0	$\overline{Y0}$	IC1	0000H～3FFFH	16 KB
01	$\overline{Y1}$		IC2	4000H～7FFFH	16 KB
1	0	$\overline{Y2}$	IC3	8000H～BFFFH	16 KB
1	1	$\overline{Y3}$	IC4	C000H～FFFFH	16 KB

为了更清楚地讲述单片机与扩展的数据存储器的软、硬件之间的关系，下面结合图 8-18 所示的译码电路来说明片外 RAM 读/写数据的过程。

3. 单片机片外数据区读/写数据的过程

例如，把片外 4000H 单元的数据送入片内 RAM 50H 单元中，程序如下：

```
AUXR    DATA  8EH
MOV     AUXR,# 000000010B
MOV     DPTR,# 4000H
MOVX    A,@ DPTR
MOV     50H,A
```

先把寻址地址 4000H 送入 DPTR 中，当执行"MOVX A,@DPTR"指令时，DPTR 的低 8 位(00H)经 P0 口输出并锁存，高 8 位(40H)经 P2 口直接输出，根据 P0 口、P2 口状态选中 IC2 的 4000H 单元。当单片机读选通信号 $\overline{RD}$ 为低电平时，片外 4000H 单元的数据经 P0 口送往累加器 A。当执行"MOV 50H,A"指令时，写入片内 RAM 50H 单元。

向片外数据区写数据的过程与读数据的过程类似。例如,把片内 60H 单元的数据送入片外 8000H 单元中,程序如下:

```
AUXR    DATA 8EH
MOV     AUXR,# 000000010B
MOV     A,60H
MOV     DPTR,# 8000H
MOVX    @ DPTR,A
```

程序执行时,先把片内 RAM 60H 单元的数据送入累加器 A 中,接下来把寻址地址 8000H 送入数据指针寄存器 DPTR 中,当执行"MOVX @DPTR,A"指令时,DPTR 的低 8 位(00H)由 P0 口输出并锁存起来,高 8 位(80H)由 P2 口直接输出,根据 P0 口、P2 口状态选中 IC3(6264)的 8000H 单元。当写选通信号 $\overline{WR}$ 有效时,A 中的内容送往片外 RAM 8000H 单元。

单片机读/写片外数据存储器中的内容,除使用"MOVX A,@DPTR"指令和"MOVX @ DPTR,A"指令外,还可使用"MOVX A,@Ri"指令和"MOVX @Ri,A"指令。这时 P0 口装入 Ri 中的内容(低 8 位地址),而把 P2 口原有的内容作为高 8 位地址输出。

8.5 EPROM 和 RAM 的综合扩展

在单片机系统设计中,有时既要扩展程序存储器,又要扩展数据存储器(RAM)或 I/O,即进行存储器的综合扩展。本节将通过实例来介绍如何进行综合扩展。

【例 8-1】 采用线选法扩展 2 片 SRAM 6264 和 2 片 EPROM 2764。要求画出硬件接口电路,确定各芯片的地址范围并编写程序将片外数据存储器中的 C000H～C0FFH 单元全部清零。

(1)具体设计应用系统时,应遵照系统扩展结构三总线的构建方法。其中,关键是要确定片选信号和控制信号。由于 2764 和 6264 的容量均为 8KB×8,因此片内地址线都为 13 条。将高位剩余的 3 条地址线中的 P2.5 接到第一组 IC1 和 IC3 的片选端/CE,P2.6 接到第二组 IC2 和 IC4 的片选端/CE。当 P2.6＝1,P2.5＝0 时,选中第一组 IC1 和 IC3;当 P2.6＝0,P2.5＝1 时,选中第二组 IC2 和 IC4。具体对一组中的哪个芯片进行读/写操作还需 $\overline{PSEN}$、$\overline{WR}$、$\overline{RD}$ 控制线来控制。当 $\overline{PSEN}$ 为低电平时,到片外程序存储器 EPROM 中读程序;当 $\overline{RD}$ 或 $\overline{WR}$ 为低电平时,到片外 RAM 中读数据或写数据。由于 $\overline{PSEN}$、$\overline{WR}$、$\overline{RD}$ 三个信号是互斥的,任意时刻只能有一个信号有效,所以不会发生数据访问冲突。具体的硬件结构电路如图 8-19 所示。

(2)各芯片地址的空间分配。存储器地址均用 16 位表示,P0 口确定为低 8 位,P2 口确定为高 8 位。在图 8-18 中,高位剩余 1 条地址线 P2.7 未接入。设无用位 P2.7＝1,若此时 P2.6＝1、P2.5＝0,则选中 IC1、IC3。

地址线 A15～A0 与 P2、P0 的对应关系如下。

P2.7	P2.6	P2.5	P2.4	P2.3	P2.2	P2.1	P2.0	P0.7	P0.6	P0.5	P0.4	P0.3	P0.2	P0.1	P0.0
A15	A14	A13	A12	A11	A10	A9	A8	A7	A6	A5	A4	A3	A2	A1	A0
1	1	0	×	×	×	×	×	×	×	×	×	×	×	×	×

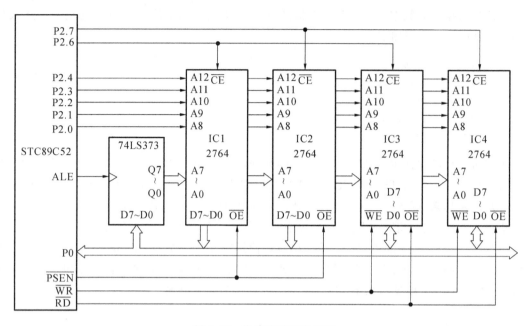

图 8-19　线选法扩展电路图

除 P2.6、P2.5 固定外,其他"×"位均可变。当"×"各位全为"0"时,为最小地址 C000H;当"×"各位均为"1"时,为最大地址 DFFFH。因此,IC1、IC3 的地址空间为 C000H~DFFFH。

设无用位 P2.7=1,若此时 P2.6=0、P2.5=1,则选中 IC2、IC4。地址线 A15~A0 与 P2、P0 的对应关系如下。

P2.7	P2.6	P2.5	P2.4	P2.3	P2.2	P2.1	P2.0	P0.7	P0.6	P0.5	P0.4	P0.3	P0.2	P0.1	P0.0
A15	A14	A13	A12	A11	A10	A9	A8	A7	A6	A5	A4	A3	A2	A1	A0
1	0	1	×	×	×	×	×	×	×	×	×	×	×	×	×

当"×"各位全为"0"时,为最小地址 A000H;当"×"各位均为"1"时,为最大地址 BFFFH。因此,IC2、IC4 的地址空间为 A000H~BFFFH。

4 片存储器芯片对应的地址空间如表 8-11 所示。从表中可以看出,第一组 2 片芯片地址空间完全重叠,第二组 2 片芯片地址空间也完全重叠。因为 $\overline{PSEN}$、$\overline{WR}$、$\overline{RD}$ 3 个信号只能 1 个有效,所以,即使地址空间重叠,也不会发生数据冲突。

表 8-11　采用线选法 4 片存储器芯片的地址空间分布

选中芯片	地址范围
IC1	C000H~DFFFH
IC2	A000H~BFFFH
IC3	C000H~DFFFH
IC4	A000H~BFFFH

(3)要将片外 RAM C000H~C0FFH 单元全部清零,可采用以下方法。

方法 1:使用 DPTR 作为数据区指针,通过字节计数器循环,程序如下:

```
        MOV    DPTR,# 0C000H            ;设置数据块指针的初值
        MOV    R2,# 00H                 ;设置块长度计数器初值为 256 次
        MOV    A,# 00H
LOOP:MOVX      @ DPTR,A                  ;写数据到片外存储器单元
        INC    DPTR                      ;地址指针加 1
        INC    A
        DJNZ   R2,LOOP                   ;数据块长度减 1,若不为 0,则跳到 LOOP 继续置数
HERE:SJMP      HERE                      ;执行完毕,原地等待
```

方法 2:使用 DPTR 作为数据区指针,通过比较特征地址控制循环,程序如下:

```
        MOV    DPTR,# 0C000H            ;设置数据块指针的初值
        MOV    A,# 00H
LOOP:MOVX      @ DPTR,A                  ;给片外单元送入数据
        INC    DPTR                      ;数据块地址指针加 1
        MOV    R7,DPL                    ;数据块末地址加 1 送入 R7
        CJNE   R7,# 0,LOOP               ;与末地址+ 1 比较
HERE:SJMP      HERE
```

【例 8-2】 采用译码法扩展 2 片 SRAM 6264 和 2 片 EPROM 2764。要求画出硬件接口电路,确定各芯片的地址范围,并编写程序将片外程序存储器中以 TAB 为首地址的 64 个单元的内容依次传输到其中 1 片 6264 中。

(1) 2764 和 6264 的容量均为 8 KB,片内地址线有 13 条。将高位剩余的 3 条地址线接到 74LS139 译码器的 3 个输入端 $\overline{G}$、A、B,输出端 $\overline{Y0}\sim\overline{Y3}$ 分别连接 4 片芯片 IC1、IC2、IC3、IC4 的片选端。根据表 8-3(74LS139 的译码逻辑),且 $\overline{Y0}\sim\overline{Y3}$ 每次只能有 1 位输出为 0,其他 3 位全为 1,只有输出为 0 的一端所连接的芯片被选中。扩展接口电路如图 8-20 所示。

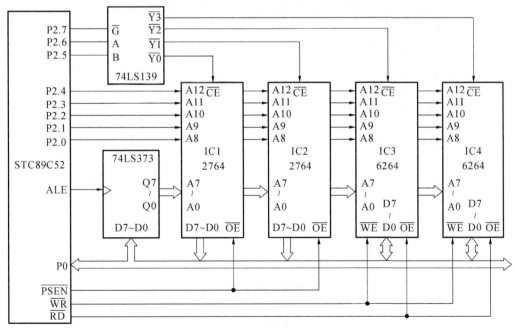

图 8-20 译码法扩展电路图

（2）74LS139 译码器要工作,使能端$\overline{G}$必须为 0,因此 P2.7＝0。若此时 P2.6＝0、P2.5＝0,则选中 IC1。地址线 A15～A0 与 P2、P0 的对应关系如下。

P2.7	P2.6	P2.5	P2.4	P2.3	P2.2	P2.1	P2.0	P0.7	P0.6	P0.5	P0.4	P0.3	P0.2	P0.1	P0.0
A15	A14	A13	A12	A11	A10	A9	A8	A7	A6	A5	A4	A3	A2	A1	A0
0	0	0	×	×	×	×	×	×	×	×	×	×	×	×	×

当 P2.7、P2.6、P2.5 全为 0 时,则 P2.4～P2.0 与 P0.7～P0.0 这 13 条地址线的任意状态都能选中 IC1 的某一单元。当"×"各位全为"0"时,为最小地址 0000H;当"×"各位全为"1"时,为最大地址 1FFFH。因此,IC1 的地址空间为 0000H～1FFFH。同理,可得其他芯片的地址范围。

表 8-12 给出了 4 片存储器芯片的地址空间分布。例 8-2 使用全地址译码法进行地址分配,各芯片的地址空间连续。

表 8-12　采用译码法 4 片芯片的地址空间分布

P2.5(B)	P2.6(A)	芯片	地址范围
0	0	IC1	0000H～1FFFH
0	1	IC2	4000H～5FFFH
1	0	IC3	2000H～3FFFH
1	1	IC4	6000H～7FFFH

（3）要实现片外程序存储器中以 TAB 为首地址的 64 个单元的内容依次传输到片外RAM,可以采用循环程序,设置 DPTR 指向待传输的数据块的首地址＃TAB,循环次数为 64次。设数据块传输到 IC3 中,参考程序如下:

```
        MOV   DPTR,# TAB        ;将传输数据块的首地址# TAB 送入数据指针 DPTR
        MOV   R0,# 0            ;R0 的初始值为 0
        MOV   R3,# 20H
        MOV   R2,# 00H
AGIN:MOV   A,R0
        MOVC  A,@ A+ DPTR       ;将以 TAB 为首地址的 32 个单元内容送入 A
        PUSH  DPH
        PUSH  DPL
        MOV   DPL,R2
        MOV   DPH,R3
        MOVX  @ DPTR,A          ;程序存储器中表的内容送入外部 RAM 单元
        INC   DPTR
        MOV   R2,DPL
        MOV   R3,DPH
        POP   DPL
        POP   DPH
        INC   R0               ;循环次数加1,即外部 RAM 单元的地址指针加1
        CJNE  R0,# 64,AGIN      ;判断 64 个单元的数据是否已经传输完毕,若未完,则继续
HERE:SJMP   HERE               ;原地跳转
TAB: DB   ……,……            ;外部程序存储器中要传输的 64 个单元的内容
```

8.6 本章小结

虽然 STC89C52 单片机芯片内部集成了 8KB Flash ROM 和 512B RAM,但构成实际系统时,当单片机自身存储资源不能满足要求时,还需要进行系统扩展,以增加单片机的存储能力。系统扩展可以采用并行扩展和串行扩展两种方式。本章介绍并行扩展方式,即使用单片机的系统总线扩展外部存储器。

系统总线按功能通常可分为地址总线(AB)、数据总线(DB)和控制总线(CB)。扩展后,系统形成两个并行的外部存储器空间,即程序存储器空间和数据存储器空间。由于单片机的地址总线为 16 位,所以外部扩展片外存储器的最大容量为 64 KB。虽然程序存储器与数据存储器的空间地址重叠,但由于使用的控制信号不同,所以不会产生访问上的混乱。

目前大多数单片机生产厂家都提供大容量 Flash ROM 型号的单片机,有些存储容量达 64 KB,能满足绝大多数用户的需要。即使在有些需要扩展程序存储器的场合,由于程序存储器使用的 ROM 芯片数量越来越少,所以芯片选择多采用线选法。

由于单片机的内部数据存储器容量较小,因此,在需要大量数据缓冲的单片机系统中,仍然需要外部扩展的数据存储器。虽然常采用 SRAM 和 Flash ROM 作为数据存储器,但 SRAM 断电后会丢失数据。

习 题

1. 为什么要对单片机系统进行扩展? 系统扩展主要包括哪些方面?

2. 画图说明单片机系统总线的扩展方法。

3. 简述程序存储器扩展的一般性原理。简述数据存储器扩展的一般性原理。

4. 当 STC89C52 单片机系统中外部扩展的程序存储器和外部扩展的数据存储器地址重叠时,是否会发生数据冲突? 为什么?

5. 在存储器扩展中,无论是线选法还是译码法,最终都是为扩展芯片的片选段提供( )控制信号。

6. 11 条地址线可选( )个存储单元,16KB 存储单元需要( )条地址线。

7. STC89C52RC 单片机外部数据存储器的最大可扩展容量是( )。

8. 起止范围为 0000H~3FFFH 的存储器的容量是( )KB。

9. 若 8KB RAM 的首地址为 0000H,则末地址为( )。

10. 在 STC89C52 单片机中,PC 和 DPTR 都用于提供地址,但 PC 是为访问( )存储器提供地址,而 DPTR 是为访问( )存储器提供地址。

11. STC89C52 单片机读取片外数据存储器中的数据时,采用的指令是( )。

12. 编写程序,将外部数据存储器的 5000H~5FFFH 单元全部清零。

13. 请用 STC89C52 单片机、573 锁存器、1 片 2764 EPROM 和 2 片 6264 RAM 组成一个单片机应用系统,要求如下:

(1) 画出硬件电路连线图,并标注主要引脚。

(2) 指出该应用系统程序存储器和数据存储器的地址范围。

第9章 STC89C52 单片机 I/O 的扩展与设计

本章首先介绍了 I/O 接口的基本概念, I/O 接口并行总线的简单扩展方法, 以及通过例题介绍了 LCD 显示屏的扩展应用。接着介绍了串行总线扩展的工作原理、特点以及工作时序, 叙述了 I/O 接口串行总线的扩展方法。

输入/输出(I/O)接口是单片机与外部设备(以下简称外设)交换数据的桥梁, I/O 接口可以使用集成在单片机上的芯片, 也可以使用单独制成的芯片。STC89C52 单片机有两种封装: 40 引脚的 DIP 封装, 它们的片上有 4 个 8 位并行 I/O 接口 P0~P3; 44 引脚的 PLCC 和 PQFP 封装, 它们的片上除了 4 个 8 位并行 I/O 接口 P0~P3 外, 还增加 1 个 4 位的 I/O 接口 P4, 当系统 I/O 接口不够用时, 需要使用扩展方式增加 I/O 接口。

传统的 I/O 接口扩展通常采用 8255A/8155H 和 TTL 芯片; 现代的 I/O 接口扩展采取选择片内带有不同端口数量的单片机, 一般根据不同的应用需要来选择不同类型的单片机, 以实现芯片级的 I/O 接口扩展, 这样设计的应用系统既稳定可靠, 又节省成本, 减小了体积, 降低了设计难度, 提升了性价比。

9.1 I/O 接口概述

单片机通过接口电路与外设传输数据, I/O 接口分串行接口和并行接口两种。串行接口采用逐位串行移位方式传输数据, 并行接口采用多位数据同时传输数据。大多数情况下, 外设的传输速度很慢, 无法跟上微秒级的单片机的传输速度, 为了保证数据传输的安全、可靠, 必须设计合适的单片机与外设的 I/O 接口电路。

1. I/O 接口功能

一般的 I/O 接口有如下几种接口功能。

(1) 数据传输速度匹配。单片机与外设传输信息时, 需要通过 I/O 接口实时了解外设的状态, 并根据这些状态信息(如忙、闲等)来调节数据的传输, 实现单片机与外设间的速度匹配。

(2) 输出数据锁存功能。单片机传输速度很快, 数据在总线上的驻留时间短, 为了保证外设能可靠接收, 在扩展的接口电路中应该具备锁存功能。

(3) 输入数据三态缓冲功能。由于外设通过数据总线向单片机输入数据, 若总线连接多个外设, 为了避免数据冲突, 每次只允许一个外设使用总线传输数据, 其余的外设应处于高阻隔离状态, 所以, 在扩展的 I/O 接口电路中应该具有输入数据三态缓冲功能。

(4) 信号和电平转换。由于 CPU 能处理并行数据, 而外设能处理串行数据, 所以这时接口应该具有串行转换并行或并行转换串行的功能, 单片机与外设通信时, 电平不匹配, 需要接口进行电平转换。

(5) 设备选择功能。当有多个外设时, 接口应该有地址译码电路, 选择不同的外设进行通信。

2. I/O 接口与端口的区别

I/O 接口是 CPU 与外界的连接电路,是 CPU 与外界进行数据交换的通道,CPU 发送命令和输出运算结果以及外设输入数据或状态信息都是通过 I/O 接口电路实现的。

I/O 端口是 CPU 与外设直接通信的地址,通常是 I/O 接口电路中能够被 CPU 直接访问的寄存器地址。CPU 通过这些端口发送命令、读取状态信息或传输数据。一个接口电路可以有一个或多个端口。

3. I/O 端口编址

单片机采用地址方式访问端口,所以,所有接口中的 I/O 端口必须进行编址,以便 CPU 通过端口与外设交换信息。常用的 I/O 端口编址方式有独立编址方式和统一编址方式。

(1) 独立编址方式。

独立编址方式是将 I/O 端口地址空间与存储器地址空间严格分开进行编址,地址空间互相独立,界限分明。

(2) 统一编址方式。

统一编址方式是将 I/O 端口地址空间与数据存储器单元同等对待,每个 I/O 端口作为一个外部数据存储器地址单元统一编址。单片机访问端口时可像访问片外数据存储器单元那样进行读/写操作。

STC89C52 单片机对 I/O 端口采用的是统一编址方式。

4. 单片机与外设间的数据传输方式

单片机与外设间的数据传输方式有中断传输方式、同步传输方式和异步传输方式三种。

(1) 中断传输方式。

中断传输方式是利用单片机自身的中断资源实现数据传输。当外设数据准备就绪时,向单片机发出数据传输的中断请求,以触发单片机中断。单片机中断响应后,进入中断服务程序,实现单片机与外设间的数据传输功能。采用中断传输方式可以大大提高单片机的工作效率,实现实时控制。

(2) 同步传输方式。

当单片机与外设的速度相差不大时,采用同步传输方式传输数据,以实现同步无条件的数据传输。例如,单片机与片外数据存储器之间的数据传输方式就是同步传输方式。

(3) 异步传输方式。

当单片机与外设的速度相差较大时,需要经过查询外设的状态有条件地进行数据传输,若外设空闲,则允许进行数据传输;若外设忙,则禁止进行数据传输。异步传输方式的优点是通用性好,硬件连线和查询程序比较简单,但是数据传输效率不高。

5. I/O 接口电路种类

根据总线结构,I/O 接口电路可分为并行接口和串行接口。

单片机的并行总线扩展技术就是利用地址总线(AB)、数据总线(DB)和控制总线(CB)进行的系统扩展,该扩展技术不是单片机系统唯一的扩展结构,除并行总线扩展技术外,近年来又出现了串行总线扩展技术。例如,PHILIPS 公司的 I^2C 串行总线接口、DALLAS 公司的单总线(1-Wire)接口和 Motorola 公司的 SPI 串行外设的串行接口。

9.2 TTL 电路扩展并行接口

在单片机应用系统设计中,采用 TTL 电路或 CMOS 电路的输出锁存器、输入缓冲器,使用总线式扩展或非总线式扩展实现与单片机连接的功能。

9.2.1 简单并行输出接口的扩展

在单片机的并行接口扩展中,常采用 TTL、CMOS 锁存器、缓冲器构成简单的扩展接口。这类扩展电路的特点是电路接口线少,利用率高。根据接口芯片功能的不同,可以分为输出扩展或输入扩展两种类型。选择芯片的原则是"输入三态,输出锁存",即扩展输入端的芯片应具有三态门功能,以使信号可控选通;扩展输出端的芯片应具有锁存功能,以使输出端可与前级信号隔离。用于输出端扩展的芯片有 74273、74373、74573、74574 等。本节以 74273 为例介绍输出端的扩展接口。

74273 芯片的外部引脚与内部逻辑关系如图 9-1 所示。由图 9-1(a)可知,74273 为 20 引脚双列直插式芯片。

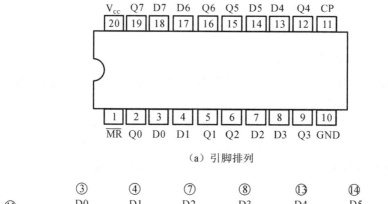

(a) 引脚排列

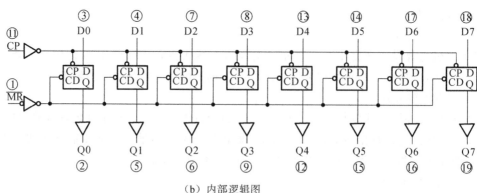

(b) 内部逻辑图

图 9-1 74273 芯片的外部引脚与内部逻辑图

由图 9-1(b)可以看出,74273 的内部有 8 个带清零和负边沿触发功能的 D 触发器。其中,74273 的时钟端 CLK 与 D 触发器的时钟端 CP 相连,出现负跳变脉冲时可使 D0～D7 的输入数据锁存到 Q0～Q7 端输出;74273 的清零端 $\overline{MR}$ 与 D 触发器的清零端 CD 相连,出现低电平时可使输出端 Q0～Q7 同时清零。由此不难理解 74LS273 的一般接线关系：D0～D7 与单片机的 P0 口相连，Q0～Q7 与外设输入端相连，CLK 接可产生负脉冲信号的控制端，$\overline{MR}$ 接 V_{CC}（无须输出端清零控制时）。

【例 9-1】 利用两片 74LS273 芯片设计单片机输出扩展电路，使 P0 口扩展成 16 位并行输出口，且使其外接的 16 只 LED 按 1010 1010 0000 1111B 的规律发光。

解 电路分析：要使两片 74LS273 锁存输出不同的数据，只要给每片 74LS273 的 CLK 端施加由不同地址信息与负脉冲合成的时钟信号即可。具体做法是使用两片或门电路，在或门输入端各接一根地址线和一根公用的 $\overline{WR}$ 信号线，或门的输出端分别接到两片 74LS273 的 CLK 端。由于 74LS273 内部已有端口驱动功能，故本例中的 D1～D16 不必采用通常的低电平驱动方式，而采用高电平驱动方式。例 9-1 的电路原理图如图 9-2 所示。

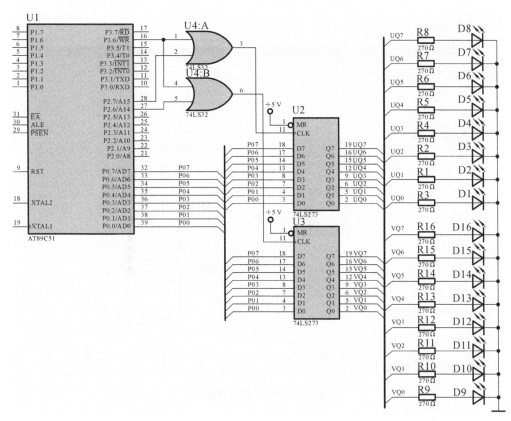

图 9-2　例 9-1 的电路原理图

图 9-2 中，采用 P2.7 和 P2.6 作为地址线。根据或门特点，若两个输入端中有一个输入为 0，则相当于或门"开锁"，其输出值取决于另一个输入端的值。由此可知，当执行写操作的地址中包含 P2.7＝0 和 P2.6＝1 的信息时，或门 U4：A"开锁"，U2 的 CLK 端可出现 $\overline{WR}$ 负脉冲，U2 可锁存 P0 口的数据。相反，U3 的 CLK 端却由于 P2.6＝1 造成或门 U4：B"上锁"得不到 $\overline{WR}$ 负脉冲，所以无法锁存 P0 口的数据。同理，当执行写操作的地址中包含 P2.7＝1，P2.6＝0 的信息时，U3 可以锁存 P0 口的数据，而 U2 则不能锁存。从而实现了两片 74273 锁存输出不同数据的要求。

由于本例的 16 位地址中仅有 P2.7 和 P2.6 两位地址线起作用，其余地址线未起作用（可取任意值,一般取为1),因此 U2 的选通地址为 01xx xxxx xxxx xxxx(如 0x7fff),U3 的选通地址为 10xx xxxx xxxx xxxx(如 0xbfff)。据此可以写出如下程序:

```
# include < absacc.h>
# define U2 XBYTE [0x7fff]
# define U3 XBYTE [0xbfff]
void main(void){
    U2= 0xaa;    //U2 送入 1010 1010b
    U3= 0x0f;    //U3 送入 0000 1111b
    while(1);
}
```

本例的程序中采用了"宏定义文件 absacc.h 定义绝对地址变量"的做法,例 9-1 的仿真效果如图 9-3 所示。

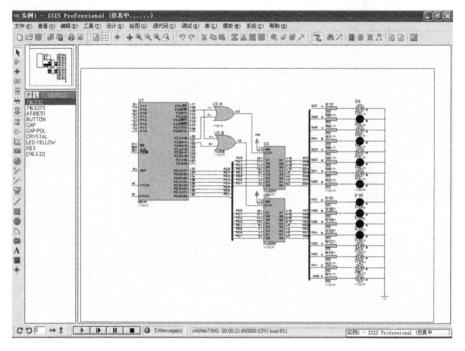

图 9-3 例 9-1 的仿真效果

编程时需特别注意以下两点。

(1) 头文件 ♯include⟨absacc.h⟩不可缺少。

(2) 定义端口的格式时一定不能出错,格式为:# define 端口变量名 XBYTE [端口地址]

9.2.2 简单并行输入接口的扩展

单片机输入接口的扩展,一般选用具有三态缓冲功能的芯片实现,例如 74244、74245 等。下面以 74244 为例介绍输入端口的扩展,其引脚及内部逻辑结构如图 9-4 所示。

由图 9-4 可知,74244 内部有 8 路二态门电路,分为两组。每组由一个选通端 $1\overline{G}$ 或 $2\overline{G}$ 控制 4 只三态门。当选通信号 $1\overline{G}$ 和 $2\overline{G}$ 为低电平时,三态门导通,数据从 A 端流向 Y 端。当选

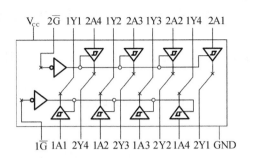

图 9-4　74244 的引脚及内部逻辑结构

通信号 1$\overline{\text{G}}$ 和 2$\overline{\text{G}}$ 为高电平时,三态门截止,输入和输出之间呈高阻态。由此可知,74244 仅有缓冲输入功能,没有信号锁存功能。通常采用的接线关系是:选通端 1$\overline{\text{G}}$ 或 2$\overline{\text{G}}$ 接在可提供低电平信号的元件端,输入端 A 接在外部输入设备的输出端,输出端 Y 接在单片机的 I/O 接口处。

【例 9-2】　分析图 9-5 所示的端口扩展原理,编程实现按键控制 LED 的功能。具体要求:启动后先置黑屏,随后根据按键动作点亮相应的 LED(在按键释放后继续保持亮灯状态,直至新的按键压下为止)。

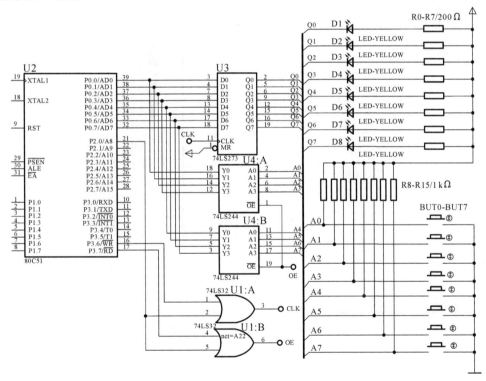

图 9-5　例 9-2 的电路原理图

解　电路分析:由图 9-5 可知,P0 口通过接口芯片扩展为 8 路输出端口和 8 路输入端口,其中,74273 的时钟信号由 P2.0 和 $\overline{\text{WR}}$ 合成得到,根据地址线选法,74273 的地址为 ××××××××0 ×××× ××××(如 0xfeff);74244 的选通信号由 P2.0 和 $\overline{\text{RD}}$ 合成得到,地址同样为 ×××× ××××0 ×××× ××××(如 0xfeff)。虽然使用了相同的地址线 P2.0,但不会使这两个芯片产生地址冲突,其原因在于前者的选通是由于$\overline{WR}$的负脉冲所致,而后者则是由于$\overline{RD}$的低电平所致。

为了达到题意要求,编程时采用了"指针访问片外 RAM 绝对地址"的方法,参考程序如下:

```
# include < reg51.h>
unsigned char xdata * PORT;        //定义访问的外部端口变量
void main(){
    unsigned char tmp;
    PORT= 0xfeff;                  //定义外部端口的地址
    * PORT= 0xff;                  //启动后置黑屏
    while(1){
    tmp= * PORT;                   //从 74244 端口读取数据
    if(tmp! = 0xff)* PORT= tmp;    //若有按键动作,则键值送入 74273
}   }
```

例 9-2 的程序运行界面如图 9-6 所示。

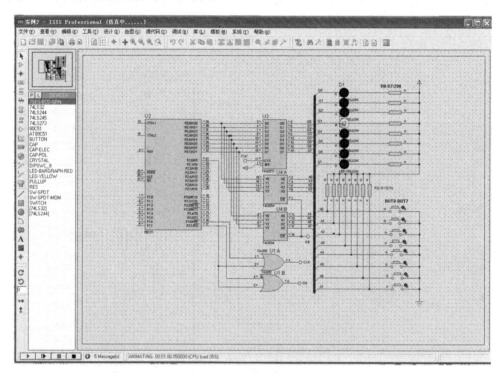

图 9-6 例 9-2 的程序运行界面

9.3 STC 单片机与 LCD 的接口

在 STC 单片机的应用系统中,有时需要显示一些汉字、符号或者图形信息,这时就需要使用小型显示模块,液晶显示器(Liquid Crystal Display,LCD)是一种低功耗的显示模块,液晶显示器具有低功耗和抗干扰能力强等优点,因此被广泛地应用在仪器仪表和各种控制系统中。

本节主要介绍液晶显示器的分类和 STC 单片机与 LCD 的接口电路及编程。

9.3.1 LCD 简介

LCD 的主要工作原理是以电流刺激液晶分子产生点、线、面并配合背部灯管构成画面,且能够显示诸如文字、曲线、图形、动画等信息。

在 STC 单片机系统中应用 LCD 作为输出器件有以下几个优点。

● 显示质量高。由于 LCD 的每一个点在收到信号后就一直保持那种色彩和亮度,恒定发光,而不像阴极射线管显示器(CRT)那样需要不断刷新和亮点。因此,LCD 的画质高且不会闪烁。

● 数字式接口。LCD 是数字式的,且此单片机系统的接口更加简单可靠,操作更加方便。

● 体积小、重量轻。LCD 可通过显示屏上的电极控制液晶分子状态来达到显示的目的,在重量上比相同显示面积的传统显示器要轻得多。

● 功耗低。相对而言,LCD 的功耗主要消耗在其内部的电极和驱动集成电路(IC)上,因此耗电量要比其他显示器的低得多。

1. LCD 的基本原理

LCD 的原理是利用液晶的物理特性,通过电压对其显示区域进行控制,有电就有显示,这样即可以显示出图形。LCD 具有厚度薄、适用于大规模集成电路直接驱动、易于实现全彩色显示的特点,目前已经被广泛应用在计算机、数字摄像机、掌上电脑等众多领域。

2. LCD 的分类

LCD 的分类方法有很多种,通常按其显示方式可分为字段式、点阵字符式、点阵图形式等。除了黑白显示外,LCD 还有多灰度、彩色显示等。根据驱动方式,可以分为静态(Static)驱动、单纯矩阵(Simple Matrix)驱动和主动矩阵(Active Matrix)驱动三种。

3. LCD 各种图形的显示原理

(1) 线段的显示。

点阵图形式 LCD 由 M×N 个显示单元组成,假设 LCD 显示屏有 64 行,每行有 128 列,每 8 列对应 1 个字节的 8 位,即每行有 16 个字节,共由 16×8=128 个点组成,液晶显示屏上 64×16 个显示单元与显示 RAM 区的 1024 个字节相对应,每一个字节的内容和液晶显示屏上相应位置的亮暗对应。例如液晶显示屏的第一行的亮暗由 RAM 区的 000H~00FH 的 16 字节的内容决定,当(000H)=FFH 时,则屏幕的左上角显示一条短亮线,长度为 8 个点;当(3FFH)=FFH 时,则屏幕的右下角显示一条短亮线;当(000H)=FFH,(001H)=00H,(002H)=FFH,…,(00EH)=FFH,(00FH)=00H 时,则在屏幕的顶部显示一条由 8 段亮线和 8 条暗线组成的虚线。这就是 LCD 的基本原理。

(2) 字符的显示。

使用 LCD 显示一个字符时比较复杂,因为一个字符由 6×8 或 8×8 个点阵组成,既要找到和显示屏幕上某几个位置对应的显示 RAM 区的 8 个字节,还要使每个字节的不同位为"1",其他位为"O",为"1"的点亮,为"0"的不亮。这样一来就组成了某个字符。但对于内带字符发生器的控制器来说,显示字符就比较简单,可以让控制器工作在文本方式,根据在 LCD 上开始显示的行列号及每行的列数找出显示 RAM 对应的地址,设立光标,并送上该字符对应的代码即可。

（3）汉字的显示。

汉字的显示一般采用图形的方式，事先从微机中提取要显示汉字的点阵码（一般用字模提取软件）。每个汉字占 32 B，分左右两半，各占 16 B，左边为 1、3、5……，右边为 2、4、6……，可找出显示 RAM 对应的地址，设立光标，并送上要显示汉字的第一个字节，光标位置加 1；再送上第二个字节，换行并且按列对齐（两列），依次再送上第三个字节……直到 32 B 显示完就可以在 LCD 上得到一个完整的汉字。

本节介绍的 LCD1602 和 LCD12864 都是具有代表性的液晶显示器，生活中的很多地方都用到它们，同时也易于掌握，比较适合初学者学习编程。

LCD1602 液晶每行可显示 16 个字符，总共可显示两行，采用标准的 14 引脚（无背光）或 16 引脚（带背光）接口，各引脚接口说明如表 9-1 所示。

表 9-1　LCD1602 的引脚接口说明

编　　号	符　　号	引脚说明	编　　号	符　　号	引脚说明
1	V_{SS}	电源地	9	D2	数据
2	V_{DD}	电源正极	10	D3	数据
3	VL	液晶显示偏压	11	D4	数据
4	RS	数据/命令选择	12	D5	数据
5	R/W	读/写选择	13	D6	数据
6	E	使能信号	14	D7	数据
7	D0	数据	15	BLA	背光源正极
8	D1	数据	16	BLK	背光源负极

LCD1602 液晶模块内部的控制器共有 11 条控制指令，如表 9-2 所示。

表 9-2　LCD1602 的控制指令

序号	指　　令	RS	R/W	D7	D6	D5	D4	D3	D2	D1	D0
1	清显示	0	0	0	0	0	0	0	0	0	1
2	光标返回	0	0	0	0	0	0	0	0	1	*
3	置输入模式	0	0	0	0	0	0	0	1	I/D	S
4	显示开/关控制	0	0	0	0	0	0	1	D	C	B
5	光标或字符移位	0	0	0	0	0	1	S/C	R/L	*	*
6	置功能	0	0	0	0	1	DL	N	F	*	*
7	置字符发生存储器地址	0	0	0	1	字符发生器存储器地址					
8	置数据存储器地址	0	0	1	显示数据存储器地址						
9	读忙标志或地址	0	1	BF	计数器地址						
10	写数据到 CGRAM 或 DDRAM	1	0	写入的数据内容							
11	从 CGRAM 或 DDRAM 读数据	1	1	读出的数据内容							

LCD1602 初始化过程如下：

延时 15 ms；

写指令 38H(不检测忙信号);

延时 5 ms;

写指令 38H(不检测忙信号);

延时 5 ms;

写指令 38H(不检测忙信号);

以后每次写指令、读/写数据操作均需要检测忙信号

以下是部分写指令实现功能的说明。

写指令 38H:显示模式设置。

写指令 08H:显示关闭。

写指令 01H:显示清屏。

写指令 06H:显示光标移动设置。

写指令 OCH:显示光标设置。

12864A-1 汉字图形点阵液晶显示模块,可显示汉字及图形,内置 8192 个汉字(16×16 点阵)、128 个字符(8×16 点阵)及 64×256 点阵。

LCD12864 液晶的引脚说明如表 9-3 所示。

表 9-3　LCD12864 液晶的引脚说明

引脚号	引脚名称	方向	功 能 说 明
1	V_{SS}	—	模块的电源地
2	V_{DD}	—	模块的电源正极
3	V0	—	LCD 驱动电压输入端
4	RS(CS)	H/L	并行的指令/数据选择信号,串行的片选信号
5	R/W(SID)	H/L	并行的读/写选择信号,串行的数据接口
6	E(CLK)	H/L	并行的使能信号,串行的同步时钟
7	DB0	H/L	数据 0
8	DB1	H/L	数据 1
9	DB2	H/L	数据 2
10	DB3	H/L	数据 3
11	DB4	H/L	数据 4
12	DB5	H/L	数据 5
13	DB6	H/L	数据 6
14	DB7	H/L	数据 7
15	PSB	H/L	并行/串行接口选择:H 并行;L 串行
16	NC		空脚
17	$\overline{RET}$	H/L	复位低电平有效
18	NC		空脚
19	LED_A	—	背光源正极(LED +5 V)
20	LED_B	—	背光源负极(LED -0 V)

4. LCD12864 液晶常用控制指令

LCD12864 液晶常用控制指令介绍如下。

（1）清除显示。

CODE：RW　RS　DB7　DB6　DB5　DB4　DB3　DB2　DB1　DB0

L	L	L	L	L	L	L	L	L	H

功能：清除显示屏幕，将 DDRAM 地址计数器调整为"00H"。

（2）地址归位。

CODE：RW　RS　DB7　DB6　DB5　DB4　DB3　DB2　DB1　DB0

L	L	L	L	L	L	L	L	H	×

功能：将 DDRAM 地址计数器调整为"00H"，游标回原点，该功能不影响显示 DDRAM。

（3）进入点设定。

CODE：RW　RS　DB7　DB6　DB5　DB4　DB3　DB2　DB1　DB0

L	L	L	L	L	L	L	H	I/D	S

功能：指定在数据读取与写入时，设定游标的移动方向及指定显示的移位。

（4）显示状态开/关。

CODE：RW　RS　DB7　DB6　DB5　DB4　DB3　DB2　DB1　DB0

L	L	L	L	L	L	H	D	C	B

功能：D＝1，整体显示为 ON；C＝1，游标为 ON；B＝1，游标位置反白允许。

（5）游标移动或显示移位控制。

CODE：RW　RS　DB7　DB6　DB5　DB4　DB3　DB2　DB1　DB0

L	L	L	L	L	H	S/C	R/L	×	×

功能：用于设定游标移动或显示移位控制位，这个指令并不改变 DDRAM 的内容。

（6）功能设定。

CODE：RW　RS　DB7　DB6　DB5　DB4　DB3　DB2　DB1　DB0

L	L	L	L	H	DL	×	0 RE	×	×

功能：DL＝1，必须设为 1；RE＝1，扩充指令集动作；RE＝0，基本指令集动作。

（7）设定 CGRAM 地址。

CODE：RW　RS　DB7　DB6　DB5　DB4　DB3　DB2　DB1　DB0

L	L	L	H	AC5	AC4	AC3	AC2	AC1	AC0

功能：设定 CGRAM 地址到地址计数器（AC）。

（8）设定 DDRAM 位址。

CODE：RW　RS　DB7　DB6　DB5　DB4　DB3　DB2　DB1　DB0

L	L	H	AC6	AC5	AC4	AC3	AC2	AC1	AC0

功能:设定 DDRAM 地址到地址计数器(AC)。

(9) 读取忙碌状态(BF)和地址。

CODE:
RW	RS	DB7	DB6	DB5	DB4	DB3	DB2	DB1	DB0
L	H	BF	AC6	AC5	AC4	AC3	AC2	AC1	AC0

功能:读取忙碌状态(BF)可以确认内部动作是否完成,同时可以读取地址计数器(AC)的值。

(10) 写入资料到 RAM。

CODE:
RW	RS	DB7	DB6	DB5	DB4	DB3	DB2	DB1	DB0
H	L	D7	D6	D5	D4	D3	D2	D1	D0

功能:写入资料到内部的 RAM(DDRAM/CGRAM/TRAM/GDRAM)

(11) 读取 RAM 的值。

CODE:
RW	RS	DB7	DB6	DB5	DB4	DB3	DB2	DB1	DB0
H	H	D7	D6	D5	D4	D3	D2	D1	D0

功能:从内部 RAM 读取资料(DDRAM/CGRAM/TRAM/GDRAM)。

(12)待命模式(12H)。

CODE:
RW	RS	DB7	DB6	DB5	DB4	DB3	DB2	DB1	DB0
L	L	L	L	L	L	L	L	L	H

功能:进入待命模式,执行其他命令都可终止待命模式。

(13) 卷动地址或 IRAM 地址选择(13H)。

CODE:
RW	RS	DB7	DB6	DB5	DB4	DB3	DB2	DB1	DB0
L	L	L	L	L	L	L	L	H	SR

功能:SR=1,允许输入垂直卷动地址;SR=0,允许输入 IRAM 地址。

(14) 反白选择(14H)。

CODE:
RW	RS	DB7	DB6	DB5	DB4	DB3	DB2	DB1	DB0
L	L	L	L	L	L	L	H	R1	R0

功能:选择 4 行中的任一行做反白显示,并决定反白与否。

(15) 睡眠模式(015H)。

CODE:
RW	RS	DB7	DB6	DB5	DB4	DB3	DB2	DB1	DB0
L	L	L	L	L	L	H	SL	×	×

功能:SL=1,脱离睡眠模式;SL=0,进入睡眠模式。

(16) 扩充功能设定(016H)。

CODE:
RW	RS	DB7	DB6	DB5	DB4	DB3	DB2	DB1	DB0
L	L	L	L	H	H	×	1 RE	G	L

功能:RE=1,扩充指令集动作;RE=0,基本指令集动作;G=1,绘图显示为 ON;G=0,绘

图显示为 OFF。

(17) 设定 IRAM 地址或卷动地址(017H)。

CODE：RW　　RS　　DB7　　DB6　　DB5　　DB4　　DB3　　DB2　　DB1　　DB0

L	L	L	H	AC5	AC4	AC3	AC2	AC1	AC0

功能：SR＝1，AC5～AC0 为垂直卷动地址；SR＝0，AC3～AC0 写入 ICONRAM 地址。

(18) 设定绘图 RAM 地址(018H)。

CODE：RW　　RS　　DB7　　DB6　　DB5　　DB4　　DB3　　DB2　　DB1　　DB0

L	L	H	AC6	AC5	AC4	AC3	AC2	AC1	AC0

功能：设定 GDRAM 地址到地址计数器(AC)。

9.3.2　STC 单片机与 LCD1602 的接口及软件编程

【例 9-3】　在 LCD1602 上显示数字。

解　LCD1602 的接口硬件电路如图 9-7 所示。

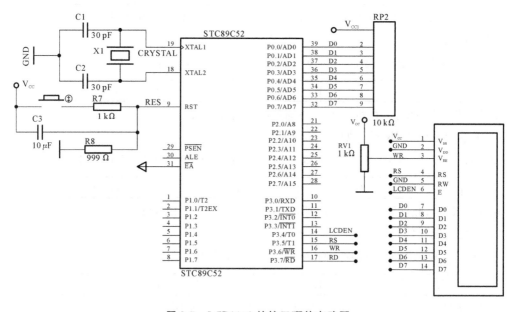

图 9-7　LCD1602 的接口硬件电路图

LCD1602 的程序代码如下。

```
# include< reg51.h>
# define uchar unsigned char
# define uint unsigned int
sbit lcden= P3^4;
sbit lcdrs= P3^5;
sbit lcdrw= P3^6;
sbit dula= P2^6;
sbit wela= P2^7;
```

```
void delayms(uint z)
{
    uint x,y;
    for(x= 0;x< z;x++)
        for(y= 0;y< 110;y++);
}
/* * * * * * * * * * * * * * 液晶显示模块* * * * * * * * * * * * * * * /
void write_com(uchar com)           //写指令
{
  lcdrs= 0;
  lcden= 0;
  P0= com;
  delayms(5);
  lcden= 1;
  delayms(5);
  lcden= 0;
}
void write_data(uchar date)         //写数据
{
    lcdrs= 1;
    lcden= 0;
    P0= date;
    delayms(5);
    lcden= 1;
    delayms(5);
    lcden= 0;
}
/* * * * * * * * * * * * * 初始化 LCD1602 液晶* * * * * * * * * * * * * /
void init_1602()
{
    dula= 0;
    wela= 0;                        //关闭数码管显示;仅用于开发
    lcden= 0;
    lcdrw= 0;
    write_com(0x38);                //显示模式设置
    write_com(0x0c);                //00001DCB 开启显示,不显示光标,不闪烁
    write_com(0x06);                //000001NS 读/写字符后地址指针加 1 且光标加 1
    write_com(0x01);                //清屏
    write_com(0x80);                //设置显示初始坐标
    delayms(5);
}
/* * * * * * * * * * * 在液晶上显示一个百位数* * * * * * * * * * * * * * * /
void write_bai(uchar addr,unsigned int dat)
{
    uchar bai,shi,ge;
```

```
        bai= dat/100;
        shi= dat% 100/10;
        ge= dat% 10;
        write_com(0x80+ addr);
        write_data(0x30+ bai);
        write_data(0x30+ shi);
        write_data(0x30+ ge);
}
/* * * * * * * * * * * * 在液晶上显示一个十位数* * * * * * * * * * * * * * * * * /
void write_shi(uchar addr,uchar dat)
{
        uchar shi,ge;
        shi= dat/10;
        ge= dat% 10;
        write_com(0x80+ addr);
        write_data(0x30+ shi);
        write_data(0x30+ ge);
}
/* * * * * * * * * * * * * * * * * * * * 主函数* * * * * * * * * * * * * * * * *
* * * * * /
void main()
{
        init_1602();
        while(1)
        {
            write_bai(0x0,100);
            write_shi(14,10);
        //  write_bai(0x44,987);          //0x40是第二行的起始地址
        }
}
```

9.3.3 STC 单片机与 LCD12864 的接口及软件编程

【例 9-4】 在 LCD12864 上显示汉字。

解 LCD12864 的接口硬件电路如图 9-8 所示。

LCD12864 的程序代码如下：

```
# include < reg51.h>
# define uchar unsigned char
# define uint  unsigned int
/* * * * * * * * * * * * * * * * 端口定义* * * * * * * * * * * * * * * * * * * * /
# define LCD_data P0           //数据口
sbit LCD_RS= P3^5;            //寄存器选择输入
sbit LCD_RW= P3^6;            //液晶读/写控制
sbit LCD_EN= P3^4;            //液晶使能控制
```

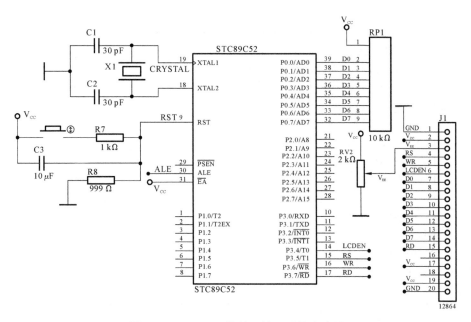

图 9-8　LCD12864 的数码接口硬件电路图

```
sbit LCD_PSB= P3^7;              //串/并方式控制
/* * * * * * * * * * * * * * * 显示字符定义* * * * * * * * * * * * * * * * /
uchar code dis0[]= {"朝辞白帝彩云间"};
uchar code dis1[]= {"千里江陵一日还"};
uchar code dis2[]= {"两岸猿声啼不住"};
uchar code dis3[]= {"轻舟已过万重山"};
void delay_1ms(uint x)
{
uint i,j;
for(j= 0;j< x;j++)
    for(i= 0;i< 120;i++);
}
/* * * * * * * * * * * * * * * * * * * * * * * * * * * * * * * * * * * * * * /
/* 写指令数据到 LCD* /
/* RS= L,RW= L,E= 高脉冲,D0～D7= 指令码* /
/* * * * * * * * * * * * * * * * * * * * * * * * * * * * * * * * * * * * * * /
void write_cmd(uchar cmd)
{
    LCD_RS= 0;
    LCD_RW= 0;
    LCD_EN= 0;
    P0= cmd;
    delay_1ms(5);
    LCD_EN= 1;
    delay_1ms(5);
    LCD_EN= 0;
```

```
}
/* * * * * * * * * * * * * * * * * * * * * * * * * * * * * * * * * * * * /
/* 写显示数据到 LCD                                              */
/* RS= H,RW= L,E= 高脉冲,D0～D7= 数据                          */
/* * * * * * * * * * * * * * * * * * * * * * * * * * * * * * * * * * * * /
void write_dat(uchar dat)
{
    LCD_RS= 1;
    LCD_RW= 0;
    LCD_EN= 0;
    P0= dat;
    delay_1ms(10);
    LCD_EN= 1;
    delay_1ms(10);
    LCD_EN= 0;
}
/* * * * * * * * * * * * * * * * * * * * * * * * * * * * * * * * * * * * /
/* 设定显示位置* /
/* * * * * * * * * * * * * * * * * * * * * * * * * * * * * * * * * * * * /
void lcd_pos(uchar X,uchar Y)
{
  uchar  pos;
  if (X==0)
    {X= 0x80;}
  else if (X==1)
    {X= 0x90;}
  else if (X==2)
    {X= 0x88;}
  else if (X==3)
    {X= 0x98;}
  pos= X+ Y;
  write_cmd(pos);              //显示地址
}


/* * * * * * * * * * * * * * * * * * * * * * * * * * * * * * * * * * * * /
/* LCD 初始化设定* /
/* * * * * * * * * * * * * * * * * * * * * * * * * * * * * * * * * * * * /
void lcd_init()
{
    LCD_PSB= 1;                //并口方式
    write_cmd(0x30);           //基本指令操作
    delay_1ms(5);
    write_cmd(0x0C);           //显示开/关光标
    delay_1ms(5);
    write_cmd(0x01);           //清除 LCD 的显示内容
```

```
        delay_1ms(5);
}


/* * * * * * * * * * * * * * * * * * * * * * * * * * * * * * * * * * * /
/* 主程序* /
/* * * * * * * * * * * * * * * * * * * * * * * * * * * * * * * * * * * /
main()
{
    uchar i;
    delay_1ms(10);              //延时
    lcd_init();                 //初始化 LCD

    lcd_pos(0,0);               //设置显示位置为第一行的第一个字符
    i= 0;
    while(dis0[i]! = '\0')
    {
        write_dat(dis0[i]);     //显示字符
        i++;
    }
    lcd_pos(1,0);               //设置显示位置为第二行的第一个字符
    i= 0;
    while(dis1[i]! = '\0')
    {
        write_dat(dis1[i]);     //显示字符
        i++;
    }
    lcd_pos(2,0);               //设置显示位置为第三行的第一个字符
    i= 0;
    while(dis2[i]! = '\0')
    {
        write_dat(dis2[i]);     //显示字符
        i++;
    }
    lcd_pos(3,0);               //设置显示位置为第四行的第一个字符
    i= 0;
    while(dis3[i]! = '\0')
    {
        write_dat(dis3[i]);     //显示字符
        i++;
    }
    while(1);
}
```

9.4 STC89C52 与 A/D 转换器的接口

在单片机测控系统中,常要求监控温度、压力、转速、流量、距离等非电物理量的变化,并将检测结果记录下来。由于单片机内部只能处理数字量,因此,这些非电物理量必须经传感器转换成连续变化的模拟电信号(电压或电流)才能在单片机中使用软件进行处理。实现模拟量转换成数字量的器件称为 A/D 转换器(ADC)。同样,在单片机构成的闭环控制系统中,有些被控对象需要使用模拟量来控制,这种情况下,需要单片机系统将要输出的数字信号转变成相应的模拟信号,以完成对象的控制。数字量转换成模拟量的器件称为 D/A 转换器(DAC)。本节介绍典型的 A/C、D/C 集成电路芯片,以及与单片机的硬件接口设计及软件设计。

9.4.1 A/D 转换器简介

1. 概述

A/D 转换器是把模拟量转换成数字量,以便于单片机进行数据处理。A/D 转换一般要经过采样、保持、量化及编码四个过程。在实际电路中,有些过程是合并进行的,如采样和保持,量化和编码在转换过程中是同时实现的。

随着超大规模集成电路技术的飞速发展,A/D 转换器的新设计思想和制造技术层出不穷。为了满足各种不同的检测及控制任务的需要,大量结构不同、性能各异的 A/D 转换芯片应运而生。

目前单片机的 ADC 芯片较多,对设计者来说,只需合理地选择芯片即可。现在部分的单片机片内集成了 A/D 转换器,当片内 A/D 转换器不能满足需要时,还需进行外部扩展。另外,作为扩展 A/D 转换器的基本方法,读者还是应当掌握。

按照转换速度,A/D 转换器可大致分为超高速(转换时间小于等于 1 ns)、高速(转换时间小于等于 1 us)、中速(转换时间小于等于 1 ms)、低速(转换时间小于等于 1 s)等几种不同转换速度的芯片。为了适应系统集成的需要,有些转换器还将多路转换开关、时钟电路、基准电压源、二进制-十进制译码器和转换电路集成在一个芯片内,为用户提供了很多方便。

按照输出代码的有效位数,A/D 转换器可分为 4 位、8 位、10 位、12 位、14 位、16 位并行输出以及 BCD 码输出的 3 位半、4 位半、5 位半等。除并行输出 A/D 转换器外,随着单片机串行扩展方式的日益增多,带有同步 SPI 串行接口的 A/D 转换器的使用也逐渐增多。串行输出的 A/D 转换器具有占用端口线少、使用方便、接口简单等优点。较为典型的串行 A/D 转换器有美国 TI 公司的 TLC549(8 位)、TLC1549(10 位)、TLC1543(10 位)和 TLC2543(12 位)。由于单片机与串行 A/D 转换器的接口设计涉及同步串行口 SPI 的内容,并已在第 9.4.2 节做了介绍,所以本章仅介绍单片机与并行输出 A/D 转换器的接口设计。

2. A/D 转换器的主要技术指标

(1) 转换时间和转换速率。转换时间是指 A/D 完成一次转换所需要的时间。转换时间的倒数为转换速率。

(2) 分辨率。分辨率是衡量 A/D 转换器能够分辨出输入模拟量最小变化程度的技术指标。分辨率取决于 A/D 转换器的位数,所以习惯上使用输出的二进制位数或 BCD 码位数表示。例如,A/D 转换器 AD1674 的满量程输入电压为 5 V,分辨率为 12 位,可输出 12 位二进制数,即使用 2^{12}(4096)个数进行量化。该 A/D 转换器能分辨出输入电压 5 V/4096＝1.22 mV 的变化。

(3) 量化误差。ADC 把模拟量转变为数字量,使用数字量近似表示模拟量,这个过程称为量化。量化误差是由于 ADC 有限位数对模拟量进行量化而引起的误差。理论上规定为一个单位分辨率的-1/2～+1/2LSB,提高 A/D 转换器的位数既可以提高分辨率,又能够减小量化误差。

(4) 转换精度。转换精度定义为一个实际 A/D 转换器与一个理想 A/D 转换器在量化值上的差值,可用绝对误差或相对误差表示。

3. A/D 转换器的工作原理

随着大规模集成电路技术的迅速发展,A/D 转换器新品不断推出。按工作原理分,A/D 转换器的类型主要有逐次比较型、双积分型、∑-Δ 式。

逐次比较型 A/D 转换器在精度、速度和价格上都比较适中。

双积分型 A/D 转换器具有精度高、抗干扰性好、价格低廉等优点,与逐次比较型 A/D 转换器相比,其转换速度较慢,近年来在单片机应用领域应用比较广泛。

∑-Δ 式 A/D 转换器具有双积分型 A/D 转换器与逐次比较型 A/D 转换器的双重优点。它对工业现场的串模干扰具有较强的抑制能力,不亚于双积分型 A/D 转换器。它比双积分型 A/D 转换器的转换速度要快。与逐次比较型 A/D 转换器相比,它具有更高的信噪比,更高的分辨率,更好的线性度,不需要采样保持电路。由于其具有上述优点,∑-Δ 式 A/D 转换器得到了重视,已有多种 ∑-Δ 式 A/D 转换器芯片可供用户选用。

尽管 A/D 转换器的种类很多,但目前种类最多、使用比较广泛的还是逐次比较型 A/D 转换器。下面介绍逐次比较型 A/D 转换器的工作原理。

图 9-9 所示的逐次比较型 A/D 转换器由 N 位寄存器、D/A 转换器、锁存缓存器和控制逻辑等组成。转换过程中,逐次逼近是按照对分比较或者对分搜索的原理进行的。其工作原理为:在时钟脉冲的同步下,控制逻辑先使 N 位寄存器的 D7 位置 1(其余位为 0),此时该寄存器输出的内容为 10000000,此值经 DAC 转换为模拟量输出 V_N,与待转换的模拟输入信号 V_{IN} 相比较,若 $V_{IN} \geqslant V_N$,则比较器输出为 1。于是在时钟脉冲的同步下,保留最高位 D7＝1,并使下一位 D6＝1,所得新值(11000000B)再经 DAC 转换得到新的 V_N,与 V_{IN} 比较,重复前述过程。反之,若使 D7＝1,经比较,若 $V_{IN} \leqslant V_N$,则使 D7＝0,D6＝1,所得新值 V_N 再与 V_{IN} 比较,重复前述过程。依此类推,从 D7 到 D0 都比较完毕后,控制逻辑使 EOC 变为高电平,表示 A/D 转

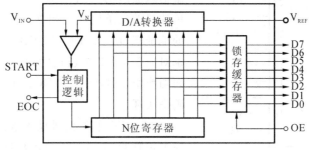

图 9-9 逐次比较型 A/D 转换器原理图

换结束,此时的 D7~D0 即为对应于模拟输入信号 V_{IN} 的数字量。

9.4.2　STC89C52 与并型 8 位 A/D 转换器 ADC0809 的接口

1. ADC0809 芯片

ADC0809 是 8 位逐次比较型、单片 CMOS 集成 A/D 转换器,其内部结构如图 9-10 所示。ADC0809 采用逐次比较型完成 A/D 转换,单一＋5 V 电源供电。片内带有锁存功能的 8 选 1 模拟开关,由 ADDC、ADDB、ADDA 的编码来决定所选的通道。A/D 的转换速度取决于芯片外接的时钟频率,时钟频率范围为 10~1280 kHz,完成一次转换需 100 μs 左右。片内有输出 TTL 电平的三态锁存缓冲器,可直接连到单片机数据总线上。通过适当的外接电路,ADC0809 可对 0~5 V 的模拟信号进行转换。

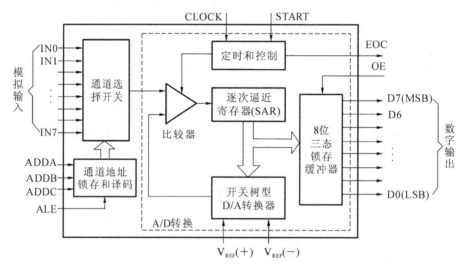

图 9-10　ADC0809 的结构框图

ADC0809 共有 28 个引脚,采用双列直插式封装,其引脚如图 9-11 所示。

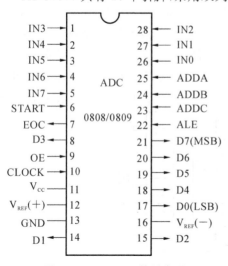

图 9-11　ADC0809 的引脚图

引脚功能说明如下。

IN0~IN7:8 路模拟量输入端。

D7~D0:8 位数字量输出端。

ADDA、ADDB、ADDC 与 ALE:控制 8 路模拟量输入通道的切换。ADDA、ADDB、ADDC 分别与单片机的三条地址线相连,三位编码对应 8 个通道的地址端口。ADDC、ADDB、ADDA＝000~111,分别对应 IN0~IN7 通道的地址。各路模拟量输入之间切换由软件改变 ADDC、ADDB、ADDA 引脚的编码来实现。

START:起始信号输入端。一般向此引脚输入一个正脉冲,上升沿复位内部逐次逼近寄存器,下降沿后开始 A/D 转换。

CLOCK:时钟信号输入端。

EOC:转换结束信号输出端。A/D 转换期间 EOC 为低电平,转换结束后变为高电平。

OE:输出允许端,用于控制输出锁存器的三态门。当 OE 为高电平时,转换结果数据出现在 D7~D0 引脚。当 OE 为低电平时,D7~D0 引脚对外呈高阻状态。

$V_{REF}(+)$、$V_{REF}(-)$:基准参考电压端,用于决定输入模拟量信号的量程范围。基准电压应单独使用高精度稳压电源供给,其电压的变化要小于 1LSB。否则,当被变换的输入电压不变,而基准电压的变化大于 1LSB 时,会引起 A/D 转换器输出的数字量变化。

V_{CC}:电源输入端,+5V。

GND:地。

ADC0809 的时序图如图 9-12 所示。当通道选择地址有效时,只要 ALE 信号一出现,地址就马上被锁存,这时转换起始信号紧随 ALE 之后(或与 ALE 同时)出现。START 的上升沿将逐次逼近寄存器(SAR)复位,在该上升沿之后的 2 μs 加 8 个时钟周期内(不定),EOC 信号将变为低电平,以指示转换操作正在进行中,直到转换完成后 EOC 再变为高电平。单片机收到变为高电平的 EOC 信号后,便立即送出 OE 信号,并打开三态门,读取转换结果。

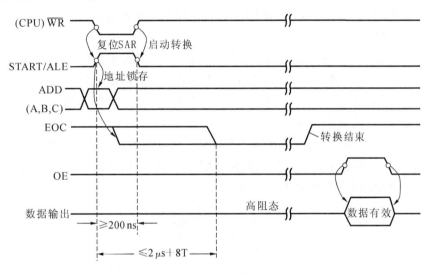

图 9-12 ADC0809 的时序图

2. STC89C52 与 ADC0809 的接口

单片机读取 ADC 的转换结果时,可采用查询和中断控制两种方式。

(1) 查询方式。查询方式是在单片机把起始信号送到 ADC 之后,再执行其他程序,同时对 ADC0809 的 EOC 引脚不断进行检测,以查询 ADC 转换是否已经结束,如果查询到转换已经结束,则读入转换完毕的数据。

ADC0809 与 STC89C52 单片机的查询方式接口电路如图 9-13 所示。

由于 ADC0809 片内无时钟,所以可利用单片机提供的地址锁存允许信号 ALE 经 D 触发器二分频后获得,12T 模式下 ALE 引脚的频率是 STC89C52 单片机时钟频率的 1/6(但要注意,每当访问外部数据存储器时,将丢失一个 ALE 脉冲)。如果单片机的时钟频率为 6 MHz,则 ALE 引脚的输出频率为 1MHz,再二分频后为 500 kHz,符合 ADC0809 单片机对时钟频率的要求。

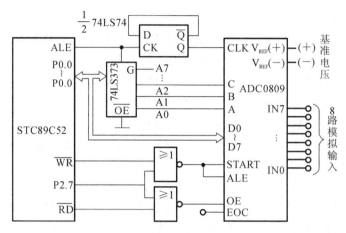

图 9-13　ADC0809 与 STC89C52 单片机的查询方式接口电路

当然,也可采用独立的时钟源输出,直接加入 ADC 的 CLK 引脚。

由于 ADC0809 有输出三态锁存器,所以其 8 位数据输出引脚 D0～D7 可直接与单片机的 P0 口相连。地址译码引脚 ADDC、ADDB、ADDA 分别与地址总线的低 3 位 A2、A1、A0 相连,以选通 IN0～IN7 中的一个通道。

启动 A/D 转换时,由单片机的写信号 $\overline{WR}$ 和 P2.7 引脚控制 ADC 的地址锁存和转换启动,由于 ALE 和 START 连在一起,因此 ADC0809 在锁存通道地址的同时启动并转换。当读取转换结果时,使用低电乎的读信号 $\overline{RD}$ 和 P2.7 引脚经一级"或非门"后产生的正脉冲作为 OE 信号,用来打开三态输出锁存器。

【例 9-5】　采用 ADC0809 设计数据采集电路。该电路通过调节滑线变阻器调节 IN0 的输入电压,将 A/D 转换结果存放至片内数据存储器 50H 单元,并通过两个 BCD 数码管显示出来。图 9-14 所示的为硬件仿真电路原理图。

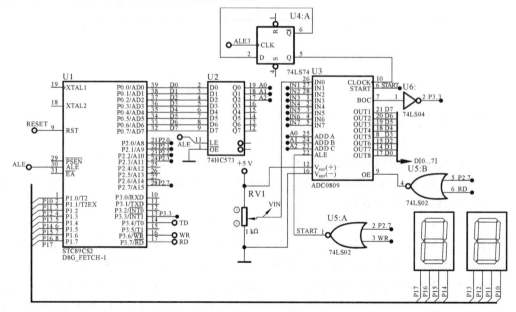

图 9-14　采用 ADC0809 设计数据采集电路

解 电路分析:由于 Proteus 中没有 ADC0809 的仿真模型,所以仿真时可采用 ADC0808 代替。ADC0808 与 ADC0809 除精度略有区别外(前者精度为 8 位,后者精度为 7 位),其余各方面完全相同。

IN0~IN7 的地址分别为 7FF8H~7FFFH。

ADC0809 的 EOC 引脚经非门 74HC14 与单片机的外部中断输入引脚/INT1 相连,A/D 转换结束后变为低电平,单片机据此采用查询方式或中断方式读取 A/D 转换结果。

参考程序如下:

```
# include< reg52.h>
# include< absacc.h>
# defineAD_IN0  XBYTE[0X7FF8]      //IN0 通道地址
sbit ad_busy= P3^3;
unsigned char data temp _at_ 0x50;
void main(void){
    while(1){
      AD_IN0= 0;                   //启动 A/D 信号
      while(ad_busy==1);           //等待 A/D 转换结束
      temp= AD_IN0;                //转换数据存入片内 50H 单元
      P1= temp;                    //显示转换数据
    }
}
```

在上述程序中,"AD_IN0=0;"是一个虚写操作,写什么数据都无关紧要。

(2) 中断控制方式。中断控制方式是在起始信号发送到 ADC 之后,单片机再执行其他的程序。当 ADC0809 转换结束并向单片机发出中断请求信号时,单片机响应此中断请求,进入中断服务程序,读入转换完毕的数据。中断控制方式效率高,所以特别适合转换时间较长的 ADC。

如采用中断控制方式完成对例 9-4 IN0 通道的输入模拟量信号的采集,当 A/D 转换结束后,EOC 发出一个脉冲向单片机提出中断申请,单片机响应中断请求后,由外部中断 1 的中断服务程序读取 A/D 的转换结果,并启动 ADC0809 的下一次转换,外部中断 1 采用边沿触发方式。

参考程序如下:

```
# include < reg52.h>
# include < absacc.h>
# define   AD_IN0XBYTE[0x7FF8]    //IN5 通道地址
unsigned char temp _at_ 0x50;
void main(void){
    IE= 0x84;                     //CPU 开放中断,允许外部中断 1 中断
    IT1= 1;                       //外部中断 1 采用边沿触发
    AD_IN0= 0;                    //启动 A/D 信号
    while(1){
    }
}
```

```
void data_acquisition(void) interrupt 2{
    EA= 0;
    temp= AD_IN0;                    //显示转换数据
    P1= temp;
    AD_IN0= 0;                       //启动 A/D 信号
    EA= 1;
}
```

9.4.3 STC89C52 与并型 12 位 A/D 转换器 AD1674 的接口

在某些应用中,8 位 ADC 常常不够,必须选择分辨率大于 8 位的芯片,如 10 位、12 位、16 位的 ADC。由于 10 位、16 位接口与 12 位接口类似,因此仅以常用的 12 位 A/D 转换器 AD1674 为例进行介绍。

1. AD1674 简介

AD1674 是由美国 AD 公司生产的 12 位逐次比较型 A/D 转换器。转换时间为 10 μs,单通道最大采集速率为 100 kHz。AD1674 片内有三态输出缓冲电路,因而可直接与各种典型的 8 位或 16 位单片机相连。AD1674 片内还集成有高精度的基准电压源和时钟电路,从而使该芯片在不需要任何外加电路和时钟信号的情况下完成 A/D 转换,使用非常方便。

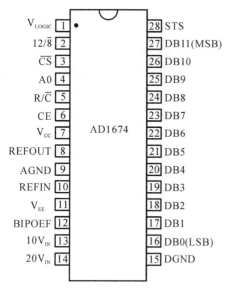

图 9-15 AD1674 引脚

AD1674 是 AD574A/674A 的更新换代产品。它们的内部结构和外部应用特性基本相同,引脚功能与 AD574A/674A 的完全兼容,可以直接替换 AD574、AD674 使用,但其最大转换时间已由 25 μs 提升到 10 μs。与 AD574A/674A 相比,AD1674 的内部结构更加紧凑,集成度更高,工作性能(尤其是高低温的稳定性)更好,而且可以使设计板的面积大大减小,因此可以降低成本并提高系统的可靠性。

AD1674 为 28 引脚双列直插式封装,引脚排列如图 9-15 所示。其各引脚功能说明如下。

DB0~DB11:12 位数据输出线。DB11 为最高位,DB0 为最低位,它们可由控制逻辑决定是输出数据还是对外呈高阻状态。

12/$\overline{8}$:数据模式选择。当 12/$\overline{8}$＝1 时,12 条数据线并行输出;当 12/$\overline{8}$＝0 时,与 A0 配合,12 位转换结果分两次输出,如图 9-15 所示,即只有高 8 位或低 4 位有效。12/$\overline{8}$端与 TTL 电平不兼容,故只能直接接至＋5 V 或 0 V 上。

A0:字节选择控制。在转换期间,当 A0＝0 时,进行全 12 位转换;当 A0＝1 时,仅进行 8 位转换。在读出期间,与 12/$\overline{8}$配合,若 A0＝O,高 8 位数据有效;若 A0＝1,低 4 位数据有效,中间 4 位为 0,高 4 位为高阻态。因此,若采用两次读出的 12 位数据,应遵循左对齐原则(即高 8 位＋低 4 位＋中间 4 位的 0000)。

$\overline{CS}$:芯片选择。当 $\overline{CS}$＝O 时,芯片被选中,否则 AD1674 不进行任何操作。

R/$\overline{C}$:读/转换选择。当 R/$\overline{C}$=1 时,允许读取结果;当 R/$\overline{C}$=O 时,允许 A/D 转换。

CE:芯片起始信号。当 CE=1 时,允许读取结果,到底是转换还是读取结果与 R/$\overline{C}$ 有关。

上述 5 个控制信号组合的真值表如表 9-4 所示。

表 9-4 AD1674 控制信号组合的真值表

CE	$\overline{CS}$	R/$\overline{C}$	12/$\overline{8}$	A0	功 能 说 明
0	×	×	×	×	不起作用
×	1	×	×	×	不起作用
1	0	0	×	0	启动 12 位转换
1	0	0	×	1	启动 8 位转换
1	0	1	+5V	×	12 位数据并行输出
1	0	1	接地	0	高 8 位数据输出
1	0	1	接地	1	低 4 位数据+4 位尾 0 输出

STS:输出状态信号引脚。STS=1 表示正在进行 A/D 转换,STS=0 表示转换已完成。STS 可以作为状态信息被 CPU 查询,也可使用它的下跳沿向单片机发出中断申请,并通知单片机 A/D 转换已完成,读取转换结果。

REFOUT:+10 V 基准电压输出。

REFIN:基准电压输入。只有由此引脚把从"REFOUT"引脚输出的基准电压引入 AD1674 内部的 12 位 DAC,才能进行正常的 A/D 转换。

BIPOFF:双极性补偿。对此引脚进行适当连接,可实现单极性或双极性的输入。

10V$_{IN}$:10 V 或-5～+5 V 模拟信号输入端。

20V$_{IN}$:20 V 或-1O～+10 V 模拟信号输入端。

DGND:数字地。各数字电路器件及"+5 V"电源的地。

AGND:模拟地。各模拟电路器件及"+15 V"、"-15 V"电源的地。

V$_{CC}$:电源输入端正级,为+12～+15 V。

V$_{EE}$:电源输入端负级,为-12～-15 V。

2. AD1674 的工作特性

由表 9-4 可知,只有当 CE=1,$\overline{CS}$=0 同时满足时,AD1674 才能处于工作状态。当 AD1674 处于工作状态时,R/$\overline{C}$=0 表示启动 A/D 转换;R/$\overline{C}$=1 表示读出转换结果。12/$\overline{8}$ 和 A0 端用来控制转换字长和数据格式。当 ADC 处于启动转换工作状态(R/$\overline{C}$=0)时,A0=0 启动 12 位 A/D 转换方式工作;而 A0=1 则启动 8 位 A/D 转换方式工作。当 AD1674 处于数据读出工作状态(R/$\overline{C}$=1)时,A0 和 12/$\overline{8}$ 成为数据输出格式控制端。当 12/$\overline{8}$=1 时,对应 12 位并行输出;当 12/$\overline{8}$=0 时,对应 8 位双字节输出。其中 A0=0 时输出高 8 位,A0=1 时输出低 4 位,并以 4 个 0 补足尾随的 4 位。注意,A0 在转换结果数据输出期间不能变化。

如要求 AD1674 以独立方式工作,只要将 CE、12/$\overline{8}$ 端接入+5 V,$\overline{CS}$ 和 A0 端接至 0 V,将 R/$\overline{C}$ 作为数据读出和启动转换控制。R/$\overline{C}$=1 时,数据输出端出现被转换后的数据;R/$\overline{C}$=0 时,即启动一次 A/D 转换。在延时 0.5 s 后,STS=1 表示转换正在进行。经过一个转换周期后,STS 跳回低电平,表示 A0 转换完毕,可读取新的转换数据。

注意,只有在 CE=1 且 R/$\overline{C}$=0 时才启动转换,在起始信号有效前,R/$\overline{C}$ 必须为低电平,否则将产生读取数据的操作。

3. AD1674 的单极性和双极性输入的电路

通过改变 AD1674 引脚 8、10、12 的外接电路,可使 AD1674 实现单极性输入和双极性输入模拟信号的转换。

(1) 单极性输入电路。

图 9-16(a) 所示为单极性输入电路,可实现输入信号 0～10 V 或 0～20 V 的转换。当输入信号为 0～10 V 时,应从 $10V_{IN}$ 引脚输入(引脚 13);当输入信号为 0～20 V 时,应从 $20V_{IN}$ 引脚输入(引脚 14)。输出的转换结果 D 的计算公式为

$$D = 4096V_{IN}/V_{FS}$$

或

$$V_{IN} = D \times V_{FS}/4096$$

式中,V_{IN} 为模拟输入电压,V_{FS} 为满量程电压。

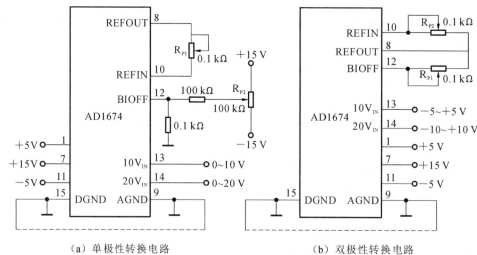

(a) 单极性转换电路 　　　　　 (b) 双极性转换电路

图 9-16　AD1674 模拟输入电路

若从 $10V_{IN}$ 引脚输入,则 $V_{FS} = 10$ V,$LSB = 10/4096 \approx 24$ mV;若从 $20V_{IN}$ 引脚输入,则 $V_{FS} = 20$ V,$1LSB = 20/4096 \approx 49$ mV。图 9-16 中的电位器 R_{P2} 用于调零,即当 $V_{IN} = 0$ 时,输出数字量 D 为全零。

单片机系统模拟信号的地线应与 AGND(9 引脚)相连,使其地线的接触电阻尽可能小。

(2) 双极性输入电路。

图 9-16(b) 所示为双极性输入电路,可实现输入信号 -10～+10 V 或 0～+20 V 的转换。图中的电位器只 R_{P1} 用于调零。

双极性输入时,输出的转换结果 D 与模拟输入电压 F_{IN} 之间的关系为

$$D = 2048(1 + V_{IN}/V_{FS})$$

或

$$V_{IN} = (D/2048 - 1)V_{FS}/2$$

式中,V_{FS} 为满量程电压。

上式求出的 D 为 12 位偏移二进制码,将 D 的最高位求反便得到补码。补码对应输入模拟量的符号和大小。同样,从 AD1674 读出的或代入到上式中的数字量 D 也是偏移二进制码。例如,当模拟信号从 $10V_{IN}$ 引脚输入时,$V_{FS} = 10$ V,若读得 D = FFFH,即 111111111111B

=4095,将其代入式中,可求得 V_{IN}=4.9976 V。

4. STC89C52 单片机与 AD1674 的接口

图 9-17 所示为 AD1674 与 STC89C52 单片机的接口电路。由于 AD1674 片内含有高精度的基准电压源和时钟电路,从而使 AD1674 在不需要任何外加电路和时钟信号的情况下即可完成 A/D 转换,使用非常方便。

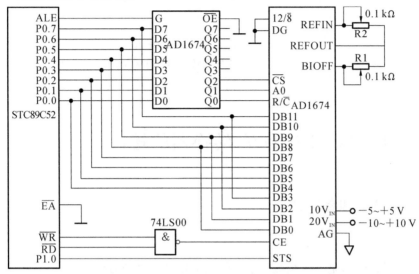

图 9-17 AD1674 与 STC89C52 单片机的接口电路

该电路采用双极性输入接法,可对-5~+5 V 或-10~+10 V 模拟信号进行转换。转换结果的高 8 位从 DB11~DB4 输出,低 4 位从 DB3~DB0 输出,即当 A0=0 时,读取结果的高 8 位;当 A0=1 时,读取结果的低 4 位。若遵循左对齐的原则,DB3~DB0 应连接单片机的 P0.7~P0.4。

根据 STS 信号线的三种不同接法,转换结果的读取有三种方式。

(1) 如果 STS 空着不接,单片机就只能在启动 AD1674 转换后延时 10 μs 以上再读取转换结果,即延时方式。

(2) 如果 STS 接到 STC89C52 的一条端口线上,单片机就可以采用查询方式。当查询到 STS 为低电平时,表示转换结束。

(3) 如果 STS 接到 STC89C52 的 $\overline{INT1}$ 端,则可以采用中断控制方式读取转换结果。

图 9-17 中,AD1674 的 STS 与 STC89C52 的 P1.0 线相连,故采用查询方式读取转换结果。

STS 引脚接单片机的 P1.0 引脚,采用查询方式读取转换结果。当单片机执行对外部数据存储器写指令,使 CE=1,$\overline{CS}$=0,R/$\overline{C}$=0,A0=0 时,启动 A/D 转换。当单片机查询到 P1.0 引脚为低电平时,转换结束,使 CE=1,$\overline{CS}$=0,R/$\overline{C}$=1,A0=0,读取结果的高 8 位;CE=1,$\overline{CS}$=0,R/$\overline{C}$=1,A0=1,读取结果的低 4 位。

该接口电路完成一次 A/D 转换的查询方式的程序如下(高 8 位的转换结果存入 R2 中,低 4 位的转换结果存入 R3 中,遵循左对齐原则):

```
AD1674:  MOV    R0,0F8H        ;端口地址送入 R0
```

```
              MOVX    @ R0,A          ;启动 AD1674 进行转换
              SETB    P1.0            ;置 P1.0 为 1
      LOOP:   NOP
              JB      P1.0,LOOP       ;查询转换是否结束
              INC     R0              ;使 R/C̄=1,准备读取结果
              MOVX    A,@ R0          ;读取高 8 位的转换结果
              MOV     R2,A            ;高 8 位的转换结果存入 R2 中
              INC     R0              ;使 R/C̄=1,A0=1
              INC     R0
              MOVX    A,@ R0          ;读取低 4 位的转换结果
              MOV     R3,A            ;低 4 位的转换结果存入 R3 中
                ⋮
```

9.5　STC89C52 与 D/A 转换器的接口

9.5.1　D/A 转换器简介

1. 概述

模/数转换器(DAC)是一种把数字信号转换成模拟信号的器件。

D/A 转换器的种类很多。按照二进制数字量的位数,可以分为 8 位、10 位、12 位、16 位 D/A 转换器;按照数字量的数码形式,可以分为二进制码和 BCD 码 D/A 转换器;按照 D/A 转换器的输出方式,可以分为电流输出型和电压输出型 D/A 转换器。在实际应用中,对于电流输出型 D/A 转换器,如果需要模拟电压输出,可在其输出端加一个由运算放大器构成的 I/V 转换电路,将电流输出转换为电压输出。

单片机与 D/A 转换器的连接,早期多采用 8 位数字量并行传输的并行接口,现在除并行接口外,带有串行口的 D/A 转换器品种也不断增多。除了通用的 UART 串行口外,目前较为流行的还有 I^2C 串行口和 SPI 串行口等。所以,当选择单片机的 D/A 转换器时,要考虑单片机与 D/A 转换器的接口形式。

目前部分单片机芯片中集成的 D/A 转换器位数一般在 10 位左右,且转换速度很快,所以单片机的 DAC 开始向高位数和高转换速度上转变。

2. D/A 转换器的主要技术指标

(1) 分辨率。分辨率是指输入数字量的最低有效位(LSB)发生变化时,所对应的输出模拟量(常为电压)的变化量。它反映了输出模拟量的最小变化值。

分辨率与输入数字量的位数有确定的关系,可以表示成 $FS/2^n$。FS 表示满量程输入值,n 表示为二进制位数。对于 5V 的满量程,当采用 8 位的 DAC 时,分辨率为 $5\text{ V}/2^8=19.5\text{ mV}$;当采用 12 位的 DAC 时,分辨率则为 $5\text{ V}/2^{12}=1.22\text{ mV}$。显然,位数越多,分辨率越高。即 D/A 转换器对输入量变化的敏感度越高。

使用时,应根据对 D/A 转换器分辨率的需要来选定 D/A 转换器的位数。

(2) 建立时间。建立时间是描述 D/A 转换器转换快慢的一个参数,用于表明转换的时间

或转换的速度。其值为从输入数字量到输出达到终值误差(1/2)LSB 时所需的时间。

电流输出型 DAC 的建立时间短。电压输出型 DAC 的建立时间主要取决于完成 I/V 转换的运算放大器的响应时间。根据建立时间的长短,可以将 DAC 分成超高速(小于 1 μs)、高速(10~1 μs)、中速(100~10 μs)和低速(大于等于 100 μs)DAC。

(3) 转换精度。理想情况下,转换精度与分辨率基本一致,位数越多,精度越高。但由于电源电压、基准电压、电阻、制造工艺等各种因素存在着误差,所以严格来讲,转换精度与分辨率并不完全一致。一般只要位数相同,分辨率就相同,但相同位数的不同转换器的转换精度会有所不同。例如,某种型号的 8 位 DAC 转换精度为 0.19%,而另一种型号的 8 位 DAC 转换精度为 0.05%。

3. D/A 转换器的工作原理

目前常用的 D/A 转换器是由 T 型电阻网络构成的,一般称其为 T 型电阻网络 D/A 转换器,如图 9-18 所示。计算机输出的数字信号首先传输到数据锁存器(或寄存器)中,然后由模拟电子开关把数字信号的高低电平转换成相对应的电子开关状态。当数字量某位为 1 时,电子开关就将基准电压源 V_{REF} 接入电阻网络的相应支路;若为 0,则将该支路接地。各支路的电流信号经过电阻网络加权后,由运算放大器求和并转换成电压信号,作为 D/A 转换器的输出。

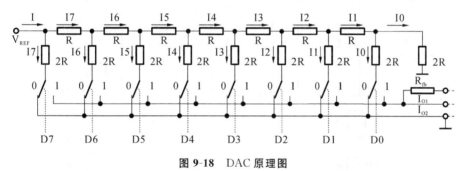

图 9-18 DAC 原理图

图 9-18 所示的电路是一个 8 位 D/A 转换器。V_{REF} 为外加基准电源,R_{fb} 为外接运算放大器的反馈电阻。D7~D0 为控制电流开关的数据。由图 9-18 可以得到:

$$I=V_{REF}/R$$
$$I7=I/2^1,I6=I/2^2,I5=I/2^3,I4=I/2^4,I3=I/2^5,I2=I/2^6,I1=I/2^7,I0=I/2^8$$

当输入数据 D7~D0 为 11111111B 时,有

$$I_{O1}=I7+I6+I5+I4+I3+I2+I1+I0=I/2^8\times(2^7+2^6+2^5+2^4+2^3+2^2+2^1+2^0)$$
$$I_{O2}=0$$

若 $R_{fb}=R$,则

$$V_O=-I_{O1}\times R_{fb}=-I_{O1}\times R=-(V_{REF}/R)\times2^8)\times(2^7+2^6+2^5+2^4+2^3+2^2+2^1+2^0)R$$
$$=-(V_{REF}/2^8)\times(2^7+2^6+2^5+2^4+2^3+2^2+2^1+2^0)=-B\times V_{REF}/256$$

由此可见,输出电压 V_O 的大小与输入数字量 B 具有对应的关系。

9.5.2 STC89C52 与 8 位 D/A 转换器 DAC0832 的接口设计

1. DAC0832 芯片

美国国家半导体公司的 DAC0832 是使用非常普遍的 8 位 D/A 转换器。由于内部包含两

个输入数据寄存器，所以能直接与 STC89C52 单片机连接。属于该系列的芯片还有 DAC0830、DAC0831，它们可以相互替换。其主要特性如下。

- 分辨率为 8 位。
- 电流输出，建立时间为 1 s。
- 可双缓冲输入、单缓冲输入或直接数字输入。
- 单一电源供电(+5～+15 V)。
- 低功耗，20 mW。

DAC0832 由一个 8 位输入寄存器、一个 8 位 DAC 寄存器和一个 8 位 D/A 转换电路及逻辑控制电路组成。其中，"8 位输入寄存器"用于存放单片机送来的数字量，使输入数字量得到缓冲和锁存；"8 位 DAC 寄存器"用于存放待转换的数字量；"8 位 D/A 转换电路"受"8 位 DAC 寄存器"输出数字量的控制，能输出与数字量成正比的模拟电流。因此，需外接 I-V 转换的运算放大器电路，才能得到模拟输出电压。输入数据锁存器和 DAC 寄存器构成两级缓存，可以实现多通道同步转换输出功能，如图 9-19 所示。

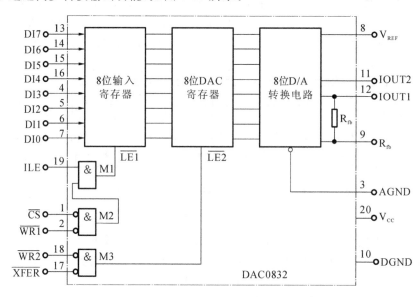

图 9-19 DAC0832 的内部逻辑结构

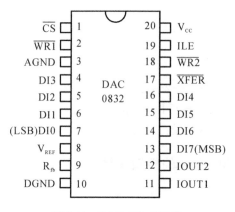

图 9-20 DAC0832 的引脚

DAC0832 采用 20 引脚双列直插式封装，其引脚如图 9-20 所示。

各引脚功能说明如下。

DI0～DI7：8 位数字信号输入端，与单片机的数据总线 P0 口相连，用于接收单片机送来的待转换为模拟量的数字量，DI7 为最高位。

$\overline{CS}$：片选端，低电平有效。

ILE：数据锁存允许控制端，高电平有效。

$\overline{WR1}$：第一级输入寄存器写选通控制端，低电平有效。当 $\overline{CS}=0$，ILE=1，$\overline{WR1}=0$ 时，待转换的数据信号被锁存到第一级 8 位输入寄存器中。

$\overline{\text{XFER}}$:数据传输控制端,低电平有效。$\overline{\text{WR2}}$:DAC 寄存器写选通控制端,低电平有效。当 $\overline{\text{XFER}}=0$,$\overline{\text{WR2}}=0$ 时,输入寄存器中待转换的数据传入 8 位 DAC 寄存器中。

IOUT1:D/A 转换器电流输出 1 端。当输入数字量全为 1 时,I0UT1 最大;当输入数字量全为 0 时,I0UT1 最小。

IOUT2:D/A 转换器电流输出 2 端,IOUT2+I0UT1=常数。

R_{fb}:外部反馈信号输入端,内部已有反馈电阻 R_{fb},根据需要,也可外接反馈电阻。

V_{cc}:电源输入端,在 +5~+15 V 范围内。

DGND:数字信号地。

AGND:模拟信号地,最好与基准电压共地。

2. STC89C52 与 DAC0832 的接口

DAC0832 芯片内有两级输入锁存结构,可以工作于双缓冲方式、单缓冲方式和直通方式,使用非常灵活方便。一般设计 STC89C52 单片机与 DAC0832 的接口电路常用单缓冲方式或双缓冲方式的单极性输出。

(1) 单缓冲方式。单缓冲方式是指 DAC0832 内部的两个数据缓冲器有一个处于直通方式,另一个处于受单片机控制的锁存方式。实际应用中,如果只有一路模拟量输出,或者虽是多路模拟量输出但并不要求多路输出同步的情况下,也可采用单缓冲方式。

图 9-21 所示的为单极性模拟电压输出的 DAC0832 与 STC89C52 的接口电路。

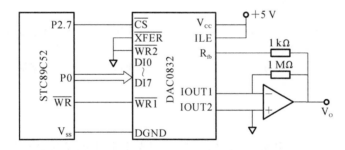

图 9-21 DAC0832 单缓冲方式接口电路

图 9-21 中的 ILE 接 +5 V,I0UT2 接地,I0UT1 输出电流经运算放大器转换后输出单极性电压,范围为 O~+5 V。$\overline{\text{XFER}}$ 和 $\overline{\text{WR2}}$ 接地,故 DAC0832 的"8 位 DAC 寄存器"工作于直通方式。"8 位输入寄存器"受 $\overline{\text{CS}}$ 和 $\overline{\text{WR1}}$ 端的控制,$\overline{\text{CS}}$ 由 P2.7 引脚控制。因此,单片机执行如下指令就可在 $\overline{\text{CS}}$ 和 $\overline{\text{WR1}}$ 上产生低电平信号,让 DAC0832 接收 STC89C52 传输来的数字量,代码如下:

```
MOV    DPTR,# 7FFFH
MOV    A,# data
MOVX   @ DPTR,A
```

单极性输出电压 $V_O = -B \times V_{REF}/256$ 可见,单极性输出 V_O 的正负极性由 V_{REF} 的极性确定。当 V_{REF} 的极性为正时,V_O 为负;当 V_{REF} 的极性为负时,V_O 为正。

【例 9-6】 将 DAC0832 用作波形发生器。根据图 9-21,写出产生三角波和矩形波的程序。

产生三角波的程序代码如下:

```
# include < absacc.h>
# define  DAC0832  XBYTE[0x7fff]     //设置 DAC0832 的访问地址
unsigned char num;
void main() {
  while(1){
    for (num= 0;num< 0xff;num++)      //上升段波形
        DAC0832= num;
    for (num= 0xff; num> 0 ; num- - )   //下降段波形
        DAC0832= num;                 //DAC0832 转换输出
  }
}
```

当输入数字量从 0 开始时,逐次加 1 进行 D/A 转换,模拟量与其成正比输出。当输入数字量达到 FFH 时,逐次减 1 进行 D/A 转换,直到输入数字量为 0,然后重复上述过程,如此循环,输出的波形就是三角波。

产生矩形波的程序代码如下:

```
# include< absacc.h>
# define  DAC0832  XBYTE[0x7fff]     //设置 DAC0832 的访问地址
unsigned int  i;
void main() {
  while (1) {
    for(i= 0;i< 10000;i++)            //置上限电平对应的数字量,延时
        DAC0832= 255;
    for(i= 0;i< 20000;i++)            //置下限电平对应的数字量,延时
        DAC0832= 0;
  }
}
```

(2) 双缓冲方式。对于多路 D/A 转换需要同步转换输出的系统,应该采用双缓冲同步方式。DAC0832 工作于双缓冲方式时,数字量的输入锁存和 D/A 转换是分两步完成的。首先,CPU 的数据总线分时地向各路 D/A 转换器输入要转换的数字量并锁存在各自的输入锁存器中;然后 CPU 对所有的 D/A 转换器发出控制信号,使各个 D/A 转换器输入锁存器中的数据送入 DAC 寄存器,实现同步转换输出。

图 9-22 所示为一个两路同步输出的 D/A 转换接口电路。STC89C52 的 P2.5 和 P2.6 分别连接两路 D/A 转换器的输入锁存器,P2.7 连接两路 D/A 转换器的$\overline{XFER}$端控制同步转换输出。

在需要多路 D/A 转换输出的场合,除了采用上述方法外,还可以采用多通道 DAC 芯片。这种 DAC 芯片在同一个封装里有两个以上相同的 DAC,它们可以各自独立工作,例如 AD7528 是双通道的 8 位 DAC 芯片,可以同时输出两路模拟量;AD7526 是四通道的 8 位 DAC 芯片,可以同时输出四路模拟量。

【例 9-7】 根据图 9-22,实现两路 D/A 同步输出,产生上行、下行两路锯齿波。
程序代码如下:

```
# include < absacc.h>
# define  DAC1  XBYTE[0xdfff]    //设置 1# DAC0832 输入锁存器的访问地址
```

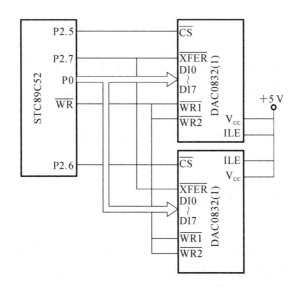

图 9-22 DAC0832 双缓冲方式接口电路

```
# define  DAC2  XBYTE[0xbfff]      //设置 2# DAC0832 输入锁存器的访问地址
# define  DACOUT XBYTE[0x7fff]     //两个 DAC0832 的 DAC 寄存器访问地址
void main (void){
    unsigned char num;             //需要转换的数据
while(1){
for(num= 0; num< = 255; num++){
    DAC1= num;                     //上锯齿送入 1# DAC0832
    DAC2= 255- num;                //下锯齿送入 2# DAC0832
    DACOUT= num;                   //两路同时进行 D/A 转换输出
    }
    }  }
```

该段程序代码中,"DACOUT=num"是一个虚写操作,旨在产生一个 DAC 寄存器的锁存信号,对被写的数据没有要求。

(3) 直通方式。当 DAC0832 芯片的片选信号 $\overline{CS}$、写信号 $\overline{WR1}$、$\overline{WR2}$ 及传输控制信号 $\overline{XRER}$ 的引脚全部接地,允许输入锁存信号 ILE 引脚接 +5 V 时,DAC0832 芯片就处于直通工作方式,数字量一旦输入,就直接进入 DAC 寄存器,进行 D/A 转换。

3. 双极性电压输出

在有些应用场合,需要 DAC0832 双极性模拟电压输出,因此,要在编码和电路方面做些改变。在需要用到双极性电压输出的场合,可以按照图 9-23 接线。图中,DAC0832 的数字量由单片机发送过来,A1 和 A2 均为运算放大器,V_O 通过 2R 电阻反馈到运算放大器 A2 输入端,G 点为虚拟地。由基尔霍夫定律列出的方程组可解得:

$$V_O = (B-128) \times V_{REF}/128$$

由上式可知,当单片机输出给 DAC0832 的数字量 B≥128 时,即数字量最高位 b7=1,则输出的模拟电压 V_O 为正;当单片机输出给 DAC0832 的数字量 B<128 时,即数字量最高位为 0,则 V_O 为负。

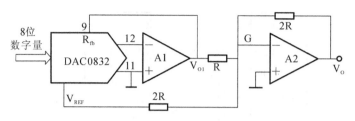

图 9-23　DAC 的双极性输出

9.6　串行扩展总线接口

本节介绍三种串行扩展总线,即单总线串行扩展、SPI 串行外设接口、I²C 串行总线接口,以及介绍单片机扩展这些总线接口的设计与应用实例。单片机的串行扩展技术与并行扩展技术相比具有明显的优点,串行接口器件与单片机连接时需要的 I/O 线很少(仅需 1～4 条),串行接口器件体积小,因此占用电路板的空间小,仅为并行接口器件的 10%,明显减少了电路板占用的空间及节约了成本。除上述优点,它还具有工作电压宽、抗干扰能力强、功耗低、数据不易丢失等特点。串行扩展技术在 IC 卡、智能仪器仪表以及分布式控制系统等领域的应用比较广泛。

9.6.1　单总线串行扩展

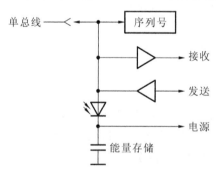

图 9-24　单总线芯片的内部结构示意图

单总线(也称 1-Wire bus)是由美国 DALLAS 公司推出的外围串行扩展总线。只有一条数据输入/输出线 DQ,总线上的所有器件都挂靠在 DQ 上,也可以通过这条信号线提供电源。使用一条信号线的串行扩展技术,称为单总线技术。每个符合 One-Wire 协议的芯片都有一个唯一的 64 位地址(8 位的家族代码、48 位的序列号和 8 位的 CRC 代码)。主芯片对各个从芯片的寻址是依据这 64 位的内容来进行的,片内还包含收发控制和电源存储电路,如图 9-24 所示。此处,单片机作为主芯片,可设置单片机端口的某一条线作为单总线,设置具有单总线特性的 DS18B20 作为从芯片。以下详细叙述 DS18B20 的特性、工作原理以及应用。

1. DS18B20 的性能特点

DS18B20 是由 DALLAS 公司生产的、具有 One-Wire 协议的数字式温度传感器。设计地址线、数据线和控制线时合用一根双向数据传输信号线(DQ)。传感器的供电寄生在通信总线上,可从总线通信的高电平中获得。因此,可以不需要外部的供电电源,而可以直接使用供电端(V_{DD})供电。当温度高于 100 ℃时,不推荐使用寄生电源,供电范围为 3.0～5.5 V;当 DS18B20 处于寄生电源模式时,V_{DD}引脚必须接地,且总线空闲时需保持高电平以便对传感器充电。每个器件独有的 64 位芯片序列号(ID)辨认总线上的器件和记录总线上的器件地址,可以将多个温度传感器挂接在该单一总线上,实现多点温度的检测。

每个 DS18B20 都有一个唯一存储在 ROM 中的 64 位编码。最低 8 位是单线系列编码 28H,接着的 48 位是一个唯一的序列号,最高 8 位是以上 56 位的 CRC 编码(CRC$=X^8+X^5+X^4+1$),64 位光刻 ROM 的代码格式如图 9-25 所示。

64位 LASERED ROM CODE

8位 CRC	48位 SERIAL NUMBER	8位 FAMILY CODE(28h)
MSB LSB	MSB LSB	MSB LSB

图 9-25　64 位光刻 ROM 的代码格式

DS18B20 测量温度的范围为-55℃~+125℃(-67°F~+257°F);温度传感器的精度为用户可编程的 9 位、10 位、11 位或 12 位,分别以 0.5℃、0.25℃、0.125℃和 0.0625℃增量递增;具有非易失性温度上下限报警设定功能。转换时间:9 位精度为的转换时间 93.75 ms,10 位精度的转换时间为 187.5 ms,12 位精度的转换时间为 750 ms。

2. DS18B20 温度传感器的暂存器

DS18B20 温度传感器的内部暂存器有 9 个字节,暂存器的组成如表 9-5 所示。该暂存器包含带有非易失性的电擦除型只读存储器(EEPROM)特性的静态随机寄存器(SRAM),用来存放高温和低温报警触发寄存器(TH 及 TL)与配置寄存器。

表 9-5　DS18B20 温度传感器的暂存器

字 节 地 址	寄存器内容	字 节 地 址	寄存器内容
00H	温度值低位(LSB)	05H	保留
01H	温度值高位(MSB)	06H	保留
02H	高温上限值(TH)*	07H	保留
04H	配置寄存器*	—	—

注:* 表示该值存放在 EEPROM 中。

当温度转换命令发送后,经过转换所得到的温度值以 2 个字节补码形式存放在寄存器的第 0 个字节和第 1 个字节。单片机可通过单总线接口读到该数据,读取时低位在前,高位在后,数据格式如表 9-7 所示。第 2 个字节、第 3 个字节用于存放温度上下限报警值;第 4 个字节为配置寄存器;第 8 个字节为 CRC 检验字节,用于检验通信时数据传输的正确性。

3. DS18B20 配置寄存器

DS18B20 配置寄存器有 8 位,格式如下:

TM	R1	R0	1	1	1	1	1

其中:TM 为测试模式位,用于设置 DS18B20 是在工作模式还是在测试模式,0 表示为工作模式,1 表示为测试模式。DS18B20 出厂时,该测试模式位被设置为 0,用户不要去改动;R1 和 R0 用来设置分辨率(DS18B20 出厂时该测试模式位被设置为 12 位分辨率)。分辨率设置如表 9-6 所示。

表 9-6　分辨率设置

R1	R0	分辨率	转换时间/ms	测温精度/℃
0	0	9	93.75	0.5
0	1	10	187.5	0.25
1	0	11	375	0.125
1	1	12	750	0.0625

4. DS18B20 温度存放格式

DS18B20 可以完成对温度的测量。下面以 12 位精度为例,使用 16 位带符号扩展的二进制补码读数形式,一个 LSB 表示 0.0625 ℃,12 位精度测量出的温度值由 2 个字节(16 位二进制补码形式)表示,如表 9-7 所示。

表 9-7　DS18B20 温度存放格式

位序	D15	D14	D13	D12	D11	D10	D9	D8	D7	D6	D5	D4	D3	D2	D1	D0
数值	S	S	S	S	2^7	2^6	2^5	2^4	2^3	2^2	2^1	2^0	2^{-1}	2^{-2}	2^{-3}	2^{-4}

注:其中的 S 为符号扩展位,S=0 表示温度为正值,S=1 表示温度为负值。

对于表 9-7 的温度计算:当符号位 S=0 时,直接将二进制值转换为十进制值;当 S=1 时,先将补码变为原码,再计算十进制值,表 9-8 是对应的一部分温度值。

DS18B20 是采用 12 位精度测量出的数字量,使用 16 位二进制补码表示,它与温度的关系如表 9-8 所示。

表 9-8　DS18B20 数值与温度的关系

温　　度	数据输出(二进制)	数据输出(十六进制)
+125 ℃	0000 0111 1101 0000	07D0H
+85 ℃*	0000 0101 0101 0000	0550H
+25.0625 ℃	0000 0001 1001 0001	0191H
+10.125 ℃	0000 0000 1010 0010	00A2H
+0.5 ℃	0000 0000 0000 1000	0008H
0 ℃	0000 0000 0000 0000	0000H
−0.5 ℃	1111 1111 1111 1000	FFF8H
−10.125 ℃	1111 1111 0101 1110	FF5EH
−25.0625 ℃	1111 1110 0110 1111	FE6FH
−55 ℃	1111 1100 1001 0000	FC90H

* 温度寄存器上电复位值为+85℃。

5. DS18B20 命令字

根据 DS18B20 的通信协议,主机(单片机)控制 DS18B20 完成温度转换必须经历三步:① 每次读/写之前都要对 DS18B20 进行复位操作;② 复位成功后要发送一条 ROM 指令;

③ 发送 RAM 指令,这样才能对 DS18B20 进行预定的操作。复位要求主 CPU 将数据线下拉 $500\mu s$,然后释放,当 DS18B20 收到信号后等待 $15\sim60\ \mu s$,再发出 $60\sim240\ \mu s$ 的应答低脉冲,主 CPU 收到此信号后表示复位成功。

DS18B20 命令字有 ROM 指令和 RAM 指令,它的指令集如表 9-9 所示。

表 9-9　DS18B20 指令集

	指令	代码	功　　能	命令发布后的单总线活动	注释
ROM 指令	读 ROM	33H	读取 DS1820 中的 ROM 编码,仅用在总线上,只有 1 个 DS18B20	DS18B20 发送系列代码(64 位)	
	匹配 ROM	55H	发送 64 位 ROM 编码,访问单总线上与该编码相对应的 DS1820 使之作出响应,为下一步对该 DS1820 的读/写做准备		
	搜索 ROM	0FOH	搜索挂接在同一总线上 DS1820 的个数并识别 64 位 ROM 地址。为操作各器件做准备		
	跳过 ROM	0CCH	跳过 64 位 ROM 地址,直接向 DS1820 发送温度变换命令。适用于单片工作		
	告警搜索	0ECH	执行后,只有温度超过设定值上限或下限的芯片才作出响应		
RAM 指令	温度转换	44H	启动 DS1820 进行温度转换	DS18B20 传输转换状态信息给主机	1
	读暂存器	0BEH	读取全部暂存器内容,包括 CRC 字节	DS18B20 传输相当于 9 个字节到主机	2
	写暂存器	4EH	向暂存器的第 2 字节、第 3 字节、第 4 字节写入上、下限温度值和配置字	主机传输 3 个字节的数据到 DS18B20	3
	复制暂存器	48H	将暂存器 TH、TL 和配置寄存器中的内容复制到 EEPROM 中	无	1
	重调 EEPROM	0B8H	将 EEPROM 中 TH、TL 和配置寄存器中的内容召回到暂存器的第 2 字节、第 3 字节、第 4 个字节	DS18B20 传输记忆状态信息给主机	
	读供电方式	0B4H	读 DS1820 的供电模式。寄生供电时,DS1820 发送"0";外接电源供电时,DS1820 发送"1"	DS18B20 传输供电状态信息给主机	

表 9-9 中,有几点需要说明,如下。

(1) 由于寄生电源 DS18B20 在温度转换和从暂存器复制数据到 EEPROM 期间,主机必须强行拉高单总线,所以这时无其他总线活动发生。

(2) 主机可以在任何时候使用复位命令中断数据传输。

(3) 三字节必须在发布复位命令之前写入。

6. DS18B20 时序

下面介绍 DS18B20 的三种时序:初始化时序、读 0 或 1 的时序、写 0 或 1 的时序。

1) 初始化时序

DS18B20 初始化时序如图 9-26 所示。在总线 t_0 时,主机发送复位脉冲(最短为 480 μs 的低电平信号);在总线 t_1 时,释放总线并进入接收状态,DS18B20 在检测到总线的上升沿之后等待 15~60 μs;在总线 t_2 时,DS18B20 发送应答脉冲(低电平持续 60~240 μs)。

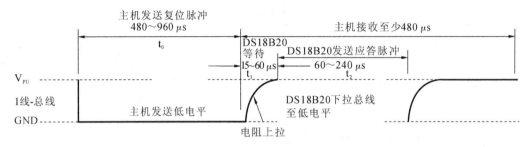

图 9-26 DS18B20 初始化时序

根据图 9-26 的时序图编写初始化子程序,以下是振荡频率为 12 MHz、P1.7 接单总线的初始化子程序。

```
/* * * * * * * * * * * * 汇编语言初始化 DS18B20 子程序* * * * * * * * * * * * * /
      DQ   BIT  P1.7
INT:  CLR DQ                    ;总线为复位电平
      MOV R2, # 240
L1:   DJNZ R2,L1               ;总线复位电平保持 480~960 μs。
      SETB DQ                   ;释放总线
      MOV R2, # 30
L4:   DJNZ R2,L4               ;释放总线,DS18B20 等待 60 μs
      CLR C                     ;清进位位 C
      ORL C,DQ                  ;读总线
      JC L0                     ;判断总线下拉为 0? 有应答信号? 无,重来。
      MOV R6, # 20              ;有应答,保持 122 μs(60~240 μs)
L5:   ORL C,DQ                  ;读总线
      JC L3                     ;总线释放转入 L3
      DJNZ R6,L5               ;保持低电平 122 μs= 2+ 20× (2+ 2+ 2)
      SJMP L0
L3:   MOVR2,# 240
L2:   DJNZ R2,L2               ;总线上拉为 1,保持 480 μs(主机接收时间至少为 480 μs)
      RET
/* * * * * * * * * * * * * C 语言初始化 DS18B20 函数* * * * * * * * * * * * * /
sbit   ds= P1^7                //设置 DS18B20 温度传感器的信号线
void dsreset(void) {           //DS18B20 复位,初始化函数
    int i;
        ds= 0;                 //主机拉低总线
        i= 60;while(i> 0)i--;  //维持低电平(i= 60~119)
        ds= 1;                 //释放总线
        delay(20) ;            //等待 60 μs(15~60 μs)
        while(! ds) delay(60); //等待应答(60~240 μs)
```

}

2）写 0 或 1 的时序

当主机总线在 t_0 时刻从高电平拉至低电平时就会产生写时隙，如图 9-27 所示，从 t_0 时刻开始 15 μs 内应将所需写的位送到总线上，DS18B20 在 t_1 后（15～60）μs 之间对总线采样。采样时，总线为低电平表示写入的位是 0，总线为高电平表示写入的位是 1，连续写入 2 位的时隙应大于 1 μs。

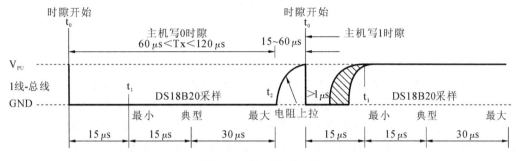

图 9-27　写时隙时序图

根据图 9-27 写时隙时序图来编写程序，以下是振荡频率为 12 MHz、P1.7 接单总线、写一个字节的子程序，写入字节存放在 A 中。加粗部分程序是写一位代码。

```
/* * * * * * * * * * 向 DS18B20 写一个字节子程序 * * * * * * * * * * * * * * * * * /
        DQ    BIT  P1.7
WRBYTE:CLR   EA                ;关中断
        MOV   R3,# 8           ;写入一个字节 8 位,存入 A 中
WR1:    SETB  DQ               ;时隙开始时刻
        MOV   R4,# 8
        RRC   A                ;把一个字节分成 8 个 bit 循环移位给 C,低位优先
        CLR   DQ               ;总线要处于复位状态(低)。
WR2:    DJNZ  R4,WR2           ;总线复位保持 16 μs
        MOV   DQ,C             ;写入一个 bit,DS18B20 采样
        MOV   R4,# 20
WR3:    DJNZ  R4,WR3           ;等待 40 μs,采样维持时间
        DJNZ  R3,WR1           ;转向写入下一个 bit
        SETB  DQ               ;写完一个字节,重新释放总线
        SETB  EA               ;开中断
        RET
/* * * * * * * * * * C51 语言向 DS18B20 写一个字节数据 * * * * * * * * * * * /
void tempwritebyte(uchar dat){
    uchar j;
    bit testb;
    for(j= 1;j< = 8;j+ +){     //循环写入 8 位
        testb= dat&0x01;
        dat= dat> > 1;
        if(testb){            //若 testb= 1
            ds= 0;            //主机拉低总线
```

```
    _nop_();                    //主机拉低总线(> 1 μs)
    ds= 1;                      //写 1
    delay(19);                  //60 μs,写时隙必须持续 60～120μs。
    }
    else{
    ds= 0;                      //写 0
    delay(19);                  //60 μs,写时隙必须持续 60～120μs。
    ds= 1;                      //释放总线
    _nop_();
    } }}
```

3）读 0 或 1 的时序

读时隙时序如图 9-28 所示,它是从主机下拉单总线低电平 1 μs 开始,此后释放总线,在主机开始读时隙后,DS18B20 才开始向总线传输位 1 或位 0。此时,若总线为高电平,则 DS18B20 传输的是 1;若总线为低电平,则 DS18B20 传输的是 0。当传输位 0 时,DS18B20 将在时隙结束时刻释放总线,总线靠上拉电阻将它拉回到高电平空闲状态,在开始读时隙 15 μs 内,来自 DS18B20 的数据是有效的。两个读时隙之间至少需 1 μs 的恢复时间,所以读时隙时间必须持续至少 60 μs。

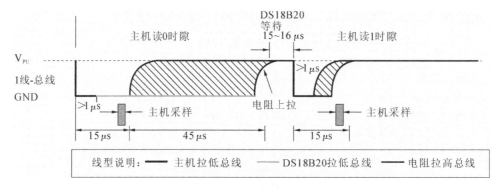

图 9-28　读时隙时序图

根据图 9-28 读时隙时序图编写读一个字节子程序,以下是振荡频率为 12MHz、P1.7 接单总线、读一个字节的子程序,读出字节存放在 A 中,加粗部分是读一位代码。

```
/* * * * * * * * * 汇编语言程序:从 DS18B20 中读出一个字节子程序* * * * * * * * * * */
        DQ    BIT  P1.7
RDBYTE:CLR              EA ;关中断
        MOV   R6,# 8
RE1:    CLR   DQ         ;主机拉低总线
        MOV   R4,# 4
        NOP              ;读前总线保持低电平 3μs(大于 1 μs)
        SETB  DQ         ;开始释放总线
RE2:    DJNZ  R4,RE2     ;持续 8 μs
        MOV   C,DQ       ;主机从 DS18B20 总线采样一个 bit
        RRC   A          ;将读取的位值循环移位给 A
        MOV   R5,# 30
```

```
RE3:    DJNZ  R5,RE3              ;持续 60 μs
        DJNZ  R6,RE1              ;转向读下一个 bit
        SETB  DQ                  ;读完 8 位,重新释放 DS18B20 总线
        SETB  EA                  ;开中断
        RET
/* * * * * * * * * C51 语言程序:从 DS18B20 读一位函数* * * * * * * * * * * * */
Bit tempreadbit(void){           //读一位函数
    bit dat;                     //定义位变量 dat
    ds= 0;_nop_();_nop_();        //拉低电平,维持时间大于 1 μs
    ds= 1;delay(2);              //释放总线 9 μs(小于 15 μs)
    dat= ds;                     //采样
    delay(20);                   //63 μs,读时隙时间必须持续至少 60 μs
    return (dat);                //返回采样位值
}
/* * * * * C51 语言程序:从 DS18B20 读一个字节函数* * * * * * * * * * */
uchar tempread(void){            //读一个字节
    uchar i,j,dat;
    dat= 0;                      //给字节变量 dat 赋初值 0
    for(i= 1;i< = 8;i++){        //循环读取 8 位数据
        j= tempreadbit();
        dat= (j<<7)|(dat>>1);    //先读出的数放在最低位
    }
    return(dat);                 //返回读出一个字节的数据
}
```

执行顺序如下。

步骤 1:初始化。

步骤 2:ROM 操作指令。

步骤 3:DS18B20 功能指令,即 RAM 操作指令。

【例 9-8】 图 9-29 为一个由单总线构成的多温度监测系统仿真图,寄生供电模式,4 个 DS18B20 编号自上而下为 1、2、3、4。自左向右的显示格式:第一位,DS18B20 的编号;第二位,不显(灭);后四位显示相应 DS18B20 的温度值(BCD 码)。

解 (1)配置 DS18B20 序列号。

多温度传感器检测系统,对于挂接在单总线上的多个 DS18B20 芯片,并识别总线上所有的芯片序列码以及芯片的数目和型号至关重要。DS18B20 虽提供相应的搜索、匹配、读取芯片 ROM 指令,但实际在 DS18B20 出厂时,每个芯片有唯一序列码来识别器件。如果使用 Proteus 仿真调试,则需要给每个 DS18B20 配置序列码,由于系列编号 28H 和 CRC 检测编号系统会自动提供,所以只需配置其余字节,配置方法有以下五步。

步骤 1:在图 9-29 中,将鼠标放在 DS18B20 上,按右键会出现对话框,选中编辑内容栏(Edit Properties)后会出现如图 9-30 所示的对话框。

步骤 2:打开"Edit Component(编辑元件)"对话框,在"Component Value"栏中输入 "DS18B20",则"ROM Serial Number"栏中的序列号显示为"d700000088C533",如图 9-30 所示。此时 U5 元件序列号为 d700000088C53328。

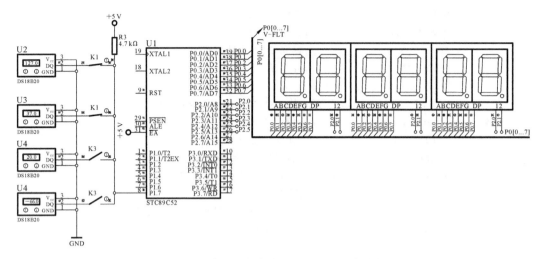

图 9-29　由单总线构成的多温度监测系统仿真图

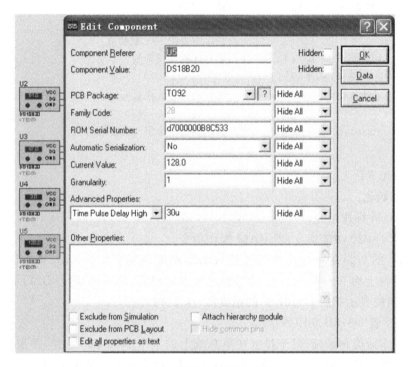

图 9-30　配置 DS18B20 截图

步骤 3：28 是系列编码，在"Family Code（系列编码）"栏可以观察到。

步骤 4：U5 元件序列号 28 和 d70000 是系统自动给出的，并允许配置 4 个字节，此处配置为 00B8C533。可以编写一个简单的程序读出（读 ROM 序列号时，总线只能连接一个 DS18B20）每个 DS18B20 的完整序列号并进行保存。

步骤 5：若没有配置 DS18B20，则系统会自动给出每个 DS18B20 的相同序列号。

（2）获取序列号的方法。

在图 9-29 中，将要获取序列号的 DS18B20 芯片与 P1.7 引脚相连，其余 DS18B20 芯片断开,运行读序列号子程序 GET_seq 并将序列号保存在以 40H 为首地址的连续 8 个单元中,序列号的最低字节保存在 40H 单元。可以通过查询这些单元获知该芯片序列号,此时汇编语言程序如下。

```
/* * * 文件名:get_18B20_seq.A51* * * /
DQ    BIT  P1.7
SEQ_NUBER EQU 40H            ;序列号存放在首地址
         ORG 0000H
MAIN:LCALL GET_seq           ;调用 DS18B20 序列号子程序
    SJMP MAIN
/* * * * * * * * * 读 DS18B20 序列号子程序* * * * * * * * * * * * * * * /
GET_seq:MOV  R2,# 08H
       MOV  R0,# SEQ_NUBER
       LCALL INT             ;调用初始化子程序
       MOV A,# 33H           ;读 ROM 命令字送入 A
       LCALL WRbyte          ;写入读 ROM 命令
LOOP:LCALL RDBYTE            ;读序列号,先读低字节
    MOV @ R0,A               ;保存序列号
    INC R0                   ;地址加 1
    DJNZ R2,LOOP             ;8 字节读完? 未完,转入 LOOP 继续
    RET
```

(3) 一步设计思路。

多温度传感器检测系统硬件电路如图 9-29 所示,题目要求 6 只数码管循环显示 4 个传感器温度值。可以先启动所有传感器的温度转换,然后分别读取各个传感器转换的温度值并进行保存。系统软件由 8 个子程序和 1 个主程序组成。子程序功能(子程序名)分别是:初始化 DS18B20(INT)、向 DS18B20 写入 1 个字节(WRBYTE)、从 DS18B20 读出 1 个字节(RDBYTE)、BCD 码显示格式转换(BCD_CONV)、数码管显示(DISPLAY)、给 DS18B20 编号并装配相应的序列号(GET_number_SEQ)、转换/采集(Convert)和中断服务(INTT0)。此处介绍 3 个主要子程序:GET_number_SEQ、Convert 和 INTT0。

(4) 程序框图。

① 给 DS18B20 编号并装配相应的序列号(GET_number_SEQ)子程序。

运行并获取序列号子程序(get_18B20_seq.A51),由图 9-29 可知 4 个 DS18B20 的序列号是 U2:8E000000B8C53028、U3:B9000000B8C53128、U4:E0000000B8C53228、U5:D7000000B8C53328,其中每个序列号都是 8 个字节。通过观察所有序列号发现,只有第 2 个字节、第 8 个字节的内容不同(由低位到高位计算字节编号),其余各字节的内容相同。给第 2 个字节和第 8 个字节分配 2 个暂存单元 71H 和 70H,72H 用于存放 dDS8820 器件编号,再根据不同器件编号分配相应的序列号,并调用采样子程序采样该器件转换的温度值。分配 DS18B20 编号并装配相应的序列号子程序框图如图 9-31 所示。

给 DS18B20 编号并装配相应的序列号子程序如下。

```
/* * * * * * 给 DS18B20 编号并装配相应的序列号子程序* * * * * /
GET_number_SEQ:
       MOV   R0,# TEMP_9byte      ;存放转换的温度值,单元首地址送入 R0
```

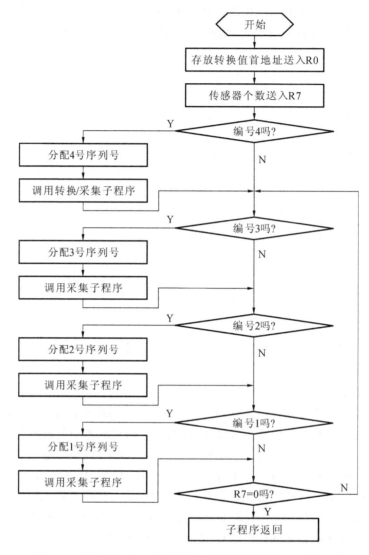

图 9-31 分配 DS18B20 编号并装配相应的序列号子程序框图

```
          MOV   R7,# 04H            ;DS18B20 的个数送入 R7
          CJNE  R7,# 04H,NEQT3      ;是第四个 DS18B20 吗？不是,转入 NEQT3 继续
          MOV   70H,# 0D7H          ;是,该序列号的最高字节送入 70H 单元
          MOV   71H,# 33H           ;该序列号的第 2 个字节送入 71H 单元(由低向高)
          LCALL Convert             ;调用转换/采集子程序
NEQT3:    CJNE  R7,# 03H,NEQT2      ;是第三个 DS18B20 吗？不是,转入 NEQT2 继续
          MOV   70H,# 0E0H          ;是,该序列号的最高字节送入 70H 单元
          MOV   71H,# 32H           ;该序列号的第 2 个字节送入 71H 单元(由低向高)
          LCALL Convert             ;调用采集子程序
NEQT2:    CJNE  R7,# 02H,NEQT1      ;是第二个 DS18B20 吗？不是,转入 NEQT1 继续
          MOV   70H,# 0B9H          ;是,该序列号的最高字节送入 70H 单元
          MOV   71H,# 31H           ;该序列号的第 2 个字节送入 71H 单元(由低向高)
          LCALL Convert
```

```
NEQT1:    CJNE    R7,# 01H,NEQT0        ;是第一个 DS18B20 吗?
          MOV     70H,# 8EH            ;是,该序列号的最高字节送入 70H 单元
          MOV     71H,# 30H            ;该序列号的第 2 个字节送入 71H 单元(由低向高)
          LCALL   Convert
NEQT0:    DJNZ    R7,NEQT3
          RET
```

② 转换/采集(Convert)子程序。

多个 DS18B20 转换/采集(Convert)子程序的流程:先初始化 DS18B20→发送跳过 ROM 的指令→发送启动所有 DS18B20 的转换指令→发送匹配 ROM 的指令→发送一个 DS18B20 序列号→发送读暂存器指令→读取 DS18B20 温度的转换值并进行保存→返回子程序。

转换/采集(Convert)子程序如下。

```
/* * * * * * * * * * * 转换/采集子程序* * * * * * * * * * * * * * * * /
Convert: LCALL   INT                  ;调用初始化子程序
          MOV     A,# 0CCH             ;忽略 ROM 命令字
          LCALL   WRbyte               ;调用发送忽略 ROM 命令子程序
          MOV     A, # 44H             ;启动温度转换命令
          LCALL   WRbyte               ;调用温度转换命令
U2:       LCALL   INT                  ;重新初始化
          MOV     A,# 55H              ;匹配 ROM 指令字
          LCALL   WRbyte               ;调用发送匹配 ROM 的指令
          MOV     A,# 28H              ;以下是 8 个字节(64 位)DS18B20 的序列号发送
          LCALL   WRbyte
          MOV     A,71H
          LCALL   WRbyte
          MOV     A,# 0C5H
          LCALL   WRbyte
          MOV     A,# 0B8H
          LCALL   WRbyte
          MOV     A,# 00H
          LCALL   WRbyte
          MOV     A,# 00H
          LCALL   WRbyte
          MOV     A,# 00H
          LCALL   WRbyte
          MOV     A,70H
          LCALL   WRbyte
TEMP:     MOV     A,# 0BEH             ;读温度暂存器命令字送入 A
          LCALL   WRbyte               ;调用发送读温度暂存器命令
          LCALL   RDBYTE               ;读转换值的低字节
          MOV     @ R0,A               ;读出的温度值低字节存入 R0 间接地址单元
          INC     R0                   ;地址加 1
          LCALL   RDBYTE               ;读转换值的高字节
          MOV     @ R0,A               ;读出的温度值高字节存入 R0 间接地址单元
          INC     R0                   ;地址加 1
```

RET

③ 中断服务(INT0)子程序。

根据题目要求:循环显示 4 个 DS18B20 传感器的温度值,采用中断方式,每隔 1 s 读取 DS18B20 编号和相对应的温度值并送入显示缓冲区。

设计思路:选取振荡频率为 12 MHz,定时/计数器 T0 定时时间为 100 ms,计数次数为 10 次,每隔 1 s 读取一个 DS18B20 的温度值,从器件编号 4 开始,并将对应的器件编号温度值送入数据单元。通过改变器件的编号和该编号器件温度转换值的存储地址来改变显示内容,中断服务程序框图如图 9-32 所示。

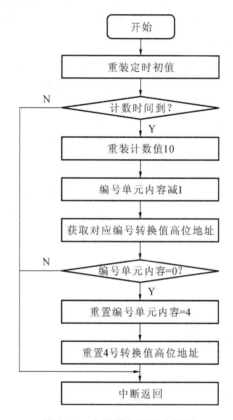

图 9-32 中断服务子程序框图

中断服务(INT0)子程序如下:

```
/*************中断服务子程序*****************/
INTT0:MOV    TH0,# 3CH        ;重新装入初值
      MOV    TL0,# 0B0H       ;
      DJNZ   20H,RETURN       ;1 s时间未到,返回
      MOV    20H,# 0AH        ;重置中断
      DEC    72H
      INC    73H
      INC    73H
      MOV    A,72H
      CJNE   A,# 00H,RETURN
```

```
        MOV     72H,# 04
        MOV     73H,# 51H
   RETURN:RETI                           ;中断返回
```

(5) C51 语言程序清单。

设计思路:多温度传感器检测的关键点是区别单总线数据为哪个传感器器件发送出去的,可以一次启动所有传感器转换,再依次发送器件序列号读取相应的温度转换值。设置 4 行 8 列的二维数组作为序列号数组存放器件的序列号,数组行号加 1 表示器件编号。

多温度传感器检测系统 C51 语言程序是通过主函数调用几个子函数完成的,子函数功能(子函数名)分别是:μs 延时函数(delay)、DS18B20 初始化函数(dsreset)、向 DS18B20 写一个字节(tempwritebyte)、从 DS18B20 读一位函数(tempreadbit)、从 DS18B20 读一个字节(tempread)、DS18B20 启动转换函数(temp_convert)、多个 DS18B20 读取寄存器中存储的温度数据(get_temp)、读取 DS18B20 转换值送显示缓冲区程序(data_change)和数码管显示函数(Display)。由于 delay、dsreset、tempwritebyte、tempreadbit、tempread、temp_convert 6 个函数前面已有介绍,不再赘述。这里仅介绍多个 DS18B20 读取寄存器中存储的温度数据(get_temp)、定时器 T0 中断函数和主程序。C51 语言程序清单如下:

```
/* * * * * * * 文件名:DS18B20_number.C* * * * * * * * /
# include < reg52.h>
# include < stdio.h>
# include< intrins.h>
# define   uchar unsigned char
# define   uint  unsigned int
uchar temp,a,b,k,m= 0x0a,n= 0;
sbit ds= P1^7;/* 温度传感器信号线* /
/* P0 口连接数码管的段码端口,P2 口连接数码管的位码端口* /
uchar code DSY_CODE[]= {0xc0,0xf9,0xa4,0xb0,0x99,0x92,0x82,
0xf8,0x80,0x90,0x88,0x83,0xC6,0xA1,0x86,0x8e,0xbf,0xff,0xff};/* 字形数组* /
uchar data DSY_SBUF[]= {0x0,0x0,0x0,0x0,0x0,0x0};/* 显示缓冲数组* /
uchar data Rseq_rom[4][8]= {0x28,0x30,0xc5,0xb8,0x00,0x00,0x00,0x8e,
0x28,0x31,0xc5,0xb8,0x00,0x00,0x00,0xb9,
0x28,0x32,0xc5,0xb8,0x00,0x00,0x00,0xe0,
0x28,0x33,0xc5,0xb8,0x00,0x00,0x00,0xd7};/* 序列号数组* /
/* * * * * * * * * * * 延时函数* * * * * * * * * * * * * * * * * * /
void delay(uint z)//
{
    uint i;
    for(i= 0;i< z;i++);
}
/* * * * * * * * * * * * * DS18B20 初始化* * * * * * * * * * * * * * /
void dsreset(void) {              /* DS18B20 复位,初始化函数* /
    int i;
    ds= 0;                        /* 主机拉低总线* /
    i= 60;while(i> 0)i--;         /* 维持低电平(480~960μs)(i= 60- 119)* /
```

```
        ds= 1;                          /* 释放总线* /
        delay(20);                      /* 等待 63 μs* /
        while(! ds)delay(60);           /* 等待应答(60- 240 μs)* /
    }
/* * * * * * * * * * * * 写一个字节到 DS18B20* * * * * * * * * * * * * * * * * /
void tempwritebyte(uchar dat) {/* 向 DS18B20 写一个字节数据* /
    uchar j;
    bit testb;
    for(j= 1;j< = 8;j++) {          /* 循环写入 8 位* /
        testb= dat&0x01;
        dat= dat> > 1;
        if(testb){                      /* 若 testb= 1* /
            ds= 0;                      /* 主机拉低总线* /
            _nop_();                    /* 主机拉低总线(大于 1 μs)* /
            ds= 1;                      /* 写 1* /
            delay(19);                  /* 60 μs,写读时隙时间必须持续 60～120 μs* /
        }
        else{
            ds= 0;                      /* 写 0* /
            delay(19);                  /* 60 μs,写读时隙时间必须持续 60～120 μs* /
            ds= 1;                      /* 释放总线* /
            _nop_();
        }
    }
}
/* * * * * * * * * * * 读 bit From DS18B20* * * * * * * * * * * * * * * * * * * /
bit tempreadbit(void){             /* 读一位函数* /
    bit dat;
    ds= 0;_nop_();_nop_();          /* 拉低电平,维持时间大于 1 μs* /
    ds= 1;delay(2);                 /* 释放总线 9 μs(小于 15 μs)* /
    dat= ds;                        /* 采样* /
    delay(20);                      /* 63 μs,读时隙时间必须持续至少 60 μs* /
    return (dat);
}
/* * * * * * * * * * * * * * * * 读 Byte DS18B20* * * * * * * * * * * * * * * * /
uchar tempread(void){              /* 读一个字节* /
    uchar i,j,dat;
    dat= 0;
    for(i= 1;i< = 8;i++){           /* 循环读取 8 位数据* /
        j= tempreadbit();
        dat= (j<<7)|(dat>>1);       /* 最先读出的数据放在最低位* /
    }
    return(dat);                    /* 返回读出一个字节数据* /
}
/* * * * * * * * * * * DS18B20 启动转换* * * * * * * * * * * * * * * * * * /
```

```
void tempchange(void){
    dsreset();                      /* 初始化* /
    delay(10);
    tempwritebyte(0xcc);            /* 发送跳过读 ROM 指令* /
    tempwritebyte(0x44);            /* 发送温度转换指令* /
    }
/* * * * * 多个 DS18B20 读取寄存器中存储的温度数据* * * * * * * * /
uint get_temp(uchar n){
    uint i;uchar dat;
    dsreset();                      /* 初始化* /
    delay(10);                      /* 延时,等待发送就绪* /
    tempwritebyte(0x55);            /* 发送匹配的 ROM 指令* /
    for(i= 0;i< 8;i++)              /* 循环发送 8 个字节序列号* /
    {   dat= Rseq_rom[n][i];
        tempwritebyte(dat);
        _nop_();
    }
    tempwritebyte(0xbe);            /* 发送读暂存器命令,此处仅读温度转换值字节* /
    a= tempread();                  /* 读低 8 位* /
    b= tempread();                  /* 读高 8 位* /
    temp= b;
    temp= temp< < 4;                /* 两个字节拼装为一个字,温度值取整数部分* /
    temp= temp|(a> > 4);
    return temp;
}


/* * * * * * * * * 显示子程序* * * * * * * * * * * * * * /
void Display(){
    uchar i,j;
    k= 0x01;
    for(i= 0;i< 6;i++){
    P2= k;
    for( j= 0;j< 17;j++)
        {if(DSY_SBUF[i]==j)
            {if(i==4) {P0= DSY_CODE[j]&0x7f;delay(200);}
            else   P0= DSY_CODE[j];delay(200);}
        }
    k= _crol_(k,1);
    }
}
/* * * * * * * * 读取 DS18b20 的转换值并送入显示缓冲区的程序* * * * * /
void data_change(uchar n){
    k= get_temp(n);
    if(k&0x80){k= ～k+ 1;DSY_SBUF[2]= 16;}
    else DSY_SBUF[2]= k/100;
```

```
        DSY_SBUF[0]= n+ 1;
        DSY_SBUF[1]= 0x11;
        DSY_SBUF[3]= (k% 100)/10;
        DSY_SBUF[4]= (k% 100)% 10;
        if(a&0x08)DSY_SBUF[3]= 0x5;
        DSY_SBUF[5]= 0x0;
        }
/* * * * * * * 中断服务子程序* * * * * /
void  timer0int(void) interrupt  1 {
        TH0= 0x3c;                    /* 重新装载定时初值* /
        TL0= 0xb0;
        if(m==0){
            m= 0x0a;                  /* 1 s时间到,重新装载计数初值* /
            n++;                      /* DS18B20编号加 1* /
        }
        else m--;                     /* 没到 1 s,计数值减 1* /
        if(n==4)n= 0;                 /* DS18B20编号n= 4,重新置 n= 0* /
}
/* * * * * * * * * * * * * 主程序* * * * * * * * * * * /
void main(){
        SP= 0x60;
        TMOD= 0x01;
        TH0= 0x3c;                    /* 给T0装入定时初值* /
        TL0= 0x0B0;
        m= 0x0a;                      /* 定时 1 s计数初值* /
        ET0= 1;                       /* 允许T0申请中断* /
        EA= 1;                        /* 允许总中断* /
        TR0= 1;                       /* 启动 T0* /
        while(1){
            tempchange();             /* 调用启动温度转换程序* /
            data_change(n);           /* 调用读取 DS18B20的转换值并送入显示缓冲区* /
            Display();
        }
    }
```

9.6.2 SPI 总线串行扩展

SPI(Serial Peripheral Interface)是由 Motorola 公司推出的同步串行外设接口,允许单片机与多个厂家生产的带有标准 SPI 的外围设备直接连接,以串行方式交换信息。

图 9-33 为 SPI 外围串行扩展结构图。SPI 使用 4 条线:串行时钟 SCK,主器件输入/从器件输出数据线 MISO,主器件输出/从器件输入数据线 MOSI 和从器件选择片选端$\overline{CS}$。

SPI 的典型应用是单主机系统,一台主器件,从器件通常是外围接口器件,如存储器、I/O 接口、A/D 转换器、D/A 转换器、键盘、日历/时钟和显示驱动器等。扩展多个外围器件时,SPI 无法通过数据线译码选择,故外围器件都有片选端$\overline{CS}$。当扩展单个 SPI 器件时,外围器件的片选端$\overline{CS}$可以接地或通过 I/O 接口控制;当扩展多个 SPI 器件时,单片机应分别通过 I/O 线来分时选通外围器件。

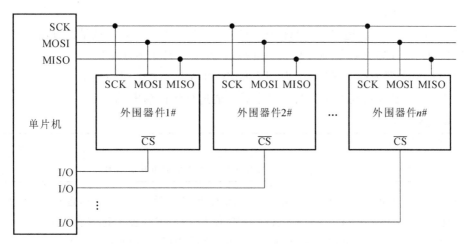

图 9-33　SPI 外围串行扩展结构图

SPI 系统中的单片机对从器件的选通需控制其片选端$\overline{CS}$,由于省去了传输时的地址字节,所以数据传输十分简单。但当扩展器件较多时,需要控制较多的从器件$\overline{CS}$端,因为连线较多。

在 SPI 系统中,主器件单片机启动一次传输时,会产生 8 个时钟,并传输给接口芯片作为同步时钟,控制数据的输入和输出。传输格式是高位(MSB)在前,低位(LSB)在后,如图 9-34 所示。输出数据的变化以及输入数据时的采样,都取决于 SCK,但对不同外围的芯片,可能是 SCK 的上升沿起作用,也可能是 SCK 的下降沿起作用。SPI 有较高的数据传输速度,最高可达 1.05 Mb/s。

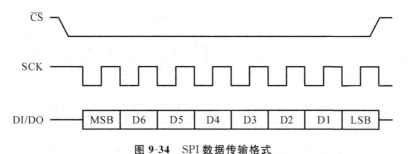

图 9-34　SPI 数据传输格式

SPI 从器件要有 SPI 接口,主器件是单片机。目前已有许多机型的单片机都带有 SPI 接口。但对于 STC89C52 来说,由于不带 SPI 接口,所以可采用软件与 I/O 接口结合来模拟 SPI 时序。

【例 9-9】　设计 STC89C52 单片机与串行 A/D 转换器 TLC2543 的 SPI 接口。

1. TLC2543 介绍

TLC2543 是美国 TI 公司的一款集 8 位、12 位、16 位为一体的可选输出二进制位数的 11 通道串行 SPI 接口的 A/D 转换芯片,1 路转换时间为 10 μs。片内有一个 14 路模拟开关,用来选择 11 路模拟输入,3 路内部测试电压中的 1 路进行采样。供电电压 V_{cc} 为 4.5~5.5 V,参考电压 V_{ref+} 最大可达 V_{cc},V_{ref-} 接地,CLK 的最大频率为 4.1 MHz。

外部输入信号为:数据输入 SDI;片选端$\overline{\text{CS}}$;I/O 时钟 CLK;模拟量输入 AIN_i($i=0\sim10$)。

输出信号为:转换结束 EOC、数据输出 SDO。

(1) TLC2543 的工作原理如下。

● $\overline{\text{CS}}$由高电平变为低电平时,允许 SDI、CLK、AIN_i($i=0\sim10$)模拟量信号输入和 SDO 数据信号输出,EOC 在转换过程中一直为高电平,转换结束时变为低电平。

● $\overline{\text{CS}}$由低电平变为高电平时,禁止 SDI、CLK 和 AIN_i($i=0\sim10$)模拟量信号输入。

初始化时,$\overline{\text{CS}}$必须由高电平变为低电平后才能进行数据输出/输入。

数据输入格式如下:

D7	D6	D5	D4	D3	D2	D1
数据地址位				输出数据长度选择位	输出数据格式选择位	输出极性选择位

D7~D4:数据地址位,用于输入通道与测试电压的选择。0000 表示选择通道为 0,0001 表示选择通道为 1,依此类推,1010 表示选择通道为 10,1011 表示选择测试电压为($V_{\text{ref}+}-V_{\text{ref}-}$)/2,1100 表示选择测试电压等于 $V_{\text{ref}-}$,1101 表示选择测试电压等于 $V_{\text{ref}+}$。

D3、D2:输出数据长度选择位。01 表示选 8 位数据,X0(X 为 0 或 1)表示选 12 位数据,11 表示选 16 位数据。

D1:输出数据格式选择位。0 表示选高位在前,1 表示选低位在前。

D0:输出极性选择位,0 表示选单极性(电压范围为 $0\sim V_{\text{ref}+}$),1 表示选双极性(电压范围为 $V_{\text{ref}-}\sim V_{\text{ref}+}$)

(2) TLC2543 时序图如图 9-35 所示。

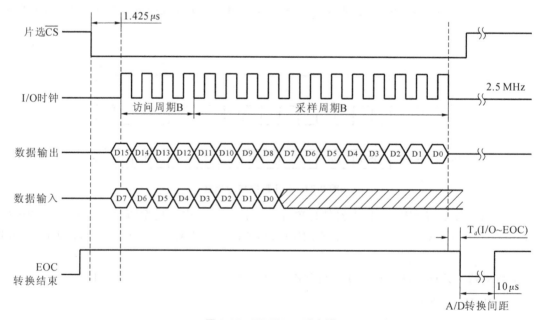

图 9-35　TLC2543 时序图

TLC2543 每次在 I/O 周期读取的数据都是上次转换的结果,当前转换结果要在一个 I/O 周期中被串行移出。TLC2543 A/D 转换的第一次读数由于内部的调整,所以读取的转换结果可能不准确,应丢弃。

若参考电压 $V_{ref+} = +5\,V$,输入电压为 V_i,转换后的 12 位输出数据为 $DATA_{out}$,则它们之间的关系为 $DATA_{out} = FFFH \times V_i / +5V$。

从 TLC2543 时序图可知,片选端 $\overline{CS}$ 拉低电平到第一个 I/O 时钟上升高电平(激活)需要延时 1.425 μs,该延时可确保 TLC2543 内部电路正确启动。在 I/O 时钟开始的 8 个时钟周期内,控制数据送入 TLC2543 中;余下的 8 个传输时钟周期被忽略。来自 TLC2543 转换的 12 位输出值被 DSP(数字信号处理器)接收调整后放入 16 位字中。在访问周期 B 内,采样检测通道地址。在采样周期 B 内,采样占用模拟通道的数据。转换是从传输到最后一个 I/O 时钟下降沿处开始的。当片选信号拉低后,来自 TLC2543 的数据输出总线进入高阻状态并允许其他器件分享 DSP 的串口输入通道。

2. 接口设计

(1) 硬件设计。

例 9-8 的 STC89C52 单片机与 TLC2543 的 SPI 接口电路如图 9-36 所示。单片机的 P1.4 引脚、P1.5 引脚和 P1.6 引脚分别与 TLC2543 的 CLK 引脚、CS 引脚和 SDI 引脚相连;P1.3 引脚与转换结束信号 EOC 相连,P1.7 引脚与输出数据端 SDO 相连,单片机将命令字通过 P1.6 引脚输入 TLC2543 的输入寄存器中。

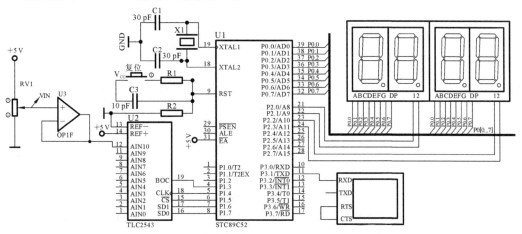

图 9-36 STC89C52 单片机与 TLC2543 的 SPI 接口电路

(2) 软件设计分析。

由 TLC2543 输入格式与图 9-36 可知:选择输出极性为单极性,输出数据格式为高位在前,输出数据长度为 12 位,则通道 0 至通道 10 的控制字为 00H~0A0H。图 9-36 选择 10 通道(AIN10)进行一次 A/D 转换,A/D 转换结果共 12 位,分两次读入。先读入 TLC2543 中的 8 位转换结果到单片机中,同时写入下一次转换的命令;然后读入 4 位的转换结果到单片机中。

若 TLC2543 的时钟频率 f=2.5 MHz,则时钟周期=1/f=1/2.5 MHz=4 μs。取单片机的振荡频率为 6 MHz,则机器周期=2 μs,一条 NOP 指令的时间为 2 μs。

3. 程序清单

(1) 汇编语言程序清单如下:

```
ORG    0000H
```

```
CLK     BIT P1.4
CS      BIT P1.5
DIN     BIT P1.6
DOUT    BIT P1.7
ADDR    EQU 50H           ;AD 转换结果存储区
MAIN:                     ;主程序
    ACALL           ADCONV2
    LCALL           DATA1
    ACALL           DISPLAY
    AJMP            MAIN
/* * * * * * * * * * * A/D 转换,SPI 传输子程序* * * * * * * * * * * * /
ADCONV2:MOV   R0,# ADDR
        MOV   R1,# 0A0H        ;选择通道 10,单极性,高位在前;12 位输出
        ACALL READAD           ;加电后空转换一次
        MOV   R1,# 0A0H        ;有效转换开始
        ACALL READAD
        MOV   A,R2             ;保存转换结果
        MOV   @ R0,A
        INC   R0
        MOV   A,R3
        MOV   @ R0,A
        RET
                             ;READAD 为 TLC2543 A/D 转换子程序,R1 内容为控制字,
                               结果的高 8 位保存在 R2,低 4 位保存在 R3
READAD:CLR    CLK              ;置 CLK 为低位
       SETB   CS               ;置 CS 为高位
       CLR    CS
       NOP
       NOP                     ;置 CS 为低位,转换开始
       MOV    R4,# 08          ;8 位控制字移入 TLC2543,高 8 位;结果移出 TLC2543
       MOV    A,R1             ;控制字装入 A 中
ADLOP1:MOV    C,DOUT           ;移出一位结果进入 C
       RLC    A                ;C 中的结果从 A 的最低位进入,控制字从最高位移入 C
       MOV    DIN,C            ;1 位控制字移入 TLC2543
       SETB   CLK
       NOP
       NOP
       CLR    CLK
       DJNZ   R4,ADLOP1        ;是否移完?
       MOV    R2,A             ;结果的高 8 位装入 R2
       MOV    A,# 0
       MOV    R4,# 04          ;读取低 4 位转换结果
ADLOP2:
       MOV    C,DOUT
       RLC    A
```

```
        SETB    CLK
        NOP
        NOP
        CLR     CLK
        DJNZ    R4,ADLOP2
        MOV     R3,A                ;低 4 位转换结果装入 R3
        SETB    CS
        RET
```

/* * * * * * * * * * * * 显示格式转换子程序 * * * * * * * * * /

```
DATA1:MOV     79H,# 11H
        MOV     R0,# ADDR
        MOV     A,@ R0
        ANL     A,# 0F0H
        SWAP    A
        MOV     7AH,A
        MOV     A,@ R0
        ANL     A,# 0FH
        MOV     7BH,A
        INC     R0
        MOV     A,@ R0;
        ANL     A,# 0FH
        MOV     7CH,A
        RET
```

/* * * * * * * * * * * * 数码管显示子程序 * * * * * * * * * * * * * * * * * /

```
DISPLAY:
        MOV     R0,# 79H            ;显示缓冲区的首地址送入 R0
        MOV     R3,# 01H            ;字位码送入 R3 并进行保存
        MOV     A,R3
LD0:    MOV     P2,A                ;字位码送入位码端口 P2,点亮该位
        MOV     A,@ R0              ;取出一位要显示的数据
        MOV     DPTR,# TAB1         ;表首地址送入 DPTR
        MOVC    A,@ A+ DPTR         ;查表获取该数据的字形码
        CJNE    R3,# 10H,DIR1       ;判断带小数点位
        ANL     A,# 7FH             ;获取带小数点的字形码
DIR1:   MOV     P0,A                ;字形码送入段码端口 P0
        ACALL   DL11                ;调用延时子程序
        INC     R0                  ;缓冲区地址加 1
        MOV     A,R3                ;取出位码
        JB      ACC.5,LD1           ;判断 6 位数码管显示完了吗？显示完,则转 LD1
        RL      A                   ;未完,左移 1 位
        MOV     R3,A                ;保存位码
        AJMP    LD0
LD1:    RET                         ;子程序返回
TAB1:   DB      0C0H,0F9H,0A4H,0B0H,99H,92H
```

```
DB              82H,0F8H,80H,90H,88H,83H,0C6H,0A1H
DB              86H,8EH,0BFH,0FFH,0FFH
```
/* * * * * * * * * * * * 延时子程序 * /
```
DL11:   MOV    R7,# 02H
DL:     MOV    R6,# 0FFH
DL6:    DJNZ   R6,DL6
        DJNZ   R7,DL
        RET
        END
```

由本例可见,单片机与 TLC2543 接口的设计十分简单,只需使用软件控制 4 条 I/O 引脚并按规定时序对 TLC2543 进行访问即可。

(2) C51 语言程序清单(通过串行口输出 10 通道的温度值)如下:

```
# include< reg52.h>
# include< intrins.h>
# include< stdio.h>
# define uint unsigned int
# define uchar unsigned char
sbit ADout= P1^7;
sbit ADin= P1^6;
sbit CS= P1^5;
sbit CLK= P1^4;
sbit EOC= P1^3;
uchar code DSY_CODE[]= {0xc0,0xf9,0xa4,0xb0,0x99,0x92,
0x82,0xf8,0x80,0x90,0x88,0x83,0xC6,0xA1,0x86,0x8e,0xff};
uchar data DSY_SBUF[]= {0x0,0x0,0x0,0x0};
float k,z,l;
uint n;
/* * * * * * * * * * * * ms 延时程序 * * * * * * * * * * * * * * * * * * * /
void delay(uint z){                //延时函数
uint i;
    for(i= 0;i< z;i++);
}
/* 启动 TLC2543 转换并返回转换数值函数 * /
uint readAD(uchar port){
uchar ch,i,j;
uint ad;
ch= port;                          //通道数
for(j= 0;j< 1;j++) {               //空循环一次
    ad= 0;
    ch= port;
    EOC= 1;
    CS= 1;                         //置 CS 为高位
    CS= 0;                         //置 CS 为低位
    _nop_();
```

```
    _nop_();                      //转换开始
    CLK= 0;                       //置 CLK 为低位
    for(i= 0;i< 12;i++){
        if(ADout) ad|= 0x01;
        ADin= (bit)(ch&0x80);
        CLK= 1;
        CLK= 0;
        ch< < = 1;
        ad< < = 1;
    }
}
CS= 1;                            //置 CS 为高位,停止转换
while(! EOC);ad> > = 1; return(ad);  //返回转换数值
}
/* 调整数据送入显示缓冲区* /
void data_chang(){
uint AD;
AD= readAD(0xa0);                 //得到通道 10 的数值
DSY_SBUF[3]= AD&0x000f;
DSY_SBUF[2]= (AD&0x00f0)> > 4;
DSY_SBUF[1]= (AD&0x0f00)> > 8;
DSY_SBUF[0]= 0X10;
}
/* * * * * * * * 显示子程序* * * * * * * * * * * * * * /
void Display(){
  uchar i,j;
  k= 0x01;
  for(i= 0;i< 6;i++){
  P2= k;
  for(j= 0;j< 17;j++){
      if(DSY_SBUF[i]==j)
          {if(i==4) {P0= DSY_CODE[j]&0x7f;delay(200);}
          else P0= DSY_CODE[j];delay(200);}
      }
  k= _crol_(k,1);
  }
}


/* * * * * * * * * * * 初始化串口波特率* * * * * * * * * * * * /
void initUart(void)               /* 初始化串口波特率,使用定时器 1* /
{
/*  Setup the serial port for 9600 baud at 11.0592MHz * /
SCON  = 0x50;                     //串口工作在方式 1
TMOD  = 0x20;
TH1   = 0xfd;
```

```
TR1  = 1;
TI= 1;
}
/* * * * * * * * * * * * 主函数 * * * * * * * * * * * * * * * /
void main(){
  initUart();
  while(1)  {
  data_chang();
  Display();
  printf("ad= % x\n",readAD(0xa0));delay(2000);
  }
}
```

9.6.3 I²C 串行总线扩展

目前很多外设芯片是基于 I²C 总线与处理器通信的,越来越多的处理器或控制器内嵌 I²C 总线,了解 I²C 总线的工作原理和通信时序是电子工程师必须具备的基本要求。

1. I²C 总线概述

I²C 总线是 PHILIPS 公司推出的使用比较广泛、很有发展前途的串行数据传输总线,采用两线制实现全双工同步数据传输。

I²C 总线只有两条信号线,一条是数据线 SDA,另一条是时钟线 SCL。两条线均可双向传输数据,所有连到 I²C 器件上的数据线都连接到 SDA 上,各器件的时钟线均连接到 SCL 上。I²C 串行总线系统的基本结构如图 9-37 所示。I²C 总线单片机直接与 I²C 接口的各种扩展器件(如存储器、I/O 芯片、ADC 芯片、DAC 芯片、键盘接口、显示器、日历/时钟)连接。

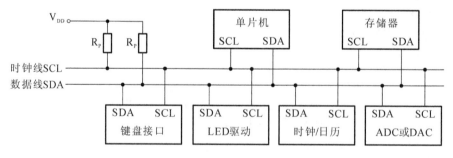

图 9-37 I²C 串行总线系统的基本结构

由于 I²C 总线采用纯软件的寻址方法,无需片选线的连接,所以大大简少了总线数量。

I²C 的运行由主器件(主机)控制。主器件是指启动数据时发送(发出)起始信号、发出时钟信号、传输结束时发出终止信号的器件,通常由单片机担当。

从器件(从机)可以是存储器、LED 或 LCD 驱动器、A/D 转换器或 D/A 转换器、时钟/日历等,从器件必须带有 I²C 串行总线接口。

当 I²C 总线空闲时,数据线 SDA 和时钟线 SCL 均为高电平。由于连接到总线上的器件(节点)输出极必须是漏极或集电极开路,因此,只要有一个器件在任意时刻输出低电子,就会使总线上的信号变低,即各器件的数据线 SDA 及时钟线 SCL 都是"线与"关系。

由于各器件的输出端为漏极开路,故必须通过上拉电阻接正电源(见图 9-37 中的两个电阻),以保证数据线 SDA 和时钟线 SCL 在空闲时被上拉为高电平。

时钟线 SCL 上的时钟信号对数据线 SDA 上的各器件间的数据传输起同步控制作用。数据线 SDA 上的数据起始、数据终止及数据有效性均要根据时钟线 SCL 上的时钟信号来判断。

在标准 I²C 模式,数据的传输速率为 100 kbit/s,高速模式下可达 400 kbit/s。

总线上扩展的器件数量不是由电流负载决定的,而是由电容负载确定的。I²C 总线上每个节点器件的接口都有一定的等效电容,连接的器件越多,电容值越大,这会造成信号传输的延迟。总线上允许的器件数量以器件的电容量不超过 400 pF(通过驱动扩展可达 4000 pF)为宜,据此可计算出总线长度及连接器件的数量。

每个连到 I²C 总线上的器件都有一个唯一的地址,扩展器件时也要受器件地址数目的限制。

I²C 系统允许有多个主器件,究竟由哪一个主器件控制总线要通过总线仲裁来决定。如何仲裁,可查阅 I²C 的仲裁协议。但在实际应用中,经常遇到的是以单一单片机为主机,其他外围接口器件为从机的情况。

2. I²C 总线的数据传输

(1) 数据位的有效性规定。I²C 总线在进行数据传输时,每一数据位的传输都与时钟脉冲相对应。时钟脉冲为高电平期间,数据线上的数据必须保持稳定,在 I²C 总线上,只有在时钟线为低电平期间,数据线上的电平状态才允许变化,如图 9-38 所示。

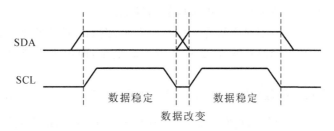

图 9-38　数据位的有效性规定

(2) 起始信号和终止信号。根据 I²C 总线协议,总线上的数据信号传输由起始信号(S)开始、终止信号(P)结束。

起始信号和终止信号都由主机发出,在起始信号产生后,总线就处于占用状态;在终止信号产生后,总线就处于空闲状态。下面结合图 9-39 介绍起始信号和终止信号的规定。

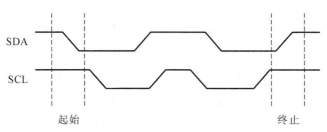

图 9-39　起始信号和终止信号

① 起始信号(S)。在时钟线 SCL 为高电平期间,数据线 SDA 由高电平变为低电平表示起始信号,只有在起始信号以后其他命令才有效。

② 终止信号(P)。在时钟线 SCL 为高电平期间,数据线 SDA 由低电平变为高电平表示终止信号。当终止信号出现时,所有外部操作都结束。

(3) I²C 总线上数据传输的应答。I²C 进行数据传输时,传输的字节数(数据帧)没有限制,但每个字节必须为 8 位长度。数据传输时,先传输最高位(MSB),每个被传输的字节后面都必须跟随 1 位应答位(即一帧共有 9 位),如图 9-40 所示。

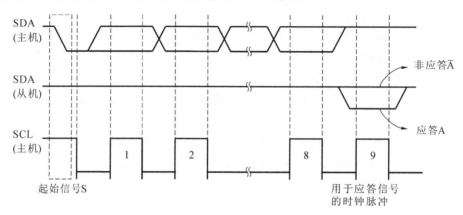

图 9-40 I²C 总线上的应答信号

I²C 总线在传输每个字节数据时,后面必须有应答信号 A,在第 9 个时钟位上出现与应答信号对应的时钟信号由主机产生。这时发送方必须在这一时钟位上使数据线 SDA 处于高电平状态,以便接收方在这一位上送出低电平应答信号 A。

由于某种原因,当接收方不对主机寻址信号应答时,例如接收方正在进行其他处理而无法接收总线上的数据时,必须释放总线,将数据线置为高电平,而由主机产生一个终止信号以结束总线的数据传输。

当主机接收来自从机的数据时,接收到最后一个数据字节后,必须给从机发送一个非应答信号($\overline{A}$),使从机释放数据总线,以便主机发送一个终止信号,从而结束数据的传输。

(4) I²C 总线上的数据帧格式。I²C 传输的信号既包括真正的数据信号,也包括地址信号。I²C 总线规定,在起始信号后必须传输一个从机的地址(7 位),第 8 位是数据传输的方向位(R/W)。若为 0,则表示主机发送数据(W);若为 1,则表示主机接收数据(R)。

每次数据传输总是由主机产生的终止信号结束。但是,若主机希望继续占用总线进行新的数据传输,则可不产生终止信号,而马上再次发出起始信号对另一从机进行寻址。因此,在总线的一次数据传输过程中,可以有以下几种组合方式。

① 主机向从机发送 n 个字节的数据,数据传输的方向在整个传输过程中不变,传输格式如下:

S 从机地址 0	A	字节 1	A	……	字节(n~1)	A	字节 n	A/A	P

其中:阴影部分表示主机向从机发送数据;无阴影部分表示从机向主机发送数据,以下同。上述格式中的从机地址为 7 位,紧接其后的 1 和 0 表示主机的读/写方式,1 表示读,0 表示写。格式中,字节 1~n 为主机写入从机 n 个字节数据。

② 主机读来自从机的 n 个字节。除第一个寻址字节由主机发出,n 个字节都由从机发送、主机接收,数据传输格式如下:

| S | 从机地址 | 1 | A | 字节 1 | A | …… | 字节(n～1) | A | 字节 n | $\overline{A}$ | P |

其中:字节 1～n 为从机读出的 n 个字节的数据。主机发送终止信号前应发送非应答信号,以向从机表明读操作要结束。

③ 主机的读、写操作。在一次数据传输过程中,主机先发送一个字节数据,然后再接收一个字节数据,此时起始信号和从机地址都被重新产生一次,但两次读、写的方向位正好相反。数据传输的格式如下:

| S | 从机地址 | 0 | A | 数据 | A/$\overline{A}$ | Sr | 从机地址 r | 1 | A | 数据 | $\overline{A}$ | P |

其中:"Sr"表示重新产生的起始信号;"从机地址 r"表示重新产生的从机地址。

由上可见,无论采用哪种方式,起始信号 S、终止信号 P 和从机地址均由主机发送,数据字节传输的方向由寻址字节中的方向位决定,每个字节传输都必须有应答位(A 或 $\overline{A}$)相随。

(5) 寻址字节。在上面的数据帧格式中,均有 7 位从机地址和紧跟其后的 1 位读/写方向位。下面要介绍的寻址字节是 I²C 总线的寻址,采用软件寻址,主机在发送完起始信号后,立即发送寻址字节来寻址被控的从机,寻址字节格式如下:

寻址字节	器件地址				引脚地址			方向位
	DA3	DA2	DA1	DA0	A2	A1	A0	R/$\overline{W}$

7 位从机地址即为 DA3、DA2、DA1、DA0 和 A2、A1、A0。其中:DA3、DA2、DA1、DA0 为器件地址,是外围器件固有的地址编码,器件出厂时就已经给定;A2、A1、A0 为引脚地址,由器件引脚 A2、A1、A0 在电路中接高电平或接地决定。

数据方向位(R/$\overline{W}$)规定了总线上的单片机(主机)与外围器件(从机)的数据传输方向。R/$\overline{W}$=1,表示主机接收(读);R/$\overline{W}$=0,表示主机发送(写)。

(6) 数据传输格式。

I²C 总线上每传输一位数据都与一个时钟脉冲相对应,传输的每一帧数据均为一个字节。但启动 I²C 总线后传输的字节数没有限制,只要求每传输一个字节后,对方回答一个应答位。在时钟线为高电平期间,数据线的状态就是要传输的数据。数据线上数据的变化必须在时钟线为低电平期间完成。

在数据传输期间,只要时钟线为高电平,数据线就必须稳定,否则数据线上的任何变化都会当作起始信号或终止信号。I²C 总线数据传输必须遵循规定的数据传输格式。根据总线规范,起始信号表明一次数据传输开始,其后为寻址字节。在寻址字节后是按指定读、写的数据字节与应答位。在数据传输完成后,主器件都必须发送终止信号。在起始信号与终止信号间传输的字节数由主机决定,理论上没有字节限制。

I²C 总线上的数据传输有多种组合方式,前面已介绍常见的数据传输格式,这里不再赘述。从上述数据传输格式可看出:

① 无论采用何种数据传输格式,寻址字节都由主机发出,数据字节的传输方向则遵循寻址字节中方向位的规定。

②寻址字节只表明从机的地址及数据传输方向。从机内部的 n 个数据地址,由器件设计者在该器件的 I²C 总线数据操作格式中指定第一个数据字节作为器件内的单元地址指针,且设置地址自动加减功能,以减少从机地址的寻址操作。

③每个字节传输都必须有应答信号（A/Ā）相随。

④ 从机在接收到起始信号后都必须释放数据总线，使其处于高电平状态，以便主机发送从机地址。

9.6.4　STC89C52 单片机的 I²C 总线扩展的设计

本节首先介绍 STC89C52 单片机扩展 I²C 总线器件的硬件接口设计；然后介绍使用单片机 I/O 接口结合软件模拟 I²C 总线数据传输，以及数据传输模拟通用子程序的设计。

许多公司已推出带有 I²C 接口的单片机及各种外围扩展器件，常见的有 ATMEL 公司的 AT24C 系列存储器、PHILIPS 公司的 PCF8553（时钟/日历且带有 256x8 RAM）和 PCF8570（256x8 RAM）、MAXIM 公司的 MAX127/128（A/D）和 MAX517/518/519（D/A）等。

I²C 总线系统中的主器件通常由带有 I²C 总线接口的单片机来担当，也可用不带 I²C 总线接口的单片机。从器件必须带有 I²C 总线接口。

STC89C52 是没有 I²C 总线接口的单片机，可利用其并行 I/O 线模拟 I²C 总线接口的时序，因此，在许多 STC89C52 应用系统中，都将 I²C 总线的模拟传输技术作为常规的设计方法。

1. I²C 总线数据传输的模拟

在 STC89C52 使用软件来模拟 I²C 总线上的信号为单主器件的工作方式下，不存在其他主器件对总线的竞争与同步，只存在单片机对 I²C 总线上各从器件的读（单片机接收）、写（单片机发送）。

（1）典型信号模拟。

为了保证数据传输的可靠性，标准 I²C 的数据传输有严格的时序要求。I²C 总线的起始信号、终止信号、应答/数据 0 及非应答/数据 1 的模拟时序如图 9-37、图 9-38、图 9-39 及图 9-40 所示。

在 I²C 的数据传输中，可利用时钟同步机制展开低电平周期，迫使主器件处于等待状态，使传输速率下降。

对起始/终止信号，要保证有大于 4.7 μs 的信号建立时间。终止信号结束时，要释放总线，使数据线 SDA、时钟线 SCL 维持在高电平，大于 4.7 μs 后才可以进行第一次起始操作。在单主器件系统中，为了防止非正常传输，终止信号后时钟线 SCL 可设置为低电平。

对于发送应答位、非应答位来说，与发送数据"0"和"1"的信号定时要求完全相同。只要满足在时钟高电平大于 4.0 μs 期间，数据线 SDA 上有确定的电平状态即可。

（2）典型信号的模拟子程序。

主器件采用单片机、振荡频率为 6 MHz（机器周期为 2 μs），以下各个信号模拟是在设置 P1.2 为数据线 SDA、P1.3 为时钟线 SCL 的情况下进行的。常用的几个典型波形模拟如下。

①起始信号为 S。对于一个新的起始信号，要求启动前总线空闲时间大于 4.7 μs，而对于一个重复的起始信号，要求建立时间也要大于 4.7 μs。

图 9-41 所示为起始信号在时钟线 SCL 高电平期间数据线 SDA 发生负跳变的时序波形，该时序波形适用于数据模拟传输中任何情况下的起始操作。

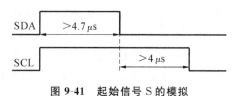

图 9-41　起始信号 S 的模拟

起始信号到第一个时钟脉冲的时间间隔应大于 $4.0~\mu s$。

起始信号 S 的汇编语言子程序如下：

```
START:SETB   SDA                 ;SDA= 1
       SETB   SCL                 ;SCL= 1
       NOP                        ;SDA= 1,保持大于 4.7 μs
       NOP
       CLR    SDA                 ;SDA= 0
       NOP                        ;保持 4 μs
       NOP
       CLR    SCL                 ;SCL= 0
       RET
/* * * * * * * * * C语言启动 I²C 总线函数* * * * * * * * * * * * */
void start(void) {
       SDA= 1;                    /* 发送起始条件的数据信号* /
       _nop_();
       SCL= 1;                    /* 发送起始条件的时钟信号* /
       _nop_();
       _nop_();
       SDA= 0;                    /* 发送起始信号* /
       _nop_();
       _nop_();
       SCL= 0;
}
```

② 终止信号 P。在时钟线 SCL 高电平期间数据线 SDA 发生正跳变。终止信号 P 的波形如图 9-42 所示。

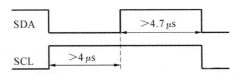

图 9-42　终止信号 P 的模拟

终止信号 P 的汇编语言子程序如下：

```
STOP:CLR    SDA                  ;SDA= 0
      SETB   SCL                  ;SCL= 1
      NOP                         ;终止信号建立时间大于 4 μs
      NOP
      SETB   SDA                  ;SDA= 1,保持大于 4.7 μs
      NOP
      NOP
      CLR    SCL                  ;SCL= 0
      CLR    SDA                  ;SDA= 0
      RET
/* * * * * C语言终止 I²C 总线函数* * * * * * * * */
```

```
void stop(void) {
    SDA= 0;                    //发送终止条件的数据信号
    SCL= 1;                    //发送终止条件的时钟信号
    _nop_();
    _nop_();
    SDA= 1;                    //发送 I²C 总线终止信号
    _nop_();
    _nop_();
}
```

③ 发送应答位/数据 0。在数据线 SDA 低电平期间,时钟线 SCL 发生一个正脉冲,波形如图 9-43 所示。汇编语言子程序如下:

```
ACK:CLR    SDA             ;SDA= 0
    SETB   SCL             ;SCL= 1
    NOP                    ;4μs
    NOP
    CLR    SCL             ;SCL= 0
    SETB   SDA             ;SDA= 1
    RET
/* C 语言发送应答位/数据 0 的函数* /
void ACK(void) {
    SDA= 0;
    SCL= 1;
    _nop_();
    _nop_();
    SCL= 0;
    SDA= 1;
}
```

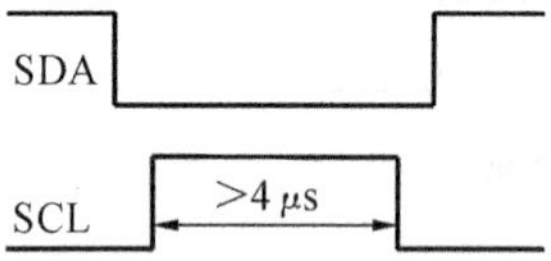

图 9-43 应答位/数据 0 的模拟时序 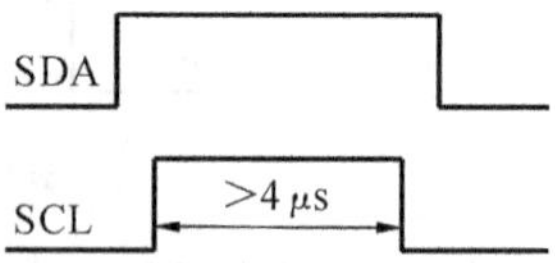 图 9-44 非应答位/数据 1 的模拟时序

④ 发送非应答位/数据 1。在数据线 SDA 高电平期间,时钟线 SCL 发生一个正脉冲,时序波形如图 9-44 所示。汇编语言子程序如下:

```
NACK:SETB   SDA             ;SDA= 1
     SETB   SCL             ;SCL= 1
     NOP                    ;两条 NOP 指令为 4 μs
     NOP
     CLR    SCL             ;SCL= 0
     CLR    SDA             ;SDA= 0
     RET
/* * * * * * * C 语言发送非应答位/数据 1 函数* * * * * * * * * /
```

```
void NoACK(void) {
    SDA= 1;
    SCL= 1;
    _nop_();
    _nop_();
    SCL= 0;
    SDA= 0;
}
```

2. I²C 总线模拟通用子程序

I²C 总线操作中除基本的起始信号、终止信号、发送应答位/数据 0 和发送非应答位/数据 1 外,还需要有应答位检查、发送 1 个字节、接收 1 个字节。

(1) 应答位检查子程序。

在应答位检查子程序 CACK 中,设置了标志位 F0,当检查到正常应答位时,F0=0;否则 F0=1。汇编语言参考子程序如下:

```
CACK:SETB    P1.2        ;SDA 为输入线,SDA= 1
     SETB    P1.3        ;SCL= 1,使 SDA 引脚上的数据有效
     CLR     F0          ;预设 F0= 0
     MOV     C, P1.2     ;读入 SDA 线的状态
     JNC     CEND        ;应答正常,转入 CEND
     SETB    F0          ;当 SDA= 1 时,应答不正常,F0= 1
CEND:CLR     P1.3        ;当 SDA= 0 时,子程序结束,使 SCL= 0
     RET
/* * * * * * * * * * C 语言从机应答位检查函数* * * * * * * * * * * * * */
void check_ACK(void) {
    SCL= 0;
    SCL= 1;                 //SCL= 1,使 SDA 引脚上的数据有效
    _nop_();
    _nop_();
    while(SDA);             //检测 SDA 线,当 SDA= 1 时,原地等待
    SCL= 0;                 //当 SDA= 0 时,应答正常,使 SCL= 0,结束
}
```

(2) 发送一个字节数据的子程序。

下面是模拟 I²C 数据线 SDA 发送一个字节数据的子程序。调用本子程序前,先将欲发送的数据送入累加器 A 中。参考子程序如下:

```
W1BYTE:MOV    R6,# 08H    ;8 位数据长度送入 R6 中
WLP:   RLC    A           ;A 左移,发送位进入 C
       MOV    P1.2,C      ;将发送位送入 SDA 总线
       SETB   P1.3        ;SCL= 1,使 SDA 引脚上的数据有效
       NOP
       NOP
       CLR    P1.3        ;仅当 SCL= 0 时,SDA 线上的数据发生变化
       DJNZ   R6,WLP
```

```
                RET
/* * * * * C语言发送一个字节的函数,待发送的数据放在 ch 变量中 * * * * * * /
void write_byte(uchar ch)  {
    uchar i, n= 8;
    for(i= 0;i< n;i++) {          //向 SDA 发送一个字节数据,8 位
        if((ch&0x80)==0x80) {     //若要发送的位为 1,则 SDA= 1
            SDA= 1;               //发送 1
            SCL= 1;
            _nop_();
            _nop_();
            SCL= 0;
        }
        else {                    //若要发送的位为 0,则 SDA= 0
            SDA= 0;               //发送 0
            SCL= 1;
            _nop_();
            _nop_();
            SCL= 0;
        }
        ch= ch< < 1;              //待发送的数据左移 1 位
    }
}
```

(3) 接收一个字节数据的子程序。

下面是模拟从 I²C 的数据线 SDA 读取一个字节数据的子程序,并存入 R2 中。汇编语言子程序如下:

```
R1BYTE:MOV   R6,# 08H          ;8 位数据长度送入 R6 中
RLP:SETB     SDA               ;置数据线 SDA 为输入方式
    SETB     SCL               ;当 SCL= 1 时,使数据线 SDA 上的数据有效
    MOV      C,SDA             ;读入 SDA 引脚状态
    MOV      A,R2
    RLC      A                 ;将 C 读入 A
    MOV      R2,A              ;将 A 存入 R2
    CLR      SCL               ;当 SCL= 0 时,数据线 SDA 上的数据发生变化
    DJNZ     R6,RLP            ;8 位接收完了吗? 未完,继续接收数据
    RET                        ;已接收完,返回
/* * * C语言接收一个字节的函数,从数据线 SDA 上读一个字节,8 位 * * * * * /
uchar read_byte(void) {
    uchar n= 8;
    uchar receive_data= 0;
    while(n--) {
        SDA= 1;
        SCL= 1;
        _nop_();
        _nop_();
```

```
receive_data= receive_data< < 1;  //左移 1 位
if(SDA==1) {
receive_data= receive_data|0x01;  //若接收到的位为 1,则数据的最后一位置 1
}
else {
receive_data= receive_data&0xfe;  //若接收到的位为 0,则数据的最后一位置 0
}
SCL= 0;
}
return(receive_data);                    //返回接收字节
}
```

9.7 本章小结

本章首先介绍了 I/O 的基本概念,以及基本并行总线扩展接口电路的设计方法。然后阐述了 STC 单片机与常用 LCD 的接口实例。接着介绍了 A/D 转换器、D/A 转换器及测控系统中常用的芯片。最后介绍了串行总线的扩展方法;叙述了单片机与几类串行总线接口电路的设计,例如,I^2C 总线、单总线和 SPI 总线;叙述了基于 I^2C 总线的数字温度传感器 DS1621 芯片,基于单总线数字温度传感器 DS18B20 芯片和基于 SPI 总线 TLC2543 芯片的外部引脚、特点、传输的数据格式、内部寄存器、命令字以及工作时序;介绍了使用单片机软件模拟串行总线接口时序以及单片机扩展串行总线接口的具体应用。

习 题

1. 单片机系统扩展的基本方法有哪些?

2. 8051 单片机并行总线由哪些端口构成? 如何构造并行总线?

3. I/O 接口和 I/O 端口有什么区别? I/O 接口的功能是什么?

4. 常用的 I/O 端口编址方式有哪些? 它们各自的特点是什么? 8051 单片机的 I/O 端口编址采用的是哪种方式?

5. 若单片机采用两片 74LS373 和两片 74LS245 扩展片外端口,应如何扩展? 请设计扩展接口电路和芯片地址分配范围。

6. 单片机采用一片 74LS373 和一片 74LS245 扩展片外并行输出端口连接到 16 个 LED,另外一片 74LS245 扩展为并行输入端口,连接 8 个独立按键键盘。请编写程序,每隔 1 s 读取按键键值,依次驱动并行输出 LED 亮灭。

7. 实现 STC89C52 单片机与 LCD1602 显示功能,并显示"welcome"。

8. 熟悉键盘原理和 1602LCD 显示原理,实现 STC89C52 单片机通过键盘输入数字在 1602LCD 中显示出来。

9. 目前应用最广泛的 A/D 转换器主要有哪几种类型? 它们各有什么特点?

10. 逐次比较型 A/D 转换器由哪几部分组成? 各部分的作用是什么?

11. A/D 转换器与 D/A 转换器各有哪些主要技术指标？

12. 根据图 9-14 所示的 STC89C52 与 ADC0809 接口电路，请编写程序从 A/D 转换器模拟通道 IN0～IN7 每隔 1 s 读入一个数据，并将数据存入地址为 0080H～0087H 的片外数据存储器中。

13. D/A 转换器的主要性能指标有哪些？设有一个 12 位 DAC，满量程输出电压为 5 V，试问它的分辨率是多少？

14. 对于电流输出的 D/A 转换器，为了得到电压输出，应使用什么？

15. 什么是 I^{2}C 总线？它有什么特点？采用 I^{2}C 总线传输数据时，应该注意什么？

16. DS18B20 是什么芯片？它有什么特点？试采用它设计一个电子温度计。

17. 什么是 SPI 总线？它有何特点？

第 10 章　STC 单片机应用系统设计实例

本章将介绍 STC89C52 单片机最小系统,并通过该单片机最小系统设计两个实例,即基于 STC89C52 单片机的智能交通灯设计及基于 STC89C52 单片机的万年历设计。

10.1　STC89C52 单片机最小系统简介

单片机又称单片微控制器,是指在一块芯片中集成了 CPU(中央处理器)、RAM(随机存储器)、ROM(只读存储器)、定时/计数器和多种功能的 I/O(输入/输出)接口等计算机中所需要的基本功能部件,从而实现复杂的运算、逻辑控制、通信等功能。

单片机最小系统是让单片机能正常工作并实现其基本功能时所必需的组成部分,也可以理解为采用最少的元件组成单片机最小的工作单元。对 STC 系列单片机来说,最小系统一般应该包括 STC89C52 单片机、时钟电路、复位电路、电源电路、输入/输出接口等,如图 10-1 所示。

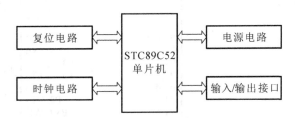

图 10-1　STC89C52 单片机最小系统框架图

对 STC89C52 单片机最小系统框架图进行电路的开发与实现,如图 10-2 所示。

1. 电源电路

对于一个完整的电子设计来讲,首要问题就是为整个系统提供电源电路,电源电路的稳定可靠是系统平稳运行的前提和基础。STC 单片机虽然使用时间最早,应用范围广,但在实际使用过程中,相比其他系列的单片机,一个典型的问题就是 STC 单片机更容易受到干扰而出现程序跑飞的现象。要防止出现这种现象,就要为单片机系统配置一个稳定可靠的电源供电模块。图 10-2 中包含了此电源供电模块,V_{cc} 为电源供电模块的输出电压。

2. 时钟电路

在设计时钟电路之前,让我们先了解一下 STC 单片机上的时钟管脚。XTAL1(19 脚):芯片内部时钟电路输入端;XTAL2(18 脚):芯片内部时钟电路输出端。XTAL1 和 XTAL2 是独立的输入和输出反相放大器,它们可以被配置为使用石英晶振的片内振荡器,或者器件直接由外部时钟驱动。图 10-2 中采用的是内部时钟模式,即采用芯片内部的振荡电路,在 XTAL1、

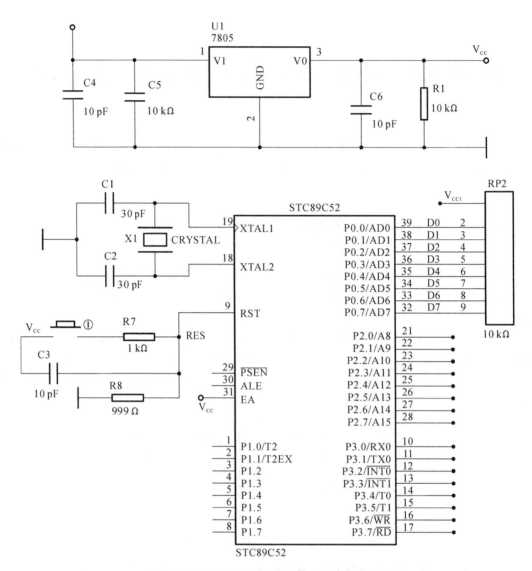

图 10-2　STC89C52 单片机最小系统电路图

XTAL2 的引脚上外接定时元件(一个石英晶体和两个电容),内部振荡器便能产生自激振荡。一般来说,振荡频率可以在 1.2~12 MHz 之间任选,甚至可达 24 MHz 或者更高,但是,频率越高,功耗也越大。实际运用中一般采用的是 11.0592 MHz 的石英晶振。与晶振并联的两个电容的大小对振荡频率有微小影响,可以起到频率微调作用。当采用石英晶振时,电容可以在 20~40 pF 之间选择(这里使用的电容为 30 pF);当采用陶瓷谐振器件时,电容要适当地增大一些,在 30~50 pF 之间选择。通常选取 33 pF 的陶瓷电容就可。

另外值得一提的是,如果读者自己在设计单片机系统的印刷电路板(PCB)时,晶振和电容器应尽可能与单片机芯片靠近,以减少引线的寄生电容,保证振荡器可靠工作。晶振能否起振,可以通过示波器观察到:XTAL2 输出十分漂亮的正弦波。当使用万用表测量(把挡位打到直流挡,这时测得的是有效值)XTAL2 和地之间的电压时,可以看到 2 V 左右的电压。

3. 复位电路

在单片机系统中,复位电路是非常关键的,当程序跑飞(运行不正常)或死机(停止运行)时,就需要进行复位。

STC 系列单片机的复位引脚 RST(9 脚)出现两个机器周期以上的高电平时,单片机就执行复位操作。如果 RST 持续为高电平,单片机就处于循环复位状态。

复位操作通常有两种基本方式:上电自动复位和开关复位。图 10-2 中的复位电路就包括了这两种复位操作方式。上电瞬间,电容两端的电压不能突变,此时电容的负极和 RESET 相连,电压全部加在了电阻上,RESET 的输入为高,芯片被复位。随之+5 V 电压给电容充电,电阻上的电压逐渐减小,最后约等于 0,芯片正常工作。并联在电容两端的为复位按键,当复位按键没有被按下时,电路实现上电复位,在芯片正常工作后,通过按下按键使 RST 引脚出现高电平时达到手动复位的效果。一般来说,只要 RST 引脚上保持 10 ms 以上的高电平,就能使单片机有效复位。图 10-2 中的复位电阻和电容为经典值,实际制作是可以用同一数量级的电阻和电容代替,读者也可自行计算"电阻和电容"的充电时间,或者在工作环境中实际测量,以确保单片机的复位电路可靠。

10.2 基于 STC89C52 单片机的智能交通灯设计

本节重点介绍基于 STC89C52 单片机的智能交通灯设计,阐述系统需求分析、系统设计方案、系统硬件设计、系统软件设计及仿真结果分析。

10.2.1 系统需求分析

城市智能交通系统(Intelligent Traffic System,ITS)中,路口信号灯控制子系统是现代城市交通监控系统中的重要组成部分,在各种交通监控体系中都是一个必不可少的单元。如果能研制一种稳定、高效的灯控系统模块,挂接在各种智能交通控制系统下作为下位机,并根据上位机的控制要求或命令来方便灵活地控制交通信号灯,无疑是很有意义的。传统的交通信号控制系统电路复杂、体积大、成本高。而采用模块化的单片机系统控制交通信号,不仅可以简化电路结构、降低成本、减小体积,而且控制能力强、配置灵活、易于扩展,还能够根据上位机对交通流量进行监测。本书介绍的这种新型交通信号单片机控制系统,就是一种可应用于智能交通系统的交通信号控制子系统。与传统的交通信号控制系统相比,该控制系统有很强的控制能力及良好的控制接口,并且安装灵活,设置方便。模块化、结构化的设计使其具有良好的可扩展性,系统运行安全、稳定、效率高。

10.2.2 系统设计方案

图 10-3 所示的为交通灯系统框架图,利用 STC89C52 的 P0 口来控制四个交通灯,编制一个交通灯控制系统,每个路口有红、绿、黄三个灯。本实例采用交通灯为交通控制的指示灯,共需要四个红绿信号灯,由于相对方向的红绿灯的状态是一致的,所以可以用同一个驱动电路控制,所以只需要设计两个交通灯的控制电路即可。

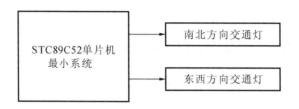

图 10-3 交通灯系统框架图

10.2.3 系统硬件设计

依据图 10-3 所示的交通灯系统框架图构造交通灯显示电路图,如图 10-4 所示。

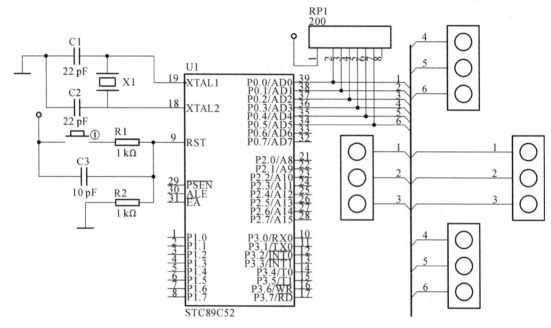

图 10-4 交通灯显示电路图

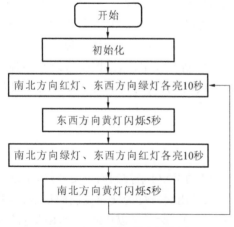

图 10-5 交通灯程序流程图

10.2.4 系统软件设计

1. 系统软件程序流程图

交通灯启动后,南北方向红灯、东西方向绿灯各亮 10 秒,然后南北方向红灯保持不变,东西方向黄灯闪烁 5 下;之后变为南北方向绿灯、东西方向红灯各亮 10 秒,南北方向黄灯闪烁 5 秒后转变回南北方向红灯、东西方向绿灯,交通灯程序流程图如图 10-5 所示。

2. 系统软件程序代码

软件程序代码开始对所使用的 I/O 口进行位

定义,确定中断使用方式,再用 switch 定义红绿灯的四种方式,按照时间运行并不断变换方式,如下:

```c
# include< reg51.h>
# define uchar unsigned char
# define uint unsigned int
# define ON 0
# define OFF 1
sbit eastred= P0^0;
sbit eastyellow= P0^1;
sbit eastgreen= P0^2;
sbit southred= P0^3;
sbit southyellow= P0^4;
sbit southgreen= P0^5;
void delays(int n)
{
  int i,j;
  for(i= 0;i< n;i++)
  for(j= 0;j< 110;j++);
}
void main()
{
    int t;
    while(1)
    {
      eastred= OFF;
      eastyellow= OFF;
      eastgreen= ON;

      southred= ON;
      southyellow= OFF;
      southgreen= OFF;
      delays(5000);

      for(t= 0;t< 5;t++)
      {
        eastred= OFF;
        eastyellow= ON;
        eastgreen= OFF;
        delays(500);
        eastyellow= OFF;
        delays(500);

        southred= ON;
        southyellow= OFF;
        southgreen= OFF;
```

```
    }
    eastred= ON;
    eastyellow= OFF;
    eastgreen= OFF;

    southred= OFF;
    southyellow= OFF;
    southgreen= ON;
    delays(5000);

    for(t= 0;t< 5;t++)
    {
      eastred= ON;
      eastyellow= OFF;
      eastgreen= OFF;

      southred= OFF;
      southgreen= OFF;
      southyellow= ON;
      delays(500);
      southyellow= OFF;
      elays(500);
    }
  }
}
```

10.3　基于 STC89C52 单片机的万年历设计

本节重点介绍基于 STC89C52 单片机的万年历设计,阐述了系统需求分析、系统设计方案、系统硬件设计、系统软件设计及仿真结果分析。

10.3.1　系统需求分析

美国 Dallas 公司推出的具有涓细电流充电功能的低功耗实时时钟电路 DS1302,它可以对年、月、日、周日、时、分、秒等方面进行计时,还具有闰年补偿等多种功能,而且 DS1302 的使用寿命长,误差小。数字电子万年历采用直观的数字显示,可以同时显示年、月、周、日、时、分、秒和温度等信息,还具有时间校准等功能。DS1302 采用 STC89C52 单片机作为核心,功耗小,能在 3 V 的低电压下工作,可选用 3～5 V 电压供电。

综上所述,DS1302 具有读取方便、显示直观、功能多样、电路简单、成本低廉等诸多优点,符合电子仪器仪表的发展趋势,具有广阔的市场前景。

10.3.2　系统设计方案

本实例主要以 STC89S52 单片机为控制核心,外围设备由按键模块、LCD 显示模块、时钟模块、闹钟模块、温度传感器模块等组成,如图 10-6 所示。时钟模块主要由 DS1302 提供,是一种高性能、低功耗、带 RAM 的实时时钟电路,它可以对年、月、周、日、时、分、秒进行计时,具有闰年补偿功能,工作电压为 2.5~5.5 V。时钟模块采用三线接口与 CPU 进行同步通信,并可采用突发方式一次传输多个字节的时钟信号或 RAM 数据。DS1302 内部有一个 31×8 的用于临时性存放数据的 RAM。可产生年、月、周、日、时、分、秒,具有使用寿命长,精度高和低功耗等特点,同时具有掉电自动保存功能;温度的采集模块由 DS18B20 构成。

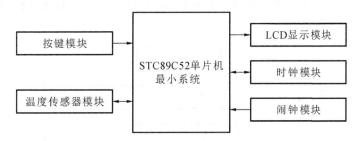

图 10-6　万年历系统框图

为了对所有数据传输进行初始化,需要将复位引脚(RST)置为高电平且将 8 位地址和命令信息装入移位寄存器。数据在时钟(SCLK)的上升沿串行输入,前 8 位用于指定访问地址,命令字装入移位寄存器后,在之后的时钟周期,读操作时输出数据,写操作时输入数据。时钟脉冲的个数在单字节方式下为 8+8(8 位地址+8 位数据),在多字节方式下为 8 加最多可达248 的数据。

10.3.3　系统硬件设计

通过万年历系统框图搭建万年历电路原理图,如图 10-7 所示。

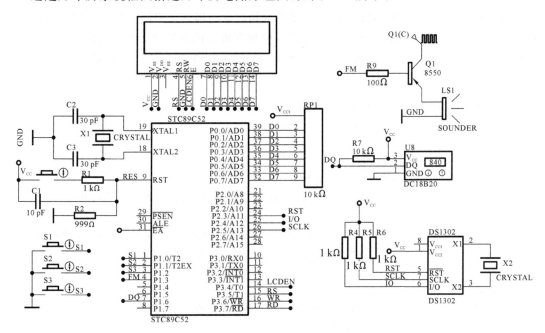

图 10-7　万年历电路原理图

10.3.4 系统软件设计

1. 系统软件程序流程图

万年历程序开始是对液晶屏、DS1302 模块、DS18B20 模块、定时器和外部中断进行初始化,然后进入一个循环,在循环中读取温度和时间并在液晶上显示出来,同时判断用户是否设置闹钟。若已设置闹钟,则监测是否达到闹钟时间;若已达到闹钟时间,则蜂鸣器响。万年历程序流程图如图 10-8 所示。

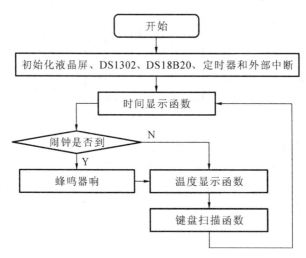

图 10-8 万年历程序流程图

2. 系统软件程序代码

万年历程序分为初始化、时间显示、温度显示和键盘扫描四个模块。初始化部分程序主要包括定时器、外部中断、DS1302 模块、DS18B20 模块和液晶的初始化,时间显示部分程序主要是时间的读取和显示,温度显示部分程序主要包括温度的读取和显示。程序如下:

```
# include< reg51.h>
# define uint unsigned int
# define uchar unsigned char
uchar a,b,miao,shi,fen,ri,yue,nian,week,flag,key1n,temp,miao1,shi1= 12,fen1
= 1,miao1= 0,clock= 0 ;
//flag用于读取头文件中的温度值和显示温度值
# define yh 0x80 //LCD 第 1 行的初始位置 (因为 LCD1602 字符地址首位 D7 恒定为 1
                  (100000000= 80))
# define er 0x80+ 0x40 //LCD第 2 行的初始位置 (因为第 2 行第 1 个字符位置的地址为 0x40)
//液晶屏与 C51 之间的引脚连接定义 (用于显示数据线连接 C51 的 P0 口)
sbit rs= P3^5;
sbit en= P3^4;
sbit rw= P3^6; //如果硬件的 rw 接地,就不用编写这条语句与后面的 rw= 0
sbit led= P2^6; //LCD背光开关
//DS1302 时钟芯片与 C51 之间的引脚连接定义
```

```
sbit IO= P2^4;
sbit SCLK= P2^5;
sbit RST= P2^3;
sbit CLO= P1^4;
sbit ACC0= ACC^0;
sbit ACC7= ACC^7;
sbit key1= P1^0;                        //设置键
sbit key2= P1^1;                        //加键
sbit key3= P1^2;                        //减键
sbit buzzer= P1^3;                      //蜂鸣器,通过三极管 9012 驱动,端口低电平响
sbit DQ= P1^6;                          //温度
/* * * * * * * * * * * * * * * * * * * * * * * * * * * * * * * * * * * *
* * * * * * * * * * * * * * * * * * * * * /
uchar code tab1[]= {"20  -    -     "};    //年显示的固定字符
uchar code tab2[]= {"   :   :   "};       //时间显示的固定字符
uchar code tab3[]= {"    Congratulation! The New World is coming! "};   //开机动画
void delay(uint xms)                    //延时函数
{
    uint x,y;
    for(x= xms;x> 0;x--)
      for(y= 110;y> 0;y--);
}
/* * * * * * * * 液晶屏写入指令函数与数据函数* * * * * * * * * * * * * * * /
void write_1602com(uchar com)//* * * * 液晶屏写入指令函数* * * *
{
    rs= 0;                              //数据/指令选择置为指令
    rw= 0;                              //读/写选择置为写
    P0= com;                            //送入数据
    delay(1);
    en= 1;                              //拉高使能端,为制造有效的下降沿做准备
    delay(1);
    en= 0;                              //en 由高变低,产生下降沿,液晶执行命令
}
void write_1602dat(uchar dat)           //* * * 液晶屏写入数据函数* * * *
{
    rs= 1;                              //数据/指令选择置为数据
    rw= 0;                              //读/写选择置为写
    P0= dat;                            //送入数据
    delay(1);
    en= 1;                              //en 置高电平,为制造下降沿做准备
    delay(1);
    en= 0;                              //en 由高变低,产生下降沿,液晶屏执行命令
}
sbit DQ= P1^6;                          //温度
void lcd_init()//* * * 液晶屏初始化函数* * * *
```

```
    {
        uchar j;
        write_1602com(0x0f|0x08);
        for(a= 0;a< 42;a++)
            write_1602dat(tab3[a]);
            j= 42;
        while(j--)
        {
            write_1602com(0x1a);        //循环左移
            delay(700);
        }
write_1602com(0x01);
    delay(10);
    write_1602com(0x38);                //设置液晶屏工作模式,即16* 2行显示,5* 7点阵,8位
                                          数据
    write_1602com(0x0c);                //开启显示且无光标
    write_1602com(0x06);                //整屏不移动,光标自动右移
    write_1602com(0x01);                //清除显示
/* * * 开机动画显示hello welcome dianzizhong* * * */
    write_1602com(yh+ 1);               //日历显示固定符号从第1行第1个位置之后开始显示
    for(a= 0;a< 14;a++)
    {
        write_1602dat(tab1[a]);  //向液晶屏写日历显示的固定符号部分
    }
    write_1602com(er+ 1);               //时间显示固定符号写入位置,从第1个位置后开始显示
    for(a= 0;a< 8;a++)
    {
        write_1602dat(tab2[a]);  //写显示时间固定符号,两个冒号
    }
    write_1602com(er+ 0);
    write_1602dat(0x20);
}
/* * * * * * * * * * * DS1302有关子函数* * * * * * * * * * * * * * * * * */
void write_byte(uchar dat)          //写一个字节
{   ACC= dat;
    RST= 1;
    for(a= 8;a> 0;a--)
    {   IO= ACC0;
        SCLK= 0;
        SCLK= 1;
        ACC= ACC> > 1;
    }
}
uchar read_byte()                       //读一个字节
{
```

```
    RST= 1;
    for(a= 8;a> 0;a--)
    {
        ACC7= IO;
      SCLK= 1;
      SCLK= 0;
      ACC= ACC> > 1;
    }
    return (ACC);
}
void write_1302(uchar add,uchar dat)//向 DS1302 芯片写入数据函数,指定写入地址、数据
{   RST= 0;
    SCLK= 0;
    RST= 1;
    write_byte(add);
    write_byte(dat);
    SCLK= 1;
    RST= 0;
}
uchar read_1302(uchar add)       //从 DS1302 读取数据函数,指定读取数据的来源地址
{    uchar temp;
    RST= 0;
    SCLK= 0;
    RST= 1;
    write_byte(add);
    temp= read_byte();
    SCLK= 1;
    RST= 0;
    return(temp);
}
    write_1302(0x80,0x00);    //向 DS1302 内写入秒寄存器 80H,写入初始秒数据 00
    write_1302(0x82,0x00);    //向 DS1302 内写入分寄存器 82H,写入初始分数据 00
    write_1302(0x84,0x00);    //向 DS1302 内写入小时寄存器 84H,写入初始小时数据 00
    write_1302(0x8a,0x06);    //向 DS1302 内写入周寄存器 8aH,写入初始周数据 6
    write_1302(0x86,0x22);    //向 DS1302 内写入日期寄存器 86H,写入初始日期数据 22
    write_1302(0x88,0x12);    //向 DS1302 内写入月份寄存器 88H,写入初始月份数据 12
    write_1302(0x8c,0x12);    //向 DS1302 内写入年份寄存器 8cH,写入初始年份数据 12
    write_1302(0x8e,0x80);    //开启写保护
}
oid ds1302_init()             //DS1302 芯片初始化子函数(2012-12-22,00:00:00,week6)
{
    RST= 0;
    SCLK= 0;
    write_1302(0x8e,0x00);    //允许写,禁止写保护
    write_1302(0x80,0x00);    //向 DS1302 内写入秒寄存器 80H,写入初始秒数据 00
```

```
    write_1302(0x82,0x00);        //向 DS1302 内写入分寄存器 82H,写入初始分数据 00
uchar BCD_Decimal(uchar bcd)  //BCD 码转换为十进制,输入 bcd,返回十进制
{
    uchar Decimal;
    Decimal= bcd> > 4;
    return(Decimal= Decimal* 10+ (bcd&= 0x0F));
}
//-----------------------------------
void ds1302_init()              //DS1302 芯片初始化子函数 (2012-12-22,00:00:00,week6)
{
    RST= 0;
    SCLK= 0;
    write_1302(0x8e,0x00);        //允许写,禁止写保护

    write_1302(0x84,0x00);        //向 DS1302 内写入小时寄存器 84H,写入初始小时数据 00
    write_1302(0x8a,0x06);        //向 DS1302 内写入周寄存器 8aH,写入初始周数据 6
    write_1302(0x86,0x22);        //向 DS1302 内写入日期寄存器 86H,写入初始日期数据 22
    write_1302(0x88,0x12);        //向 DS1302 内写入月份寄存器 88H,写入初始月份数据 12
    write_1302(0x8c,0x12);        //向 DS1302 内写入年份寄存器 8cH,写入初始年份数据 12
    write_1302(0x8e,0x80);        //开启写保护
}
//温度显示子函数
void write_temp(uchar add,uchar dat)    //向 LCD 写入温度数据,并指定显示位置
{
    uchar gw,sw,bw;
    if(dat> = 0&&dat< = 128)
    {
        gw= dat% 10;            //取得个位数字
        sw= dat% 100/10;        //取得十位数字
        bw= - 5;                //取得百位数字
    }
    else
    {
        dat= 256-dat;
        gw= dat% 10;            //取得个位数字
        sw= dat% 100/10;        //取得十位数字
        bw= - 3;                //0x30-3 表示为负号
    }
    write_1602com(er+ add);        //er 是头文件规定的值 0x80+ 0x40
        write_1602dat(0x30+ bw);   //数字+ 30 得到该数字的 LCD1602 显示码
        write_1602dat(0x30+ sw);   //数字+ 30 得到该数字的 LCD1602 显示码
        write_1602dat(0x30+ gw);   //数字+ 30 得到该数字的 LCD1602 显示码
        write_1602dat(0xdf);       //显示温度的小圆圈符号,0xdf 是液晶屏字符库的符号地址码
        write_1602dat(0x43);       //显示"C"符号,0x43 是液晶屏字符库里大写 C 的地址码
```

```
}
void delay_18B20(unsigned int i)

{while(i--);}
/* * * * * * * * * * DS18B20 初始化函数* * * * * * * * * * * * * * * * * * * * * * * /
void Init_DS18B20(void)
{
  unsigned char x= 0;
  DQ = 1;                //DQ 复位
  delay_18B20(8);        //稍做延时
  DQ = 0;                //单片机将 DQ 拉低
  delay_18B20(80);       //精确延时大于 480 μs
  DQ = 1;                //拉高总线
  delay_18B20(4);
  x= DQ;                 //稍做延时后,如果 x= 0,则初始化成功;如果 x= 1,则初始化失败
  delay_18B20(20);
}


/* * * * * * * * * * * DS18B20 读一个字节* * * * * * * * * * * * * * * /
unsigned char ReadOneChar(void)
{
  uchar i= 0;
  uchar dat = 0;
  for (i= 8;i> 0;i--)
    {
      DQ = 0;            //给脉冲信号
      dat> > = 1;
      DQ = 1;            //给脉冲信号
      if(DQ)
      dat|= 0x80;
      delay_18B20(4);
    }
    return(dat);
}
/* * * * * * * * * * * * DS18B20 写一个字节* * * * * * * * * * * * * * * * * /
void WriteOneChar(uchar dat)
{
  unsigned char i= 0;
  for (i= 8; i> 0; i--)
  {
      DQ= 0;
      DQ= dat&0x01;
      delay_18B20(5);
      DQ= 1;
      dat> > = 1;
```

```
    }
}
/* * * * * * * * * * * * * 读取 DS18B20 当前温度* * * * * * * * * * * * /
uchar ReadTemp(void)
{
    float   val;
    uchar temp_value,value;
    unsigned char a= 0;
    unsigned char b= 0;
    unsigned char t= 0;
    Init_DS18B20();
    WriteOneChar(0xCC);               //发送跳过读序列号命令
    WriteOneChar(0x44);               //发送启动温度转换命令
    delay_18B20(100);                 //温度转换延时
    Init_DS18B20();
    WriteOneChar(0xCC);               //发送跳过读序列号命令
    WriteOneChar(0xBE);               //发送读取温度命令
    delay_18B20(100);
    a= ReadOneChar();                 //读取温度值低位
    b= ReadOneChar();                 //读取温度值高位
    temp_value= b< < 4;
    temp_value+ = (a&0xf0)> > 4;
    value= a&0x0f;
    val= temp_value+ value;
    return(val);
}
        }
//-----------------------------------
void write_sfm(uchar add,uchar dat)//向 LCD 写入时分秒
{
    uchar gw,sw;
    gw= dat% 10;                      //取得个位数字
    sw= dat/10;                       //取得十位数字
    write_1602com(er+ add);           //er 是头文件规定的值 0x80+ 0x40
    write_1602dat(0x30+ sw);          //数字+ 30 得到该数字的 LCD1602 显示码
    write_1602dat(0x30+ gw);          //数字+ 30 得到该数字的 LCD1602 显示码
}
//-----------------------------------

//年月日显示子函数
void write_nyr(uchar add,uchar dat)//向 LCD 写入年月日
{
    uchar gw,sw;
    gw= dat% 10;                      //取得个位数字
    sw= dat/10;                       //取得十位数字
```

```
    write_1602com(yh+ add);            //设定显示位置为第 1 个位置+ add
    write_1602dat(0x30+ sw);           //数字+ 30 得到该数字的 LCD1602 显示码
    write_1602dat(0x30+ gw);           //数字+ 30 得到该数字的 LCD1602 显示码
}
//-------------------------------------------
void write_week(uchar week)            //写入星期函数
{    write_1602com(yh+ 0x0c);          //星期字符的显示位置
    switch(week)
    {
        case 1:write_1602dat('M');//星期数为 1 时显示
                write_1602dat('O');
                write_1602dat('N');
                break;
        case 2:write_1602dat('T');//星期数为 2 时显示
                write_1602dat('U');
                write_1602dat('E');
                break;
        case 3:write_1602dat('W');//星期数为 3 时显示
                write_1602dat('E');
                write_1602dat('D');
                break;
        case 4:write_1602dat('T');//星期数为 4 时显示
                write_1602dat('H');
                write_1602dat('U');
                break;
        case 5:write_1602dat('F');//星期数为 5 时显示
                write_1602dat('R');
                write_1602dat('I');
                break;
        case 6:write_1602dat('S');//星期数为 6 时显示
                write_1602dat('A');
                write_1602dat('T');
                break;
        case 7:write_1602dat('S');//星期数为 7 时显示
                write_1602dat('U');
                write_1602dat('N');
                break;}}
//* * * * * * * * * * * * * * * * 键盘扫描有关函数* * * * * * * * * * * * * * * * *
void keyscan()
{
    if(key1==0)//--------------key1 为功能键(设置键)-----------------
    {
        delay(9);                          //延时,用于消除抖动
        if(key1==0)                        //延时后再次确认按键按下
        {
```

```
        buzzer= 1;                                //蜂鸣器短响一次
        delay(20);
        buzzer= 0;
        while(! key1);
        key1n++;
    if(key1n==12)
    key1n= 1;                        //设置按键共有秒、分、时、星期、日、月、年、返回等 8 个功能循环
        switch(key1n)
    {
        case 1: TR0= 0;                            //关闭定时器
                write_1602com(er+ 0x08);      //设置按键按动一次,秒位置显示光标
                write_1602com(0x0f);          //设置光标为闪烁
                temp= (miao)/10* 16+ (miao)% 10;   //秒数据写入 DS1302
                write_1302(0x8e,0x00);
                write_1302(0x80,0x80|temp);//miao
                write_1302(0x8e,0x80);
                break;
        case 2:write_1602com(er+ 5);          //按动 2 次,fen 位置显示光标
                break;
        case 3:write_1602com(er+ 2);          //按动 3 次,shi 位置显示光标
                break;
        case 4:write_1602com(yh+ 0x0e);       //按动 4 次,week 位置显示光标
                break;
        case 5:write_1602com(yh+ 0x0a);       //按动 5 次,ri 位置显示光标
                break;
        case 6:write_1602com(yh+ 0x07);       //按动 6 次,yue 位置显示光标
                break;
        case 7:write_1602com(yh+ 0x04);       //按动 7 次,nian 位置显示光标
                break;
        case 8:write_1602com(er+ 0);
                write_1602dat(0x53);
                write_1602com(er+ 0);
                break;
        case 9:write_1602com(er+ 0);
                write_1602dat(0x4d);
                write_1602com(er+ 0);
                break;
        case 10:write_1602com(er+ 0);
                 write_1602dat(0x48);
                 write_1602com(er+ 0);
                 break;
        case 11:write_1602com(er+ 0);
                 write_1602dat(0x20);
                     write_1602com(0x0c);      //按动到第 8 次,设置光标不闪烁
                     TR0= 1;                    //打开定时器
```

```
                    temp= (miao)/10* 16+ (miao)% 10;
                        write_1302(0x8e,0x00);
                        write_1302(0x80,0x00|temp);   //miao 数据写入 DS1302
                        write_1302(0x8e,0x80);
                        break;
               }
       }
   }
//-------------------------- 加键 key2--------------------------
   if(key1n! = 0)              //当 key1 按下以后,再按以下键才有效(按键次数不等于零)
   {
   if(key2==0)                //上调键
   {
   delay(10);
   if(key2==0)
   {
   buzzer= 1;                 //蜂鸣器短响一次
   delay(20);
   buzzer= 0;
   while(! key2);
   switch(key1n)
{
   case 1:miao++;             //设置按键按动 1 次,调秒
      if(miao==60)
      miao= 0;                //秒超过 59,再加 1,就归零
      write_sfm(0x07,miao);   //令 LCD 在正确位置显示"加"设定好的秒数
      temp= (miao)/10* 16+ (miao)% 10;   //十进制转换成 DS1302 要求的 DCB 码
      write_1302(0x8e,0x00);            //允许写,禁止写保护
      write_1302(0x80,temp);            //向 DS1302 内写入秒寄存器 80H,写入调整后的
                                          秒数据 BCD 码
write_1302(0x8e,0x80);                  //开启写保护
   write_1602com(er+ 0x08);            //因为设置液晶屏的模式是写入数据后光标自动
                                          右移,所以要指定返回
//write_1602com (0x0b);
              break;
   case 2:fen++;
      if(fen==60)
         fen= 0;
            write_sfm(0x04,fen);        //令 LCD 在正确位置显示"加"设定好的分数据
      temp= (fen)/10* 16+ (fen)% 10;    //十进制转换成 DS1302 要求的 dcb 码
      write_1302(0x8e,0x00);            //允许写,禁止写保护
      write_1302(0x82,temp);            //向 DS1302 内写入分寄存器 82H,写入调整后的
                                          分数据 BCD 码
      write_1302(0x8e,0x80);            //开启写保护
      write_1602com(er+ 5);             //因为设置液晶屏的模式是写入数据后指针自动
```

加 1,在这里是写回原来的位置

```
        break;
    case 3:shi++;
        if(shi==24)
            shi= 0;
        write_sfm(1,shi);              //令 LCD 在正确的位置显示"加"设定好的小时
                                         数据
        temp= (shi)/10* 16+ (shi)% 10; //十进制数转换成 DS1302 要求的 BCD 码
        write_1302(0x8e,0x00);         //允许写,禁止写保护
        write_1302(0x84,temp);         //向 DS1302 内写入小时寄存器 84H,写入调整后
                                         的小时数据 BCD 码
        write_1302(0x8e,0x80);         //开启写保护
        write_1602com(er+ 2);          //因为设置液晶屏的模式是写入数据后指针自动
                                         加 1,所以需要光标回位
        break;
    case 4:week++;
        if(week==8)
                week= 1;
            write_1602com(yh+ 0x0C);   //指定"加"后的周数据显示位置
                write_week(week);      //指定周数据显示的内容
        temp= (week)/10* 16+ (week)% 10;  //十进制转换成 DS1302 要求的 BCD 码
            write_1302(0x8e,0x00);     //允许写,禁止写保护
            write_1302(0x8a,temp);     //向 DS1302 内写入周寄存器 8aH,写入调整后的
                                         周数据 BCD 码
            write_1302(0x8e,0x80);     //开启写保护
            write_1602com(yh+ 0x0e);//因为设置液晶屏的模式是写入数据后指针自动
                                         加 1,所以需要光标回位
        break;
    case 5:ri++;
            switch(yue)
            {
                case 1:case 3:case 5:case 7:case 8:case 10:case 12:
                  if(ri> 31) ri= 1;
                  break;
                case 2:
                  if(nian% 4==0||nian% 400==0)
                    {  if(ri> 29) ri= 1; }  else
                  {  if(ri> 28) ri= 1;}break;
            write_1302(0x8e,0x80);     //开启写保护
            write_1602com(yh+ 10);
            break;
    case 6:yue++;
        switch(ri)
            {
                case 31:
```

```
                    if(yue==2|yue==4|yue==6|yue==9|yue==11){yue++;}
                    else
{if(yue> = 13) yue= 1;}


                    break;
                      case 30:
                    if(yue==2){yue++;}
                        else
                        {if(yue> = 13) yue= 1;}
                        case 29:
                        if(nian% 4==0||nian% 400==0)
                        {if(yue> = 13) {yue= 1;}}
                        else{if(yue==2){yue++;}
                            else if(yue> = 13) {yue= 1;}}
                    break;
                        }
                        case 4:case 6:case 9:case 11:
                          ri++;
                            if(ri> 30) ri= 1;
                            break;
                        }
                        write_nyr(9,ri);//令 LCD 在正确的位置显示"加"设定好的日期
                                         数据
                        temp= (ri)/10* 16+ (ri)% 10;    //十进制转换成 DS1302 要求的
                                                         DCB 码
                        write_1302(0x8e,0x00);  //允许写,禁止写保护
                        write_1302(0x86,temp);  //向 DS1302 内写入日期寄存器 86H,写
                                                 入调整后的日期数据 BCD 码
                        write_1302(0x8e,0x80);  //开启写保护
                        write_1602com(yh+ 10);
                        break;
case 6:yue++;
    switch(ri)
        {
        case 31:
        if(yue==2|yue==4|yue==6|yue==9|yue==11){yue++;}
        else
          {if(yue> = 13) yue= 1;}


        break;
          case 30:
        if(yue==2){yue++;}
        else
          {if(yue> = 13) yue= 1;}
          case 29:
```

```
                 if(nian% 4==0||nian% 400==0)
                   {if(yue> = 13) {yue= 1;}}
                   else{if(yue==2){yue++;}
                        else if(yue> = 13) {yue= 1;}}
               break;
            }
            if(yue> = 13)
                   yue= 1;
            write_nyr(6,yue);          //令 LCD 在正确的位置显示"加"设定好的月份数据
            temp= (yue)/10* 16+ (yue)% 10;  //十进制转换成 DS1302 要求的 BCD 码
            write_1302(0x8e,0x00);     //允许写,禁止写保护
            write_1302(0x88,temp);     //向 DS1302 内写入月份寄存器 88H,写入调整后
                                          的月份数据 BCD 码
            write_1302(0x8e,0x80);     //开启写保护
            write_1602com(yh+ 7);      //因为设置液晶屏的模式是写入数据后指针自动
                                          加 1,所以需要光标回位
        break;
case 7:nian++;
            if(nian==100)
                    nian= 0;
            write_nyr(3,nian);     //令 LCD 在正确的位置显示"加"设定好的年份
                                      数据
            temp= (nian)/10* 16+ (nian)% 10;  //十进制转换成 DS1302 要求的
                                                 BCD 码
            write_1302(0x8e,0x00);  //允许写,禁止写保护
            write_1302(0x8c,temp);  //向 DS1302 内写入年份寄存器 8cH,写入
                                       调整后的年份数据 BCD 码
            write_1302(0x8e,0x80);  //开启写保护
            write_1602com(yh+ 4);  //因为设置液晶屏的模式是写入数据后指针自
                                       动加 1,所以需要光标回位
            break;
case 8:write_1602com(er+ 8);         //设置闹钟的秒定时
            miao1++;
            if(miao1==60)
                    miao1= 0;
            write_sfm(0x07,miao1); //令 LCD 在正确位置显示"加"设定好秒的数据
            write_1602com(er+ 8);   //因为设置液晶屏的模式是写入数据后指针自
                                       动加 1,所以这里是写回原来的位置
            break;
case 9:write_1602com(er+ 5);         //设置闹钟的分钟定时
            fen1++;
            if(fen1==60)
                fen1= 0;
            write_sfm(0x04,fen1); //令 LCD 在正确位置显示"加"设定好的分数据
            write_1602com(er+ 5); //因为设置液晶屏的模式是写入数据后指针自
```

动加 1,所以这里是写回原来的位置

```
            break;
    case 10:write_1602com(er+ 2);        //设置闹钟的小时定时
            shi1++;
            if(shi1==24)
                    shi1= 0;
            write_sfm(0x01,shi1); //令 LCD 在正确的位置显示"加"设定好的小时
                                      数据
            write_1602com(er+ 2);  //因为设置液晶的模式是写入数据后指针自动
                                      加 1,所以需要光标回位
            break;
    }
    }
    }
//----------------减键 key3,各句功能参照."加键."注释----------------
    if(key3==0)
    {
    delay(10);                        //调延时,消除抖动
    if(key3==0)
    {
    buzzer= 1;                        //蜂鸣器短响一次
    delay(20);
    buzzer= 0;
    while(! key3);
    switch(key1n)
    {
        case 1:miao--;
                if(miao==-1)
                    miao= 59;        //秒数据减到-1 时自动变成 59
            write_sfm(0x07,miao);    //在 LCD 的正确位置显示改变后新的秒数
            temp= (miao)/10* 16+ (miao)% 10;  //十进制转换成 DS1302 要求的 BCD 码
            write_1302(0x8e,0x00);  //允许写,禁止写保护
                write_1302(0x80,temp); //向 DS1302 内写入秒寄存器 80H,写入调整后
                                          的秒数据 BCD 码
            write_1302(0x8e,0x80);  //开启写保护
            write_1602com(er+0x08);//因为设置液晶的模式是写入数据后指针自动加
                                      1,所以这里是写回原来的位置
            write_1302(0x8e,0x80);  //开启写保护
            write_1602com(er+0x08);//因为设置液晶的模式是写入数据后指针自动加
                                      1,所以这里是写回原来的位置
            //write_1602com(0x0b);
            break;
        case 2:fen--;
                if(fen==-1)
                    fen= 59;
```

```
            write_sfm(4,fen);
        temp=(fen)/10* 16+(fen)% 10;   //十进制转换成 DS1302 要求的 BCD 码
          write_1302(0x8e,0x00);  //允许写,禁止写保护
          write_1302(0x82,temp);  //向 DS1302 内写入分寄存器 82H,写入调整后的
                                    分数据 BCD 码
          write_1302(0x8e,0x80);  //开启写保护
          write_1602com(er+ 5);    //因为设置液晶的模式是写入数据后指针自动加
                                    1,所以这里是写回原来的位置
          break;
    case 3:shi--;
          if(shi==-1)
              shi= 23;
          write_sfm(1,shi);
        temp= (shi)/10* 16+ (shi)% 10;   //十进制转换成 DS1302 要求的 BCD 码
          write_1302(0x8e,0x00);  //允许写,禁止写保护
          write_1302(0x84,temp);  //向 DS1302 内写入小时寄存器 84H,写入调整后
                                    的小时数据 BCD 码
          write_1302(0x8e,0x80);  //开启写保护
          write_1602com(er+ 2);    //因为设置液晶的模式是写入数据后指针自动加
                                    1,所以需要光标回位
          break;
    case 4:week--;
          if(week==0)
              week= 7;
          write_1602com(yh+ 0x0C);  //指定"加"后的周数据显示位置
            write_week(week);        //指定周数据显示的内容
          temp= (week)/10* 16+ (week)% 10;    //十进制转换成 DS1302 要求的
                                                BCD 码
          write_1302(0x8e,0x00);    //允许写,禁止写保护
          write_1302(0x8a,temp);    //向 DS1302 内写入周寄存器 8aH,写入调整后
                                      的周数据 BCD 码
          write_1302(0x8e,0x80);    //开启写保护
          write_1602com(yh+ 0x0e);  //因为设置液晶的模式是写入数据后指针自动
                                      加 1,因此需要光标回位
          break;
              case 5:ri--;
          switch(yue)
          {
              case 1:case 3:case 5:case 7:case 8:case 10:case 12:
                if(ri==0) ri= 31;
              break;
              case 2: if(nian% 4==0||nian% 400==0)
                {
                  if(ri==0)
                        ri= 29;
```

```
                    }
                    else { if(ri==0) ri= 28;       }break;
case 4:case 6:case 9:case 11:
                        if(ri==0)
                            ri= 30;break;
                }
            write_nyr(9,ri);
            temp= (ri)/10* 16+ (ri)% 10;    //十进制转换成 DS1302 要求的
                                                    BCD 码
            write_1302(0x8e,0x00);   //允许写,禁止写保护
            write_1302(0x86,temp);   //向 DS1302 内写入日期寄存器 86H,写入调
                                             整后的日期数据 BCD 码
            write_1302(0x8e,0x80);   //开启写保护
            write_1602com(yh+ 10);   //因为设置液晶的模式是写入数据后指针自
                                             动加 1,所以需要光标回位
            break;
case 6:yue--;
            switch(ri)
            {
                case 31:
                if(yue==2|yue==4|yue==6|yue==9|yue==11)
                        yue--;
                else if(yue==0)
                        yue= 12;
                break;
                case 30:
                if(yue==2){yue--;}
                    else
                {if(yue==0) yue= 12;}
                case 29:
                            if(nian% 4==0||nian% 400==0)
                    {
                    if(yue==0) {yue= 12;}}
                    else{if(yue==2){yue--;}
                            else if(yue==0) {yue= 12;}}
                break;
            }
            if(yue==0) yue= 12;
            write_nyr(6,yue);
            temp= (yue)/10* 16+ (yue)% 10;    //十进制转换成 DS1302 要求的
                                                      BCD 码
            write_1302(0x8e,0x00);   //允许写,禁止写保护
            write_1302(0x88,temp);   //向 DS1302 内写入月份寄存器 88H,写入调
                                             整后的月份数据 BCD 码
            write_1302(0x8e,0x80);   //开启写保护
```

```
                        write_1602com(yh+ 7);    //因为设置液晶的模式是写入数据后指针自
                                                   动加 1,所以需要光标回位
                        break;
              case 7:nian--;
                        if(nian==-1)
                               nian= 99;
                        write_nyr(3,nian);
                        temp= (nian)/10* 16+ (nian)% 10;   //十进制转换成 DS1302 要求的
                                                            BCD 码
                        write_1302(0x8e,0x00);  //允许写,禁止写保护
                        write_1302(0x8c,temp);  //向 DS1302 内写入年份寄存器 8cH,写入调
                                                  整后的年份数据 BCD 码
                        write_1302(0x8e,0x80);  //开启写保护
                        write_1602com(yh+ 4);    //因为设置液晶的模式是写入数据后指针自
                                                   动加 1,所以需要光标回位
                        break;
              case 8:write_1602com(er+ 8);        //设置闹钟的秒定时
                        miao1--;
                          if(miao1==-1)
                             miao1= 59;
                          write_sfm(0x07,miao1); //令 LCD 在正确位置显示"加"设定好秒的
                                                    数据
                          write_1602com(er+ 8); //因为设置液晶的模式是写入数据后指针自
                                                   动加 1,所以这里是写回原来的位置
                          break;
              case 9:write_1602com(er+ 5);        //设置闹钟的分钟定时
                        fen1--;
                          if(fen1==-1)
                        fen1= 59;
                          write_sfm(0x04,fen1); //令 LCD 在正确位置显示"加"设定好的分
                                                   数据
                        write_1602com(er+ 5); //因为设置液晶的模式是写入数据后指针自动
                                                 加 1,所以这里是写回原来的位置
                        break;
              case 10:write_1602com(er+ 2);       //设置闹钟的小时定时
                        shi1--;

                        if(shi1==-1)
                               shi1= 23;
                          write_sfm(0x01,shi1); //令 LCD 在正确的位置显示"加"设定好的
                                                   小时数据
                          write_1602com(er+ 2); //因为设置液晶的模式是写入数据后指针
                                                   自动加 1,所以需要光标回位
                        break;
          }
```

```
                }
                }
                }
        }
//定时器 0 初始化程序
void init()                                //定时器、计数器设置函数
{
    TMOD= 0x11;                            //指定定时器、计数器的工作方式为 1
    TH0= 0;                                //定时器 T0 的高四位= 0
    TL0= 0;                                //定时器 T0 的低四位= 0
    EA= 1;                                 //系统允许有开放的中断
    ET0= 1;                                //允许 T0 中断
    TR0= 1;                                //开启中断,启动定时器
}
//* * * * * * * * * * * * * * * 主函数* * * * * * * * * * * * * * * * *
//* * * * * * * * * * * * * * * * * * * * * * * * * * * * * * * * * * *
void main()
{
    buzzer= 0;
    lcd_init();                            //调用液晶屏初始化子函数
    ds1302_init();                         //调用 DS1302 时钟的初始化子函数

    init();                                //调用定时器、计数器的设置子函数
    led= 0;                                //打开 LCD 的背光电源
    buzzer= 1;                             //蜂鸣器长响一次
    delay(10);
    buzzer= 0;
        while(1)                           //无限循环下面的语句
        {
        keyscan();                         //调用键盘扫描子函数
        }
}
/* * * * * * * * * * * * * 通过定时中断实现定时独处并显示数据* * * * * * * * */
void timer0() interrupt 1                  //取得并显示日历和时间
{
//读取秒、时、分、周、日、月、年 7 个数据 (DS1302 的读寄存器与写寄存器不一样)
    miao = BCD_Decimal(read_1302(0x81));
    fen = BCD_Decimal(read_1302(0x83));
    shi = BCD_Decimal(read_1302(0x85));
    ri  = BCD_Decimal(read_1302(0x87));
    yue = BCD_Decimal(read_1302(0x89));
    nian= BCD_Decimal(read_1302(0x8d));
    week= BCD_Decimal(read_1302(0x8b));
//显示温度、秒、时、分数据
    write_temp(11,flag);                   //显示温度,从第 2 行第 12 个字符后开始显示
```

```
    write_sfm(7,miao);                      //秒,从第 2 行第 8 个字符后开始显示(调用时
                                               分秒显示子函数)
    write_sfm(4,fen);                       //分,从第 2 行第 5 个字符后开始显示
    write_sfm(1,shi);                       //小时,从第 2 行第 2 个字符后开始显示
    //显示日、月、年数据
    write_nyr(9,ri);                        //日期,从第 2 行第 9 个字符后开始显示
    write_nyr(6,yue);                       //月份,从第 2 行第 6 个字符后开始显示
    write_nyr(3,nian);                      //年,从第 2 行第 3 个字符后开始显示
    write_week(week);
/* * * * * * * * * * * 整点报时程序* * * * * * * * * * * * /
    if(fen==0&&miao==0)
        if(shi< 22&&shi> 6 )
        {
            buzzer= 1;                      //蜂鸣器短响一次
                    delay(20);
            buzzer= 0;
        }
/* * * * * * * * * * * * * 闹钟程序:将暂停键按下停止蜂鸣* * * * * * * * * /
    if(CLO==0)                              //按下 p1.3 停止蜂鸣
    {
        clock= 0; return;
    }
    if(shi1==shi&&fen1==fen&&miao1==miao)
        clock= 1;
    if(clock==1)
      {
        buzzer= 1;                          //蜂鸣器短响一次
        delay(20);
        buzzer= 0;
      }
    }
```

10.4 本章小结

本章重点介绍了 STC89C52 单片机最小系统,并对基于 STC89C52 单片机的智能交通灯设计、基于 STC89C52 单片机的万年历设计两个实例进行了介绍。

习　　题

1. 简述 STC89C52 单片机最小系统架构。
2. 编写程序测试整个 STC89C52 单片机最小系统。
3. 根据 STC89C52 单片机最小系统的功能画电路图,编写程序,仿真操作基于

STC89C52 单片机的智能交通灯设计,尝试采用汇编语言编写程序并对其仿真进行分析。

4. 根据本章的两个实例画硬件电路图和编写软件程序,并开发一种基于 STC89C52 单片机的红外遥控装置。要求通过红外遥控器控制单片机的外设,例如,控制继电器开关、LED 开关和液晶显示屏上显示的遥控数字。

附录 A 实 验 指 导

A.1 实验1:计数显示器

A.1.1 实验目的

熟悉51单片机的基本输入/输出应用,掌握 Proteus ISIS 模块的绘图方法及单片机系统仿真运行的方法。

A.1.2 实验原理

实验电路原理如图 A-1 所示,图中包含5个分支电路:由共阴极数码管 LED1 和 LED2、P0口、P2口、上拉电阻 RP1 以及 Vcc 组成的输出电路,由按钮开关 BUT、P3.7 和接地线组成的输入电路,由 C1、C2、晶体振荡器 X1、XTAL1 引脚、XTAL2 引脚与接地线组成的时钟电路,由 C3、R1、RST 引脚和 Vcc 组成的上电复位电路,由 Vcc 和 EA 引脚组成的片内 ROM 选择电路(以下简称片选电路)。

在编程软件的配合下,该电路可实现计数显示功能:可统计按钮开关 BUT 的按压次数,并将按压结果以十进制数形式显示出来;当显示值达到99时可自动从1开始,无限循环。

A.1.3 实验内容

(1)观察 Proteus ISIS 模块的软件结构,熟悉菜单栏、工具栏、对话框等基本单元功能。
(2)熟悉选择器件、画导线、画总线、修改属性等基本操作。
(3)熟悉可执行文件的加载及程序仿真运行的方法。
(4)验证计数显示器的功能。

A.1.4 实验步骤

(1)提前阅读与实验1相关的参考资料。
(2)参考图 A-1 和表 A-1,在 Proteus ISIS 中完成电路原理图的绘制。
(3)加载可执行文件,观察仿真结果,检验电路图绘制的正确性。

A.1.5 实验要求

提交实验报告(包括电路原理图、电路原理分析及仿真运行截图)。

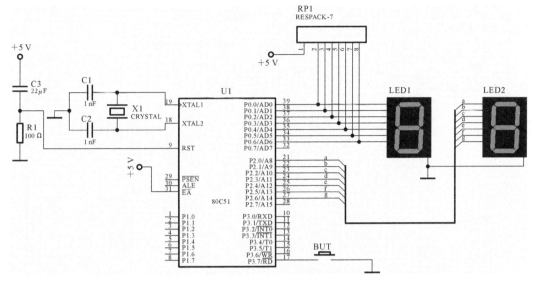

图 A-1   实验 1 的电路原理图

表 A-1   实验 1 的器件清单

器 件 类 别	电 路 符 号	器 件 名 称
Microprocessor ICs	U1	80C51
Miscellaneous	X1/12MHz	CRYSTAL
Capacitors	Cl,C2/1nF	CAP
Capacitors	C3/22μF	CAP-ELEC
Resistors Packs	RP1/7～100Ω	RESPACK-7
Resistors	R1/100Ω	RES
Optoelectronics	LED1～LED2	7SEG-COM-CAT-GRN
Switches&Relays	BUT	BUTTON

A.1.6   Proteus ISIS 模块的电路绘图与仿真运行方法

Proteus ISIS 模块具有电路及单片机仿真等功能,是学习单片机原理及技术的重要软件工具。下面详细介绍以单片机为核心的电路绘图与仿真运行的基本方法。

1. 启动 Proteus ISIS 模块

从 Windows 的"开始"菜单中启动 Proteus ISIS 模块,可进入仿真软件的主界面,如图A-2所示。从图中可以看出,ISIS 的编辑界面是标准的 Windows 软件风格,由标准工具栏、主菜单栏、绘图工具栏、仿真控制工具栏、对象选择窗口(器件列表)、原理图编辑窗口、放置工具栏、对象(器件)选择按钮、器件库管理按钮和预览窗口等组成。

2. 选取器件

单击图 A-2 左侧绘图工具栏中的器件模式图标 和对象选择按钮"P",会弹出"Pick Devices"器件选择窗口,如图 A-3 所示。

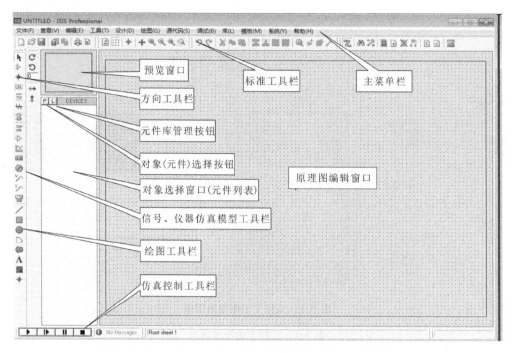

图 A-2　ISIS 功能窗口

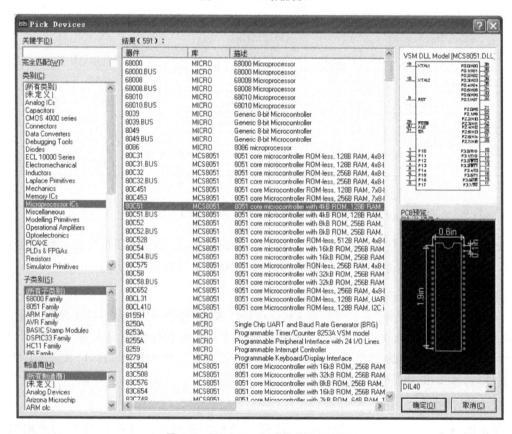

图 A-3　"Pick Devices"器件选择窗口

表 A-2 说明了 ISIS 器件库的英文器件类别与中文器件类别的对应关系,可以据此查找所需器件。

表 A-2 ISIS 器件库中器件类别的对应关系

英文器件类别(Category)	中文器件类别
Analog ICs	三端稳压电源、时基电路、基准电源、运算放大器、V/F 转换器、比较器
Capacitors	电容、电解电容
CMOS 4000 series	4000 系列 CMOS 门电路
Connect	接插件
Data Converters	A/D 转换器、D/A 转换器、温度传感器、温度继电器
Diodes	二极管、稳压管
Electromechanical	直流电机、步进电机、伺服电机
Inductors	电感线圈、变压器
MemoryICs	数据存储器、程序存储器
Microprocessor ICs	微处理器、单片机
Miscellaneous	天线、电池、晶体振荡器、熔断器、交通信号灯
Operational Amplifiers	运算放大器
Optoelectronics	数码管、液晶显示器、发光二极管
Resistors	电阻、电阻排
Simulator Primitives	交流电源、直流电源、信号源、逻辑门电路
Speakers & Sounders	扬声器、蜂鸣器
Switches & Relays	按钮、开关、电磁继电器
Switching Devices	晶闸管
Thermionic Values	压力变送器、热电偶
Transistors	三极管
TTL 74 series	74 系列门电路

也可利用"关键字"检索框查找所需器件,例如输入"89C52",系统会在器件库中搜索查找,并将搜索结果显示在"结果(2)"栏中,如图 A-4 所示。

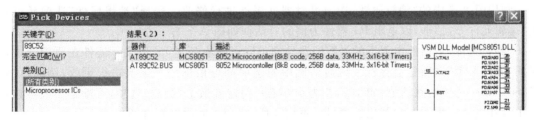

图 A-4 器件的搜索结果

双击列出的器件名可将其放入对象选择列表中,连续双击其他器件名可连续选择器件。

单击"确定"按钮,可关闭器件对象选择列表,返回到主界面(见图 A-5)。

右击对象选择列表中列出的器件名,并在弹出的菜单中选择"删除"命令即可取消已选中的器件(不会真的删除器件)。

3. 摆放器件

以摆放 89C52 器件为例,单击对象选择列表中的 89C52,预览窗口中会出现 89C52 图形。单击编辑窗口,89C52 器件会以红色轮廓图形出现(选中状态),拖动光标将器件的轮廓移动到所需位置,再次单击可固定摆放的位置,同时也可撤销选中状态(变为黑色线条图形)。

若需调整器件摆放后的位置,可单击器件图形使其选中,按住左键并拖动该器件到合适位置后松开,在编辑窗口的空白处再次单击,即可撤销选中状态。

若需调整器件的摆放方位,右击所需器件可使其处于选中状态,同时弹出"器件编辑菜单"(见图 A-6),该菜单中包含顺时针旋转、逆时针旋转、180 度旋转、X-镜像、Y-镜像等选项,可用于器件方位的调整。完成后单击空白处,即可撤销选中状态。菜单中的拖曳对象、删除对象选项也可用于器件摆放过程的调整。

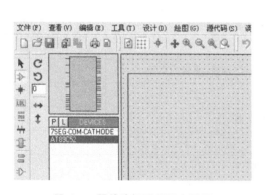

图 A-5　器件选择后返回主界面　　　　图 A-6　器件编辑菜单

掌握上述基本方法后,便可依次将对象选择列表中的器件逐一摆放到图形编辑窗口中(见图 A-7)。

4. 编辑器件属性

利用图 A-6 中的"编辑属性"选项可对器件属性进行修改。选择"编辑属性"选项后可弹出"编辑元件"对话框,以电阻 R1 器件为例的对话框如图 A-7 右下方所示。

"编辑元件"对话框中列出的参数因器件的不同可能有所差异,但表示器件在原理图中符号的"元件参考"选项总会存在。该对话框中的选项都可根据用户需要进行更改,例如,可将"Resistance"选项的默认值(如 10k)改为 100(Ω);勾选或撤销"隐藏"选项,可确定相应参数是否出现在电路原理图中。其他选项目前不用考虑,待使用时再时行介绍。

5. 编辑器件文本属性

从图 A-7 可以看出,每个器件下面都有一个"〈TEXT〉"字符,器件较多时会影响原理图的

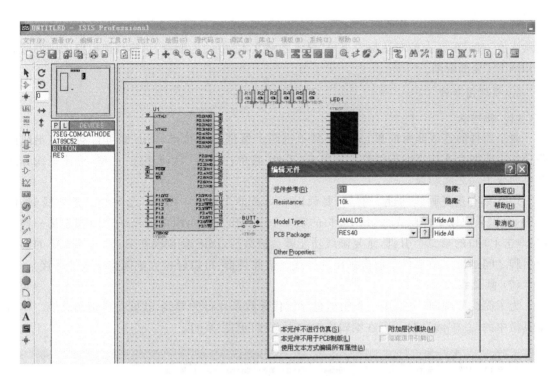

图 A-7　器件摆放结果及电阻 R1 的"编辑元件"对话框

美观。为了取消"〈TEXT〉"字符，需要对器件的文本属性进行设置。

双击"〈TEXT〉"字符可弹出"Edit Component Properties"（编辑器件属性）对话框，再单击"Style"（风格）标签，如图 A-8 所示。

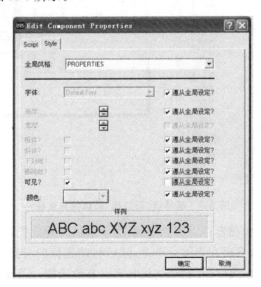

图 A-8　"Edit Component Properties"（编辑器件属性）对话框

将"可见"（Visible?）选项默认的"遵从全局设定"（Follow Global）勾选状态撤销，"可见"（Visible?）选项将由灰色变为黑色。将其默认的勾选状态撤销后，"〈TEXT〉"字符便可在原理图中隐藏起来。

另外,单击 Proteus 菜单栏下"模板(M)"选项中的"设计设置默认值"后,可弹出"设计设置默认值"对话框。去掉对话框左下角"显示隐藏文本"中的钩形符,可将当前电路图中的所有"〈TEXT〉"全部取消。

6. 原理图布线

(1)画导线。

两个器件的连线非常简单,只需直接单击两个器件的连接点,ISIS 即可自动定出走线的路径并完成两个连接点的连线操作。单击"工具"菜单栏下的"自动连线"选项,可使走线方式在自动或手动之间切换。

ISIS 具有重复画线功能。例如,要画出 89C52 的 P0 口与 LED1 之间的 7 条导线(见图 A-9),可以采取以下步骤完成:从 P0 口的第一个引脚出发向 LED1 的第一个引脚连接一根导线,双击 P0 口的第二个引脚,重复画线功能就会被激活,ISIS 会自动在 P0 口与 LED1 的第二个引脚之间画出一条平行于前次画出的导线。依此类推,可以轻松完成同类导线的连接。

(2)画总线。

为了简化原理图,可以用一条粗蓝色导线代表数条并行的导线,这就是所谓的总线。单击工具栏中的"总 线"图标,可在编辑窗口中画总线(见图 A-9)。

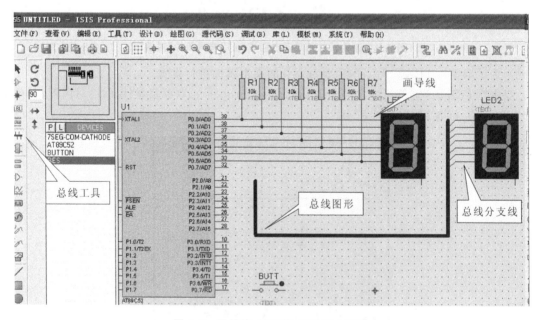

图 A-9　画导线、画总线、画总线分支线

总线分支线是连接总线和器件引脚的导线,为了增加美观效果,通常采用与总线倾斜相连的方式。画总线分支线时,只要在拐点处单击,随后移动光标时导线便可随意倾斜,到达合适位置后再次单击即可结束画线(仅在自动连线状态时有此功能。手动状态时,在拐点处需按住 Ctrl 键才可使导线倾斜),总线分支线如图 A-9 所示。

总线分支线画好后,还需要添加总线标签(如图 A-10 中的标号 A、B、C……),具体做法是:从绘图工具栏中选择"总线模式"图标,在欲放置总线标签的导线上单击,可出现如图 A-10 所示的"Edit Wire Label"(编辑线标签)对话框。在该对话框的"标号"下拉框内可输入自行命名的总线标签名,也可直接选择已经命名过的或系统默认的标签名(打开下拉框),还可指定总线标签的旋转方位(水平或垂直等选项)和位置方式(靠左、居中等选项)。单击"确定"按钮后关闭对话框,总线标签便可出现在被标注导线旁边(见图 A-10)。

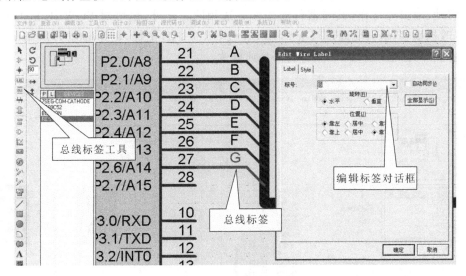

图 A-10 编辑标签对话框及添加总线标签

注意:总线标签字母是不区分大小写的。此外,总线标签总是成对使用的,因此在其分支线的另一端也要有相同标注的总线标签。

下面介绍一种总线标签自动生成的方法,具体做法如下。

单击菜单栏下的"工具"→"属性设置工具"选项,弹出"属性分配工具"对话框,在"字符串"文本框内输入"net=P2.♯"(见图 A-11)。

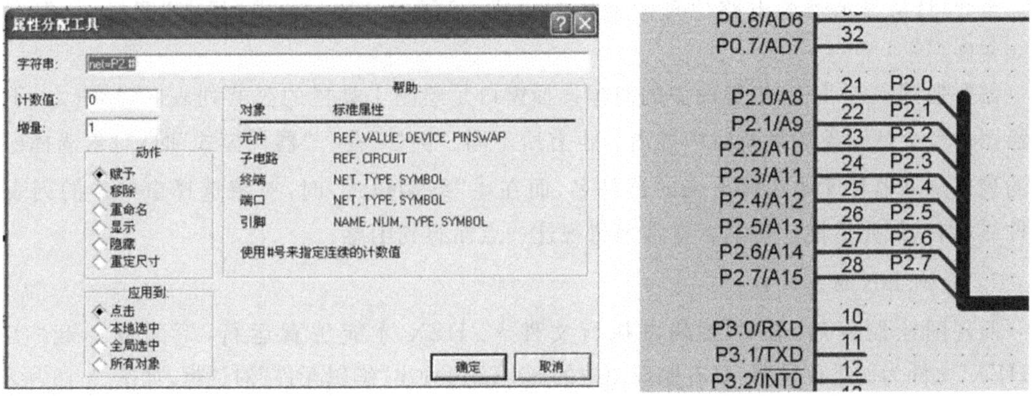

图 A-11 自动标签设置与生成效果图

单击"确定"按钮返回编辑主界面后,将光标移到待标注总线标签的一组分支线上(变为手形光标),连续单击各条分支线,便可自动生成一组连续标签(见图 A-11)。

从图 A-11 中的字符串命令"net=P2.♯"可知,字符串中"♯"与"="之间的字符为自动标签里的固定字符,"♯"则由"计数值"和"增量"选项决定的数列代替。自动标注完成后,需要再次打开图 A-11 所示的对话框,并单击"取消"按钮方可结束自动标签功能。

（3）画电源端。

单击绘图工具栏中的 ▣ "终端模式"图标，主界面对象选择窗口里将出现多种终端列表（见图 A-12），其中 POWER 为电源（正极），GROUND 为接地。对 POWER 和 GROUND 进行添加、移动、编辑等操作，其与器件的操作方法相同。此外，也可对 POWER 或 GROUND 添加或修改标签名，但只能通过双击 POWER 或 GROUND 图标，在弹出的"Edit Wire Label"（编辑线标签）对话框（图 A-10）里进行添加或修改。

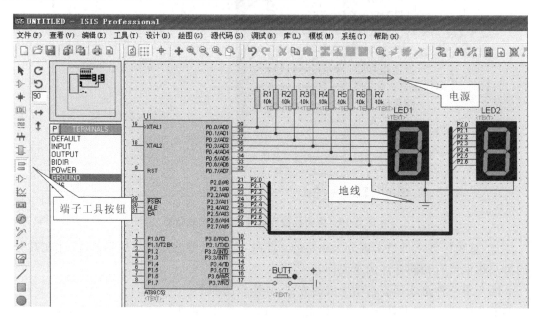

图 A-12　添加电源端

至此，计数显示器的电路原理图便绘制完成（见图 A-12）。单击"保存"图标，可保存为.dsn文件。

需要强调一点，ISIS 主界面中的对象选择窗口是绘图工具栏的公共列表区，换言之，不同的绘图命令会使对象选择窗口中的内容也有所不同。例如，在 ▷ "器件模式"时，对象选择窗口中的列表是从器件库中选择出来的器件名，而在 ▣ "终端模式"时，对象选择窗口中的列表是各种终端名，依此类推。初学者常常因忽视这一点而感到困惑。

7. 添加.hex仿真文件

原理图绘制好后，需要加载可执行文件 *.HEX 才能仿真运行，下面以加载"实验1.HEX"文件为例进行说明：双击原理图中的 80C52 可弹出"编辑元件"对话框，如图 A-13 所示。

单击"Program File"下拉框中的文件夹 ▣ 按钮，在文件夹中找到经过程序编译后形成的可执行文件"实验1.HEX"，单击"OK"按钮可结束加载过程。

8. 仿真运行

单击 ISIS 主界面左下角的仿真控制工具栏（见图 A-14）可进行仿真运行。图中的 4 个仿真控制按钮（由左至右）的功能依次是"运行"、"单步"、"暂停"和"停止"。

仿真运行启动后，单击按钮，数码管的显示数字会不断增加（见图 A-15）。

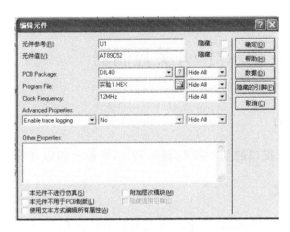

图 A-13 80C52 的"编辑元件"对话框

图 A-14 模拟"调试"按钮

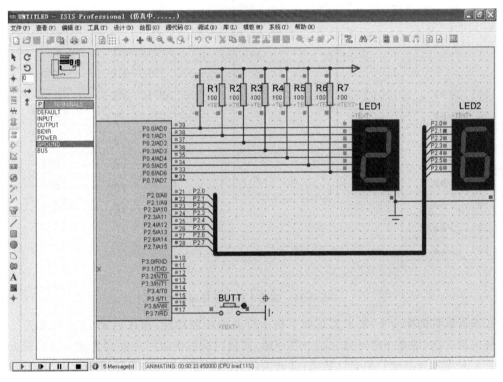

图 A-15 仿真运行效果

A.1.7 扩展练习

编写分支程序,实现根据累加器 A 内容的变化(0～F 任意值),LED1 数码管显示对应的数字。

A.2 实验 2:指示灯/开关控制器

A.2.1 实验目的

学习 51 单片机 I/O 接口的基本输入/输出功能,掌握汇编语言的编程与调试方法。

A.2.2 实验原理

实验电路原理如图 A-16 所示,图中的输入电路由外接在 P1 口的 8 只拨动开关组成;输出电路由外接在 P2 口的 8 只低电平驱动的发光二极管组成。此外,还包括时钟电路、复位电路和片选电路。

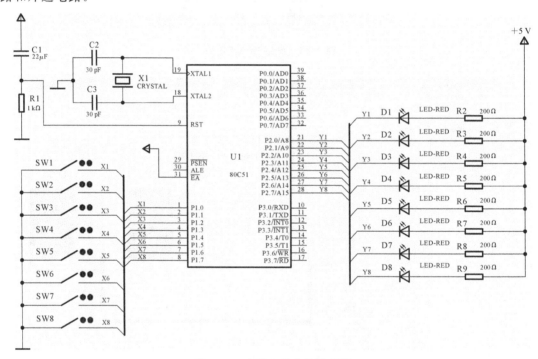

图 A-16 实验 2 的电路原理图

在编程软件的配合下,要求实现如下指示灯开关控制功能:程序启动后,8 只发光二极管先整体闪烁 3 次(即亮→暗→亮→暗→亮→暗,间隔时间以肉眼可观察到为准);然后根据开关状态控制对应发光二极管的亮灯状态,即开关闭合相应灯亮,开关断开相应灯灭,直至停止程序运行。

软件编程的原理如下。

(1) 8 只发光二极管整体闪烁 3 次。

亮灯:向 P2 口送入数值 0。

灭灯:向 P2 口送入数值 0FFH。

闪烁 3 次:循环 3 次。

闪烁快慢:由软件延时时间决定。

(2) 根据开关状态控制灯亮或灯灭。

开关控制灯:将 P1 口(即开关状态)的内容送入 P2 口。

无限持续:无条件循环。

程序流程图如图 A-17 所示。

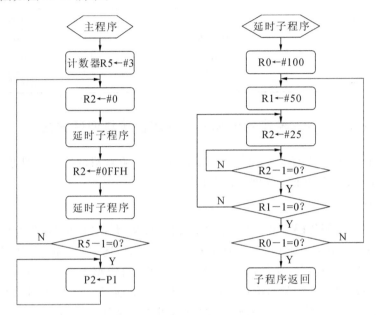

图 A-17 实验 2 的软件流程图

A.2.3 实验内容

(1) 熟悉 Proteus ISIS 模块的汇编语言程序编辑、编译与调试过程。

(2) 完成实验 2 的汇编语言程序的设计与编译。

(3) 练习 ISIS 汇编语言程序的调试,并最终实现实验 2 的预期功能。

A.2.4 实验步骤

(1) 提前阅读与实验 2 相关的参考资料。

(2) 参考图 A-16 与表 A-3,在 ISIS 中完成电路原理图的绘制。

(3) 参考图 A-17,在 ISIS 中编写和编译汇编语言程序。

(4) 利用 ISIS 的汇编调试功能检查程序的语法和逻辑错误。

(5) 观察仿真结果,检验程序与电路的正确性。

A.2.5 实验要求

提交实验报告(包括电路原理图、软件流程分析、汇编语言源程序(含注释部分)、仿真运行截图)。

表 A-3　实验 2 的器件清单

器 件 类 别	电 路 符 号	器 件 名 称
Microprocessor ICs	U1	80C51
Miscellaneous	X1/12MHz	CRYSTAL
Capacitors	C2、C3/1nF	CAP
Capacitors	C1/22μF	CAP-ELEC
Resistors	R1/10K	RES
Resistors	R2~R9/200	RES
Optoelectronics	D1~D2	LED-RED
Switches&Relays	SW1~SW8	SWITCH

A.2.6　Proteus ISIS 模块的汇编语言程序创建与调试方法

Proteus ISIS 模块内嵌有文本编辑器、汇编编译器、动态调试器等软件模块。启动 Proteus ISIS 模块后,可采用如下步骤创建汇编程序。

1. 建立新的程序文件

单击菜单栏中的"源代码"→"添加/删除源文件"选项,弹出"添加/移除源代码"对话框,如图 A-18 所示。在"代码生成工具"下拉框内选择"ASEM51"选项。单击"新建"按钮,在合适的文件目录下输入待建立程序的文件名(如实验 2),核实文件类型为 * . ASM,单击"打开"按钮,回应创建新文件提示后,系统弹出确认对话框,如图 A-19 所示。单击"确定"按钮,在菜单"源代码"下可以看到类似"1. 实验 2. ASM"的文件名,单击该文件名后可打开一个空白的文本文件(见图 A-19)。

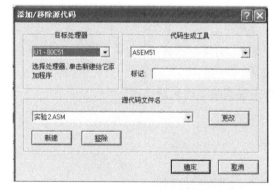

图 A-18　"添加/移除源代码"对话框

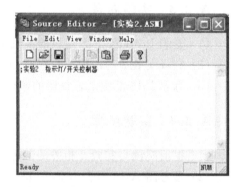

图 A-19　建立的空白文件

Proteus 允许将外部文本编辑器作为程序编辑器,故也可将 Windows 下的记事本(notepad. exe)指定为程序编辑器。设置方法为:单击"源代码"→"设置外部文本编辑器"选项,在对话框中指定 Windows 目录下的 notepad. exe 为可执行文件,单击"确定"按钮即可使用。

在打开的空白文件中输入汇编语言的源程序,保存后即可作为程序文件使用。

2. 打开已有的程序文件

如需对已保存的程序文件进行处理,可单击图 A-18 所示对话框中的"源代码文件名"下拉框,找到已存在的程序文件名,单击"确定"按钮便可打开使用。

3. 编译源程序

程序文件录入或编辑后,单击菜单栏下的"源文件"→"全部编译"选项,待后台编译结束后,可弹出编译结果对话框。如果有语法错误,提示框会指出错误存在的原因(见图 A-20)。如果没有语法错误,提示框将报告编译通过(见图 A-21),并生成实验 2. HEX 可执行文件。

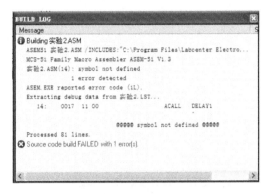

图 A-20 编译出错提示

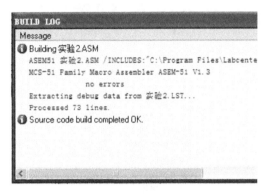

图 A-21 编译通过提示

4. 调试可执行文件

先采用第 A.1.6 节中的加载可执行文件的做法(见图 A-13),将可执行文件实验 2. HEX 加载到单片机模块中。

Proteus ISIS 模块中包含多种调试工具,打开"调试"菜单会看到这些选项,如图 A-22 所示。

单击菜单栏中的"调试"→"开始/重新启动调试"选项,可弹出源代码调试窗口,如图 A-23 所示。

图 A-22 "调试"菜单

图 A-23 源代码调试窗口

图 A-23 中箭头所示语句行为当前行。按照从左至右的顺序,调试窗口中各列的意义分别为:机器码指令在 ROM 中存放的首地址、机器代码、语句标号、指令操作码、指令操作数、注释语句。右击窗口空白处,可弹出调试窗口的设置选项,如图 A-24 所示。

利用图 A-24 中的显示行号、显示地址、显示操作码、设置字体、设置颜色等选项,可以较好地改变源代码调试窗口的效果。

另外,源代码调试窗口的右上角为调试工具栏(见图 A-25),按由左至右的顺序,各工具按钮的作用依次说明如下。

图 A-24 调试窗口的设置选项   图 A-25 调试工具栏

- 运行仿真:连续运行。
- 单步越过命令行:遇到子程序时会将其作为一行命令对待。
- 单步进入命令行:遇到子程序时会单步进入其内部。
- 单步跳出命令行:使用"单步进入命令行"方式进入子程序时,它会立即跳出该子程序,进入上一级子程序。
- 运行到命令行:运行到光标所在行时暂停运行。
- 切换断点:运行到断点所在命令行时暂停运行。

此外,图 A-22 所示的"调试"菜单中还有其他选项,比较常用的如下几项:"8051 CPU Registers"选项,单击后可弹出 51 单片机的主要寄存器窗口(见图 A-26),从图中可观察到这些寄存器的当前值。"8051 CPU SFR Memery-U1"选项,单击后可弹出 51 单片机的 SFR 字节地址窗口(见图 A-27),从图中可观察到 SFR 的当前值。

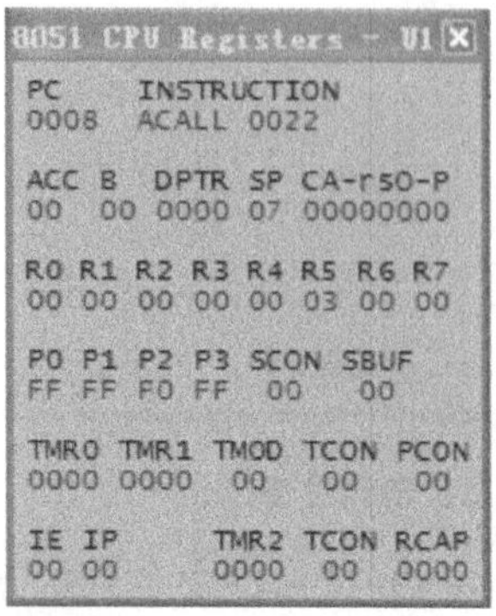

图 A-26 主要寄存器窗口 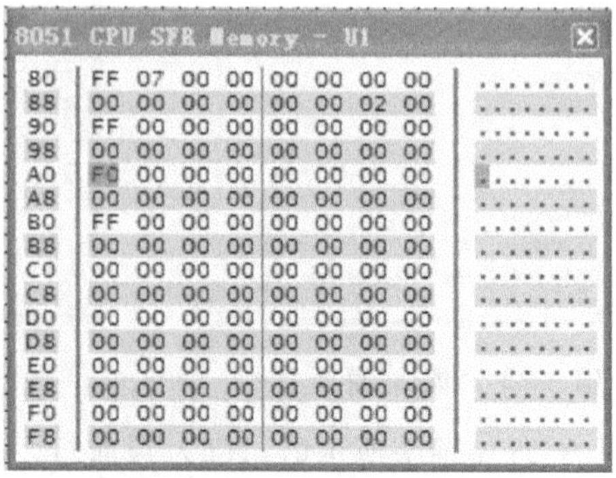   图 A-27 SFR 字节地址窗口

A.2.7 扩展练习

使用汇编语言实现:设置单片机片内存储器存储区的首地址为 30H、片外存储器存储区的首地址为 3000H,存取数据字节的个数为 16 个,将片内存储区的内容设置为 01H～10H 共 16 个字节,读取片内首地址为 30H 单元的内容,将该内容传输到片外数据存储器的存储区中并进行保存,将保存在片外数据存储区的数据依次取出并送入 P1。观察片内、片外存储区的数据变化,以及 P1 口的状态变化。

A.3 实验 3:指示灯循环控制

A.3.1 实验目的

熟悉 μVision3/4 编译软件,掌握 C51 语言编程与调试方法。

A.3.2 实验原理

实验电路原理如图 A-28 所示,图中的 8 只发光二极管接于 P0 口,且都接有上拉电阻。时钟电路、复位电路、片选电路与前面的实验电路相同。

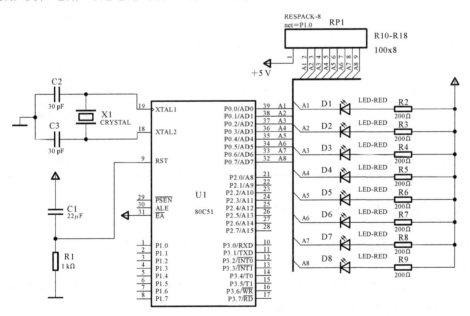

图 A-28 实验 3 的电路原理图

在编程软件的配合下,要求实现如下功能:8 只发光二极管做循环点亮控制,且亮灯顺序为 D1→D2→D3→…→D8→D7→…→D1,无限循环,两次亮灯的时间间隔约为 0.5 s。软件编程原理为:首先使 P0.0←1,其余端口←0,这样可使 D1 灯亮,其余灯灭;软件延时 0.5 s 后,使 P0 口整体左移 1 位,得到 P0.1←1,其余端口←0,这样可使 D2 灯亮,其余灯灭;按照此思路让

P0 整体左移 7 次,再右移 7 次,如此循环往复即可实现上述功能。

A.3.3 实验内容

(1)熟悉 μVision3/4 编译软件,了解软件的结构与功能。

(2)完成实验 3 的 C51 语言编程。

(3)掌握在 μVision3/4 中进行 C51 语言程序开发的方法。

A.3.4 实验步骤

(1)提前阅读与实验 3 相关的参考资料。

(2)参考图 A-28 和表 A-4,在 ISIS 中完成电路原理图的绘制。

(3)在 μVision3/4 中编写和编译 C51 程序,并生成可执行文件。

(4)在 ISIS 中加载可执行文件,通过仿真运行检验编程的正确性。

A.3.5 实验要求

提交实验报告(包括电路原理图、软件流程分析、C51 源程序(含注释语句)、仿真运行截图)。

表 A-4 实验 3 的器件清单

器 件 类 别	电 路 符 号	器 件 名 称
Microprocessor ICs	U1	80C51
Miscellaneous	X1/12MHz	CRYSTAL
Capacitors	C2,C3/30pF	CAP
Capacitors	C1/22μF	CAP-ELEC
Resistors	PR1/10K	RESPACK8
Resistors	R10~R18/100	RES
Optoelectronics	D1~D8	LED-YELLOW

A.3.6 在 Keil μVision4 中创建 C51 程序的方法

Keil μViSion4 为标准的 Windows 风格,软件界面由 4 部分组成,即菜单工具栏、工程窗口、文件窗口和输出窗口,如图 A-29 所示。

菜单工具栏:由菜单和工具栏组成。Keil μVision 共有 11 个下拉菜单,工具栏的位置和数量可通过设置选定和移动(见图 A-30)。

工程窗口:用于管理工程文件目录,它由 5 个子窗口组成,可以通过子窗口下方的标签进行切换,它们分别是文件窗口、寄存器窗口、帮助窗口、函数窗口和模板窗口。

文件窗口:用于展示打开的程序文件,多个文件可以通过窗口下方的文件标签进行切换。

输出窗口:用于编译过程中的信息交互作用,由 3 个子窗口组成,可以通过子窗口下方的标签进行切换,它们分别是编译窗口、命令窗口和搜寻窗口。

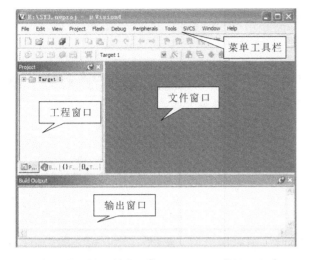

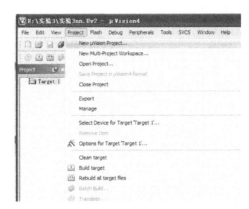

图 A-29　Keil μVision4 的软件界面　　　　　图 A-30　创建新工程文件窗口

Keil μVision4 软件内嵌有文本编辑器、A51 编译器、C51 编译器、动态调试器等软件模块。启动 Keil μVision3/4 软件后,可以采用以下步骤创建 C51 程序。

1. 创建工程文件

单击菜单栏下的"Project"→"New Project"选项,可弹出"Create New Project"(创建新工程文件)窗口。在该窗口中选择合适的存盘目录和工程文件名(如 exam1,无须扩展名),保存后的文件扩展名为.uV2,以后可以直接双击此文件打开该工程文件。为了便于管理,最好能为每个单片机应用实例建立一个单独的文件夹,用于存放 Keil 的工程文件、程序源文件、可执行文件、ISIS 原理图文件等。本例建立的工程文件夹为 E:\实验3\。

2. 选择单片机

工程文件保存后,将弹出如图 A-31 所示的"Select Device for Target 'Target 1'"(目标 1器件选择)窗口,即单片机选择窗口。

为方便起见,本书将统一选择 Atmel 公司的 AT89C52 型单片机。完成选择后,系统会弹出一个"是否将启动文件 STARTUP.A51 添加到本工程界面"的询问,此处通常选择"否",即一般用户不使用这个文件。

创建一个新工程后,在工程窗口会自动生成一个默认的目标(Target 1)和文件组(Source Group 1),如图 A-32 所示。在该图中,工程窗口的底部有 5 个选项卡:Files 选项卡用于在工程中快速定位、添加、移除文件;Regs 选项卡用于程序仿真运行时显示寄存器的数值;Books 选项卡用于打开帮助文件;Functions 选项卡用于在工程中快速定位已定义的函数;Templates 选项卡用于快速输入 C 语言的各种语句,以减少源程序的语法错误。

3. 编辑源程序文件

单击菜单栏下的"File"→"New"选项,可弹出一个空白的文本框,在该文本框中可直接输入或使用剪贴板粘贴文本形式的 C51 源程序。完成后单击菜单栏下的"File"→"Save"选项,以.c 为扩展名将文件保存至工程文件夹中(见图 A-33)。

4. 将源程序加入工程中

右击工程窗口中的"Source Group 1"选项,可弹出一个下拉菜单,如图 A-34 所示。

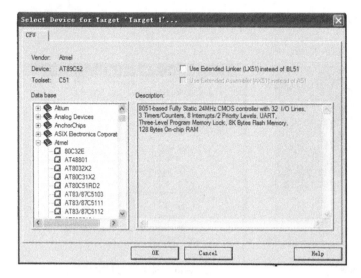

图 A-31　单片机器件选择窗口

图 A-32　生成的空白工程文件界面

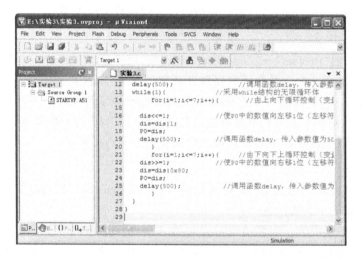

图 A-33　以 . c 为扩展名保存源程序

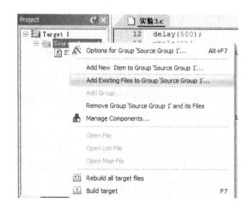

图 A-34　添加源程序菜单栏

单击"Add Existing Files to Group'Source Group 1'"选项后,将出现如图 A-35 所示的对话框,要求寻找源文件。

选择列出的"实验 3.c"文件,单击"Add"按钮将此文件加入工程中。注意:添加文件后,图 A-35 所示的对话框不会自动关闭,需要单击"Close"按钮后才能关闭。此时可以看到,工程窗口的"Source Group 1"目录下已出现了"实验 3.c"文件(见图 A-36),表明源程序添加成功。

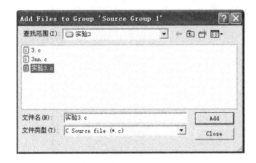

图 A-35 添加源程序选择窗口

图 A-36 源程序添加完成

5. 设置工程配置选项

工程创建好以后,还要对工程配置进行设置,做法如下。

右击工程窗口中的"Target 1"目录,在出现的选择菜单中单击"Option for Target'Target 1'"选项,弹出如图 A-37 所示的窗口。

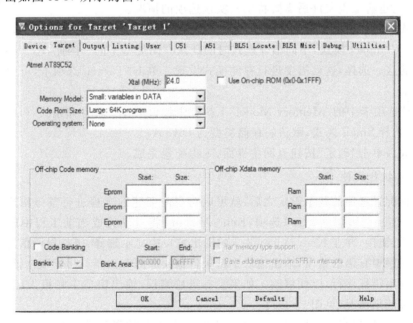

图 A-37 "Option for Target'Target 1'"窗口"Target"选项卡

"Option for Target'Target 1'"窗口中共包含 11 个选项卡,初学者只需设置以下两项即可。

输出文件设置:为保证编译后生成可执行文件,需要对输出文件进行设置。单击"Output"选项卡,弹出如图 A-38 所示的对话框。

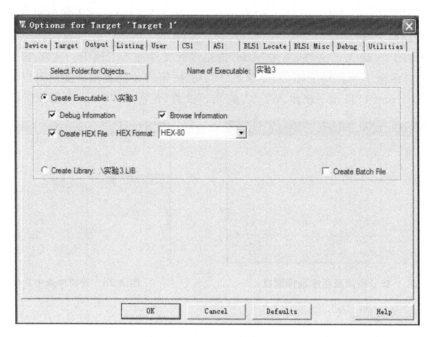

图 A-38 "Output"选项卡

只有在已勾选了"Create HEX File"复选框的情况下,编译后才能生成同名的.HEX文件。因此,在创建新工程文件后需要特别核实该选项的情况。

存储模式设置:如第4.2.1节所述,C51编译器可以区分三种编译模式,即Small模式、Large模式和Compact模式,不同编译模式时的默认存储类型不同。因此,Keil μVision3也必须知道用户的这一选择,这就需要进行存储模式设置。单击"Target"选项卡,可弹出如图A-37所示的对话框。

"Target"选项卡中的"Memory Model"下拉框中包含上述三种存储模式,可根据需要进行选择(一般都选择Small模式,默认的存储类型为DATA)。

设置完成后单击"确定"按钮返回主界面,工程配置完成。

6. 生成可执行文件

完成工程配置选项的基本设定之后,就可以对当前新建的工程进行整体构建。单击菜单栏下的"Project"→"Build Target"选项,Keil μVision4将自动完成当前工程中所有源程序模块文件的编译、链接,并在Keil μVision3/4的输出窗口中显示编译、链接提示信息。

如果源程序中有语法错误,输出窗口中将报告错误原因和出错行号。双击该出错行,光标可以自动跳到出错程序行,以便修改。如果没有语法错误,输出窗口中将报告编译通过,同时给出系统资源使用情况(见图A-39)。

编译操作也可以通过工具栏按钮进行,图A-40是有关编译和设置的工具栏。

图A-40中最常用的两个工具按钮是:左数第二个"Build Target"(构建当前目标)按钮和左数第三个"Rebuild all Target Files"(构建所有目标文件)按钮。两者区别在于,前者只编译修改过的或新加入的程序文件,然后生成可执行文件;后者则是对工程中的所有程序文件,无论是否被修改过,都重新进行编译后再链接。左数第一个"Translate Current Files"(编译当前文件)按钮,只编译当前源程序文件,但并不链接生成可执行文件。使用时可以根据情况灵活选择。

图 A-39　编译通过的信息

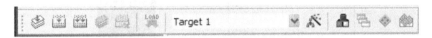

图 A-40　有关编译和设置的工具栏

7. 仿真运行程序

编译、链接完成后,将形成的.HEX 可执行文件加载到 ISIS 原理图的单片机模块上,按照 ISIS 仿真运行规则运行即可。

至此,已经完成了建立一个 Keil μVision4 C51 程序的全过程。初学者在学习时,还应注意以下两点。

(1) C51 源程序含有汉字注释内容时,删除、插入汉字时有可能出现乱码,因此,最好先将源程序在其他文本编辑软件下完成后,再复制到 Keil μVision3 中。

(2) 在工程管理窗口中右击某个源程序文件,从弹出的快捷菜单中选择"Remove File"选项,可从工程中移除该文件,但并不是从磁盘中移除该文件。

A.3.7　扩展练习

编写一个仿霓虹灯程序,让 8 个发光二极管随机产生至少 4 种花样闪烁结果。

A.4　实验 4:指示灯/数码管的中断控制

A.4.1　实验目的

掌握外部中断的原理,学习中断编程与程序调试的方法。

A.4.2　实验原理

实验电路原理如图 A-41 所示,图中按键 K1 和按键 K2 分别接于 P3.2 和 P3.3,发光二极管 D1 接于 P0.4,共阴极数码管 LED1 接于 P2 口。时钟电路、复位电路、片选电路忽略。

在编程软件的配合下,要求实现如下功能:程序启动后,D1 处于熄灯、LED1 处于黑屏状态;单击 K1,可使 D1 亮灯状态反转一次;单击 K2,可使 LED1 显示值加 1,并按十六进制数显示,显示到 F 后重新从 1 开始。

软件编程原理:K1 和 K2 的按键动作分别作为 $\overline{INT0}$ 和 $\overline{INT1}$ 的中断请求,在中断函数中进

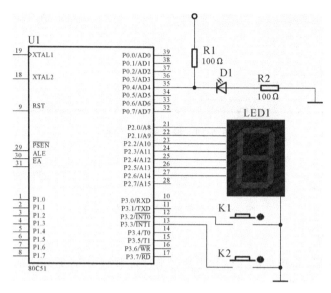

图 A-41 实验 4 的电路原理图

行指示灯与数码管的信息处理。初始化后,主函数处于无限循环状态,等待中断请求。

A.4.3 实验内容

(1)熟悉 μVision3/4 的软件调试方法.
(2)完成实验 4 的 C51 语言编程。
(3)熟悉 μVision3 与 ISIS 的联机仿真方法。

A.4.4 实验步骤

(1)提前阅读与实验 4 相关的参考资料。
(2)参考图 A-41 和表 A-5,在 ISIS 中完成电路原理图的绘制。

表 A-5 实验 4 的器件清单

器 件 类 别	电 路 符 号	器 件 名 称
Microprocessor ICs	U1	80C51
Optoelectronics	D1	LED-GREEN
Switches&Relays	K1~K2	BUTTON
Resistors	R1~R2/100	RES
Optoelectronics	LED	7SEG-COM-CAT-GRN

(3)在 Keil μVision3/4 中编写和编译 C51 程序,生成可执行文件。
(4)在 μVision3/4 中启动 ISIS 的仿真运行,并进行联机调试。

A.4.5 实验要求

提交实验报告(包括电路原理图、C51 源程序(含注释语句)、软件调试分析、仿真运行截图)。

A.4.6 C51 程序调试方法

1. 基于 μVision4 的 C51 调试方法

程序调试的目的是跟踪程序的执行过程，发现并改正源程序中的错误。为此，μVision3
中设有许多调试信息窗口，包括输出窗口（Output Window）、观察/调用堆栈窗口
（Watch&Call Stack Window）、存储器窗口（Memory Window）、反汇编窗口（Disassembly
Window）、串行窗口（Serial Window）等，如图 A-42 所示。

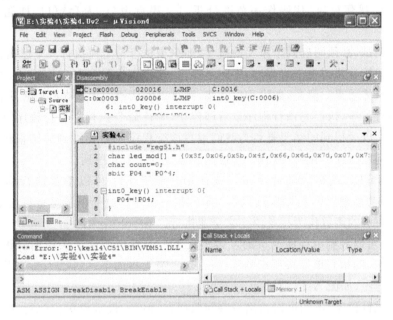

图 A-42 调试程序的信息窗口

为了能够直观地了解单片机的定时器、中断、并行端口、串行端口的工作状态，μVision3
还提供了一些接口对话框（见图 A-43），它们对于提高程序调试的效率是非常有益的。

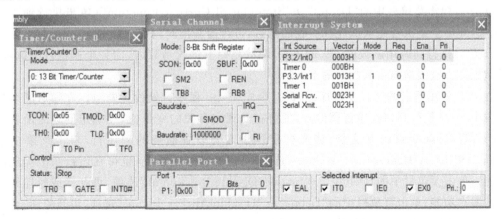

图 A-43 接口对话框

μVision3/4 中自带的 Simulation 模块可模拟程序执行过程,可以在没有硬件的情况下进行程序调试。进入调试状态后,界面与编辑状态相比有明显的变化,Debug 菜单项中一些原来呈灰色的选项现在已经可以使用,且工具栏中会多出一个用于运行和调试的工具条,如图 A-44 所示。

图 A-44　运行和调试的工具条

Debug 菜单上的大部分命令可以在工具条中找到对应的快捷按钮,从左到右依次是复位、运行、暂停、单步、过程单步、执行完当前子程序、运行到当前行、下一状态、打开跟踪、观察跟踪、反汇编窗口、观察窗口、代码作用范围分析、1♯串行窗口、内存窗口、性能分析、工具按钮等。

学习程序调试,必须明确两个重要的概念,即单步执行与全速执行。全速执行是指一行程序执行完以后紧接着执行下一行程序,中间不停止,这样程序执行的速度很快,并可以看到该段程序执行的总体效果。但是,如果程序有错,则难以确认错误出现在哪些程序行。单步执行是每次执行一行程序,执行完该行程序以后即停止,等待命令执行下一行程序,此时可以观察该行程序执行完以后得到的结果是否与我们编写该行程序所想要得到的结果相同,借此可以找到程序中的问题所在。在程序调试中,这两种运行方式都要用到。

使用菜单 STEP 或相应的命令按钮或使用功能键 F11 可以单步执行程序,使用菜单 STEPOVER 或功能键 F10 可以以过程单步形式执行命令。过程单步是指将汇编语言中的子程序或高级语言中的函数作为一条语句来全速执行。

按 F11 键,可以看到源程序窗口的左边出现了一个黄色调试箭头指向源程序的第一行。每按一次 F11 键,即执行该箭头所指的程序行,然后箭头指向下一行。不断按 F11 键,即可逐步执行延时子程序,如图 A-45 所示。

通过单步执行程序,虽然可以找出一些问题所在,但是,仅依靠单步执行来查错有时是比较困难的;或者虽然能查出错误,但效率很低,为此必须辅以其他方法。

方法 1:在源程序的任一行单击,将光标定位于该行,然后单击菜单栏中的"Debug"→"Run to Cursor Line"(运行到光标所在行)选项,即可全速执行完黄色箭头与光标之间的程序行。

方法 2:单击菜单栏中的"Debug"→"Step Out of Current Function"(单步执行到该函数外)选项,即可全速执行完调试光标所在的函数,黄色箭头指向调用函数的下一行语句。

方法 3:执行到调用函数时,按 F10 键,调试光标不进入函数内,而且全速执行完该函数,然后黄色箭头直接指向主函数中的下一行。

方法 4:利用断点调试。在程序运行前,事先在某一程序行处设置断点。在随后的全速执行过程中,一旦执行到该程序行就停止,便可在此观察有关的变量值,以确定问题之所在。在程序行设置/移除断点的方法是:将光标定位于需要设置断点的程序行,单击菜单栏中的"Debug"→"Insert/Remove Break Point"选项,可设置或移除断点(也可在该行双击实现同样的功能);单击菜单栏中的"Debug"→"Enable/Disable Breakpoint"选项,可开启或暂停光标所在行的断点功能;单击菜单栏中的"Debug"→"Disable All Breakpoint"选项,可暂停所有断点;单击菜单栏中的"Debug"→"Kill All BreakPoint"选项,可清除所有的断点设置。这些功能也可以使用工具条上的快捷按钮进行设置。

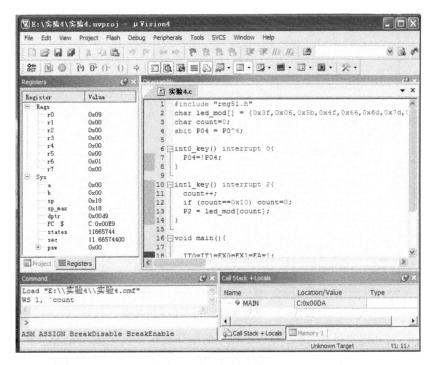

图 A-45 源程序调试窗口

通过灵活应用上述调试方法,可以大大提高查错的效率。

2. 在 ISIS 中实现 C51 源码级调试的方法

如前所述,ISIS 具有汇编源码级调试功能,即 ISIS 编译生成的.HEX 可执行文件在 ISIS 中运行时可提供源码查看、设置断点、单步运行等调试手段,其"调试"菜单如图 A-46 所示。

由图 A-46 可见,这种.HEX 文件可以提供多种调试信息,特别是第 6 项"8051 CPU Source Code-U1"(源代码)信息,对动态调试非常重要。

图 A-46 中打开了全部 5 项调试窗口,因此可以很方便地进行动态调试。然而,若将 μVision3 形成的.HEX 可执行文件加载到 ISIS 中(如第 4 章的例 4-1),发现其源代码窗口并不存在,很多调试功能也都不能使用。这说明,由 μVision3 生成的 C51.HEX 文件缺乏在ISIS中进行动态调试的信息。从 Proteus 6.9 版本之后,ISIS 开始支持一种由 μVision3 生成的.ofm51格式文件,即绝对目标文件(Absolute Object Module Format Files)生成的.ofm51 格式文件的设置方法与.HEX 格式文件的设置方法基本相同,都要用到"output"选项卡,但.ofm51格式文件要让"Create HEX Files"选项框为空,还要将"Name of Executable"文本框中的可执行文件的扩展名设置为.omf,如图 A-47 所示。

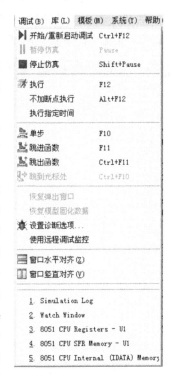

图 A-46 ISIS"调试"菜单

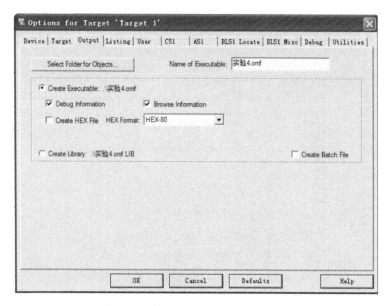

图 A-47 设置输出.ofm51 格式的文件

单击"确定"按钮退出设置,随后按 C51 程序的编译操作即可生成.omf 格式的可执行文件。进行 ISIS 仿真前,也需要像加载.HEX 文件那样加载.omf 文件,只是要将加载时使用的"选择文件名"对话框中的"文件类型"由默认的"Intel Hex Files"改为"OMF51 Files",如图 A-48 所示。

加载完成后就可以在 ISIS 中启动 C51 程序了。可以发现,.omf 文件不仅可以提供源代码信息,也支持许多其他调试方法("调试"菜单如图 A-49 所示)。

图 A-48 加载.omf 文件

图 A-49 μVision3 生成的.omf 文件的"调试"菜单

因而,利用.omf 格式的可执行文件,可在 ISIS 中直接进行 C51 源码级调试,第 6 章例 6-5 的调试窗口如图 A-50 所示。

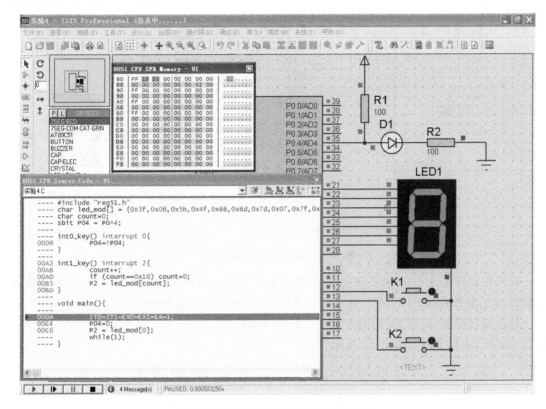

图 A-50 ISIS 中的 C51 程序调试窗口

图 A-50 中,源代码窗口里的蓝色语句行表示光标所在行,红色箭头表示当前命令行。片内 RAM 窗口里的黄底红色字符表示为当前的存储数据。除此之外,还可以打开更多的调试窗口。显然,利用.omf 可执行文件,可使 C51 程序在 ISIS 中的调试如同汇编程序调试一样简明。

A.4.7 扩展练习

编写实现按键 K1 启动 D1 闪烁,闪动 10 次后 LED1 加 1,按键 K2 停止闪动和累加。

A.5 实验 5:电子秒表显示器

A.5.1 实验目的

掌握中断和定时/计数器的工作原理,熟悉 C51 编程与调试方法。

A.5.2 实验原理

实验电路原理如图 A-51 所示,该电路与实验 1 的基本相同,不再赘述。

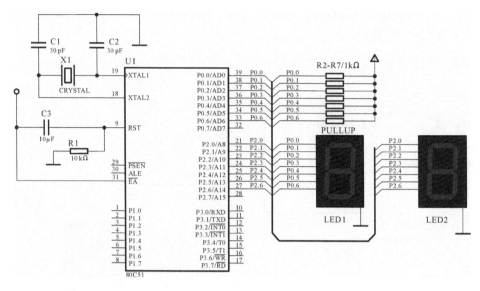

图 A-51　实验 5 的电路原理图

在编程软件配合下,要求实现如下功能:数码管的初始显示值为"00";当 1 s 时间到时,秒计数器加 1;秒计数到 60 时清 0,并从"00"重新开始,如此周而复始进行。

软件编程原理:采用 T0 定时方式 1 中断方式编程,其中 1 s 定时采用 20 次 50 ms 定时中断方式实现,编程流程如图 A-52 所示。

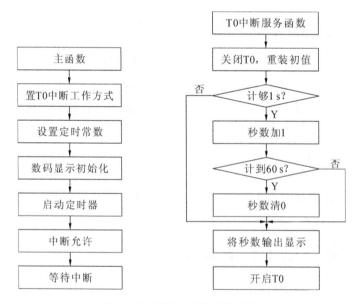

图 A-52　实验 5 的软件流程图

A.5.3　实验内容

(1) 理解定时器的工作原理,完成定时中断程序的编写与调试。

(2) 练习 μVision3 与 ISIS 的联机仿真方法。

A.5.4 实验步骤

（1）提前阅读与实验 5 相关的参考资料。

（2）参考图 A-51 和表 A-6，在 ISIS 中完成电路原理图的绘制。

（3）参考图 A-52，在 μVision3 中编写和编译 C51 程序，并生成可执行文件。

（4）在 μVision3 中启动 ISIS 的仿真运行，并进行联机调试。

A.5.5 实验要求

提交实验报告（包括电路原理图、定时中断原理分析、C51 源程序（含注释语句）、软件调试分析、仿真运行截图）。

表 A-6　实验 5 的器件清单

器 件 类 别	电 路 符 号	器 件 名 称
Microprocessor ICs	U1	80C51
Miscellaneous	X1/12MHz	CRYSTAL
Capacitors	C1,C2/30pF	CAP
Capacitors	C3/22μF	CAP-ELEC
Resistors	R2～R8/1k	RES
Resistors	R1/100Ω	RES
Optoelectronics	D1	LED-GREEN
Optoelectronics	LED1～LED2	7SEG-COM-CAT-GRN

A.5.6 μVision3 与 ISIS 的联合仿真

Proteus ISIS 可以仿真单片机 CPU 的工作情况，也可以仿真单片机外围电路或没有单片机参与的其他电路的工作情况。在仿真和程序调试时，关心的不再是某些语句执行时单片机寄存器和存储器内容的改变，而是从工程的角度直接看程序运行和电路工作的过程和结果。Keil μVision3 是目前世界上较好的 51 单片机汇编语言和 C51 语言的集成开发环境，支持汇编语言与 C 语言的混合编程，同时具备强大的软件仿真和硬件仿真（使用 mon51 协议，需要硬件支持）功能。

Proteus ISIS 能方便与 Keil μVision3 整合起来，实现电路仿真功能与高级编程功能的完美结合，使单片机的软/硬件调试变得十分有效。联合仿真的实现方法如下。

1. 准备工作

首先应保证成功安装 Proteus 和 Keil μVision3 两个软件，确保在 μVision3 下安装动态链接库 VDM51.dll 并进行正确配置（请参阅其他相关书籍）。

2. 检查联机配置情况

在 μVision3 中建立一个新工程后，还需要检查联机配置是否有效，具体做法为：打开如图

A-48 所示的工程配置设置窗口,单击"Debug"选项卡,打开的默认界面如图 A-53 所示。

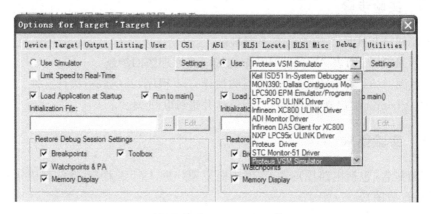

图 A-53 "Debug"选项卡且选择将 Proteus VSM Simulator 作为模拟器

单击图 A-53 窗口右侧的"Use"选项,并单击下拉框选择 Proteus VSM Simulator 作为模拟器(下拉框中的具体内容取决于配置 VDM51. dll 时修改 TOOLS. INI 文件的文本行),如图 A-53 所示。

此外,还应打开 ISIS 模块,查看并确保已经勾选了菜单栏中的"调试"→"使用远程调试监控"选项(见图 A-54)。

图 A-54 允许使用远程调试监控

至此,已经建立起 ISIS 与 μVision3 的软件关联性,可以进行联合仿真了。

3. μVision3 与 ISIS 的联合仿真

联合仿真的具体做法如下。

(1) 分别打开 ISIS 下的原理图文件和 μVision3 下的工程文件,如图 A-55 所示。

(2) 单击 μVision3 菜单栏中的"Debug"→"Start/Stop Debug Session"选项(或按 Ctrl+F5 键),将可执行文件下载到 ISIS 中。

(3) 单击 μVision3 菜单栏中的"Debug"→"GO"选项(或按 F5 键),可启动 ISIS 中的连续

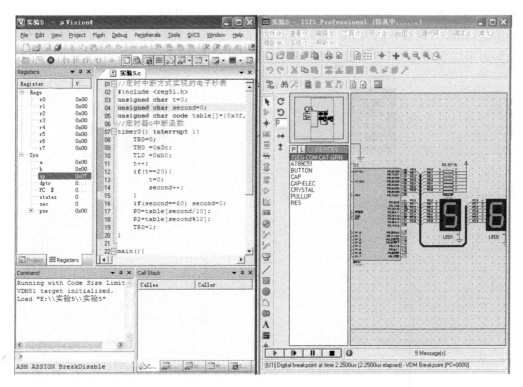

图 A-55   同时打开 ISIS 和 μVision3 文件且可启动 ISIS 中的连续仿真运行

仿真运行。此时,ISIS 出现运行画面,而 μVision3 则为寄存器窗口＋反汇编窗口,如图 A-55所示。

（4）如欲进行程序动态调试,可使用图 A-44 所示的"运行和调试工具条"（或 Debug 菜单选项）进行 μVision3 下的相关操作。

（5）单击 μVision3 菜单栏中的"Debug"→"Stop Runing"选项,可终止仿真过程。

注意:联合仿真时不能从 ISIS 中停止程序运行,否则会发送系统出错提示。

A.5.7　扩展练习

在 P3 口加一个按键,实现按键码表秒计数,再按停止、清零,启动继续计秒功能。

A.6　实验 6:双机通信及 PCB 设计

A.6.1　实验目的

掌握串行通信的工作原理,熟悉单片机电路的 PCB 设计过程。

A.6.2　实验原理

实验 6 的电路原理如图 A-56 所示,设 U1 为 1♯机,U2 为 2♯机,图中 1♯机的发送线与

2♯机的接收线相连,1♯机的接收线与2♯机的发送线相连,共阴极 BCD 数码管 BCD1_LED1
和 BCD2_LED2 分别接各机的 P2 口,两机共地(默认),振荡频率为 11.0592 MHz,波特率为
2400 b/s,串口方式1。实现功能参见第7章的例7-3。

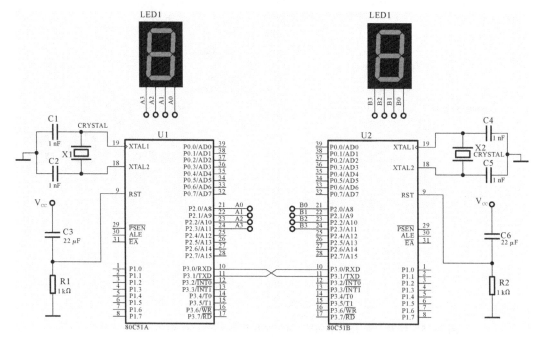

图 A-56　实验 6 的电路原理图

软件编程原理:1♯机采用查寻方式编程,根据 RI 和 TI 标志的软件查询结果完成收发过
程;2♯机采用中断控制方式编程,根据 RI 和 TI 的中断请求,在中断函数中完成收发过程。

PCB 设计原理:在1♯机的电路原理图中添加接线端,并定义电源端口(见图 A-57)。图
中的 BCD 数码管需要自定义 PCB 封装,其器件的具体尺寸如图 A-58 所示。

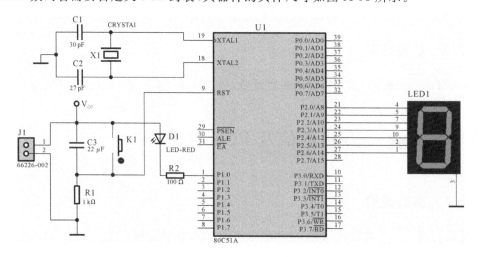

图 A-57　实验 6 的电路原理图(用于 PCB)

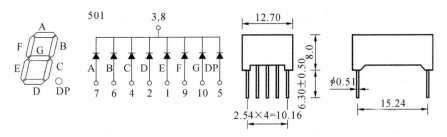

图 A-58 BCD_LED 尺寸图

A. 6. 3 实验内容

(1)掌握串行通信原理和中断控制方式通信软件编程。

(2)完成实验 6 的 C51 语言编程。

(3)学习使用 ARES 软件,完成实验 6 1♯机电路的 PCB 设计。

A. 6. 4 实验步骤

(1)提前阅读与实验 6 相关的参考资料。

(2)参考图 A-56、图 A-57 与表 A-7,在 ISIS 中完成电路原理图的绘制。

(3)采用仿真 μVision4 软件进行 C51 串行通信编程和调试。

(4)对 1♯机的电路进行 PCB 设计,并生成 Gerber 输出文件。

A. 6. 5 实验要求

提交实验报告(包括电路原理图、C51 源程序(含注释语句)、仿真运行截图、三维 PCB 预览图、光绘文件分层图)。

表 A-7 实验 6 的器件清单

器 件 类 别	电 路 符 号	器 件 名 称
Microprocessor ICs	U1、U2	80C51
Miscellaneous	X1、X2/12MHz	CRYSTAL
Capacitors	C1、C2、C4、C5/30pF	CAP
Capacitors	C3、C6/22μF	CAP-ELEC
Resistors	R1、R2/1K	RES
Optoelectronics	LED1、LED2	7SEG-COM-CAT-GRN

A. 6. 6 基于 ARSE 模块的 PCB 设计方法

在 ISIS 原理图的基础上直接进行 PCB 设计,下面结合一个具体实例(见图 A-59)来介绍 ARES 模块的基本用法。

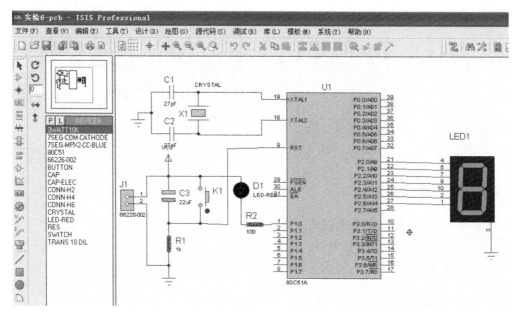

图 A-59　单片机的电路原理图

1. 核实器件的 PCB 封装模型

在利用 ARES 模块进行 PCB 设计前,需要检查 ISIS 原理图中所有的器件是否都有 PCB 封装模型。具体方法介绍如下。

打开 ISIS 原理图文件,右击查看每个器件的属性对话框,发光二极管 D1 的属性对话框如图 A-60 所示。

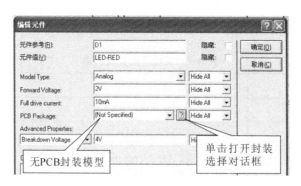

图 A-60　D1 元件的属性对话框

从图 A-60 中可以看出,此时在"PCB Package"下拉框中显示"(Not Specified)",表明尚未指定 PCB 封装模型。单击该参数框后面的"?"按钮,可弹出 PCB 封装选择对话框,如图 A-61 所示。

若已知 PCB 封装库中有名为"LED"的元件,且外形及尺寸符合 D1 的要求,则可在"关键字"文本框中输入检索字符"LED"。对话框窗口中将出现 LED 的封装图形和选项说明,如图 A-61 所示。

单击"确定"按钮关闭 PCB 封装选择对话框,D1 的属性对话框中就会出现 LED 封装名

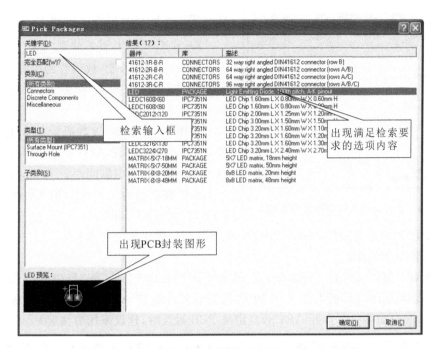

图 A-61　PCB 封装选择对话框/查找 LED 的 PCB 封装

（见图 A-62）。单击"确定"按钮结束 D1 的 PCB 封装设置。这种方法可将库中已有的 PCB 封装模型指定为无 PCB 封装模型的元件。

　　右击查看 K1 按钮元件的属性对话框，其属性窗口如图 A-63 所示。可见，K1 的属性对话框中没有"PCB Package"选项框，为借用封装库中适当的 PCB 模型，需要撤销默认勾选的"本元件不用于 PCB 制版"选项，勾选"使用文本方式编辑所有属性"选项，单击"确定"按钮，出现如图 A-64 所示的窗口。

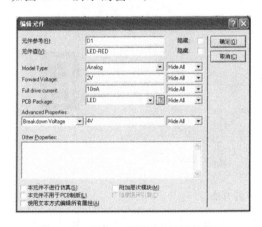

图 A-62　发光二极管 D1 的属性窗口

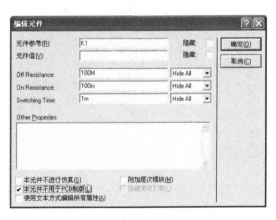

图 A-63　按钮元件的属性窗口

　　若封装库中名为 XTAL30 的晶振元件的 PCB 封装可满足 K1 的外形及尺寸要求，则可在"All Properties"文本框内添加一行命令"{PACKAGE-XTAL30}"（将该晶振的 PCB 封装指定用于 K1），单击"确定"按钮结束 K1 的 PCB 封装设置。

　　如果封装库中的模型都不适用（如图 A-59 中的共阴极数码管 LED），则用户需要根据元

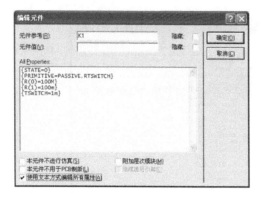

图 A-64 使用文本方式编辑所有属性

件的实际外形与引脚自定义 PCB 封装模型。

2. 自定义 PCB 封装模型

假设已知图 A-59 数码管的引脚及外形尺寸如图 A-58 所示，则自定义 PCB 封装的过程如下。

由图 A-58 可知，该数码管的 8 引脚为公共端，1～7 引脚为字段 A～G。该数码管采用双列直插式结构，纵向引脚间距为 7 mm，横向间距为 9 mm，引脚直径为 0.5 mm，最大外形尺寸为 25 mm×15 mm×8 mm。

自定义 PCB 封装的工作需要在 ARES 和 ISIS 两个模块中交替进行。

（1）打开 ARES 模块。

打开 ARES 模块可以有三种方法：① 单击 ISIS 界面的"工具"→"导出网络表到 ARES"菜单选项；② 单击 ISIS 界面右上角的"生成网络表并传输到 ARES"工具按钮（见图 A-65）；③ 从 Windows 启动菜单中打开 ARES（自定义 PCB 封装时，建议采用方法③）。

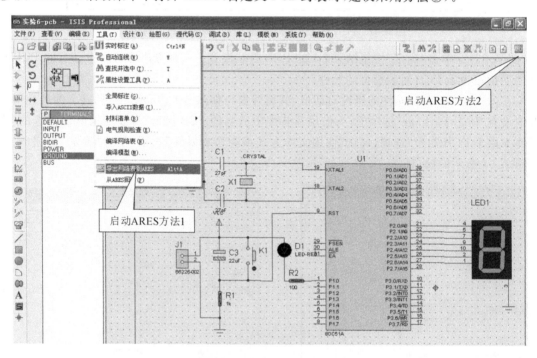

图 A-65 启动 ARES 的方法

打开的 ARES 的编辑界面，如图 A-66 所示。从图中可以看出，ARES 的编辑界面也是 Windows 软件风格，除菜单栏和命令工具栏外，还包括预览窗口、列表窗口、选择工具栏、图层选择栏和编辑工具栏等。

（2）摆放焊盘。

在 ARES 编辑界面的窗口左侧的"选择工具栏"中单击"方形穿孔焊盘模式"按钮，选择 S-50-25 为引脚 1 的焊盘（其中 50 为方边尺寸，25 为孔径尺寸，单位为 th，$1 \text{ th} = 25.4 \times 10^{-3}$

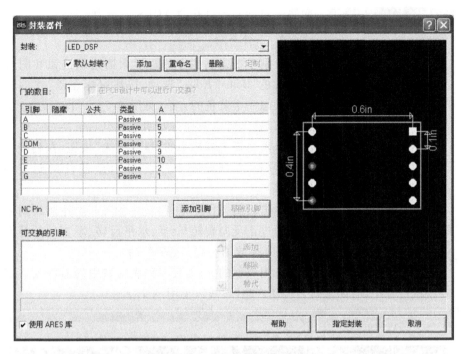

图 A-70 "封装器件"对话框

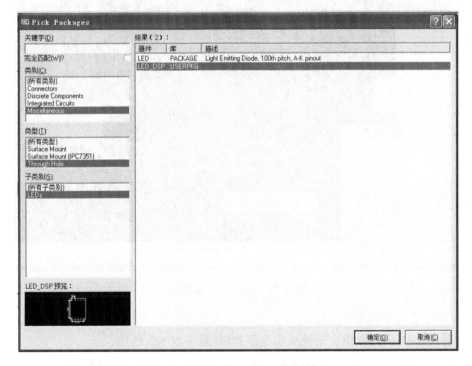

图 A-71 "Pick Packages"对话框

3. 导入器件网络表

单击 ISIS 编辑界面右上角的工具按钮,再次启动 ARES 模块,此时可将图 A-59 中的器件

图 A-72　"选择器件库"对话框

网络表自动导入打开的 ARES 模块中。

4. 器件布局

分别单击工具栏中的矩形图框选项按钮和图层选择栏中的黄色"Board Edge"选项，按住鼠标左键，在编辑工作区上拖动画一个黄色的方框(见图 A-73)。这个方框是 PCB 的器件布局区，可以根据需要调整大小。

单击选择工具栏中的"器件模式"按钮，在列表框中指定某一器件后，预览窗口中将显示该器件的封装图形(见图 A-73)。

单击编辑工作区，可将选中的 U1 器件摆放到适当的位置。通过正反向旋转 90 度、水平反转、垂直反转等方法可以调整 U1 摆放的姿态(见图 A-74)。

采用类似的方法，可将列表窗口中的器件逐一摆放到布局区中。在摆放过程中，器件之间会自动产生"飞线"(见图 A-75)。

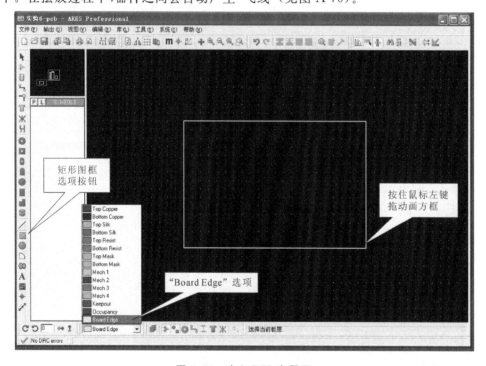

图 A-73　建立 PCB 布局区

注意：手工方式布局器件时，最好先放置大型或重要器件，如本例中的 98C51 单片机。也可采用自动方式布局器件，但由于效果不是很理想，故一般不太使用。

器件布局完成后，可根据需要对器件摆放区的边框形状及尺寸进行调整(见图 A-76)。

5. 器件布线

单击菜单栏中的"工具"→"自动布线"选项，或者单击工具栏中的"自动布线"按钮，可以弹出自动布线设置窗口(见图 A-77)。

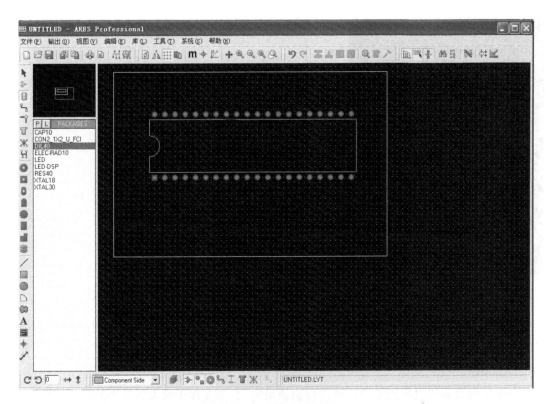

图 A-74 器件手动布局

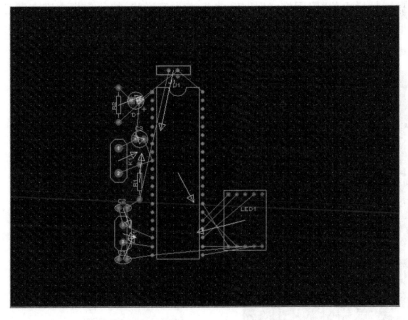

图 A-75 采用手动方式摆放器件

如果无须更改设置,单击"自动布线"按钮即可开始自动布线,此时"飞线"将被正式的引线所取代(见图 A-78)。自动布线后也可利用手动方式进行局部调整,以获得最佳效果。

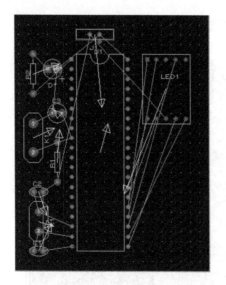

图 A-76 调整布局边框形状及尺寸

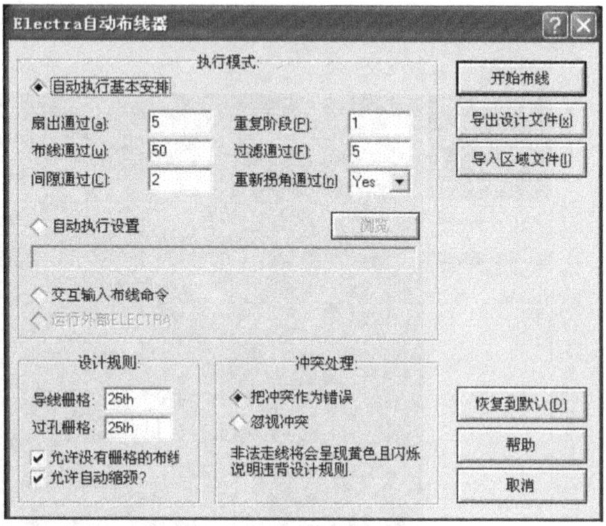

图 A-77 自动布线设置窗口

注意：为了保证自动布线功能的顺利进行，PCB 设计的 ISIS 原理图的文件名中不要出现中文。

6. 覆铜

覆铜是指将布线之间的空白区域进行铜箔填充，其意义在于增大线路各处的对地电容，减小地线阻抗，降低压降，提高抗干扰能力。

单击选择工具栏中的"覆铜模式"按钮，光标变为笔形状，按住鼠标左键在黄色边框线内拖曳出一块矩形覆铜区。松开鼠标后，可弹出"编辑覆铜"对话框（见图 A-79）。单击"确定"按钮可对顶层先进行覆铜操作，顶部覆铜效果如图 A-80 所示。

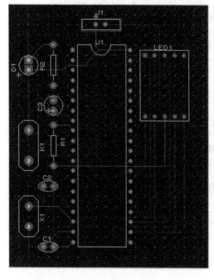

图 A-78 自动布线的效果图

图 A-79 "编辑覆铜"对话框

按住鼠标左键，在靠近黄色边框线附近再拖曳出一块矩形覆铜区。松开鼠标后，"编辑覆铜"对话框(见图 A-78)可再次弹出。

同理,单击"层/颜色"下拉框,选择"Bottom Cop-per"对底层进行覆铜操作,并完成底层覆铜。

7. 预览 PCB 效果

单击菜单栏中的"输出"→"3D 预览"选项,可启动三维预览功能,拖动鼠标可以从不同的角度观察 PCB 的设计效果(见图 A-81)。

8. 输出 PCB 文件

单击菜单栏中的"输出"→"Gerber 输出"选项,可弹出光绘文件设置窗口(见图 A-82)。

图 A-82 中所勾选的项为 PCB 制作的常用图层:顶部铜箔层、底部铜箔层、顶部丝印层、顶部阻焊层、底部阻焊层、钻孔、边界层(将在所有的层上出现)。确定存盘路径并单击"确定"按钮后,可形成一组.TXT 格式的 Gerber 光绘文件。单击菜单栏中的"输出"→"输

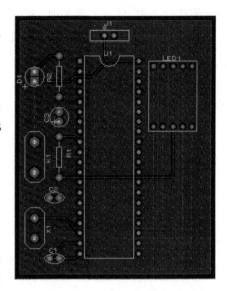

图 A-80　顶层覆铜效果

出位图文件"选项,可弹出"输出位图(bitmap)"对话框(见图 A-83),勾选相应的图形选项,单击可生成光绘文件分层图形。

PCB 设计到此结束,此后还需经过印刷线路板加 1→器件焊接→可执行文件下载→实验

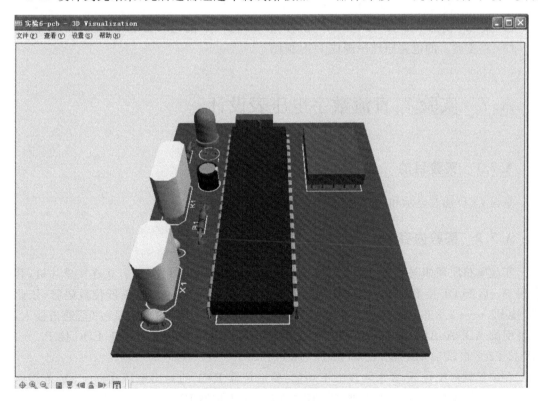

图 A-81　三维预览效果

测试等后续工作,只有正确无误,才算完成一个电子产品的设计开发。综上可知,利用功能强大的 Proteus 设计工具,可以实现从概念到产品的完整设计过程。

图 A-82 光绘文件设置窗口

图 A-83 "输出位图(bitmap)"对话框

A.6.7 扩展练习

(1) 将 U1 内部 RAM30H-3FH 单元的内容传输到 U2 的内部 RAM20H-2FH 单元中去。
(2) 将实验1的电路原理图画成 PCB 板图。

A.7 实验7:直流数字电压表设计

A.7.1 实验目的

掌握 LED 动态显示和 A/D 转换接口的设计方法。

A.7.2 实验内容

实验电路原理如图 A-84 所示,图中 4 联共阴极数码管以 I/O 接口方式连接单片机,其中段码 A~G 和 DP 接 P0.0~P0.7 口(需上拉电阻),位码 1~4(4□为最低位数码管,依此类推)接 P2.0~P2.3 口;ADC0808 采用 I/O 接口方式接线,其中被测模拟量由 0□通道接入,位地址引脚 ADDA、ADDB、ADDC 均接地,START 和 ALE 并联接 P2.5 口,EOC 接 P2.6 口,OE 接 P2.7 口,CLOCK 接 P2.4 口。

在编程软件配合下,要求实现如下功能:使电位器 RV1 的输出电压在 0~5 V 范围内变化;经 A/D 转换后,数码管以十进制数形式动态显示电位器 RV1 的调节电压。

动态显示编程原理:将待显示的数据拆解为 3 位十进制数,并分时地显示在其相应的数码

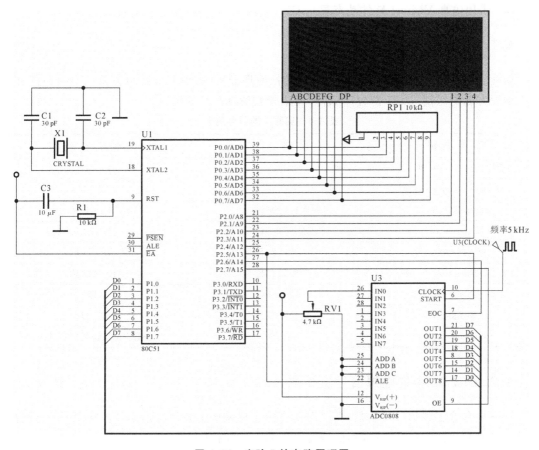

图 A-84　实验 7 的电路原理图

管上。一次完整的输出过程:最低位数据送 P0 口→P2.3 清零→软件延时→P2.3 置 1→中间位数据送 P0 口→P2.2 清零→软件延时→P2.2 置 1→最高位数据送 P0 口→P2.1 清零→软件延时→P2.1 置 1,如此无限循环。

A/D 转换编程原理:启动信号与输出使能信号(START、ALE、OE)均由软件方式的正脉冲提供;结束信号(EOC)由 P2.6 的高电平提供。A/D 转换时钟信号由 T0 定时方式 2 中断提供(设系统的振荡频率为 12 MHz)。一次完整的 A/D 转换过程:发出启动信号→查询 EOC 标志→发出 OE 置 1 信号→读取 A/D 结果→发出 OE 清零信号,如此无限循环。

A.7.3　实验内容

(1) 数码管动态显示编程。

(2) A/D 转换查询法编程。

(3) 观察延时量对动态显示效果的影响。

A.7.4　实验步骤

(1) 提前阅读与实验 7 相关的参考资料。

(2) 参考图 A-84 及表 A-8,在 ISIS 中完成电路原理图的绘制。

（3）采用仿真 Vision4 软件动态显示 C51，以及对 A/D 转换进行编程及调试。

A.7.5　实验要求

提交实验报告（包括电路原理图、A/D 转换原理分析（通用 I/O 接口方式与总线方式在电路与编程方面的区别）、C51 源程序（含注释语句）、仿真运行截图）。

表 A-8　实验 7 的器件清单

器 件 类 别	电 路 符 号	器 件 名 称
Microprocessor ICs	U1	80C51
Data Converter	U3	ADC0808
Miscellaneous	X1/12MHz	CRYSTAL
Capacitors	C1~C2/30pF	CAP
Capacitors	C3/22μF	CAP-ELEC
Resistors	PR1/10K	RESPACK8
Resistors	R9/10K	RES
Resistors	RV1/4.7K	POT-HG
Optoelectronics	LED	7SEC-MPX4-CC-BLUE

A.7.6　ISIS 中的虚拟信号发生器

ISIS 中包含多种信号发生器，在电路仿真时可用来产生各种激励信号。在 ISIS 工作界面中单击信号发生器图标，即可看到信号发生器列表（见图 A-85）。

学习并掌握信号发生器的用法，对单片机应用系统的设计和调试可提供极大便利。以下简单介绍信号发生器的用法。

1. 放置信号发生器

选中信号发生器列表框中的任意信号发生器后，可将其放置在工作编辑区。如果该信号发生器没有连接到任何已有的器件，则系统会以"？"号为其命名。如果该信号发生器和已有网络连接，则系统会自动以该网络名称对其命名（见图 A-86）。

2. 编辑信号发生器

双击放置好的信号发生器，可打开编辑对话框（见图 A-87），选择不同的信号发生器可使该编辑对话框发生相应的变化。以下仅对几种常用信号发生器的设置及波形进行介绍。

（1）DC 信号发生器。

DC 信号发生器即直流信号发生器，该信号发生器可输出直流电压或直流电流（勾选"Current Source"选项时）。图 A-88 为 15 V 直流电压发出信号的设置及波形情况。

（2）Sine 信号发生器。

Sine 信号发生器即正弦信号发生器，该发生器可产生幅值、频率和相位可调的正弦信号。图 A-89 为偏移量为 1.0 V，幅值为 2.5 V，频率为 10 kHz，初始相位角为 0 的输出正弦波信号设置及波形情况。

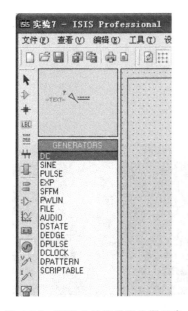

图 A-85 ISIS 中的信号发生器列表

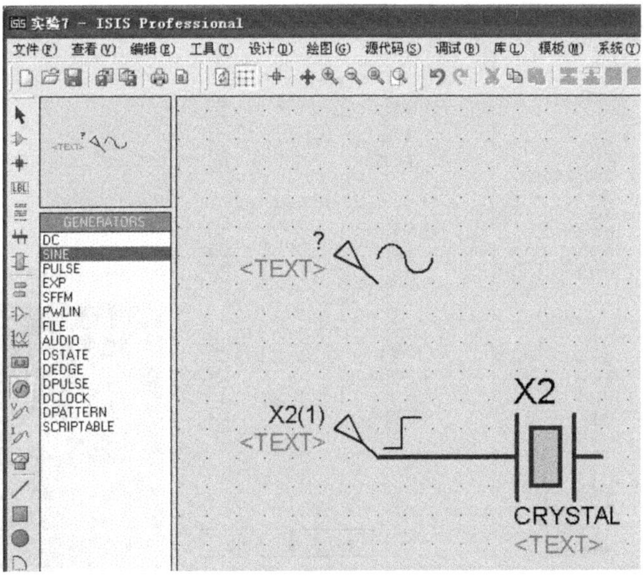

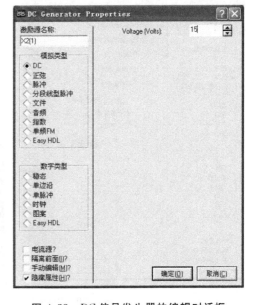

图 A-86 放置信号发生器

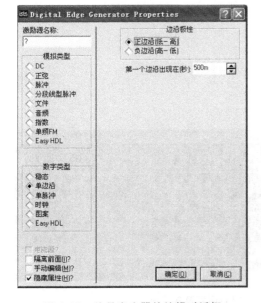

图 A-87 信号发生器的编辑对话框

图 A-88 DC 信号发生器的编辑对话框

（3）Pulse 信号发生器。

Pulse 信号发生器即脉冲信号发生器，该发生器可产生幅值、周期和脉冲上升/下降时间都可调的脉冲信号。图 A-90 中，幅值为 5 V，频率为 1 Hz，高电平占空比为 70%，上升/下降沿均为 1 μs 的脉冲信号设置及波形情况。

（4）Pwlin 信号发生器。

Pwlin 信号发生器即分段线性信号发生器，用来产生复杂波形的模拟信号。该信号发生器的编辑对话框中包含一个图形编辑器，单击放置数据点，按住左键不放可以拖动数值点到其

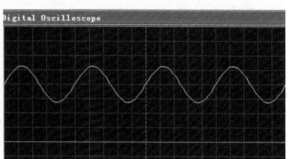

图 A-89　Sine 信号发生器的编辑对话框及其波形

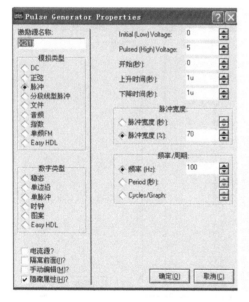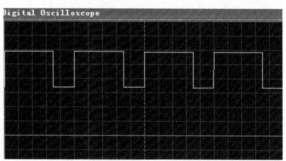

图 A-90　Pulse 信号发生器的编辑对话框及其波形

他位置，右击清除数值，按住 Ctrl 键的同时右击，可清除编辑器中的所有数值点。图 A-91 是幅值为 3 V 的锯齿波信号设置及波形情况。

（5）File 信号发生器。

File 信号发生器即文件信号发生器，可以通过 ASCII 文件产生输出信号，ASCII 文件为一系列的时间和数据对。文件信号发生器与分段线性信号发生器类似，只是 ASCII 文件是外部引用文件，而不是直接通过器件属性设置的。图 A-92 为某三角波的设置及波形情况。

（6）Digital Clock 信号发生器。

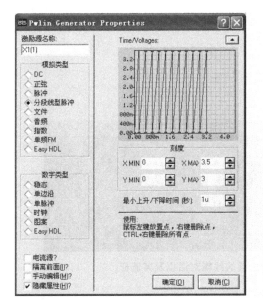
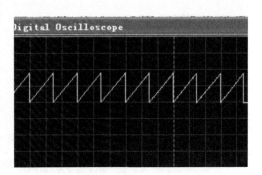

图 A-91 Pwlin 信号发生器的编辑对话框及其波形

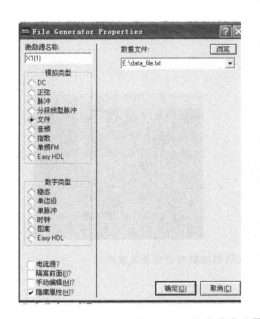
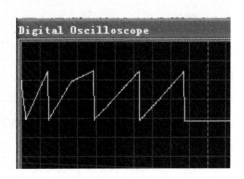

图 A-92 File 信号发生器的编辑对话框及其波形

Digital Clock 信号发生器即时钟信号发生器,可以产生 Low-High-Low 类型的时钟序列信号,也可以产生 High-Low-High 类型的时钟序列信号。图 A-93 是频率为 10 Hz,幅度为 3 V,Low-High-Low 类型的时钟序列信号的设置情况。

(7) Digital Pattern 信号发生器。

Digital Pattern 信号发生器即数字模式信号发生器,可以产生任意形式的逻辑电平序列,也可以产生上述所有数字信号。图 A-94 是高电平宽为 500 ms,低电平宽为 100 ms,共计 8 个输出脉冲信号的设置情况。

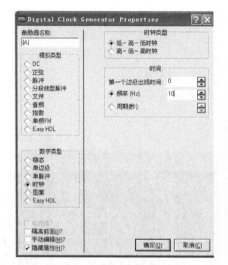
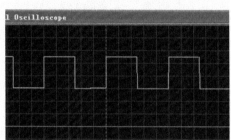

图 A-93　Digital Clock 信号发生器的编辑对话框及其波形

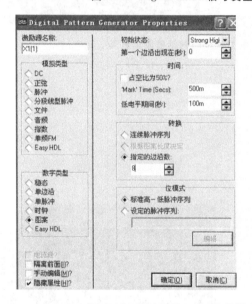
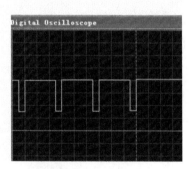

图 A-94　Digital Pattern 信号发生器的编辑对话框及其波形

A.7.7　扩展练习

设计至少 3 路模拟量输入电路,完成按键切换多路显示功能。

A.8　实验 8:步进电动机控制设计

A.8.1　实验目的

掌握步进电动机的控制原理,熟悉 C51 编程与调试的方法。

A.8.2 实验原理

实验电路原理如图 A-95 所示，图中达林顿驱动器 U2 接于 P2.0～P2.3，步进电动机接在 U2 的输出端，按键 KEY1～KEY3 接于 P1.0～P1.2。

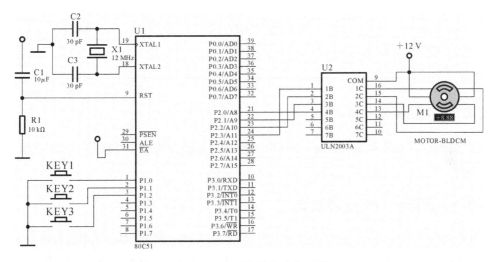

图 A-95 实验 8 的电路原理图

在编程软件配合下，要求实现如下功能：单击 KEY1，控制步进电动机正转；单击 KEY2，控制步进电动机反转；连续按 KEY1、KEY2，步进电动机可连续旋转。

步进电动机控制编程原理：根据励磁方法建立励磁顺序数组，以半步励磁法为例，励磁顺序数组的元素为 0x02、0x06、0x04、0x0C、0x08、0x09、0x01、0x03。程序启动后，根据按键状态修改励磁顺序数组的指针值，即单击 KEY1 时指针右移 1 位，单击 KEY2 时指针左移 1 位，随后将数组的当前值由 P2 口输出，如此循环。注意，在 P2 口两次输出之间需要插入软件延时。

A.8.3 实验内容

(1) 掌握单片机对步进电动机速度与方向的控制原理。

(2) 编写三种励磁(1 相励磁、2 相励磁和 1-2 相励磁)方法的程序。

(3) 比较不同励磁方法间步进电动机的仿真效果。

A.8.4 实验步骤

(1) 提前阅读与实验 8 相关的参考资料。

(2) 参考图 A-95 及表 A-9，在 ISIS 中完成电路原理图的绘制。

(3) 采用 μVision3 软件对步进电动机进行设计及调试。

表 A-9 实验 8 的器件清单

器件类别	电路符号	器件名称
Microprocessor ICs	U1	80C51
Analog ICs	U2	ULN2003A

器件类别	电路符号	器件名称
Switches&Relays	K0～K2	BUTTON
Electromechanical	M1	MOTOR-STEPPER
Capacitors	C1/10μF	CAP-ELEC
Miscellaneous	X1/12MHz	CRYSTAL
Capacitors	C2～C3/30pF	CAP
Resistors	R1～R3/10K	RES

A.8.5 实验要求

提交实验报告(包括电路原理图、步进电动机控制原理分析、C51源程序(含注释语句)、仿真运行截图)。

A.8.6 步进电动机控制方法

步进电动机有三线式、五线式、六线式三种,其控制方式也相同,都必须以脉冲电流来驱动。若每转一圈以20个励磁信号来计算,则每个励磁信号前进18度,其旋转角度与脉冲数成正比。

步进电动机的励磁方法可分为全部励磁及半步励磁。其中,全部励磁又可分为1相励磁及2相励磁;而半步励磁又称1-2相励磁。

1相励磁法:在每一瞬间只有一个线圈导通。虽然消耗电力小,精确度良好,但转矩小,振动较大,每送一个励磁信号可走18度。若以1相励磁法控制步进电动机正转,则其励磁顺序如表A-10所示;若以励磁信号反向传输,则步进电动机反转。

表 A-10 励磁顺序为 A→B→C→D→A

STEP	A	B	C	D
1	1	0	0	0
2	0	1	0	0
3	0	0	1	0
4	0	0	0	1

2相励磁法:在每一瞬间会有2个线圈同时导通。因其转矩大,振动小,故为目前使用最多的励磁方式,每送一个励磁信号可走18度。若以2相励磁法控制步进电动机正转,则其励磁顺序如表A-11所示;若以励磁信号反向传输,则步进电动机反转。

表 A-11 励磁顺序为 AB→BC→CD→DA→AB

STEP	A	B	C	D
1	1	1	0	0
2	0	1	1	0
3	0	0	1	1
4	1	0	0	1

1-2相励磁法:为1-2相交替导通。因分辨率提高,且运转平顺,每送一个励磁信号可走9

度,故也被广泛采用。若以 1 相励磁法控制步进电动机正转,则其励磁顺序如表 A-12 所示;若以励磁信号反向传输,则步进电动机反转。

表 A-12 励磁顺序为 A→AB→B→BC→C→CD→D→DA→A

STEP	A	B	C	D
1	1	0	0	0
2	1	1	0	0
3	0	1	0	0
4	0	1	1	0
5	0	0	1	0
6	0	0	1	1
7	0	0	0	1
8	1	0	0	1

步进电动机的负载转矩与速度成反比,速度越快,负载转矩越小,但当速度快至极限时,步进电动机将不再运转。所以每走一步后,程序必须延时一段时间。

A.9 实验 9:多位数字显示及硬件程序下载

A.9.1 实验目的

掌握多位数字的动态显示,熟练应用定时器、中断功能编写程序,以及熟练掌握 C51 编程与调试的方法。

A.9.2 实验原理

实验电路原理如图 A-96 所示,图中有 8 位共阳极 LED 数码管,7 段部分接 P0 口,8 位控制部分通过 74LS244 接 P2 口。使用动态扫描完成 8 位动态显示。利用 STM89C52 串口经 PC 将程序下载到硬件实验板,完成程序的调试和运行。

A.9.3 实验要求

(1) 编写程序(汇编语言/C51 语言)实现:显示个人手机后 8 位数字,或者生日(年月日)。
(2) 编写程序实现运行时钟的功能。

A.9.4 STC 系列单片机程序的 ISP 下载

单片机小系统板是通过 9 针串口线与 PC 进行连接的,其原理如图 A-96 所示,通过板载,MAX232 芯片的 TXD、RXD 跳线 J1、J2 分别与 STC89C52RC 单片机的 TXD 和 RXD 相连。

(1) 在计算机上安装从 STC 公司下载的 stc-isp-15xx-v6.85NL7SB 驱动程序(从宏品科技官方网站 www.STCMCU.com 查找接口驱动程序),如图 A-97 所示。

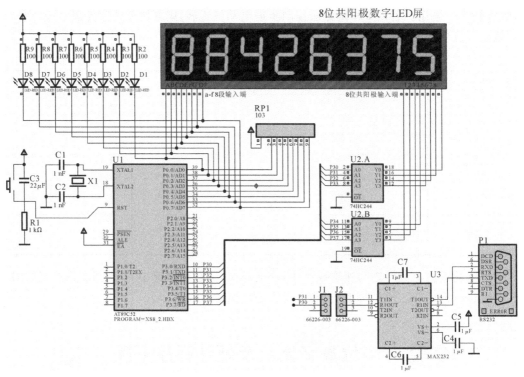

图 A-96　STC 小系统板原理图

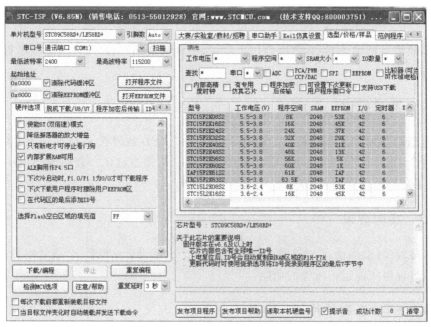

图 A-97　STC-ISP 下载软件

（2）选择正确的单片机型号（单片机上的第一行字即型号），左击"单片机型号"下拉箭头，如图 A-98 所示。

（3）选择 STC89C52RC 系列（根据实际芯片标注选定），如图 A-98 所示。

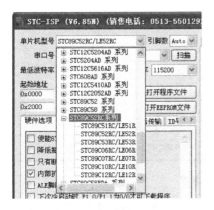

（4）选择当前端口（COM1 由 PC 当前所认定的进行设置或修改），如图 A-99 所示。

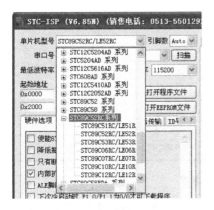

图 A-98　芯片选择　　　　　　　　　　　　　　图 A-99　端口选择

（5）打开程序文件（装入编译成功后的 ＊.HEX 代码），如图 A-100 所示。

图 A-100　装入 .HEX 文件及代码内容

（6）程序下载提示的界面如图 A-101 所示。

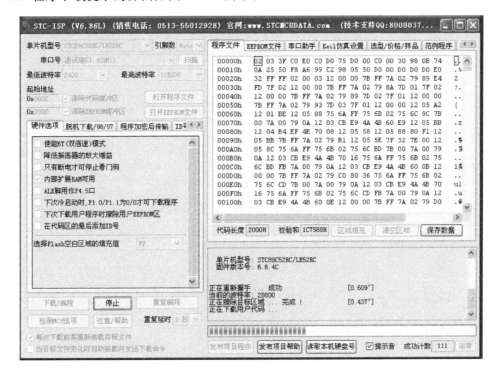

图 A-101　程序下载提示的界面

（7）程序运行成功后的界面如图 A-102 所示。

图 A-102　程序运行成功后的界面

（8）将下载完成的 STC89C52RD 芯片插入实验板（注意芯片方向），通电观察其运行结果。若没有达到设计要求，则修改程序，重复上述过程，直至完成任务。

附录 B Proteus 中的常用器件

Proteus 中的常用器件如表 B-1 所示。

表 B-1 Proteus 中的常用器件

器 件 名	中 文 注 释	器 件 名	中 文 注 释
80C51	8051 单片机	RELAY	继电器
AT89C52	Atmel 89C52 单片机	ALTERNATOR	交互式交流电压源
CRYSTAL	晶体振荡器	POT-LIN	交互式电位计
CERAMIC22P	陶瓷电容	CAP-VAR	可变电容
CAP	电容	CELL	单电池
CAP-ELEC	通用电解电容	BATTERY	电池组
RES	电阻	AREIAL	天线
RX8	8 电阻排	PIN	单脚终端接插针
RESPACK-8	带公共端的 8 电阻排	LAMP	动态灯泡模型
MINRES5K6	5K6 电阻	TRAFFIC	动态交通灯模型
74LS00	四 2 输入与非门	SOUNDER	压电发声模型
74LS164	8 位并出串行移位寄存器	SPEAKER	喇叭模型
74LS244	8 同相三态输出缓冲器	7805	5 V,1 A 稳压器
74LS245	8 同相三态输出收发器	78L05	5 V,100 mA 稳压器
NOR	二输入或非门	LED-GREEN	绿色发光二极管
OR	二输入或门	LED-RED	红色发光二极管
XOR	二输入异或门	LED-YELLOW	黄色发光二极管
NAND	二输入与非门	MAX7219	串行 8 位 LED 显示驱动器
AND	二输入与门	7SEG-BCD	7 段 BCD 数码管
NOT	数字反相器	7SEG-DIGITAL	7 段数码管
COMS	COMS 系列	7SEG-COM-CAT-GRN	7 段共阴极绿色数码管
4001	双 2 输入或非门	7SEG-COM-AN-GRN	7 段共阳极绿色数码管
4052	双 4 通道模拟开关	7SEG-MPX6-CA	6 位 7 段共阳极红色数码管
4511	BCD-7 段锁存/解码/驱动器	7SEG-MPX6-CC	6 位 7 段共阴极红色数码管
DIODE-TUN	通用沟道二极管	MATRIX-5×7-RED	5×7 点阵红色 LED 显示器

器 件 名	中 文 注 释	器 件 名	中 文 注 释
UF4001	二极管急速整流器	MATRIX-8×8-BLUE	8×7 点阵蓝色 LED 显示器
1N4148	小信号开关二极管	AMP1RE128×64	128×64 图形 LCD
SCR	通用晶闸管整流器	LM016L	16×2 字符 LCD
TRIAC	通用三端双向晶闸管开关	555	定时/振荡器
MOTOR	简单直流电动机	NPN	通用 NPN 型双极性晶体管
MOTOR-STEPPER	动态单极性步进电动机	PNP	通用 PNP 型双极性晶体管
MOTOR-SERVO	伺服电动机	PMOSFET	通用 P 型金属氧化物场效应晶体管
COMPIN	COM 口物理接口模型	2764	8KB×8EPROM 存储器
CONN-D9M	9 针 D 型连接器	6264	8KB×8 静态 RAM 存储器
CONN-D9F	9 孔 D 型连接器	24C04	4KB 位 I^2C EEPROM 存储器
BUTTON	按钮	ADC0808	8 位 8 通道 A/D 转换器
SWITCH	带锁存开关	DAC0832	8 位 D/A 转换器
SW-SPST-MOM	非锁存开关	DS1302	日历/时钟

参 考 文 献

[1] 宏晶科技.STC89C51RC/RD＋系列单片机器件手册.http://www.stcmcu.com.

[2] 邓胡滨,陈海,周洁,黄德昌.单片机原理及应用技术——基于 Keil C 和 Proteus 仿真[M].北京:人民邮电出版社,2014.

[3] 林立,张俊亮,曹旭东,刘得军.单片机原理及应用——基于 Proteus 和 Keil C[M].北京:电子工业出版社,2012.

[4] 陈光军.微型计算机原理及应用[M].北京:机械工业出版社,2017.

[5] 丁向荣.STC 系列增强型 8051 单片机原理与应用[M].北京:电子工业出版社,2011.

[6] 邱铁.ARM 嵌入式系统结构与编程[M].2 版.北京:清华大学出版社,2013.

[7] 张齐,朱宁西,毕盛.单片机原理与嵌入式系统设计——原理、应用、Proteus 仿真、实验设计[M].北京:电子工业出版社,2011.

[8] 朱兆优,陈坚,邓文娟.单片机原理与应用——基于 STC 系列增强型 8051 单片机[M].2 版.北京:电子工业出版社,2012.

[9] 王光学.嵌入式系统原理与应用设计[M].北京:电子工业出版社,2013.

[10] 李群芳,肖看.单片机原理、接口及应用——嵌入式系统技术基础[M].北京:清华大学出版社,2005.

[11] 徐爱钧,徐阳.单片机原理与应用——基于 Proteus 虚拟仿真技术[M].2 版.北京:机械工业出版社,2014.